# GNU gcc 嵌入式系统开发

董文军　编著

北京航空航天大学出版社

## 内 容 简 介

本书首先介绍了 GNU gcc 的基本组成，分章节讲述了 GNU gcc、Debian Linux、makefile、gdb、vi、emacs 等开源开发工具的使用，然后以 Atmel 公司的两款颇具代表性的嵌入式芯片，即低端的 8 位 AVR 单片机 ATmega48和中端的 32 位 ARM 芯片 AT91SAM7S64 为代表，全面讲述了 GNU gcc 在嵌入式开发中的应用。可以看到 GNU gcc 在不同硬件下的开发过程与使用方法的确具有高度的一致性，给学习与使用带来了很大的方便。书中还特别列举了非常实用的开源项目 USBASP 以及 usbdrv，使读者既能对开源软件的强大功能留下深刻的印象，又能学到实际有用的东西。

本书可作为高等院校计算机、电子、自动化、机电一体化等相关专业嵌入式系统课程的教学参考书，也可作为从事嵌入式系统应用开发工程师的参考资料。

**图书在版编目(CIP)数据**

GNU gcc 嵌入式系统开发/董文军编著. —北京：北京航空航天大学出版社，2010.1

ISBN 978-7-81124-814-2

Ⅰ.G…　Ⅱ.董…　Ⅲ.操作系统(软件)，GNU gcc　Ⅳ.TP316.7

中国版本图书馆 CIP 数据核字(2009)第 111045 号



**GNU gcc 嵌入式系统开发**

董文军　编著

责任编辑　董立娟

*

北京航空航天大学出版社出版发行

北京市海淀区学院路 37 号(100191)　发行部电话：010-82317024　传真：010-82328026

www.buaapress.com.cn　E-mail：emsbook@gmail.com

涿州市新华印刷有限公司印装　各地书店经销

*

开本：787×960　1/16　印张：26.25　字数：588 千字

2010 年 1 月第 1 版　2010 年 1 月第 1 次印刷　印数：4 000 册

ISBN 978-7-81124-814-2　定价：45.00 元

# 前 言

笔者从事电子类相关工作近二十年，一直都对此有着深厚的兴趣。自学生时代的家电维修开始，到后来从事计算机硬件教学工作这一路走来，从电子硬件电路、单片机应用，到计算机应用程序、驱动程序开发以及到现在的软硬一体化的嵌入式系统，一步一步地从最底层的电路焊接开始到现在，计算机硬件的多个层次都曾接触过，较长的专业生涯使笔者也积累了较多的经验体会。一直以来也有想法，将这些经验集结成册，为推广计算机知识尽一点绵薄之力，恰逢北京航空航天大学出版社的邀请，于是决定着手此书的编写。

做过技术工作的人都有过这样的经历与体会，大量的时间都是花费在技术资料的阅读与查找上，很多项目常常因为某个技术资料的缺乏而使项目卡壳，有时甚至影响到项目的顺利完成。这一点在技术飞速发展的 IT 行业特别在计算机软件领域表现更为突出，很多的技术细节被隐藏在不公开的源代码中，源码的不公开往往造成技术发展的瓶颈，直到 20 世纪 80 年代出现了一种全新的开源思想：它认为计算机源代码应该像文学艺术作品一样作为人类共同知识财富的一部分，让每个人都有机会阅读与学习，而不应该只作为公司或个人的私有财产，并为此发布了一系列的法律文件来保证开源软件源码的公开性。开源精神得到了广大计算机专业人士及爱好者的大力拥护，包括很多世界著名的大公司在内，行业内的很多精英都投身到这一伟大的事业中来，这极大地促进了计算机产业的发展。在开源精神的指导下，世界有了全新的操作系统 Linux，有了全新的开发工具 gcc，有了全新的文本编辑器 emacs 等。

开源软件对于莘莘学子来说更是一个福音，有了开源代码，他们就能自由地阅读到世界一流的代码，学习的资料极大地丰富，所学的技术与知识也能最快地站在世界的前沿；能迅速有效地将所学的理论用上，理论与实践的距离被迅速拉近，学习变成了探索，变成了一件有趣的活动。开源软件同时也极大地促进了社会经济的发展，IT 产品渐渐地不再昂贵，很多公司的产品都是来源于开源项目，人类智慧的共同合力得到了充分的体现。开源精神在大家的共同努力下不断发展，对世界产生了越来越大的影响。

# 前 言





现在IT产业已进入了后PC时代，传统的桌面PC市场已经趋于饱和，现阶段难以找到新的增长点，但随着人们更热衷于快捷方便、能随身携带的IT服务，低功耗的便携式产品成为了市场的新热点，也成为广大厂商与专业人员追捧的目标，连IT业巨头Intel都高调宣布进军嵌入式领域。开源软件也顺应时代潮流率先进入了嵌入式时代，为广大开发者提供了特性高度一致的嵌入式产品，Linux、gcc等开源软件都能在嵌入式系统中使用，而且目前还是支持硬件最多的开发工具与平台，这正适合于嵌入式硬件平台众多的特点。

为了能全面描述GNU gcc在嵌入式开发中的应用，笔者选择了Atmel出品的两款颇具代表性的嵌入式芯片，一款为低端的8位AVR单片机ATmega48，另一款为中端的32位ARM芯片AT91SAM7S64。本书对这两款芯片都讲述了使用GNU gcc开发工具进行开发的方法与过程，可以看到GNU gcc在不同硬件下的开发过程与使用方法的确是具有高度的一致性，这给学习与使用带来了很大的方便。书中还特别列举了非常实用的开源项目USBASP以及usbdrv，使读者既能对开源软件的强大功能留下深刻的印象，又能学习实际有用的东西。

写书是一项艰苦的工作，为此笔者停下了一些项目的开发工作，专心写书。在此过程中得到了家人以及很多朋友、同事的关心与帮助，在此表示衷心的感谢。首先要感谢笔者的妻子和家人，他们的支持让我能安下心来写书；特别感谢我的合作伙伴刘宾林，他给了我很多专业上的帮助；还有这些人员：董振兴、邹远菊、刘中平、谭蔚芸、陈双妹、刘冬丽、伍向阳、刘新宇等，他们都为本书作出了贡献，这里一并表示感谢。同时衷心感谢北航出版社，使本书得以顺利出版。

有兴趣的读者可以发送电子邮件到：dongwj@gzpyp.edu.cn，与作者进一步交流；也可以发送电子邮件到xdhydcd5@sina.com，与本书策划编辑进行交流。

董文军

2009年11月

# 目录


第1章 GNU gcc 概述 ………………… 1
1.1 自由软件与GNU、GPL ………… 1
1.2 gcc的发展历史及特点 ………… 2
1.3 gcc的使用简介与命令行参数说明 ………………………………… 4
1.3.1 gcc的基本用法 ………… 4
1.3.2 警告提示功能选项 ………… 7
1.3.3 库操作选项 ………………… 8
1.3.4 代码优化选项 ……………… 9
1.3.5 调试选项…………………… 10
1.3.6 交叉编译选项……………… 11
1.3.7 链接器参数选项…………… 12
1.3.8 链接器描述文件格式……… 12
1.3.9 gcc的错误类型及对策 …… 15
第2章 适合于嵌入式开发的平台 Debian ……………………………… 17
2.1 Debian概述 ………………… 17
2.2 Debian的安装 ……………… 18
2.3 Debian基本操作 …………… 25
2.3.1 桌面环境…………………… 25
2.3.2 常用应用程序……………… 26
2.3.3 文件系统管理……………… 27
2.4 Debian系统维护与软件的安装 …………………………………… 37
2.4.1 apt包管理系统的管理 …… 37
2.4.2 软件包管理与安装命令…… 38
2.4.3 dpkg底层的包管理工具 … 39
2.4.4 软件的其他安装方法……… 41
2.5 版本控制……………………… 42
2.5.1 cvs概述 …………………… 42
2.5.2 Debian中安装cvs服务器 … 42
2.5.3 cvs的基本操作 …………… 46
2.5.4 远程cvs操作……………… 54
2.5.5 cvs使用举例 ……………… 54
2.5.6 Wincvs的使用 …………… 56
第3章 makefile文件的编写 ………… 66
3.1 概 述………………………… 66
3.2 makefile的基本语法和简单实例 …………………………………… 67
3.2.1 基本语法…………………… 67
3.2.2 make命令行参数定义 …… 67
3.2.3 简单实例…………………… 71
3.3 常用命令……………………… 72
3.3.1 @命令……………………… 72
3.3.2 命令间的相互关联………… 72
3.3.3 忽略命令的错误…………… 73
3.3.4 条件判断…………………… 73
3.3.5 定义命令序列……………… 73
3.4 目标与规则…………………… 74
3.4.1 伪目标……………………… 74
3.4.2 静态目标…………………… 75
3.4.3 makefile中的常用目标…… 75
3.4.4 后缀规则…………………… 76
3.4.5 模式规则…………………… 76

3.4.6 多目标与自动推导………… 77
3.4.7 makefile 规则 ………………… 77
3.4.8 引入其他的 makefile 文件
………………………………… 80
3.5 变 量…………………………… 81
3.5.1 变量的定义………………… 81
3.5.2 与变量相关的操作符……… 82
3.5.3 变量的应用………………… 83
3.5.4 特殊变量…………………… 84
3.6 函 数…………………………… 87
3.6.1 函数的调用语法…………… 87
3.6.2 字符串处理函数…………… 88
3.6.3 文件操作函数……………… 90
3.6.4 循环函数…………………… 91
3.6.5 条件函数…………………… 92
3.6.6 其他函数…………………… 92
3.6.7 makefile 工作过程总结 …… 94
**第 4 章 gdb 调试技术** ………………… 95
4.1 概 述…………………………… 95
4.1.1 简单的调试实例…………… 96
4.1.2 gdb 启动退出与程序的加载
………………………………… 98
4.1.3 gdb 随机帮助与常用命令 … 99
4.2 gdb 常用查看命令 …………… 101
4.2.1 查看寄存器 ……………… 101
4.2.2 查看栈信息 ……………… 101
4.2.3 查看源程序 ……………… 103
4.2.4 查看源代码的内存 ……… 104
4.3 变量操作命令 ………………… 105
4.3.1 查看单个数据 …………… 105
4.3.2 输出格式 ………………… 105
4.3.3 修改变量的值 …………… 106
4.3.4 全局变量与局部变量 …… 106
4.3.5 表达式 …………………… 107
4.3.6 数 组 …………………… 107
4.3.7 查看内存 ………………… 108
4.3.8 变量自动显示 …………… 108
4.4 程序断点运行调试命令 ……… 109
4.4.1 断点操作 ………………… 109
4.4.2 观察点操作 ……………… 110
4.4.3 捕捉点操作 ……………… 110
4.4.4 重载函数的断点操作 …… 111
4.4.5 各种断点的维护 ………… 111
4.5 程序的单步调试技术 ………… 113
4.6 程序的信号调试技术 ………… 114
4.7 程序的多线程调试技术 ……… 115
4.8 程序控制命令 ………………… 116
4.8.1 跳转控制命令 …………… 116
4.8.2 函数控制命令 …………… 116
4.9 gdb 环境设置命令 …………… 117
4.9.1 运行环境设置 …………… 117
4.9.2 显示设置 ………………… 117
4.9.3 环境变量 ………………… 120
4.9.4 搜索源代码 ……………… 121
4.9.5 指定源文件的路径 ……… 121
**第 5 章 Linux 常用编辑器** …………… 122
5.1 vi 编辑器 ……………………… 122
5.1.1 概 述 …………………… 122
5.1.2 多文件操作 ……………… 126
5.1.3 光标移动命令 …………… 127
5.1.4 屏幕操作命令 …………… 129
5.1.5 寻找与替换 ……………… 131
5.1.6 vi 的基本编辑命令及操作
………………………………… 133
5.1.7 多窗口操作 ……………… 138
5.1.8 寄存器与缓冲区操作 …… 140
5.1.9 与编程开发相关操作 …… 141
5.1.10 配置设置………………… 143
5.1.11 其他编辑命令…………… 144
5.2 emacs 编辑器 ………………… 146
5.2.1 概 述 …………………… 146
5.2.2 emacs 基本知识 ………… 147
5.2.3 对目录的操作 …………… 154
5.2.4 编辑远程机器上的文件 … 157

5.2.5　光标操作 …… 157
5.2.6　基本编辑功能 …… 160
5.2.7　查找与替换 …… 163
5.2.8　多窗口操作 …… 164
5.2.9　emacs 编程语言支持功能 …… 164
5.2.10　emacs 设置 …… 172
5.2.11　版本控制 …… 174
5.2.12　随机帮助的使用 …… 177
5.2.13　emacs 的其他功能 …… 178
**第 6 章　ATmega48/88/168 硬件结构与功能** …… 179
6.1　ATmega48/88/168 概述 …… 179
6.1.1　产品特性 …… 179
6.1.2　引脚配置 …… 180
6.1.3　结构框图 …… 183
6.1.4　工作状态与 MCU 控制寄存器 …… 185
6.1.5　AVR CPU 通用工作寄存器 …… 186
6.2　存储结构 …… 186
6.2.1　ATmega48 的程序存储器映像 …… 186
6.2.2　SRAM 数据存储器 …… 187
6.2.3　EEPROM 数据存储器 …… 187
6.3　系统时钟以及选择 …… 189
6.3.1　时钟分类 …… 189
6.3.2　时钟源 …… 190
6.3.3　与系统时间相关寄存器 …… 191
6.4　电源管理与休眠模式 …… 192
6.4.1　工作模式 …… 192
6.4.2　休眠模式控制寄存器 …… 193
6.4.3　功耗最小化需要考虑的几个问题 …… 194
6.5　时间器与看门狗 …… 195
6.5.1　看门狗定时器 …… 195
6.5.2　看门狗控制寄存器 …… 195
6.5.3　看门狗安全操作时间序列 …… 196
6.5.4　看门狗熔丝位 …… 197
6.5.5　定时器的工作模式 …… 197
6.5.6　8 位 PWM 定时器 0 …… 199
6.5.7　16 位 PWM 定时器 1 …… 208
6.5.8　8 位异步操作 PWM 定时器 2 …… 216
6.6　复位与中断 …… 221
6.6.1　复　位 …… 221
6.6.2　中　断 …… 223
6.6.3　外部中断 …… 224
6.6.4　ATmega48 复位与中断向量 …… 226
6.6.5　ATmega88 复位与中断向量 …… 228
6.6.6　ATmega168 复位与中断向量 …… 231
6.6.7　I/O 端口 …… 234
6.8　串行通信接口 …… 238
6.8.1　USART 串行通信 …… 238
6.8.2　SPI 串行通信 …… 245
6.8.3　两线串行通信 …… 249
6.9　模拟比较器与模/数转换 …… 254
6.9.1　模拟比较器 …… 254
6.9.2　模/数转换器 …… 256
6.10　熔丝位以及功能 …… 259
**第 7 章　AVR-gcc 开发技术** …… 262
7.1　Debian 中的 AVR 交叉工具包 …… 262
7.1.1　AVR 交叉工具包的安装 …… 262
7.1.2　使用 Linux 平台的优势 …… 263
7.1.3　准备工作 …… 263
7.1.4　AVR gcc 编译及 makefile 的编写 …… 264
7.1.5　软件模拟调试 …… 265
7.2　AVR 的 GNU 下载工具 …… 266

7.2.1 PonyProg 下载工具 ········ 266
7.2.2 uisp 下载工具 ················ 269
7.2.3 stk200 下载线电路图 ······ 274
7.3 procyon AVRLib 的 C 语言库函数 ································· 274
7.3.1 AVRLib 的下载与安装 ··· 274
7.3.2 与 AVR 芯片内部设备相关函数 ································· 275
7.3.3 常用外部设备函数 ········ 285
7.3.4 常见通用设备的软件模拟 ·································· 297
7.3.5 通用库函数 ················ 298
7.3.6 网络库函数 ················ 305
**第 8 章 AVR 纯固件 USB 协议** ·········· 314
8.1 USB 总线协议概述 ················ 314
8.1.1 基本概念 ···················· 314
8.1.2 USB 总线状态 ················ 322
8.1.3 USB 物理层定义 ············ 323
8.1.4 USB 数据链路层定义 ······ 325
8.2 开源纯软件模拟 USB 总线协议 ··································· 331
8.2.1 纯软件 USB 协议功能特性 ·································· 331
8.2.2 硬件电路 ···················· 331
8.2.3 软件系统结构 ················ 333
8.3 纯软件 USB 应用—USBASP 下载线 ································ 345
8.3.1 USBASP 功能概述 ········ 345
8.3.2 USBASP 硬件电路 ········ 345
8.3.3 USBASP 固件程序分析 ·································· 346
8.3.4 USBASP 制作过程 ········ 347
8.3.5 USBASP 使用方法 ········ 348
**第 9 章 ARM - gcc 开发包 Procyon ARMLib** ························ 351
9.1 Atmel AT91SAM7S 系列芯片概述 ································ 351
9.1.1 AT91SAM7S 的基本特点 ···································· 351
9.1.2 AT91SAM7S 的基本结构 ···································· 353
9.1.3 ARM7TDMI 处理器概述 ···································· 355
9.1.4 存储器 ························ 356
9.1.5 外 设 ························ 358
9.1.6 定时器 ························ 358
9.1.7 外设数据传输控制器 ····· 359
9.1.8 高级中断控制器 ············ 360
9.1.9 并行输入/输出控制器······ 361
9.1.10 通信总线························ 361
9.1.11 脉宽调制控制器·············· 364
9.1.12 USB 器件端口 ·············· 365
9.1.13 模/数转换器 ················ 366
9.2 ARM 交叉工具软件包 ········ 366
9.2.1 gnuarm 概述···················· 366
9.2.2 gnuarm 应用程序 binutils ···································· 366
9.3 Procyon ARMLib 的 C 语言库函数 ·································· 388
9.3.1 ARMLib 的下载与安装 ··· 388
9.3.2 与 ARM 芯片内部设备相关函数 ································ 390
9.3.3 与 AVRLib 相同的部分 ···································· 398
9.4 OpenOCD ························ 398
9.4.1 OpenOCD 概述 ············ 398
9.4.2 OpenOCD 的安装 ········ 399
9.4.3 OpenOCD 芯片的配置文件 ···································· 400
9.4.4 OpenOCD 芯片配置命令 ··· 400
9.4.5 OpenOCD 命令 ············ 403
9.4.6 OpenOCD 应用举例 ······ 405
9.4.7 wiggler 并口 jtag ········ 408
**参考文献**······································ 409

# 第1章

# GNU gcc 概述

## 1.1 自由软件与 GNU、GPL

计算机软件作为人类的知识财富，为人类社会的发展起到了巨大的作用，但长期以来软件源码作为个人或公司的私有财产受到严格的保密，很难做到像文学艺术作品一样地进行公开的交流，很大程度上造成软件的低水平，重复劳动严重，在一定意义上制约了软件的发展。直到 1985 年由 MIT 教授理查德·斯托曼(Richard Stallman)提出应将软件源码看成人类共同拥有的知识财富，应该公开地自由交换、修改，提出了 GNU 计划(因英文名相同，GNU 的 logo 就是一只牛羚)，并建立了自由软件基金会；同时，发布了一份举足轻重的法律文件，GNU 通用公共授权书(GNU GPL，GNU General Public License)。

该授权书主要有以下几点：

① 自由软件(free software)指的是源码自由，不是价格；

② 自由软件必须附带程序源代码，但可收取费用；

③ 任何人都可以自由分发自由软件并收取费用，但必须列明原创者姓名；

④ 任何人都可以修改源代码，但必须列明修改人名字，以保护原创者名誉；

⑤ 任何人都可以采用源代码中的某一段，但其开发之软件必须也为自由软件(例如，如果 Netscap 是自由软件，而 IE 采用了其中的部份源代码，则 IE 也必须成为自由软件)；

⑥ 任何自由软件的衍生品也必须是自由软件；

⑦ 自由软件没有担保，以保护分发者。

1991 年，Richard Stallman 对授权做了微小的修改，即所谓的通用公共授权第 2 版。同时，他也推出了更宽松的通用公共授权，用于自由程序库。这一系列的授权有效地保护了自由软件不受商业软件的非法侵犯，例如，1998 年 Netscap 决定采用与 GPL 差不多的 NPL (Netscap Public Liscense)，这样一来，Microsoft 就无法将 Netscap 中的源代码运用在 IE 上，除非它们也要成为自由软件。

至此，在 GPL 下人们就可以自由交流、修改软件源码了，这一协议极大地推动了整个计算机软件行业的发展，并带来了以下明显的益处：

① 对于广大计算机软件的学习者来说，可以直接从源码中吸取营养，缩短学习的时间，提高学习的效率，少走弯路，再也不必花大量时间去看那些不知正确与否的"未解之谜"了，学习在某种程度上变成了一件轻松愉快的事情了。

② 可以集中大家的智慧发展软件，避免重复劳动。一个软件只有公开源码，通过很多人的研究才有可能发现其中深藏的错误，大家才能公开探讨相关的问题，并进行改进，在大家的共同"挑剔与监督"下才有可能编写出尽善尽美的软件来。

GPL 协议的核心就是要对源码进行公开，并且允许任何人修改源码，但是只要使用了 GPL 协议的软件源码，其衍生软件也必须公开源码，准许其他人阅读和修改源码，即 GPL 协议具有继承性。另一个问题就是 GPL 软件并非就是免费软件，这里所说的自由软件是指对软件源码的自由获得与自由使用、修改，软件开发者不但可以通过服务来收费，而且还可以通过出售 GPL 软件来获利。

适应 GPL 协议的软件一般都是自由软件，自由软件是指一件可以让用户自由复制、使用、研究、修改、分发等，而不附带任何条件的软件。

Stallman 为了停止中间人对自由软件权利的侵害，提出了 copyleft 授权，因为自由软件在发布过程中可能会有一些不合作的人通过对程序的修改而将软件变成私有软件，将程序变成 copyleft 授权。我们首先声明它是有版权的，而后加入了分发条款，这些条款是法律指导，使得任何人都拥有对这一程序代码或者任何这一程序的衍生品的使用、修改和重新发布的权力，但前提是这些发布条款不能被改变。这样在法律上，代码和自由就不可分割了。

自由软件的支持者相信，总有一天，随着自由软件的日渐成熟，自由软件终将主宰整个软件行业，人们不再受少数商业软件公司的控制，真正实现"市集式开发模式"。

## 1.2 gcc 的发展历史及特点

GNU 项目计划的主要目的是创建一个名叫 GNU's Not Unix(GNU)的完全免费的操作系统。该操作系统将包括绝大多数自由软件基金会所开发的其他软件，以对抗所有商业软件，而这个操作系统的核心(kernel)就叫 HURD。但是 GNU 在开发完全免费的操作系统上并未取得成功，直到 20 世纪 90 年代由林纳斯·本纳第克特·托瓦兹(Linus Benedict Torvalds)开发了 Linux 操作系统，GNU 才算在免费操作系统上完成了任务。

虽然 GNU 计划在开发免费操作系统上不成功，但是却成功开发几个广为流传的 GNU 软件，其中最著名的是 GNU C Complier(gcc)。这个软件成为历史上最优秀的 C 语言编译器，其执行效率与一般的编译器相比平均效率要高 20%～30%，使得那些靠贩卖编译器的公司大吃苦头，因为它们无法研制出与 gcc 同样优秀，却又完全免费、并开放源代码的编译器来。而由于它又是 copylefted，所以一旦有用户发现错误，就会通知 Richard Stallman，所以几乎每个月都可以推出新版本。然而，它还有一个十分特殊而且不同寻常的意义：几乎所有的自由软件都是通过它编译的。可以说,它是自由软件发展的基石与标杆。现在,gcc 已经可以支持 7 种编程语言和 30 种编程结构,是学术界最受欢迎的编译工具。其他 GNU 软件还包括 GNU emacs、GNU Debugger(GDB)、GNU Bash 以及大部分 Linux 系统的程序库和工具等。

目前,gcc 已发展到了 4.0 的版本,几乎所有开源软件和自由软件中都会用到,因此它的编译性能会直接影响到 Linux、Firefox、OpenOffice.org、Apache 以及一些数不清的小项目的开发。gcc 无疑处在开源软件的核心地位。

作为自由软件的旗舰项目,Richard Stallman 在十多年前刚开始写作 gcc 的时候,还只是把它当作一个 C 程序语言的编译器;gcc 的意思也只是 GNU C Compiler 而已。经过这么多年的发展,gcc 已经不仅仅能支持 C 语言,它现在还支持 Ada、C++、Java、Objective C、Pascal、COBOL 以及函数式编程和逻辑编程的 Mercury 语言等。因此,现在的 gcc 已经变成了 GNU Compiler Collection,也即是 GNU 编译器家族的意思了。这个名称同时也说明了 gcc 对于各种硬件平台无所不在的支持,甚至包括一些生僻的硬件平台。

gcc 不仅功能非常强大,结构也异常灵活。最值得称道的一点就是,它可以通过不同的前端模块来支持各种语言,如 Java、Fortran、Pascal、Modula-3 和 Ada 语言等。

在使用 gcc 编译程序时,编译过程可以被细分为 4 个阶段:

- 预处理(Pre-Processing);
- 编译(Compiling);
- 汇编(Assembling);
- 链接(Linking)。

程序员可以根据自己的需要让 gcc 在编译的任何阶段结束,以检查或使用编译器在该阶段的输出信息,或者对最后生成的二进制文件进行控制,以便通过加入不同数量和种类的调试代码来为今后的调试做好准备。和其他常用的编译器一样,gcc 也提供了灵活而强大的代码优化功能,利用它可以生成执行效率更高的代码。

gcc 提供了 30 多条警告信息和 3 个警告级别,有助于增强程序的稳定性和可移植性。此外,gcc 还对标准的 C 和 C++语言进行了大量扩展,提高了程序的执行效率,有助于编译器进行代码优化,能够减轻编程的工作量。

如果没有给出可执行文件的名字,gcc 将生成一个名为 a.out 的文件。在 Linux 系统中,可执行文件没有统一的后缀,系统从文件的属性来区分可执行文件和不可执行文件,而 gcc 则通过后缀来区别输入文件的类别。下面我们来介绍 gcc 所遵循的部分约定规则。

.c 为后缀的文件,是 C 语言源代码文件;

.a 为后缀的文件,是由目标文件构成的档案库文件;

.C、.cc、.cpp、.C++、.cp 或.cxx 为后缀的文件,是 C++源代码文件;gcc 支持 C++语言,可以根据这些 C++文件的后缀自动使用 C++语法进行编译;

.h 为后缀的文件,是程序所包含的头文件;

.i 为后缀的文件,是已经预处理过的 C 源代码文件;

.ii 为后缀的文件,是已经预处理过的 C++源代码文件;

.m 为后缀的文件,是 Objective-C 源代码文件;

.o 为后缀的文件,是编译后的目标文件;

.s 为后缀的文件,是汇编语言源代码文件;

.S 为后缀的文件,是经过预编译的汇编语言源代码文件。

gcc 首先调用 cpp 进行预处理,在预处理过程中,对源代码文件中的文件包含(include)、预编译语句(如宏定义 define 等)进行分析。接着调用 cc1 进行编译,这个阶段根据输入文件生成以.o 为后缀的目标文件。汇编过程就是针对汇编语言的步骤,调用 as 进行工作,一般来讲,.S 为后缀的汇编语言源代码文件和.s 为后缀的汇编语言文件经过预编译和汇编之后都生成以.o 为后缀的目标文件。当所有的目标文件都生成之后,gcc 就调用 ld 来完成最后的关键性工作,这个阶段就是链接。在链接阶段,所有的目标文件被安排在可执行程序中的恰当位置,同时,该程序所调用到的库函数也从各自所在的库中连到合适的地方。



gcc 是整个协作软件开发理念的基础,时至今日,gcc 的使用范围已不仅仅限于 Linux 平台,而是扩展到了包括 Windows 在内的很多平台。这样,gcc 性能的高低,还关系到许多专有软件的核心竞争力。

## 1.3 gcc 的使用简介与命令行参数说明

### 1.3.1 gcc 的基本用法

使用 gcc 编译器时,必须给出一系列必要的调用参数和文件名称。不同参数的先后顺序对执行结果没有影响,只有在使用同类参数时的先后顺序才需要考虑。如果使用了多个-L 的参数来定义库目录,gcc 会根据多个-L 参数的先后顺序来执行相应的库目录。因为很多 gcc 参数都由多个字母组成,所以 gcc 参数不支持单字母的组合,Linux 中常被叫短参数(short options),如-dr 与-d -r 的含义是不一样。gcc 编译器的调用参数大约有 100 多个,其中多数参数我们可能根本就用不到,这里只介绍其中最基本、最常用的参数。

gcc 最基本的用法是:

gcc [options] [filenames]

其中,options 就是编译器所需要的参数,filenames 给出相关的文件名称,最常用的有以下参数。

-c,只编译,不链接成为可执行文件。编译器只是由输入的.c 等源代码文件生成.o 为后缀的目标文件,通常用于编译不包含主程序的子程序文件。

-o output_filename,确定输出文件的名称为 output_filename。同时这个名称不能和源文件同名。如果不给出这个选项,gcc 就给出默认的可执行文件 a. out。

-g,产生符号调试工具(GNU 的 gdb)所必要的符号信息。要想对源代码进行调试,就必须加入这个选项。

-O,对程序进行优化编译、链接。采用这个选项,整个源代码会在编译、链接过程中进行优化处理,这样产生的可执行文件的执行效率可以提高,但是编译、链接的速度就相应地要慢一些,而且对执行文件的调试会产生一定的影响,造成一些执行效果与对应源文件代码不一致等一些令人"困惑"的情况。因此,一般在编译输出软件发行版时使用此选项。

-O2,比-O 更好的优化编译、链接。当然整个编译、链接过程会更慢。

-Idirname,将 dirname 所指出的目录加入到程序头文件目录列表中,是在预编译过程中使用的参数。C 程序中的头文件包含两种情况:

#include <stdio. h>

#include"stdio. h"

其中,前者使用尖括号(< >),后者使用双引号("")。对于前者,预处理程序 cpp 在系统默认包含文件目录(如/usr/include)中搜寻相应的文件;而对于后者,cpp 在当前目录中搜寻头文件,这个选项的作用是告诉 cpp,如果在当前目录中没有找到需要的文件,就到指定的 dirname 目录中去寻找。在程序设计中,如果需要的这种包含文件分别分布在不同的目录中,就需要逐个使用-I 选项给出搜索路径。

-Ldirname,将 dirname 所指出的目录加入到程序函数库文件的目录列表中,是在链接过程中使用的参数。在默认状态下,链接程序 ld 在系统的默认路径中(如/usr/lib)寻找所需要的库文件。这个选项告诉链接程序,首先到-L 指定的目录中去寻找,然后到系统默认路径中寻找;如果函数库存放在多个目录下,就需要依次使用这个选项,给出相应的存放目录。

-lname,链接时装载名为 libname. a 的函数库。该函数库位于系统默认的目录或者由-L 选项确定的目录下。例如,-lm 表示链接名为 libm. a 的数学函数库。

假定有一个程序名为 test. c 的 C 语言源代码文件,要生成一个可执行文件。

清单 1:test. c

```
#include < stdio.h>
int main(void)
{
printf ("Hello world, Linux programming! \n");
return 0;
}
```

最简单的办法就是:

gcc test. c -o test

首先,gcc 需要调用预处理程序 cpp,由它负责展开在源文件中定义的宏,并向其中插入

“#include”语句所包含的内容；接着，gcc 调用 ccl 和 as，将处理后的源代码编译成目标代码；最后，gcc 调用链接程序 ld，把生成的目标代码链接成一个可执行程序。因此，默认情况下，预编译、编译链接一次完成。

编译过程的分步执行：

为了更好地理解 gcc 的工作过程，我们可以让在 gcc 工作的 4 个阶段中的任何一个阶段中停止下来。相关的参数有：

-E 预编译后停下来，生成后缀为.i 的预编译文件；

-S 汇编后停下来，生成后缀为.s 的汇编源文件；

-c 编译后停下来，生成后缀为.o 的目标文件。

可以把上述编译过程分成几个步骤单独进行，并观察每步的运行结果。第 1 步是进行预编译，使用-E 参数可以让 gcc 在预处理结束后停止编译过程：

```
# gcc -E test.c -o test.i
```

gcc 执行到预编译后停下来，生成 test.i 的预编译文件。此时若查看 test.i 文件中的内容，会发现 stdio.h 的内容确实都插到文件里去了，而其他应当被预处理的宏定义也都做了相应的处理。下一步是将 test.i 编译为目标代码，这可以通过使用-c 参数来完成：

```
# gcc -c test.c -o test.o
```

gcc 执行到编译后停下来，生成 test.o 的目标文件：

```
# gcc -S test.c -o test.s
```

gcc 执行到汇编后停止，生成 test.s 的汇编源文件，这是一个非常重要的中间文件。因为在嵌入式系统中，受系统硬件资源的限制往往对目标文件的执行效率、文件大小都有要求，通过人工查看汇编源文件有时往往可以找到问题所在进行人工优化。

最后一步是将生成的目标文件链接成可执行文件：

```
# gcc test.o -o test
```

对于稍为复杂的情况，比如有多个源代码文件、需要链接库或者有其他比较特别的要求，就要给定适当的调用选项参数。再看一个简单的例子。

整个源代码程序由两个文件 testmain.c 和 testsub.c 组成，程序中使用了系统提供的数学库(所有与浮点相关的数学运算都必须使用数学库，这一点初学者往往忽略，以为与 Windows 下 C 语言一致，结果往往在作浮点运算时，如三角函数运算，编译执行没有任何错误，但却得不到正确的结果)，同时希望给出的可执行文件为 test，这时的编译命令可以是：

```
gcc testmain.c testsub.c -lm -o test
```

其中，-lm 表示连接系统的数学库 libm.a。

在编译一个包含许多源文件的工程时，若只用一条 gcc 命令来完成编译是非常浪费时间的。假设项目中有 100 个源文件需要编译，并且每个源文件中都包含 10 000 行代码，如果像上面那样仅用一条 gcc 命令来完成编译工作，那么 gcc 需要将每个源文件都重新编译一遍，然后再全部链接起来。很显然,这样浪费的时间相当多,尤其是当用户只是修改了其中某个文件的时候,完全没有必要将每个文件都重新编译一遍,因为很多已经生成的目标文件是不会改变的。要解决这个问题,需要借助像 make 这样的工具(将在第 3 章详细讲述)。

## 1.3.2 警告提示功能选项

gcc 包含完整的出错检查和警告提示功能,它们可以帮助 Linux 程序员写出更加专业的代码。

1) -pedantic 选项

当 gcc 在编译不符合 ANSI/ISO C 语言标准的源代码时,产生相应的警告信息。

例如:

illcode.c 清单:

```
#include < stdio.h>
void main(void)
{
long long int var = 1;
printf("It is not standard C code!n");
}
```

它有以下问题:

- main 函数的返回值被声明为 void,但实际上应该是 int;
- 使用了 GNU 语法扩展,即使用 long long 来声明 64 位整数,不符合 ANSI/ISO C 语言标准;
- main 函数在终止前没有调用 return 语句。

使用命令行:gcc -pedantic illcode.c -o illcode,则编译将产生以下错误信息:

```
illcode.c:In function 'main':
illcode.c:4:warning:ISO C89 does not support 'long long'
illcode.c:3:warning:return type of 'main' is not 'int'
```

2) -Wall 选项

除了-pedantic 之外,gcc 还有一些其他编译选项,也能够产生有用的警告信息。这些选项大多以-W 开头。其中最有价值的当数-Wall 了,使用它能够使 gcc 产生尽可能多的警告信息:

```
# gcc -Wall illcode.c -o illcode
illcode.c:3:warning:return type of 'main' is not 'int'
illcode.c:In function 'main':
illcode.c:4:warning:unused variable 'var'
```

gcc 给出的警告信息虽然从严格意义上说不能算作错误,但却很可能成为错误来源。一个优秀的程序员应该尽量避免产生警告信息,使自己的代码始终保持简洁、优美和健壮的特性。

gcc 给出的警告信息是很有价值的,它们不仅可以帮助程序员写出更加健壮的程序,而且还是跟踪和调试程序的有力工具。建议在用 gcc 编译源代码时始终带上-Wall 选项,并把它逐渐培养成为一种习惯,这对找出常见的隐式编程错误很有帮助。

3) -Werror 选项

在处理警告方面,另一个常用的编译选项是-Werror。它要求 gcc 将所有的警告当成错误进行处理,这在使用自动编译工具(如 Make 等)时非常有用。如果编译时带上-Werror 选项,那么 gcc 会在所有产生警告的地方停止编译,迫使程序员对自己的代码进行修改。只有当相应的警告信息消除时,才可能将编译过程继续朝前推进。

4) -Wcast-align 选项

当源程序中地址不需要对齐的指针指向一个地址需要对齐的变量地址时,则产生一个警告,例如,"char *"指向一个"int *"地址,而通常在机器中 int 变量类型是需要地址能被 2 或 4 整除的对齐地址。

此外,常用的选项还有:



-v 输出 gcc 工作的详细过程;

--target-help 显示目前所用的 gcc 支持 CPU 类型;

-Q 显示编译过程的统计数据和每一个函数名。

### 1.3.3 库操作选项

在 Linux 下开发软件时,完全不使用第三方函数库的情况是比较少见的,通常来讲都需要借助一个或多个函数库的支持才能够完成相应的功能。从程序员的角度看,函数库实际上就是一些头文件(.h)和库文件(.so 或者.a)的集合。虽然 Linux 下的大多数函数都默认将头文件放到/usr/include/目录下,而库文件则放到/usr/lib/目录下,但并不是所有的情况都是这样。正因如此,gcc 在编译时必须有自己的办法来查找所需要的头文件和库文件。常用的有:

**(1) -I 选项**

可以向 gcc 的头文件搜索路径中添加新的目录。例如,如果在/home/dong/include/目录下有编译时所需要的头文件,为了让 gcc 能够顺利地找到它们,就可以使用-I 选项:

```
# gcc foo.c -I /home/xiaowp/include -o foo
```

**(2) -L 选项**

如果使用了不在标准位置的库文件,那么可以通过-L 选项向 gcc 的库文件搜索路径中添加新的目录。例如,如果在/home/dong/lib/目录下有链接时所需要的库文件 libfoo.so,为了让 gcc 能够顺利地找到它,可以使用下面的命令:

```
# gcc foo.c -L /home/xiaowp/lib -lfoo -o foo
```

**(3) -l 选项**

Linux 下的库文件在命名时有一个约定,那就是应该以 lib 这 3 个字母开头,由于所有的库文件都遵循了同样的规范，因此在用-l 选项指定链接的库文件名时可以省去 lib 这 3 个字母。也就是说，gcc 在对-lfoo 进行处理时，会自动去链接名为 libfoo.so 的文件。

**(4) -static 选项**

Linux 下的库文件分为两大类，分别是动态链接库（通常以.so 结尾）和静态链接库（通常以.a 结尾），两者的差别仅在程序执行时所需的代码是在运行时动态加载的，还是在编译时静态加载的。默认情况下，gcc 在链接时优先使用动态链接库，只有当动态链接库不存在时才考虑使用静态链接库；如果需要的话可以在编译时加上-static 选项，强制使用静态链接库。例如，如果在/home/dong/lib/目录下有链接时所需要的库文件 libfoo.so 和 libfoo.a，为了让 gcc 在链接时只用到静态链接库，可以使用下面的命令：

```
# gcc foo.c -L /home/dong/lib -static -lfoo -o foo
```

**(5) -shared 选项**

生成一个共享的目标文件，它能够与其他的目标一起链接生成一个可执行的文件。例如：

1) 生成目标文件

```
$ gcc -Wall -c -fpic file1.c file2.c file3.c
```

-fpic：指定生成的.o 目标文件可被重定址；pic 是 position independent code 的缩写，位置无关代码。

2) 生成动态库文件

```
$ gcc -shared -o libNAME.so file1.o file2.o file3.o
```

上述的两条命令可以合并为：

```
$ gcc -Wall -shared -fpic -o libNAME.so file1.c file2.c file3.c
```

生成动态库之后就能在编译新程序时使用动态库编译成一个可执行文件，但需要注意的是，gcc 默认加载动态库文件所在目录为/usr/local/lib 或/usr/lib。如果所使用的动态库不在这两个目录下，执行文件时将出现以下错误提示：

```
error while loading shared libraries: libhello.so:
cannot open shared object file: No such file or directory
```

因此，必须将动态库加到这两个目录中，或者将动态库所在的目录增加到动态库搜索目录中去。

```
export LD_LIBRARY_PATH=动态库所在目录:$LD_LIBRARY_PATH
```

## 1.3.4　代码优化选项

代码优化指的是编译器通过分析源代码，找出其中尚未达到最优的部分，然后对其重新组合，目的是改善程序的执行性能。

1) -On 选项：

gcc 提供的代码优化功能非常强大，它通过编译选项-On 来控制优化代码的生成，其中 n

是一个代表优化级别的整数。对于不同版本的 gcc 来讲，n 的取值范围及其对应的优化效果可能并不完全相同，比较典型的范围是 0～2 或 3。

编译时使用选项-O 要求 gcc 同时减小代码的长度和执行时间，其效果等价于-O1。在这一级别上能够进行的优化类型虽然取决于目标处理器，但一般都会包括线程跳转(Thread Jump)和延迟退栈(Deferred Stack Pops)两种优化。选项-O2 告诉 gcc 除了完成所有-O1 级别的优化之外，同时还要进行一些额外的调整工作，如处理器指令调度等。选项-O3 则除了完成所有-O2 级别的优化之外，还包括循环展开和其他一些与处理器特性相关的优化工作。通常来说，数字越大优化的等级越高，同时也就意味着程序的运行速度越快。许多 Linux 程序员都喜欢使用-O2 选项，因为它在优化长度、编译时间和代码大小之间，取得了一个比较理想的平衡点。

2) -Os 选项

对目标文件的大小进行优化。

3) -O0 选项

不进行优化。



4) -s 选项

从执行文件中删除符号表与重定向信息，这可以减少执行文件的尺寸。

优化虽然能够给程序带来更好的执行性能，但在如下一些场合中应该避免优化代码：

- 程序开发的时候优化等级越高，消耗在编译上的时间就越长，因此在开发的时候最好不要使用优化选项，只有到软件发行或开发结束的时候，才考虑对最终生成的代码进行优化。
- 资源受限的时候一些优化选项会增加可执行代码的体积，如果程序在运行时能够申请到的内存资源非常紧张(如一些实时嵌入式设备)，那就不要对代码进行优化，因为由此带来的负面影响可能会产生非常严重的后果。
- 跟踪调试的时候若对代码进行优化，则某些代码可能被删除或改写，或者为了取得更佳的性能而进行重组，从而使跟踪和调试变得异常困难。很多初学者在使用 gdb 进行调试程序时就因为在编译时使用了优化功能，造成无法对相关的内存单元进行观察与读写，或者程序没有根据设计要求而转向一些莫名其妙的地方，甚至是有些指令可能根本不被执行，或者有些指令在其他地方被执行。其实这都是 gcc 编译优化的结果，并非病毒或其他原因造成的。

### 1.3.5 调试选项

一个功能强大的调试器不仅为程序员提供了跟踪程序执行的手段，而且还可以帮助程序员找到解决问题的方法。对于 Linux 程序员来讲，gdb(GNU Debugger)通过与 gcc 的配合使用，为基于 Linux 的软件开发提供了一个完善的调试环境。常用的有：

1) -g 和-ggdb 选项

默认情况下，gcc 在编译时不会将调试符号插入到生成的二进制代码中，因为这样会增加可执行文件的大小。如果需要在编译时生成调试符号信息，可以使用 gcc 的-g 或者-ggdb 选项。

gcc 在产生调试符号时，同样采用了分级的思路，开发人员可以通过在-g 选项后附加数字 1、2 或 3 来指定在代码中加入调试信息的多少。默认的级别是 2(-g2)，此时产生的调试信息包括扩展的符号表、行号、局部或外部变量信息。级别 3(-g3)包含级别 2 中的所有调试信息以及源代码中定义的宏。级别 1(-g1)不包含局部变量和与行号有关的调试信息，因此只能够用于回溯跟踪和堆栈转储。回溯跟踪指的是监视程序在运行过程中的函数调用历史，堆栈转储则是一种以原始的十六进制格式保存程序执行环境的方法，两者都是经常用到的调试手段。

需要注意的是，使用任何一个调试选项都会使最终生成的二进制文件的大小急剧增加，同时增加程序在执行时的开销，因此调试选项通常仅在软件的开发和调试阶段使用。

2) -p 和-pg 选项

gcc 支持的其他调试选项还包括-p 和-pg，它们会将剖析(Profiling)信息加入到最终生成的二进制代码中。剖析信息对于找出程序的性能瓶颈很有帮助，是协助 Linux 程序员开发出高性能程序的有力工具。在编译时加入-p 选项会在生成的代码中加入通用剖析工具(Prof)能够识别的统计信息，而-pg 选项则生成只有 GNU 剖析工具(Gprof)才能识别的统计信息。

3) -save-temps 选项

保存编译过程中生成的一系列中间文件。

```
# gcc test.c -o test -save-temps
```

除了生成执行文件 test 之外，还保存了 test.i 和 test.s 中间文件，供用户查询调试。

## 1.3.6 交叉编译选项

通常情况下使用 gcc 编译的目标代码都与读者使用的机器是一致的，但 gcc 也支持交叉编译的功能，能够编译其他不同 CPU 的目标代码，很显然这也是本书的目的之一，使用 gcc 来开发嵌入式系统；而我们几乎都是以通用的 PC 机(X86)平台来作宿主机，通过 gcc 的交叉编译功能完成对其他嵌入式 CPU 的开发任务。因此需要将有关 gcc 所支持的交叉编译参数加以说明。

-b 选项：定义目标机器。

-V 选项：定义所执行的 gcc 版本号，在同一台机器中可以装有多个版本的 gcc，此参数可以定义 gcc 执行特定的版本，而不是只执行最新版的 gcc。这对交叉编译功能很有用，因为有些交叉编译器可能需要特定版本的 gcc 支持。交叉编译器所支持的 CPU 类型和所需要的 gcc 版本号可以从目录/usr/local/lib/gcc-lib/machine/version 中查到。当然交叉编译的 gcc 编译器也可以命令为其他的名字，如 arm-elf，这样就不需要使用-V 来定义 gcc 的版本号了。

-m 选项：定义一个 CPU 家族内的型号。

## 1.3.7 链接器参数选项

下面介绍是链接器 ld 所需要的参数。因为链接器是被隐含调用的，所以也在 gcc 命令行中被输入，注意以下参数并非 gcc 的参数，而是被隐含调用的 ld 程序的参数。

1) -Map mapfile

指定内存分配映象文件名，通常用 map 作为文件的后缀。因为没有操作系统支持的嵌入式系统所有的内存都由开发者管理，通过此文件开发者可以了解到自己程序占用内存的情况。

2) --cref

生成交叉引用表，如果能生成 map 文件，则交叉引用表存在 map 文件最后；否则，将从标准输出设备中输出。

3) -Tscriptfile

使用连接描述文件来代替默认的链接描述。这一点对于嵌入式开发尤其重要，因为对于嵌入式 CPU 而言，不同的厂商对内存的映射有所不同，生成装载目标文件时所对应的内存地址与空间也不一样，这都需要开发者自己编写相应的链接描述文件对代码段、数据段地址进行定义。如果在当前目录找不到所定义的描述文件，链接器将到参数-L 所定义的目录中进行搜索。

这里简要介绍了 gcc 编译器最常用的功能和主要参数选项，因为 gcc 所支持的参数太多，无法一一列举说明，详细的资料可以参看 Linux 系统的联机帮助。

## 1.3.8 链接器描述文件格式

每一个链接都是根据一个由链接器命令语言书写的链接描述文件来工作的。链接描述的主要目的是描述输入文件的段(section)如何映射到输出文件中去，同时控制输出文件的内存布局。如果不指定链接描述文件，则链接器使用其默认的描述文件。默认的描述文件已经被编译到链接器的执行文件中。缺少描述文件的执行情况可以使用链接器 ld 的选项--verbose 从屏幕上看到。

输入文件与输出文件由很多段组成，每一段都由名字与段尺寸大小组成。大部分段都有一个附加的数据，如果段被标志为 loadable，则意味着这段内容在程序运行时将加载到内存中，即在内存中将开辟一段空闲以供使用。每一个 loadable 与 allocatable 段都有两个地址：一个为 VMA(虚拟内存地址)，这个是程序运行时此段的地址。另一个为 LMA(加载地址)，这个是程序加载时此段的地址。大部分情况下这两个地址相同。有一种不同情况是：数据加载进入 ROM，然后再复制到 RAM 中。这时 ROM 中的地址叫 LMA，RAM 中地址的是 VMA。可以通过 objdump -h 执行文件了解其中的段详情。

每一个目标文件都有一个符号列表，可以通过命令 objdump -t 执行文件名了解其中的符号详情，或者使用 nm ＜执行文件名＞。

链接描述文件是一个文本文件。描述文件由一条条命令构成，每条命令之间使用分号作为分隔。如果文件名字串中包含逗号，为避免被当成分隔符，文件应该使用双引号括起来。注释使用/ *  * /。

下面介绍一个简单的链接描述文件的例子。

最简单的描述是只使用SECTION来描述内存的布局。

假设程序由3部分组成:代码段(. text)、需要初始化的数据段(. data)、不需要初始化的数据段(. bss)。再假设代码段加载到地址0x10000,数据段加载到地址0x8000000,则其描述文件如下:

```
SECTIONS
 {
   . =  0x10000;
   .text:{ * (.text) }
   . =  0x8000000;
   .data:{ * (.data) }
   .bss:{ * (.bss) }
 }
```



注意,SECTIONS关键后面要设置特殊符号"."的值,这是一个本地计数器,其初始为0。"*"为通配符,匹配所有的文件名。例如,表达式 *(. text)表示所有输入文件中的". text"。". text:"是定义输出文件的,这时输出文件的. text会被定义到0x10000。

1) ENTRY(SYMBOL)

设置程序入口。链接程序共有4种方法设计程序入口,依次为:

命令行的-e选项;

ENTRY(SYMBOL);

. text第一个字节的地址;

地址0。

2) 处理文件的命令

| | |
|---|---|
| \`INCLUDE FILENAME' | |
| \`INPUT(FILE, FILE, ...)' | 包含在命令行上需要的文件,以免在命令行中输入。 |
| \`GROUP(FILE, FILE, ...)' | |
| \`OUTPUT(FILENAME)' | 与命令行使用-o的参数是一样的。 |
| \`SEARCH_DIR(PATH)' | 与命令行使用-L参数是一样的。 |
| \`STARTUP(FILENAME)' | 与INPUT命令一样,只不过这是第1个被连接的文件,适合于有固定入口程序代码的情况。 |
| \`OUTPUT_FORMAT(DEFAULT, BIG, LITTLE)' | 与命令行选项-EB、-EL相同。 |
| EXCLUDE_FILE ( * crtend. o  * otherfile. o) | 除文件 * crtend. o、* otherfile. o以外的文件。 |

3) 赋值与段定义

可以使用C语言的赋值操作给符号赋值。为避免与函数名冲突,链接器使用了一个

PROVIDE 来定义符号，即使与 C 语言函数名相同也不会出现错误。语法格式：

'PROVIDE(SYMBOL = EXPRESSION)'

SECTIONS 命令告诉链接器如何将输入文件中的段映射到输出，以及如何将输入映射到内存中。SECTIONS 可以包含以下内容：ENTRY 命令，符号分配，输出段描述，扩展描述。如果在描述中没有定义段描述，则链接程序将输入文件中的段原封不动地按顺序输出到输出文件中去。例如：

. text . :{ *(. text) }　将输出的 text 段地址设为当前本地计数器的值。

. text:{ *(. text) }　也是将输出的 text 段设为当前本地计数器的值，但是要作地址对齐处理。

4) 输入命令

从 map 文件中可以看到段是如何从输入到输出的映射的。例如：

```
SECTIONS {
  outputa 0x10000:
    {
    all.o
    foo.o (.input1)
    }
  outputb:
    {
    foo.o (.input2)
    foo1.o (.input1)
    }
  outputc:
    {
    * (.input1)
    * (.input2)
    }
}
```



读入 all. o 的所有段与 foo. o 的. input1 段到输出段 outputa，outputa 的地址从 0x10000 开始，foo. o 的. input2 段和 foo1. o 的. input1 段输出到段 outputb，剩余的输出到 outputc。

5) 输出命令

输出部分的'NOLOAD'属性表示程序运行时不被加载到内存中去。VMA 与 LMA 通常是相等的，但是可以通过 AT 命令进行修改。例如：

```
SECTIONS
  {
  .text 0x1000:{ * (.text) _etext = . ; }
  .mdata 0x2000:
    AT ( ADDR (.text) + SIZEOF (.text) )
    { _data = . ; * (.data); _edata = . ; }
   .bss 0x3000:
```

```
    { _bstart = . ;  * (.bss) * (COMMON) ; _bend = . ;}
}
```

也可以通过“>”定义段地址到前面已经定义过的区域。例如：

```
MEMORY { rom:ORIGIN = 0x1000, LENGTH = 0x1000 }
SECTIONS { ROM:{ * (.text) } > rom }
```

6) MEMORY 命令

用于定义目标板内存的分配与大小，定义哪些内存是链接程序可以使用的，哪些是应该避免使用的。当内存空间满了时，链接程序报警。

语法格式：

```
MEMORY
  {
    NAME [(ATTR)]:ORIGIN = ORIGIN, LENGTH = LEN
    ...
  }
```

ATTR 属性可以是‘R’只读，‘W’只写，‘X’可执行，‘A’可分配的，‘I’初始化段，‘L’同‘I’，‘!’将属性取反。例如：

```
MEMORY
  {
    rom (rx)  :ORIGIN = 0, LENGTH = 256K
    ram (! rx):org = 0x40000000, l = 4M
  }
```

7) 内建函数

| | |
|---|---|
| `ABSOLUTE(EXP)' | 返回表达式的绝对值 |
| `ADDR(SECTION)' | 返回 VMA 的绝对地址 |
| `ALIGN(EXP)' | 返回当前本地计数器所对齐的下一个边界地址 |
| `DEFINED(SYMBOL)' | 判断此符号是否被定义 |
| `LOADADDR(SECTION)' | 返回段的 LMA 绝对地址 |
| `MAX(EXP1, EXP2)' | 返回较大的 |
| `MIN(EXP1, EXP2)' | 返回较小的 |
| `SIZEOF(SECTION)' | 返回段尺寸 |

## 1.3.9 gcc 的错误类型及对策

gcc 编译器如果发现源程序中有错误就无法继续进行，也无法生成最终的可执行文件。为了便于修改，gcc 给出错误信息我们必须对这些错误信息逐个分析、处理，并修改相应的代码，才能保证源代码的正确编译链接。gcc 给出的错误信息一般可以分为 4 大类，下面分别讨论其产生的原因和对策。

1）第 1 类：C 语法错误

错误信息：文件 source.c 中第 n 行有语法错误（syntax error）。这是基本的错误类型，一般都是 C 语言的语法错误，应该仔细检查源代码文件中第 n 行以及该行之前、之后的代码，有时也需要对该文件所包含的头文件进行检查。有些情况下，即使一个很简单的语法错误，gcc 也会给出一大堆错误。最主要的是要保持清醒的头脑，不要被吓倒，必要的时候再参考一下 C 语言的基本教材。

2）第 2 类：头文件错误

错误信息：找不到头文件 head.h（Can not find include file head.h）。这类错误是源代码文件中的包含头文件有问题，可能的原因有头文件名错误、指定的头文件所在目录名错误等，也可能是错误地使用了双引号和尖括号。

3）第 3 类：库文件错误

错误信息：链接程序找不到所需的函数库，例如：

ld:-lm:No such file or directory

这类错误是与目标文件相链接的函数库有错误，可能的原因是函数库名错误、指定的函数库所在目录名称错误等。检查的方法是使用 Linux 命令行的 find 命令在可能的目录中寻找相应的函数库名，确定库文件及目录的名称，并修改程序以及编译选项中的名称。

4）第 4 类：未定义符号

错误信息：有未定义的符号（Undefined symbol）。这类错误是在链接过程中出现的，可能有两种原因：一是使用者自己定义的函数或者全局变量所在源代码文件，没有被编译、链接，或者干脆还没有定义，这需要使用者根据实际情况修改源程序，给出全局变量或者函数的定义体；二是未定义的符号是一个标准的库函数，在源程序中使用了该库函数，而链接过程中还没有给定相应函数库的名称，或者是该库文件的目录名称有问题，这时需要使用库维护命令 ar 检查我们需要的库函数到底位于哪一个函数库中，确定之后修改 gcc 链接选项中的-l 和-L 项。

排除编译、链接过程中的错误，应该说只是程序设计中最简单、最基本的一个步骤，可以说只是开了个头。这个过程中的错误，大都是一些因我们对 C 语言不熟练或者是笔误造成的，是比较容易排除的。程序完成后在运行过程中所出现的问题是算法或者说是逻辑错误，才是编程过程中真正难以解决、需要花费大量时间与精力来学习与提高的，而这一切与基本的 C 语言的语法关系不大，因此学习程序设计真正的功夫不在所用开发语言语法本身，而在于对要解决问题的理解和相应的经验，甚至是一些必不可少的数学知识。这种关系就好像学习英语只会语法是不能用英语来流利的交谈的，只有对英文词汇有了深刻的理解与体会，才能真正用好英文，正确表达自己的意思。解决实际问题，而要达到这个目的需要长时间的努力与积累。

# 第2章

# 适合于嵌入式开发的平台 Debian

## 2.1 Debian 概述

1993 年,伊恩·默多克(Ian Murdock)发起来 Debian 计划。Debian GNU/Linux 是指一个 Linux 操作系统发行版和在它上运转的许多包的集合,和其他大多数商业 Linux 发行版本相比,Debian 算是一个元老级的 Linux 发行版本了。Debian 的名字来源于 Deb 和 Ian Murdock,Ian 是 Debian 的创始人,Debra 是他的妻子。Debian GNU/Linux 是一套自由的 Linux 系统。Debian Linux 并不是某一个公司的产品,而是一个完全由开源社区组织建立维护的 Linux 发行版本,开发模式与 Linux 及其他开放性源代码操作系统的精神一致,经过多年的成长,那群由自由软件基金会资助并受 GNU 理念影响的爱好者已经演变成一个拥有大约 900 位 Debian 开发人员的组织。Debian 致力于自由软件事业,以其非盈利的性质、开放式的开发模式,在诸多 Linux 发行版本中,独树一帜。因此,Debian 一直被认为是最符合开源精神的发行版本,也是最受开源社区爱好者欢迎的 Linux 发行版本之一。

在 Debian 组织内部有一套很特别的 Distribution 等级制度,分别是 stable、testing、unstable。已使用过的发行版代号有:buzz for release 1.1、rex for release 1.2、bo for releases 1.3.x、hamm for release 2.0、slink for release 2.1、potato for release 2.2、woody for release 3.0 和 sarge for release 3.1,其代号名称均出自动画片《玩具总动员》。目前最新的版本已经到 4.0,支持 64 位 X86 体系的 CPU。

Debian GNU/Linux 具有以下特点:

- 灵活性:Debian 目前有超过 15 400 个软件包,且为用户提供了选择软件包安装的工具,在任何 Debian 镜像站点都可以找到关于当前软件包的列表和描述。整个系统或其一部分可以在不需重新设置、不丢失配置文件、多数情况不须重启的情况下升级。现有的许多 Linux 发行版都有自己的软件包管理系统,Debian 的软件包管理系统是独一无二的。
- 自由使用和分发:使用和分发无需任何费用,Debian GNU/Linux 的所有正式软件都是遵循 GNU 的通用公共许可证的。

- Debian FTP 包含大约 450 个受限制可分发的软件包（在 non-free 和 contrib 部分）。
- 动态更新：大约有 1 600 位志愿者经常开发新的或改进代码，因此 Debian 更新非常快。
- Debian GNU/Linux 包含所有程序的完整源代码，因此可以在所有 Linux 内核支持的硬件系统上运行。

所支持的硬件平台：

- i386：指基于 Intel 和兼容处理器的 PC 机，包括 Intel 的 386、486、Pentium、Pentium Pro、Pentium II（Klamath 和 Celeron）和 Pentium III，以及 AMD、Cyrix 等制造的兼容处理器。
- m68k：指基于 Freescale 680x0 的 Amiga 和 ATARI 系列。
- alpha：指 Compaq/Digital 的 Alpha 系统。
- sparc：指 Sun 的 SPARC 和大部分的 UltraSPARC 系统。
- powerpc：指 IBM/Freescale PowerPC，包括 CHRP、PowerMae 和 PReP。
- arm：指 ARM 和 StrongARM。
- mips：指 SGI 的 big-endian MIPS 系统、Indy 和 Indigo2。
- hppa：指 Hewlett-Packard 的 PA-RISC(712、C3000、L2000、A500)。
- ia64：指 Intel 的 IA-64("Itanium")计算机。
- s390：IBM 的 S/390 系统。
- 基于 Sparc64(UltraSPARC native)的 Debian 的二进制版本正在开发阶段。



## 2.2 Debian 的安装

可以直接从 Debian 发行的安装光盘上安装 Debian(共有 3 张 DVD 光盘，大约 12G)，所需的光盘 ISO 镜像文件可以从 Debian 的官方网站(http://www.Debian.org/)上下载，目前最新的版本是 4.0。也可以先从网上下载一个较小的网络安装盘，这样先在机器上安装一个基本的 Debian 系统，然后再从网络中安装；但对网络速度要求比较高，因此如果采用这种方式可以先从网络上安装一个基本的可以用的 GNOME 桌面系统，再在需要时安装相应的应用软件，这样比较节省时间，较为方便。除了以 FTP 和 HTTP 的方式下载 ISO 光盘镜像文件之外，还可以采用 P2P 协议来下载，速度比较快，FTP 与 HTTP 的方式非常占用发行方的硬盘空间，但是 P2P 却又很占用网络带宽，因此 Debian 推出了它最新的使用 jigdo 协议来下载 ISO 镜像文件的方式；它将会是一种越来越重要的下载方式，只有通过它才能下载到最新的 Debian ISO 镜像。它不但速度快，而且占用的网络带宽小，占用的硬盘空间也小。如果用户已经有了 ISO 镜像文件，则它并不下载一个全新的 ISO 镜像，而是通过下载比用户 ISO 镜像文件中所包含的软件包更新的软件包，再将下载好的更新的软件包整合到用户原有的 ISO 镜像文件中形成新的 ISO 镜像，既快又省时。下面以 VMWare 为例讲述 Debian 的安装过程。

VMWare 虚拟机支持从 ISO 光盘镜像中安装文件，如图 2-1 所示，设置光盘指向 ISO 镜像文件。

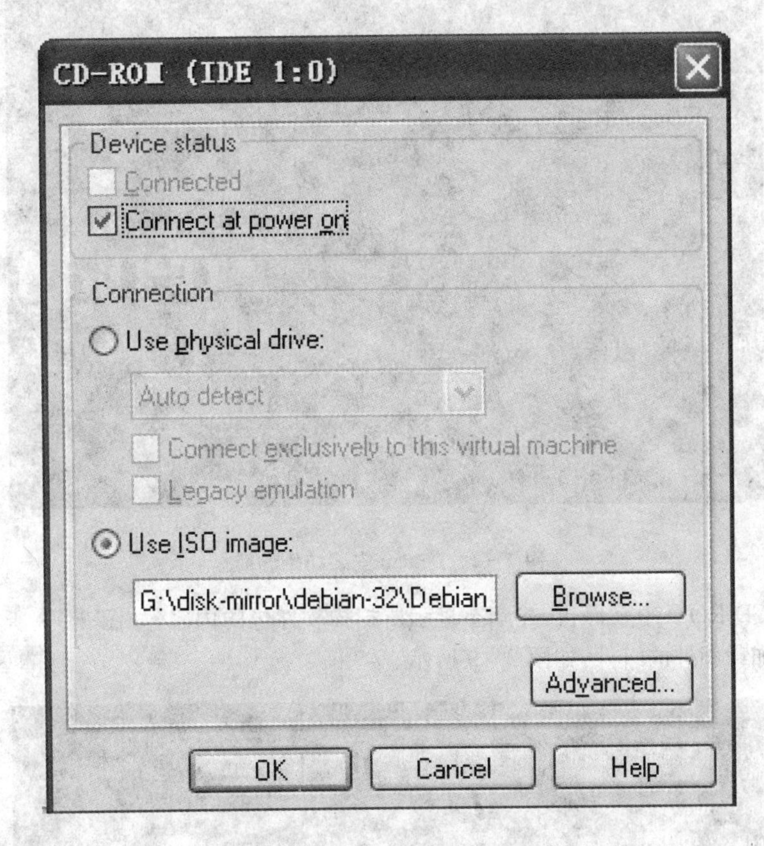


图 2-1 虚拟安装镜像设置

则生成一个基于 linux VMWare 的虚拟机文件，在 cdrom 中加载 iso 文件后再启动虚拟机，这时将启动 Debian 从光盘中安装。Debian 的安装与一般熟悉的红帽子的安装过程有所不同，包括设置安装选项、机器类型、语言设置、磁盘分区、网络设置、用户设置等一系列过程。特别需要注意的是，Debian 的 apt 软件包管理方式比较独特，能够自动从网络镜像中安装系统。因安装的文件比较多，如果用户对网络的速度没有把握则可以跳过这一步，或者是进行到这一步时拔去网线，待安装完成后再插入网线升级相应的软件，而不是整个软件都从网络镜像中安装，以节省安装等待时间。

安装程序启动后可以看到如图 2-2 所示的启动界面。回车后，如图 2-3 所示，将进入实际安装进程。显示安装时可选的参数，如图 2-4 所示。选择安装时显示的语言种类，如图 2-5 所示。选择所在的国家或地区，如图 2-6 所示。然后，选择键盘的布局，如图 2-7 所示；这时安

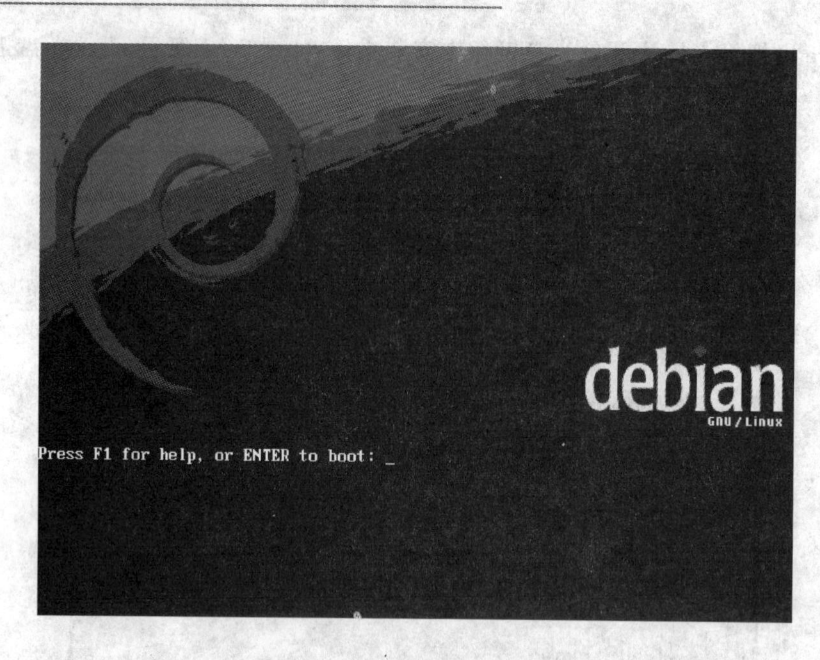


图 2-2　Debian 安装初始界面

装程序会扫描 CD-ROM 中软件包，并动态显示所扫描软件包的内容，如图 2-8 所示。然后根据所安装的内容加载额外的组件，如图 2-9 所示。

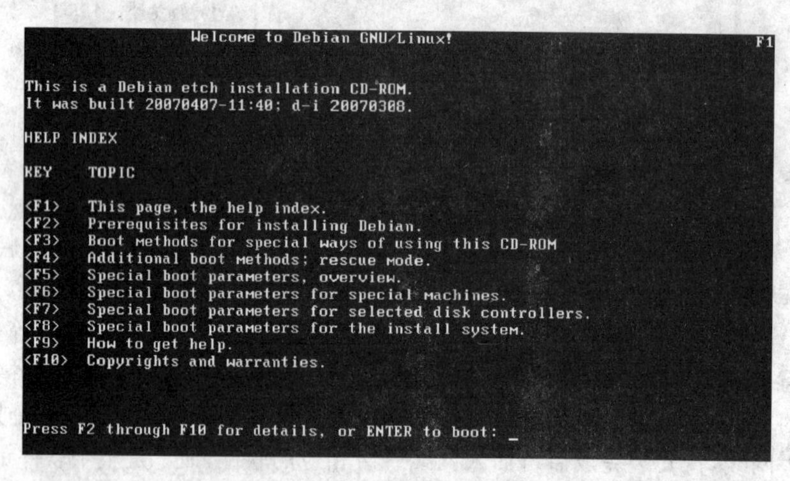


图 2-3　Debian 安装选项

```
SPECIAL BOOT PARAMETERS - VARIOUS HARDWARE


You can use the following boot parameters at the boot: prompt,
in combination with the boot method (see <F3>).
If you use hex numbers you have to use the 0x prefix (e.g., 0x300).

HARDWARE                               PARAMETER TO SPECIFY
IBM PS/1 or ValuePoint (IDE disk)      hd=cylinders,heads,sectors
Some IBM ThinkPads                     floppy.floppy=thinkpad
IBM Pentium Microchannel               mca-pentium no-hlt
Protect I/O port regions               reserve=iobase,extent[,...]
Workaround faulty FPU (old machines)   no387
Laptops with screen display problems   vga=771
Use first serial port at 9600 baud     console=ttyS0,9600n8
Force use of generic IDE driver        generic.all_generic_ide=1

If you experience lockups or other hardware failures,
disable buggy APIC interrupt routing   noapic nolapic

For example:
  boot: install vga=771 noapic nolapic

Press F1 for the help index, or ENTER to boot: _
```

图 2-4　Debian 安装界面选项

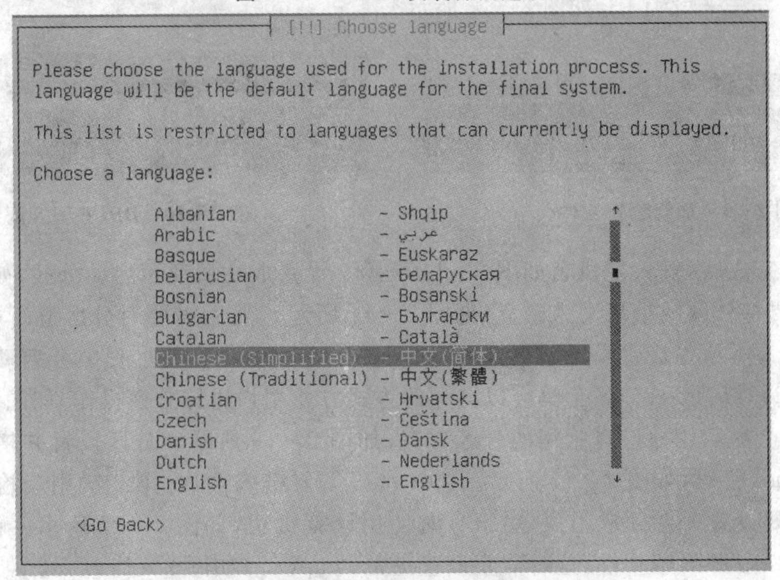


图 2-5　Debian 安装语言选项

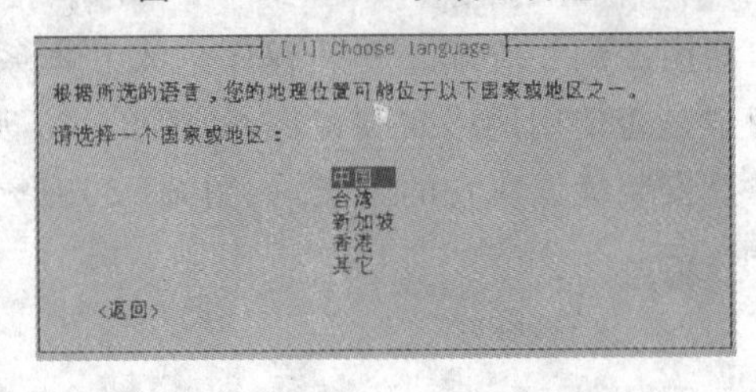


图 2-6　Debian 安装国家选项

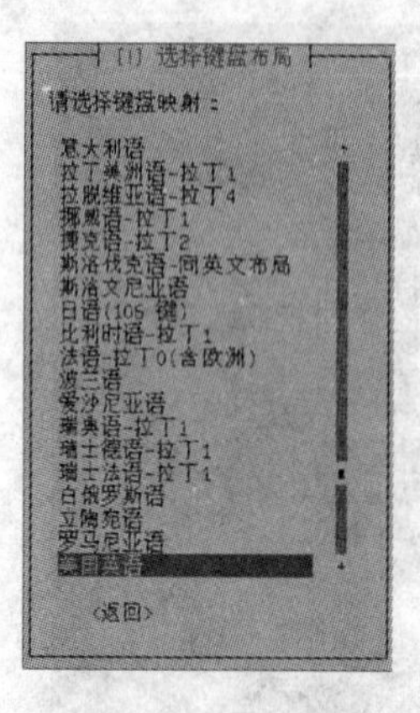


图 2-7　选择键盘映射

图 2-8　搜索 CD-ROM



接着，自动通过 DHCP 服务器来配置网络，如果没有 DHCP 服务器或工作不正常，则要求使用手工的方法来设置 IP，如图 2-10 所示。

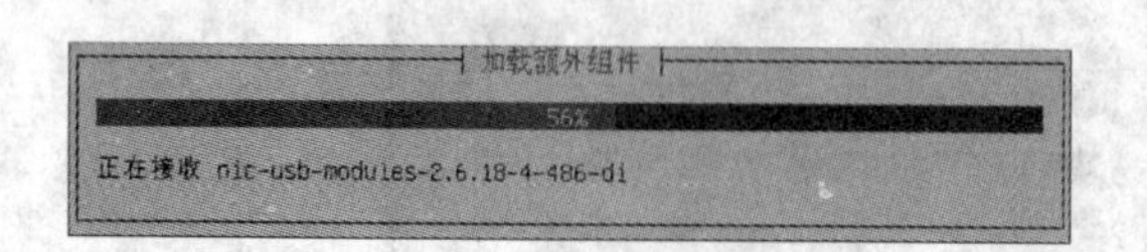


图 2-9　加载额外组件

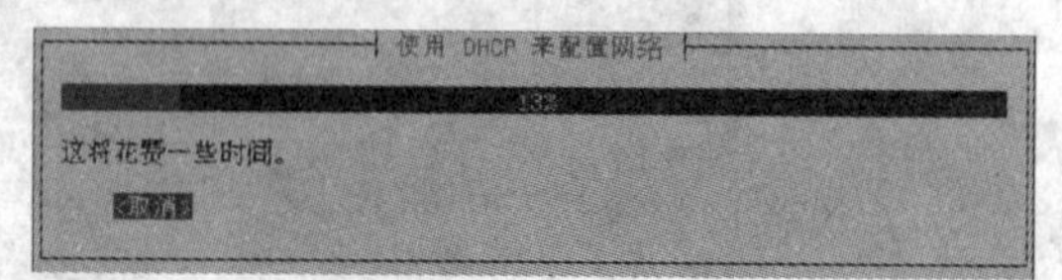


图 2-10　DHCP 配置网络

网络配置完成后，输入主机名如图 2-11 所示。设置成功后便可启动分区，如图 2-12 所示。这时，需要将分区的结果写入磁盘，如图 2-14 所示。然后需要对分区进行格式化，系统提示如图 2-15 所示。接着设置网络域名，如图 2-16 所示。安装过程中会启动 Linux 的分区工具，如图 2-17 所示；分区工具会以向导的方式方便用户进行分区操作，如图 2-18 所示；在向导过程中会提示用户选择常用的分区方案，如图 2-19 所示。分区设置并格式化后会提示用户键入 root 密码，如图 2-20 所示。root 密码需要键入两次，第 2 次用于检验，如图 2-21 所示；还需要设置一个日常用户，用于平时使用计算机用，如图 2-22 所示。设置成功后，安装程序将从 atp 源下载软件，这时需要设置正常的 apt 源，如图 2-23 所示。如果网络设置需要使用代理，则还需要设置网络代理的信息，如图 2-24 所示。接着，添加新用户名，如图 2-25 所示；设置新用户密码，如图 2-26 所示。安装程序进入基本系统的安装，如图 2-27 所示。在安装过程中会提问用户是否使用网络安装镜像，如图 2-28 所示；选择所使用的网络安装镜像，如图 2-29 所示；选择安装镜像所在的国家，如图 2-30 所示。为操作简便，可以只划分二个分区，如图 2-13 所示。

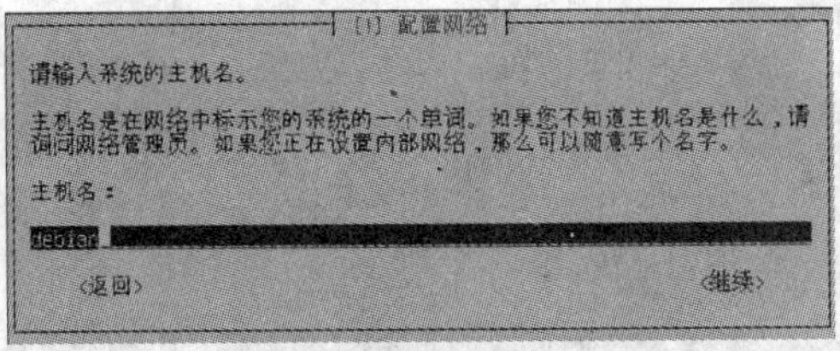

[!] 配置网络

请输入系统的主机名。

主机名是在网络中标示您的系统的一个单词。如果您不知道主机名是什么，请询问网络管理员。如果您正在设置内部网络，那么可以随意写个名字。

主机名：

debian

<返回>　　<继续>

图 2-11　设置主机名

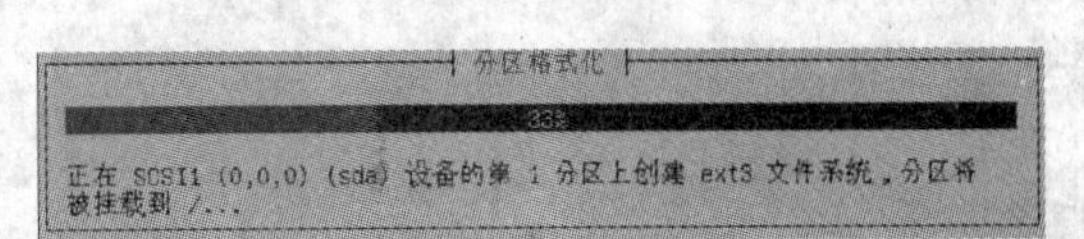


图 2-12　准备分区

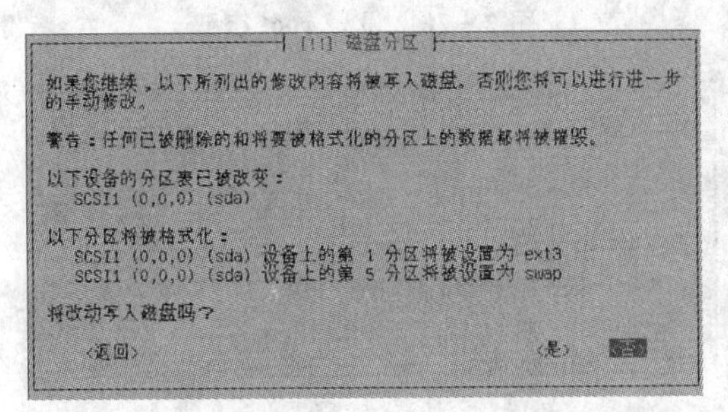


图 2-13　磁盘分区

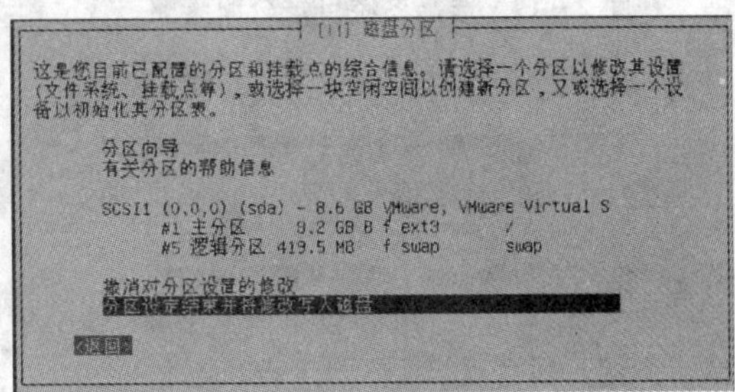


图 2-14　磁盘分区结束

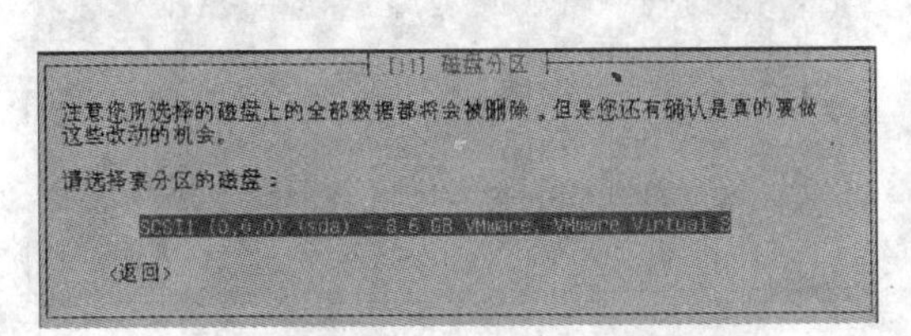


图 2-15　删除分区数据并格式化

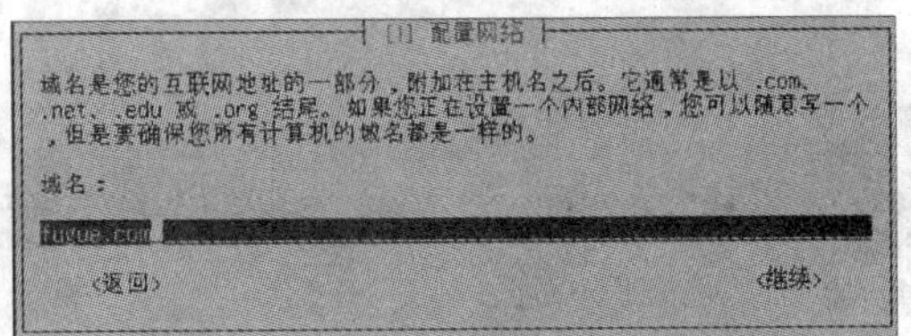


图 2-16　设置域名

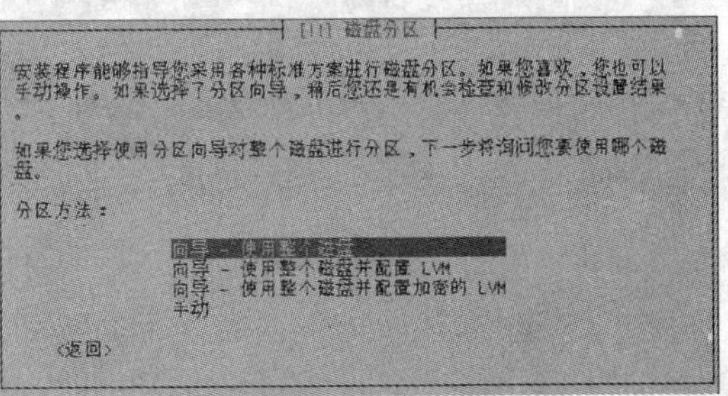


图 2-18　磁盘分配向导

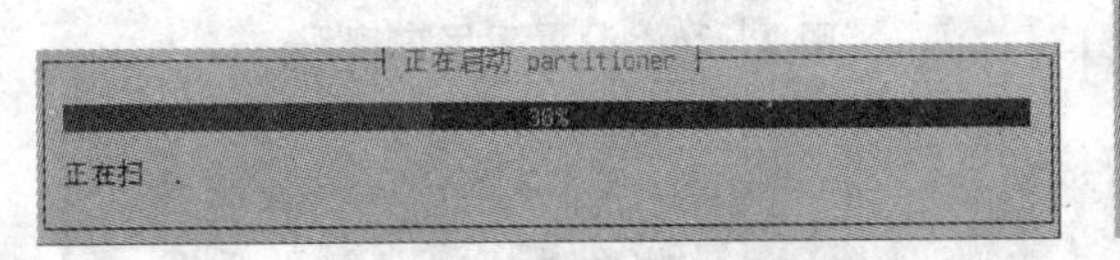


图 2-17　启动分区系统目录分配

图 2-19 选择系统目录分配策略

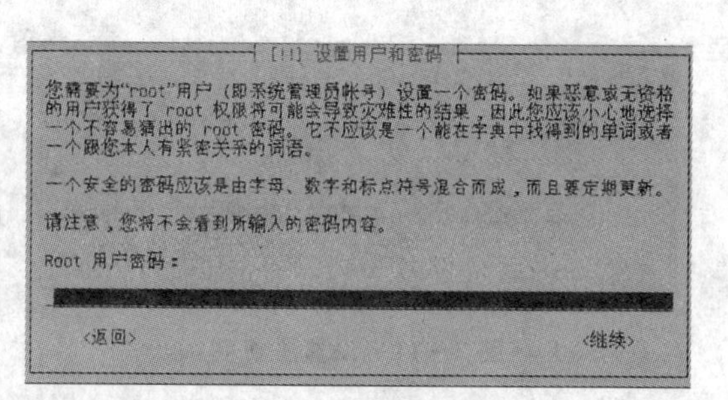


图 2-20 设置 root 密码

图 2-21 验证 root 密码

图 2-22 设置新用户全名

图 2-23 设置 apt 源

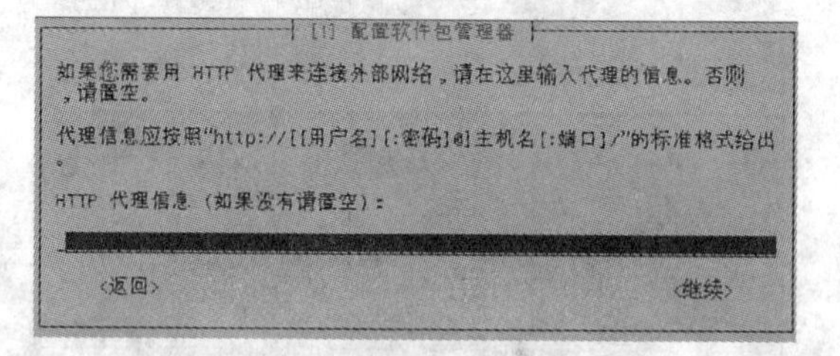


图 2-24 设置软件包管理器

图 2-25 设置新用户名

图 2-26 设置新用户密码

图 2-27 安装基本系统

图 2-28 配置网络镜像

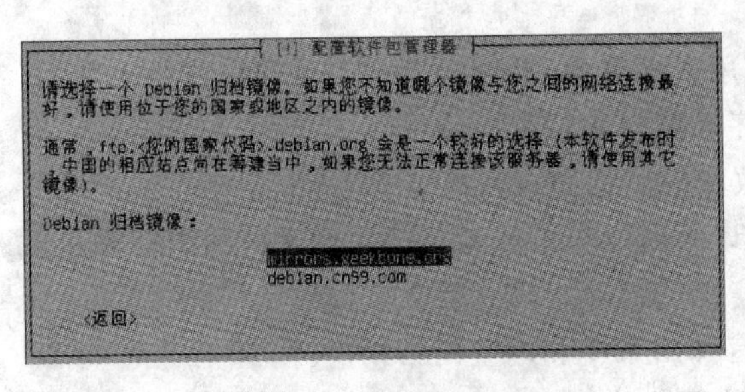


图 2-29　配置镜像网络名

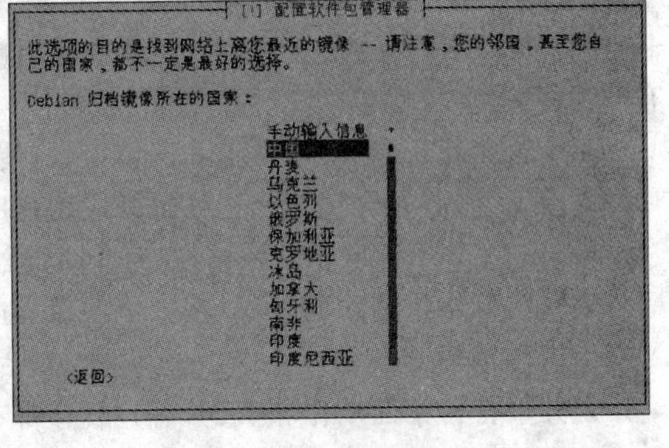


图 2-30　选择镜像属性

注意，当安装进行到图 2-28 时，如果有全部完整的 ISO 镜像文件，则可以选择网络镜像为“否”，或者拔掉网络将全部文件均从本地的 ISO 镜像中安装，这样会快很多，而且也不容易出错，初学者应该注意这个问题。



## 2.3　Debian 基本操作

### 2.3.1　桌面环境

Linux 具有字符与图形两种操作方式，对于原来是 Windows 的用户而言，使用图形方式来操作计算机更为习惯。就图形桌面而言，Linux 主要有 KDE 和 GNOME 两套不同的系统，其中，KDE 不是基于 GNU 方式的，虽然目前阶段无需付费，但今后的情况却难以预料。而 GNOME 则是基于 GNU 方式发行的，今后的 GNOME 图形桌面将会是免费的，所以对于 Debian 而言，其默认的图形方式也是 GNOME。

**1. GNOME 桌面环境**

GNOME，即 GNU 网络对象模块环境，由来自世界各地的程序员支持和开发。GNOME 是基于 GNU GPL 发布的，不像底层的图形软件库，如 KDE 的 Qt。除了许可限制协议这一原因外，GNOME 成为 Linux 图形化的 X 桌面特性的重要部分是原因：

- 完全开放源码，任何人可以销售；基于该软件的商业软件无须购买软件许可。
- 允许赠送、改变和修改，无需通过集中资源控制，对于更改和发布更改没有许可的限制。
- 软件支持多操作系统和外部编程语言。
- 该软件可以和任何 GNOME 可以识别的 X11 窗口管理器一起工作。

**2. KDE 桌面环境**

Linux 最新的 X11 窗口管理器之一是 K 桌面环境（KDE）。但是，KDE 不仅仅是窗口管理器，它是一个完整的桌面环境，包括 150 多个客户程序和一个统一的界面，和 GNOME 中的非常相似。KDE 支持在现代桌面环境中的用户常用的许多功能，包括通常在商业软件库中才有的功能，这些特性包括：

- 个人工作工具集，如磁盘和网络工具；使用桌面界面，能够向其他工具导出或导入数据。
- 会话管理，在会话之间记住打开应用程序和窗口的位置。
- Sticky Buttons（粘贴按钮）在每个桌面放置应用程序或者窗口。
- 支持网络传输访问，可以在一个 FTP 窗口中通过单击或者拖放图形文档的图标显示或者传输图形。
- 几乎任何桌面动作和 KDE 客户程序都有弹出菜单和内置的帮助。
- 桌面垃圾桶可以使用户在删除文件过程中更安全。
- 对系统的桌面、键盘、鼠标和声音进行图形化配置。
- 程序和其他数据在桌面上或者在有文件夹图标的窗口中以图标表示。
- 对文件和设备的拖放动作（如复制、链接、移动和删除）。

可以在同一个 Linux 系统中安装 GNOME 和 KDE 两个桌面环境，系统进入桌面时可以由用户选择使用哪个桌面环境。

## 2.3.2　常用应用程序

刚接触 Linux 的人往往认为 Linux 的使用不方便，没有 Windows 那么顺手，其实它也可以同 Windows 一样方便使用，因为很多 Windows 下的应用程序在 Linux 中也有相对应的程序完成同样的功能，使用很方便，功能更为强大也更稳定。

Shell：bash

编辑器：vi，emacs

程序开发：gcc、make、ld、Scheme48、j2sdk、Perl、Python、Tcl/Tk…

幻灯片工具：LaTeX、ConTeXt。其中，LaTex 是很多世界级权威学术期刊指定的投稿文件格式，因为它完全基于文本模式，方便修改，也能够方便地转换成很多种基本的文件格式以便输出排版打印。使用 LaTex 写文本排印就像编程一样，只要一个文本编辑器就能很好地工作了。

绘图工具：MetaPost、xfig、gimp 等。

图像处理：ImageMagick。其中，import 程序可以屏幕抓图，convert 程序可以转换图像格式，display 可以显示图片和简单编辑（缩放、改变图形质量、转格式、简单绘图、简单滤镜）。如果需要更强大的图像工具可以用 Gimp，它几乎和 Photoshop 差不多。

自动管理工具：make。可以用 make 来自动编译程序、自动编译文档、自动更新插图，不会重复劳动，而且还可以将编写的程序自动转换到不同的硬件平台，具有最好的可移植性。

加密程序：GnuPGP。

打包、压缩程序：tar、gzip、bzip2、zip、rar…

虚拟光驱程序：Linux 不需要虚拟光驱程序，直接用 mount 命令就行了。

ftp 服务器：proftpd、vsftpd。

WWW 服务器：apache。

ftp 客户程序：gftp。

自动下载工具：wget。

虚拟终端：rxvt、xterm、gnome-terminal、mlterm…

X server：XFree86。

中文输入：念青五笔、小企鹅输入法等。debian 4.0 自带了多种汉字输入法。

email 处理：Mutt ＋ Postfix ＋ fetchmail。

看 PDF、PS、DJVU 文件：Acrobat Reader、xpdf、GhostScript、gv、djvu 工具包和 netscape 插件。

浏览网页：FireFox、Mozilla、Netscape、Opera……

英汉字典：IBM 智能词典、星际译王。

编辑网页：使用 vim 直接写 HTML。如果想要图形方式，则可以用其他程序，如 screem、BlueFish。

登录其他 UNIX、Linux 机器：openSSH、telnet。openSSH 还可以把其他机器的 X 程序通过 ssh 加密的隧道传到机器上显示。

QQ、ICQ：可以用 Gaim，它同时支持 QQ、ICQ 和很多其他的即时通信方式。ICQ 用户也可以用 Licq 以及 EVA 等。

放录像：MPlayer、RealPlayer。

放音乐：xmms(mp3、ogg 都可以)、mpg321(放 mp3)、ogg123(放 ogg)。

## 2.3.3 文件系统管理

### 1. Linux 文件系统

Debian 默认的文件系统为 ext3。ext3 文件为 ext2 的一个增强版本，在可用性、数据完整性、速度和易于转换等方面，都有很大的进步。Debian 还支持其他多种不同的文件系统，下面介绍几种常见的文件系统。

Ext2：二级扩展文件系统类型，是 Linux 下的一种高性能文件系统。二级扩展是扩展文件系统(ext)的改进型；因为此文件系统的高效，所以目前大多数 Linux 将它作为默认的文件系统。ext2 支持长达 256 字符的文件名，存储空间最大支持到 4T。

Ext3：ext2 的改进型。

msdos：DOS、Windows 和某些其他类型操作系统使用的文件类型。它的文件名采用“8.3”格式化，是最常用的一种简单的文件系统。

vfat：Windows 9X 和 Windows NT 使用的扩展 DOS 文件系统类型，在 MSDOS 文件系统的基础上增加了对长文件名的支持。

reserfs：大容量日志文件系统，具有文件系统修复功能。

nfs：网络文件系统，允许多台计算机之间共享文件的一种文件系统。

umsdos：专为 Linux 使用的扩展 DOS 文件类型。它在 MSDOS 文件系统的基础上增加了对长文件名的支持和对文件属主、POSIX 文件保护和特殊文件（设备、命名管道等）的支持，同时也保持了对 MSDOS 的兼容性。它可以用于在一个 MSDOS 分区的目录中安装 Linux，这对想尝试 Linux 而不想重新分区的用户非常有用，如 Lindow 就可以借助它实现在 Windows 下的安装。

iso9660：一种最常用的标准 CD-ROM 文件类型。

sysv：Unix System V 使用的系统。

smb：支持 Windows for Workgroups、Window NT 和 Lan Manager 等系统中使用的 SMB 协议的网络文件系统类型。



ncpfs：支持 Novell Netware 使用的 NCP 协议的网络文件系统类型。

Linux 采用 Ext3 文件系统，根据不同的要求对文件进行精确的管理。我们可以使用 ls-l 命令得到当前目录的文件及其属性。

```
[dong@ gaopin 书稿]$  ls -l
总用量 3236
drwxrwxr-x    2    dong    dong    4096       2月 7     15:34    apache
drwxrwxr-x    2    dong    dong    4096       2月 14    11:39    eps
drwxrwxr-x    3    dong    dong    4096       2月 14    11:39    jpg
-rw-rw-r--    1    dong    dong    3114118    2月 20    15:15    LinuxPaper.rar
-rw-rw-r--    1    dong    dong    78250      2月 20    17:01    LinuxPaper.tex
-rw-rw-r--    1    dong    dong    78121      2月 20    16:54    LinuxPaper.tex~
drwxrwxr-x    2    dong    dong    4096       2月 8     16:17    vsftp
drwxrwxr-x    2    dong    dong    4096       2月 20    15:15    网上资料
```

第一列为文件属性。

第一个字母表示文件的类型：

b—表示块设备（比如一个硬盘）

c—表示字符设备（比如一个串行口）

d—表示子目录（也是一种文件）

l—表示符号链接（一个指向另外一个文件的小文件）

接下来的 3 个字符表示不同用户对此文件的操作权限：

r——表示这个文件可以读

w——表示这个文件可以写

x——表示这个文件可以执行，或者对子目录来说是可以进入浏览的第 1 组的 3 个字符是定义这个文件的拥有者所具有的权限。接着第 2 组的 3 个字符是针对这个文件所属的用户组所具有的权限。第 3 组的 3 个字符是针对文件拥用者及其对应用户组之外的其他用户和用户组所具有的权限。

第 3 列表示文件的所有者为 dong，第 4 列表示文件所属的组也为 dong，第 5 列表示文件的长度，第 6 列表示文件的日期，第 7 列表示文件的时间，第 8 列表示文件名。

### 2. Linux 命令行一般格式

命令　[长选项列表][短选项列表][参数列表]

其中，长选项是指以双横线引导的选项，如--verbose；短选项是指以单横线引导的单个字母，如-v，字母是大小写敏感的，而且不同的短选项可以合并成只使用一个短横线引导，例如-a -b可以合并成-ab 的形式；参数是指前面没有短横线引导的字母或短语。

### 3. chmod 改变文件的权限命令

使用格式：chmod [Options] [--help] [--version] mode file…



说明：Linux/Unix 的文件存取权限分为 3 级：文件拥有者、群组、其他。利用 chmod 命令可以控制文件如何被他人存取。

参数说明：

mode：权限设定字串，格式为：[ugoa][[+|-|=][rwxX]]，其中，u 表示该文件的拥有者，g 表示与该文件所属的组，o 表示其他人，a 表示这 3 者都设置。+表示增加权限、-表示取消权限、=表示唯一设定权限。r 表示可读取，w 表示可写入，x 表示可执行。

-c：该文件权限确实已经更改，才显示其更改动作。

-f：若该文件权限无法被更改，则不要显示错误讯息。

-v：显示权限变更的详细资料。

-R：对所指定目录及其子目录下满足条件的文件进行权限变更（即以递回的方式逐个变更）。

--help：显示辅助说明。

--version：显示版本。

例如：

将文件 file1.txt 设为所有人皆可读取：

chmod ugo+r file1.txt 或者 chmod a+r file1.txt

将文件 file1.txt 与 file2.txt 设为该文件拥有者与其所属组可写入，但其他人不可写入：

chmod ug+w file1.txt file2.txt

chmod o-w file1.txt file2.txt

将 ex1.py 设定为只有该文件拥有者可以执行：

chmod u+x ex1.py

将当前目录下的所有文件与子目录皆设为任何人都可读取：

chmod -R a+r *

此外，chmod 也可以用数字来表示权限，如 chmod 777 file，语法为：

chmod abc file

其中，a、b、c 各为一个数字，分别表示 User、Group 及 Other 的权限。

r=4，w=2，x=1 这三者之和就是所对应权限的数字。

若要 rwx 属性，则 4+2+1=7。

若要 rw- 属性，则 4+2=6。

若要 r-x 属性，则 4+1=5。

例如：

chmod a=rwx file 和 chmod 777 file 效果相同。

### 4. chown 改变文件的属主命令

使用格式：chown [Options] [--help] [--version] user[:group] file…

说明：Linux/Unix 是多人多任务系统，所有的文件都有拥有者。利用 chown 可以改变文件的拥有者。一般来说，这个指令只能由系统管理者(root)所使用，一般使用者没有权限改变别人文件的拥有者，也没有权限将自己的文件拥有者改设为别人，只有系统管理者(root)才有这样的权限。

参数说明：

user：设置文件新的所有者。

group：设置文件新的组。

-c：该文件拥有者确实已经更改，才显示其更改动作。

-f：若该文件拥有者无法被更改，则不要显示错误信息。

-h：只对于连接(link)进行变更，而非该 link 真正指向的文件。

-v：显示拥有者变更的详细资料。

-R：对指定目录及其子目录下所有满足条件的文件进行变更(即以递归的方式逐个变更)。

--help：显示辅助说明。

--version：显示版本。

例如：

将文件 file1.txt 的拥有者设为 users，组设为 jessie：

chown jessie:users file1.txt

将目前目录下的所有文件与子目录的拥有者设为 users，组设为 lamport：

chmod -R lamport:users *

### 5. rm 删除命令

使用格式：rm [options] name…

说明：删除文件及目录。

参数：

-i 删除前逐一询问确认。

-f 强制性删除。即使原文件属性设为只读，也直接删除，无需逐一确认。

-r 将目录及子目录下的所有文件删除，删除目录必须使用此参数。

例如：

删除所有 C 语言源文件，删除前逐一询问确认：

rm -i *.c

将 Finished 子目录及下级子目录中所有文件删除：

rm -r Finished

### 6. mv 文件移动/改名命令

改名：mv [options] source dest

移动：mv [options] source directory

说明：将一个文件改名为另一文件名或将数个文件移至另一目录。

参数：

-i：若目的地已有同名文件，则先询问是否覆盖。

例如：

将文件 aaa 更名为 bbb：

mv aaa bbb

将所有的 C 语言源文件移到 Finished 子目录中：

mv -i *.c Finished

### 7. mkdir 创建目录命令

命令格式：mkdir [选项]目录...

说明：

-m，--mode=模式：设定权限<模式>（类似 chmod），而不是 rwxrwxrwx 减 umask。

-p，--parents：需要时创建上层目录，若目录早已存在则不当作错误。

例如：

mkdir /mnt/udisk

### 8. ls 文件列表命令

使用格式：ls [Options] [name...]

说明：显示指定目录下的内容，列出指定目录下所有的文件和子目录。

参数说明：

-a：显示所有文件及目录，包括隐含文件（ls 内定将文件名或目录名称开头为"."的视为隐含文件,默认不显示)。

-l:以详细格式显示文件,即显示除文件名称外,还显示权限、拥有者、文件大小时间日期等信息。

-r:将文件以相反次序显示(原定依英文字母次序)。

-t:将文件依建立时间先后次序列出。

-A:同-a,但不列出 "." (目前目录)及 ".." (父目录)。

-F:在列出的文件名称后加一个符号表示文件的发行,例如可执行文件则加 "*",目录则加 "/"。

-R:若子目录下有文件,则将所有子目录下的文件也列出来。

例如:

列出目前工作目录下所有名称是 s 开头的文件,越新的越排在后面:

ls-ltr s *



将/bin 目录及其所有目录、文件名详细资料列出:

ls-lR /bin

列出目前工作目录下所有文件及目录,目录名称后加 "/",可执行文件名称后加 "*":

ls-AF

## 9. cp 文件复制命令

使用格式:

cp [options] source dest

cp [options] source... directory

说明:将一个文件复制至另一文件,或将数个文件复制至另一目录。

参数:

-a  尽可能将文件状态、权限等属性照原样复制。

-r  若 source 中含有目录名,则将目录下的文件及目录都依序复制至目的地。

-f  若目的地已经有相同文件名的文件存在,则强制覆盖。

-u  更新选项,只有当源文件比目的文件新时才复制。

例如:

将文件 aaa 复制(已存在),并命名为 bbb:

cp aaa bbb

将所有的 C 语言程序复制至 Finished 子目录中:

cp *.c Finished

## 10. tar 文件打包压缩命令

tar 文件是 Linux 系统中使用得最多的文件打包与压缩命令;它相当于在 Windows 中广

泛使用的 winrar 程序,但功能更强,使用更为灵活。它所支持的命令与参数多达几百条,大部分都是不常用的,下面我们介绍一些常用的参数以及它们的组合所完成的功能。

命令格式:

tar commands [options] [long option]文件或目录列表

tar 支持 3 种不同的参数:命令字母,选项与长选项。其中,选项以一个短横线开头,多个以短横线开头的参数可以合并为只写一个横线,而长选项以两个短横线开头。

参数说明:

-v:在 tar 工作时显示详细的信息。

-u:更新选项,只有源文件比目标文件新时才增加到包中来。

-f:对文件进行操作。

-z:使用 gzip 进行压缩与解压缩。

-j:使用 bzip2 进行压缩与解压缩。

-t:列表打包文件中文件名的有关内容。

-x:解压文件。

-c:创建一个新文件。

--no-recursion:只对指定的源目录进行操作,不对其下层的子目录操作。

例如:

tar vuf tar-file source-path

对源目录 source-path 及其子目录中的文件打包生成打包文件 tar-file(文件的后缀一般为.tar)。打包的过程按目录中文件排放的顺序进行,并不进行压缩,因为 tar 程序最初是用于对磁带数据进行打包备份的。

tar vuf tar-file --no-recursion source-path

对源目录 source-path(不包括下面的子目录)打包生成打包文件 tar-file。

bzip2|gzip  tar-file

对生成的.tar 的文件可以再使用 bzip2(或 gzip)文件进行压缩,这样新生成压缩文件的后缀为.bz2(或.gz),但压缩后的.bz2(或.gz)文件不能再使用参数-u 追加新的内容了,必须使用下面的命令将它还原成原来的.tar 打包文件。

bzip2|gzip  -d bz2-file|gz-file

将压缩的.bz2(或.gz)文件还原成.tar 的文件,这样才能又以-u 命令向.tar 的文件中增加新文件。

tar -vfx tar-file

将.tar 的打包文件解开,因为没有压缩所以不需要指明压缩类型的参数,如-z、-j。

tar -vzfx tar.gz-file

将用 gzip 压缩的.gz 文件解开。

tar -vzft tar.gz-file

列表.gz 文件中的内容。

tar -vjfx tar.bz-file

将用 bzip2 压缩的.bz2 文件解开。

### 11. 文件搜索与查找命令

Linux 公开了大量的源代码,如何有效地阅读与利用这些宝贵的资源是非常重要的,emacs 编辑器可以对源代码进行有效地阅读,但有时还需要对这些基于文本的源码内容进行搜索,将我们所需要的内容准确定位,这就用到对文件的搜索与查找命令。

命令格式:find [路径] [表达式]

说明:

-name:后面接文件名,表示要查找的文件名特点,可以使用通配符。

-size:后面接文件大小,可以根据文件长度的特点来对文件进行查找。

-maxdepth n:查找目录的深度。如果设为 1,则只搜索指定的目录,不对下级子目录进行查找还有与时间特点相关的参数:

-amin:访问的时间,单位为 min。

-atime:访问的时间,单位为天。

-mmin:修改的时间,单位为 min。

-mtime:修改的时间,单位为天。

-cmin:改变的时间,单位为 min。

-ctime:改变的时间,单位为天。还能使用逻辑操作,将几个条件组合起来完成更为复杂的查找操作:

-and:"与"关系。

-or:"或"关系。

例如:

➢ find ./ -maxdepth 1 -name'*.h'

只在当前目录中查找后缀为.h 的文件,不对下层的子目录进行查找操作。

➢ find-name '*.c' 2 > /dev/null。

从当前目录开始查找后缀为.c 的文件,但不显示出错信息。

➢ 根据文件大小条件查找:

查找文件长度为 1 500 字节的文件。

find -size 1500c

查找文件长度大于 100 000 字节的文件。

find -size + 100000c

查找文件长度小于 100 000 字节的文件。

find -size－100000c

根据文件的时间查找。

find -amin -10

查找 10 min 以内访问过的文件。

find -atime ＋10

查找 10 天以前访问过的文件。

find ./ -mtime -6 -and -mtime＋1

查找 1 天以前 6 天以内访问过的文件。

## 12. mount 文件系统命令

与 Windows 操作系统不同，Linux 没有盘符的概念，所有的存储介质与文件系统必须通过挂载命令 mount 挂载到一个文件的目录上才可以使用。存储介质在系统中一般有一个设备名，如/dev/hda1 等，我们需要将这些设备名挂载到一个目录上才能使用。

命令格式：mount [-参数] [设备名称] [挂载点]

其中常用的参数有：

-t＜文件系统类型＞：指定设备的文件系统类型，常见的有

| | |
|---|---|
| minix | linux 最早使用的文件系统 |
| ext2 | linux 目前常用的文件系统 |
| msdos | MS-DOS 的 fat，就是 fat16 |
| vfat | windows98 常用的 fat32 |
| nfs | 网络文件系统 |
| iso9660 | CD-ROM 光盘标准文件系统 |
| ntfs | windows NT 2000 的文件系统 |
| hpfs | OS/2 文件系统 |
| auto | 自动检测文件系统 |

-o＜选项＞：指定挂载文件系统时的选项。有些也可用在/etc/fstab 中。常用的有

| | |
|---|---|
| codepage＝XXX | 代码页 |
| iocharset＝XXX | 字符集 |
| ro | 以只读方式挂载 |
| rw | 以读写方式挂载 |
| nouser | 使一般用户无法挂载 |
| user | 可以让一般用户挂载设备 |

一般 u 盘的挂载命令：

mount -o iocharset＝cp936 /dev/sda1 /mnt/udisk

其中，参数 cp936 表示支持中文显示；/dev/sda1 为 u 盘通常的设备文件名，根据不同的系

统也可能是其他的名称如/dev/sdb1 等;目录/mnt/udisk 必须事先建立。

### 13. man 寻求帮助命令

Linux 的用户大都喜欢使用命令行方式的程序,有些命令行程序功能强大,但参数众多,很难全部都记住,因此在线的帮助是必不可少的。man 程序是大部分程序可以提供的帮助方式,man 命令使用简便,在命令行直接输入 man 关键词即可。进入 man 帮助后可以使用 vi 中的一些查找命令对感兴趣的关键词进行查找。

例如:

显示所有 man 文档的编号

man -f man:显示 man 程序的所有文档。

查询 man 中关键词

man -k printf:查询 man 帮助中的关键词 printf。

进入 man 帮助

man printf:进 printf 帮助的详细内容。

### 14. patch 补丁命令

Linux 总是不断发展变化,为了方便用户对已有的软件进行升级。Linux 提供了使用 patch 命令自动升级软件包的方法,使用简单。

命令格式:patch [options] [originalfile [patchfile]]

说明:

-pn:忽略 n 层目录后再执行升级操作。

-E:如果发现了空文件,那么就删除它。

例如:

patch-p0 < test1.patch　从当前目录开始对 test1 文件加补丁

patch-p1 < test1.patch　忽略当前目录,从下一级目录开始对 test1 文件加补丁

### 15. File 文件类型命令

在嵌入式系统中经常需要对文件格式进行转换以适应不同的场合,如有些文件用于下载、有些文件用于调试等,使用 file 命令了解文件格式对文件转换很有帮助。

命令格式:file [选项][文件或目录...]

参数说明:

-b:列出辨识结果时,不显示文件名称。

-c:详细显示指令执行过程,方便查错或分析程序执行的情形。

f<名称文件>:指定名称文件,其内容有一个或多个文件名称,file 将依次辨识这些文件,文件格式为每行一个文件名称。

-L:直接显示符号连接所指向文件的类别。

-v:显示版本信息。

-z:尝试去解读压缩文件的内容。

例如:

file main

显示以下内容:

main:ELF 32-bit LSB executable, Intel 80386, version 1 (SYSV), for GNU/Linux 2.4.1, dynamically linked (uses shared libs), for GNU/Linux 2.4.1, not stripped

表示这是一个 ELF 格式的 Linux 下的可执行文件。

## 2.4 Debian 系统维护与软件的安装

### 2.4.1 apt 包管理系统的管理



apt 包管理系统的使用非常简单,能够很方便地解决在其他包管理中经常遇到的依赖性问题,所有基于 Debian 的发行都使用这个包管理系统。Deb 包可以把一个应用的文件包在一起,自动安装依赖的文件,还能从多种媒质上安装如 apt 源、硬盘镜像文件、光盘等;从某种程度上说,比 Windows 上的安装文件功能更强大,更为方便。

用 apt-get 的第 1 步就是引入必需的软件库,Debian 的软件库也就是所有 Debian 软件包的集合,它们存在互联网上的一些公共站点上。加入它们的地址,则 apt-get 就从这些地址中搜索我们想要的软件。/etc/apt/sources.list 是存放这些地址列表的配置文件,其格式如下:

deb [web 或 ftp 地址] [发行版名字][main/contrib/non-free]

例如,Ubuntu 是一个基于 Debian 的发行,它的 Sources.list 可以是这样的:

deb http://in.archive.ubuntu.com/ubuntu breezy main restrcted

读者可以加上自己的地址。apt-get.org 上面有很多的地址列表。

以下是笔者 linux 机器上的 sources.list 文件内容:

```
deb cdrom:[Debian GNU/Linux 4.0 r0 _Etch_-Official i386 DVD Binary-3 20070407-11:40]/etch contrib main
deb cdrom:[Debian GNU/Linux 4.0 r0 _Etch_-Official i386 DVD Binary-2 20070407-11:40]/etch contrib main
deb cdrom:[Debian GNU/Linux 4.0 r0 _Etch_-Official i386 DVD Binary-1 20070407-11:40]/etch contrib main
# deb http://www.emdebian.org/debian/ stable main
deb http://www.emdebian.org/debian/ testing main
deb http://www.emdebian.org/debian/ unstable main
# Line commented out by installer because it failed to verify:
```

```
deb http://security.debian.org/ etch/updates main contrib
# Line commented out by installer because it failed to verify:
deb-src http://security.debian.org/ etch/updates main contrib
```

前3句是将debian的光盘制成ISO光盘镜像，这样在安装软件时可以不必插入光盘，只需要加载对应光盘ISO镜像文件到/cdrom目录即可。为了将ISO镜像文件加入sources.list中，应执行以下命令：

```
mount -o loop debian-40r0-i386-DVD-1.iso /cdrom
apt-cdrom -m -d /cdrom add
```

分别对3个ISO文件作类似操作就能将ISO文件作为apt源加入到sources.list文件中。

设好地址之后，就要把本机上的软件库与网上的库同步(只是软件描述信息，不包含软件本身)。这样，本机就有了一个可用的软件清单，命令如下：

```
# apt-get update
```



但有些apt源服务器需要密码，如果没有设置正确的密码就会显示类似下面的出错信息：

```
W:GPG error:http://www.emdebian.org stable Release:The following signatures couldn't be verified because the public key is not available:NO_PUBKEY B5B7720097BB3B58
```

以上信息表示如果从站点http://www.emdebian.org获取信息，则必须使用公钥进行GPG数字签名验证，因为几乎所有的公钥都放在服务器hkp://wwwkeys.eu.pgp.net中，可以使用下面的方法：

```
gpg --keyserver hkp://wwwkeys.eu.pgp.net --recv-keys 97BB3B58
```

从公钥密码服务器上获得编号为97BB3B58的公钥，编号只需要写最后8位即可。

```
gpg --armor --export 97BB3B58 |apt-key add-
```

再将获得的公钥加入apt-key密钥圈中。然后执行命令apt-get update就能顺利得到软件包信息而不出现以上错误信息了。

## 2.4.2 软件包管理与安装命令

运行成功之后，就能使用命令apt-cache在本地搜到发行版中有哪些软件了；运行这个命令是在本机上检索，而不连到网上。例如：

```
# apt-cache search baseutils
```

这个命令可以列出baseutils这个软件包是否存在以及版本信息等。看到库里有这个软件包后，就可以安装它：

```
# apt-get install baseutils
```

如果baseutils依赖于某个另外的软件，比如是一个运行库xyz.0.01.so，apt-get会自动下载这个包(或含有这个库的软件包)，这叫作自动依赖性处理。通常，如果读者只用Debian

软件库内的软件，那么是不会发生找不到包或包版本不对的情况的，除非用的是正在开发的 Testing 或 Unstable 版本。

卸载软件：

```
# apt-get remove baseutils
```

如果想看一下库里有多少软件：

```
# apt-cache stats
Total package names:22502 (900k)
Normal packages:17632
Pure virtual packages:281
Single virtual packages:1048
Mixed virtual packages:172
Missing:3369
...
```

把本机所有软件升级到最新版：

```
# apt-get upgrade
```

最后把整个发行版都升到新版本：

```
# apt-get dist-upgrade
```

升级时注意那些影响系统启动的东西，比如升级了内核、升级了 grub 或 lilo 等，这之后应当重新运行 grub 或 lilo，让它们指向正确的位置，否则升级之后可能工作不正常。

用 apt-get 安装软件时，它会从网上（在 sources.list 里指的那个站点）下载所用的软件包，这个包将存在本机上，目录是：/var/cache/apt/archives/。时间长了，这里会占用大量的硬盘空间，要清理这个目录，可以运行：

```
# apt-get clean
```

还有一个自动清理功能，它只清除那些没用的或者不完整的软件包：

```
# apt-get autoclean
```

这样在重装某软件时就依然能使用已经下载好的，而不用再到网上去下载。

### 2.4.3 dpkg 底层的包管理工具

用 apt（高级包管理工具）之后，一般是不需要处理单个的 deb 文件的。如果需要，就要用 dpkg 命令。如果想自己安装 gedit，则

```
# dpkg -i gedit-2.12.1.deb
```

卸载：

```
# dpkg -r gedit
```

这里只写名字即可,还可以加上--purge(-P)标志:

```
# dpkg -P gedit
```

这会连同 gedit 的配置文件一起删除,只用-r 是不删除配置文件的。

如果不想安装一个 deb 包,但想看一下它里面有什么文件,则

```
# dpkg -c gedit-2.12.1.deb
```

如果想看更多信息:

```
# dpkg -I gedit-2.12.1.deb
```

也可以用通配符来列出机器上的软件:

```
debian:/etc/apt#  dpkg -l gcc*
期望状态= 未知(u)/安装(i)/删除(r)/清除(p)/保持(h)
|当前状态= 未(n)/已安装(i)/仅存配置(c)/仅解压缩(U)/配置失败(F)/不完全安装(H)
|/错误? = (无)/保持(?)/须重装(R)/两者兼有(# ) (状态,错误:大写= 故障)
||/名称             版本              简介
+++-=============================================
ii  gcc               4.1.1-15          The GNU C compiler
un  gcc-2.95          <无>              (无相关介绍)
un  gcc-3.2           <无>              (无相关介绍)
ii  gcc-3.3           3.3.6-15          The GNU C compiler
ii  gcc-3.3-base      3.3.6-15          The GNU Compiler Collection (base package)
un  gcc-3.3-doc       <无>              (无相关介绍)
ii  gcc-3.4-base      3.4.6-5           The GNU Compiler Collection (base package)
ii  gcc-4.1           4.1.1-21          The GNU C compiler
ii  gcc-4.1-base      4.1.1-21          The GNU Compiler Collection (base package)
un  gcc-4.1-doc       <无>              (无相关介绍)
un  gcc-4.1-locales   <无>              (无相关介绍)
ii  gcc-avr           4.1.0.dfsg.1-1    The GNU C compiler (cross compiler for avr)
un  gcc-doc           <无>              (无相关介绍)
```



其中,第 1 个 i 表示希望安装,第 2 个 i 表示已经安装,第 3 个字段是问题(如果有)(这 3 个字的含义可以看上面那 3 行),后面是名称、版本和描述。un 就表示 Unknown、not-installed。

如果想看某包是否已经安装:

```
# dpkg -s gedit
```

如果想看某软件有哪些文件且都装到了什么地方:

```
# dpkg -L gedit
```

如果只想看其中的某些文件,就加上 grep:

```
# dpkg -L gedit | grep png
```

除了上面的 apt 命令行软件包安装工具外，还有 aptitude 是终端上运行的带菜单的工具、基于桌面的全图形化包管理软件“新立得软件管理包”等，使用起来更方便。

### 2.4.4 软件的其他安装方法

在 Debian 系统中最好使用 apt 源来安装升级与维护软件，这具有很好的可操作性与一致性，但 apt 安装系统只在 Debian 或其类似的 Linux 系统中(如 Ubuntu)使用，其他的 Linux 系统可能会采用它们自己的包管理与安装系统，如 RedHat 就使用自己的 rpm 系统，而这些不同的包安装系统彼此的兼容性并不好，因此需要一些更加普遍的软件安装方法。尽管 Linux 的发行版各不相同，但其内核与 gcc 编译系统基本一致，彼此之间具有很好的兼容性，而 Linux 是一个源码开放的系统，因此很自然地使用源码来发行软件是一个很好的通用的方法，它对于不同的 Linux 发行版都有很好的兼容性，而且也更合乎开源软件的特点。对于使用源码发行的软件，一般使用以下步骤来安装：

1) 解压源码包

源码一般使用 gzip 或 bzip2 压缩的软件包，我们可以使用 tar 程序将其解开。

2) 阅读 README 和 INSTALL 文件

源码一般自动解开到一个目录中，且这个目录一般存在文件 README 或 INSTALL，使用文本编码器打开它。文件一般简要讲述了软件的功能以及软件安装时的条件、命令。

3) 源码安装的一般性操作

除在 README 或 INSTALL 文件中有说明之外，一般源码的安装有这样 3 个步骤：

```
make clean      (清除已经生成的目标文件，在第一次安装时可省略)
./configure     (生成 Makefile 文件)
make            (编译生成新的目标文件)
make install    (安装生成的目标文件到系统中)
```

经过上面介绍的步骤，一般的源码发行软件是能够顺利安装成功的，但也有一些软件使用了一些特殊的库函数，或需要利用 Debian 系统中的一些工具，而这些库或工具在读者的系统中并没有被安装，这时源码的安装就不能成功。所需要的特殊库，一般在 README 或 INSTALL 文件中会有说明，可以根据说明在网上下载后先安装库再安装；但对于所需要的一些 Debian 工具则一般不会有说明，下面是在 Debian 中与源码安装有关的工具库的安装。

```
apt-get install build-essential
apt-get install kde-devel      (用于安装基于 kde 的源码发行包)
apt-get install autoconf       (用于安装使用了自动配置工具的源码发行包)
```

Linux 同样也支持类似于 Windows 的二进制安装方式，直接使用 setup.exe 等安装执行文件来完成软件的安装。

## 2.5 版本控制

Linux 可以直接在 emacs 中进行版本控制，在 emacs 中使用的一般是 RCS，但在实际开发中 RCS 用得并不多，而往往使用 cvs 与 SVN 两种协议。

### 2.5.1 cvs 概述

cvs 最初由 Dick Grune 在 1986 年 12 月以 shell 脚本的形式发布在 comp. sources. unix 的新闻组第 6 卷里。1989 年 4 月，Brian Berliner 设计了 cvs 并编写了代码，其中借鉴了新闻组中很多解决冲突的算法，是一个版本控制系统。使用它，可以记录源文件的历史，例如，修改软件时可能会不知不觉混进一些 bug，而且可能过了很久才察觉到它们的存在。有了 cvs 就可以很容易地恢复旧版本，并从中看出到底是哪个修改导致了这个 bug。这是很有用的。如果将曾经创建的每个文件的所有版本都保存下来，则会浪费大量的磁盘空间。而 cvs 把一个文件的所有版本保存在一个文件里，这里仅仅保存不同版本之间的差异。

对于开发一个项目的多名成员之间 cvs 也非常有用，因为成员之间很容易互相覆盖文件。一些编辑器，如 GNU、emacs，会保证同一时间内同一文件绝不会被两个人修改；但如果有人用了另外的编辑器，这种保护就没用了。cvs 用隔离开不同的开发者的方法解决了这个问题，每个开发者在他自己的目录里工作，等每一个开发者都完成了自己的工作后，cvs 会将它们合并到一起。需要注意的是，合作者之间应该经常保持联系，加强交流，以确保大家都记得进度表、合并点、分支名和发布日期，同时在这个过程中还能解决一些 cvs 不能解决的问题。否则，cvs 就起不到应有的作用。

cvs 把所有的文件集中保存在一个仓库 repository 中，存储了用于版本控制的所有文件和目录的副本。通常不直接访问仓库里的任何文件，而是使用 cvs 命令从仓库取得你的文件副本放到工作目录，并对该副本进行工作。当完成了一系列修改后，把它们提交(commit)到仓库；仓库将保存对文件的所有修改情况，包括做了什么样的修改、什么时候进行的修改等诸如此类的信息。注意，仓库不是工作目录的子目录，反之亦然，它们应该在各自独立的位置。

作软件开发时使用 cvs 是一个明智的选择，它是国际上最流行最成熟的版本控制系统。例如，世界上最大的 Open source 社区 Sourceforge. net 就是用它来管理 9 万个 Open source 项目的。它使你能够和别人一起协同工作；使你对程序开发历史一目了然；能够让你有后悔的权力，如果你的软件项目当前版本功能被修改坏了，则可以通过 cvs 方便地恢复到上一个好版本。因此对于软件工作者，学习和掌握 cvs 是非常有益的。

### 2.5.2 Debian 中安装 cvs 服务器

虽然在 Windows 下也有一个 cvs 服务器 CVSNT，但使用 Linux 作 cvs 服务器会使操作更灵活，功能更强大。通常情况下，可以使用 wincvs 作 cvs 的客户端，而使用 Linux 作为 cvs 的服务器端。

### 1. 安装 cvs 软件包

apt-get install cvs cvsd

其中，cvs 是主程序软件包；cvsd 是 cvs 的一个 pserver 的 wrapper，能够非常方便地管理 repositories 和 users，并且以更安全的形式运行 cvs 服务，因为远程登录 cvs 服务器时通常使用 pserver 协议。

### 2. 修改配置文件

修改 cvsd 配置文件/etc/cvsd/cvsd.conf，确认包含类似如下的行：

RootJail /home/cvs

Repos /repos

第 1 行的意思是 cvsd 的虚拟根目录，第 2 行是 repositories 目录。注意，这里虽然写的是绝对路径，但实际上是相对于 $ cvsdHome 的路径，在这里就是指/home/cvs/repos。

此配置文件所包含的主要参数说明如下：

1) RootJail path

设置虚拟根目录的路径(chroot)。Linux 中的 chroot 是一个守护进程，允许运行一个程序，使其感觉读者给它的目录就是根(/)目录，所有的目录都以此目录为假定根目录。实际上就是把进程与真正的根文件系统进行孤立，锁定在一个读者给它的文件系统中，这叫根囚禁(RootJail)。这个参数就是设置所给定的虚拟根目录的。这个目录必须由 cvsd-buildroot 进行初始化，它包含 debian cvs 所需要的所有目录与子目录以及二进制文件；如果此参数没有被设置或设置为 none，则 cvs 运行在普通的文件系统上。

2) Uid uid

设置使用 cvs 的用户 id，如果没有设置，则使用启动 cvsd 时使用的用户。

3) Gid gid

设置使用 cvs 的用户组 id，如果没有设置则使用启动 cvsd 时使用的用户组。

4) CvsCommand path

设置 cvs 命令文件的目录，如果没有设置此参数，则默认目录为/bin/cvs；如果设置了 RootRail，则默认目录为/usr/bin/cvs。

5) Umask mask

定义使用 pserver 协议创建文件时使用的掩码，使用八进制数来表示，其默认定义为 027。

6) Limit resource value

设置 cvs 进程对资源使用的限制。这些设置也可以通过 cvs 命令行输入，可以设置以下限制：

Coredumpsize　coredump　文件的最大尺寸
Cputime　cputime　所消耗的最大时间，以 s 为单位
Datasize　程序数据段的最大尺寸
Filesize　所创建文件的最大尺寸
Memorylocked　锁定内存的最大数量
Openfiles　打开文件的最大数量
Maxproc　最大进程数量
Memoryuse　使用内存的最大尺寸
Stacksize　堆的最大尺寸
Virtmem　所分配虚拟内存的最大尺寸
Pthreads　进程所能创建的最大线程数

上述定义值的单位可以为 b(字节)，K(1 024 字节)，M(1 024×1 024 字节)，默认情况下单位为 K。时间的书写格式为 mm:ss，或者直接使用 min(分钟)与 s(秒)作为后缀，默认情况下单位为 s。



7) Listen address port

定义 cvsd 侦听的地址与端口号，其中，地址可以是"＊"表示所有的地址，也可以是主机名或 ip 地址等。例如：

```
# 侦听在端口 2401 上的所有地址
Listen * 2401
# 侦听在端口地址 100 上的 IPv6
Listen :: 100
# 侦听本地主机
Listen localhost cvspserver
# 侦听一个 ipv6 地址
Listen [fe80::2a0:d2ff:fea5:e9f5]:2401
```

8) MaxConnections num

设置 cvs 能同时处理的最大连接数，如果为 0，则表示没有限制。

9) Log scheme/file logvelel

设置 log 记录的方式。第 1 个参数可以为 none、syslog 或一个以'/'开头的文件名；第 2 个参数表示 loglevel，可以为 crit、error、warning、notice、info（默认）或 debug。所有在定义级别或更高级别的信息将会被记录，如果此设置被忽略则使用 syslog。

10) Repos path

此参数定义使用哪一个软件仓库。它通过命令行参数--allow-root＝path 传给 cvs，此路径必须以"/"开头并且是相对于 RootJail 定义的虚拟根目录，此参数可以定义多次。

### 3. 建立 repositories

如果在配置 cvsd 主目录的时候选择了 none，那么可以手动创建/home/cvs 目录，然后

执行：

cvsd-buildroot /home/cvs

这将 cvsd 根目录的文件系统建立起来。cvsd-buildroot 使用的目录必须为绝对路径。然后是创建 repositories 并初始化：

mkdir /home/cvs/repos

cvs -d /home/cvs/repos init

### 4. 添加用户

添加用户很简单，跟其他服务器程序类似，cvsd 可以添加基于本地用户的虚拟用户，例如：

cvsd-passwd /home/cvs/repos ＋cvsuser：cvsd

chown -R cvsd. cvsd /home/cvs/repos

cvsd-passwd 程序的作用是创建、修改与删除进入 cvs repository 的用户名与密码，其命令格式为：

cvsd-passwd REPOS [＋|-]NAME...

参数说明：

REPOS　　定义 cvs 软件仓库(repository)的目录

1) [＋]USER[：SUSER]

增加或修改一个 cvsd 用户到文件 CVSROOT/passwd 中，参数中"：SUSER"的部分用于定义一个被映射的系统用户；cvsd 为 cvs 默认的本地用户。如果不定义"SUSER"部分，则使用 cvsd 配置文件中的相关定义；如果不想映射到系统用户，则保持此部分为空，使用"USER："。

2) -USER

删除用户 USER。

例如：

① 增加用户 dong 访问指定的软件仓库。

cvsd-passwd /var/lib/cvsd/myrepos ＋dong

② 从 cvs 用户列表中删除一个用户 foo。

cvsd-passwd /var/lib/cvsd/myrepos -foo

③ 增加 cvs 用户 joecvs 并将它映射到系统用户 joe。

cvsd-passwd /var/lib/cvsd/myrepos joecvs：joe

### 5. 重启服务

当各项设置已经设好时，用/etc/init. d/cvsd restart 重启 cvs 服务就可以使用了。

#### 6. 客户端登录

用户登录时还是需要使用绝对路径,例如:

cvs -d:pserver:cvsuser@localhost:/repos login

### 2.5.3 cvs的基本操作

在学习基本操作之前必须先明确cvs下几个主要的基本概念:

① cvs软件仓库初始化操作(init)。它的作用主要是设置正确的CVSROOT目录并且在此目录下建立起cvs工作的正常环境,是在执行操作时必须首先需要执行的命令,其中,CVSROOT既可以是本地目录,也可以是远程服务器上的目录。

② cvs软件仓库模块的建立(import)。在一个cvs服务器中可以有多个独立的项目同时在开发,它们在cvs管理上都被称为模块。每一个模块都在CVSROOT目录下独立占据自己的目录及其一系列子目录,项目在建立之前必须从本地工作目录将其初始的源文件上传至cvs软件仓库中对应的模块下,这一模块的初始建立过程在cvs中被称为import。

③ cvs软件仓库模块的检出/下载(checkout)。如果在工作的机器上没有需要编辑的文件,则需要从cvs服务器中下载,这一过程在cvs中被称为checkout检出。

④ cvs本地工作目录的更新(update)。对cvs软件仓库中的源文件进行编辑与修改都是在本地工作目录中进行的,因为项目开发可能有多个人同时在进行,或者由于使用了不同的机器而造成本地目录中的文件与cvs软件仓库中的文件可能不一致,因此必须在对本地工作目录文件进行编辑修改之前使之与cvs仓库一致,使得被编辑的文件总是最新的,这一过程在cvs中被叫作update。

⑤ cvs本地工作目录的检入/上传(commit)。对本地工作目录的文件进行修改之后必须上传到cvs软件仓库,以使其他开发者能及时更新他们的工作目录,这一过程在cvs中被称为commit。

在Linux中对cvs进行操作的程序主要是cvs,它功能强大,命令参数众多,但其中大部分的命令并不常用,下面列举在实际开发过程中最常用的一些参数组合。

命令格式:

```
cvs [ cvs_options ] cvs_command [ command_options ] [ command_args ]
```

从上面命令格式可知,cvs所带的参数其实分成两部分,一部分是cvs命令本身的参数(cvs_options),另一部分是cvs命令所带的参数(command_options和command_args)。常用命令说明如下:

1) init

创建一个新的软件仓库,且它不会覆盖任何已经存在的软件仓库。如果没有指定CVSROOT环境变量,则应与参数-d配合使用。从命令行参数-d来指明软件仓库的根目录所在,例如:cvs -d /usr/local/cvsroot init。

2) import

将源文件输入到软件仓库中去,这通常是对软件仓库进行首次初始化之后需要做的工作。注意,所有的数据进出软件仓库都必须通过 cvs 系统软件,而不能使用手工的方法将数据复制到软件仓库所在的目录中。

此命令一般使用以下格式:

```
import [-options] repository vendortag releasetag...
```

其中,参数 repository 给出在 CVSROOT 下面的一个目录名,如果此目录名不存在,cvs 将创建它;vendortag 是整个分支的一个标记;releasetag 为定义的初始版本号。

在源文件被输入的过程中 cvs 会将输入的过程通知读者,在每个被输入的文件名前加一个字母来表示此文件的状态。

U 文件名

表示文件已经存在于软件仓库中,但没有被修改。

N 文件名

这是一个新文件将被加到软件仓库中。

C 文件名

表示文件已经存在于软件仓库中,但被修改。

I 文件名

此文件将会被忽略。

L 文件名

这是一个符号连接,cvs 会忽略符号连接。

3) checkout

从软件仓库检出源文件进行编辑,命令格式为:

checkout [options] modules...

此命令为从软件仓库创建并下载 modules 指定软件到本地的工作目录,这样所有的操作便可以在本地的工作目录中进行;接下来的 cvs 操作也就是完成本地目录源文件与软件仓库之间的同步。其中,modules 名通常为软件仓库中 CVSROOT 目录中的一个子目录名,checkout 命令的结果通常会在 checkout 执行的目录下创建一个与 modules 名相同的目录,并从软件仓库中将所有的文件用其子目录下载到这个目录中作为工作目录。

例如:

获取模块 tc:

$ cvs checkout tc

获取模块 tc 一天以前的版本:

$ cvs checkout -D yesterday tc

**注意：**第1次导出以后，就不是通过 cvs checkout 来同步文件了，而是要进入刚才 cvs checkout modules 导出的 modules 目录下进行具体文件的版本同步(添加、修改、删除)操作。

4) update

将工作目录中的文件同步到软件仓库最新的版本，有以下的命令格式：

update [-ACdflPpR] [-I name] [-j rev [-j rev]] [-k kflag] [-r tag[:date] | -D date] [-W spec] files...

因为 cvs 的主要目的是方便多个开发者合作开发软件，因此从仓库下载源文件到本地之后，其他的开发者也正在对软件仓库中的数据进行修改，开发者在工作过程中需要隔一段时间就将自己的本地工作目录中的文件与软件仓库的文件进行同步，以保持最新的版本。

在本地文件被更新的过程中，cvs 会将更新的过程通知读者，在每个被更新的文件名前加一个字母来表示此文件的状态。



U　文件名

文件已经被更新。

P　文件名

文件已经被更新，但 cvs 是通过打补丁的方式进行更新的而不是通过对整个文件进行更新实现的，这样可以比较节省带宽。

A　文件名

提醒用户此文件需要通过 commit 命令提交到软件仓库中。

R　文件名

提醒用户此文件需要使用 commit 命令提交到软件仓库中，但 commit 命令执行后此文件会从本地工作目录中被删除。

M　文件名

表示此文件已经在本地工作目录中被修改，是两种原因造成了这种情况，其一是本地的工作目录中文件被修改但软件仓库中的文件并没有被修改；其二是本地的工作目录中文件被修改而软件仓库中的文件也被修改，但二者很好地在本地工作目录融合起来了，没有冲突。

C　文件名

因二者不一致，因此将本地文件与软件仓库中的文件进行融合时发生冲突，这时一个没有修改过的名字为. #file. revision　文件也被复制到本地工作目录，其中，revision 是本地被修改文件的原始版本号。

?　文件名

这些文件存在于本地工作目录中，但是在软件仓库中没有对应的文件而且又不在被忽略的文件列表中。

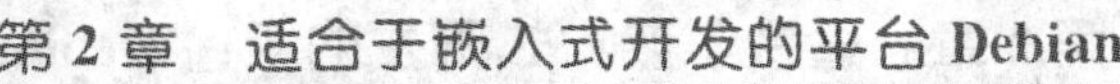





5）annotate

查询文件哪些行被修改的历史记录。

6）remove

从软件仓库中删除文件。

7）commit

确认修改并将修改提到 cvs 软件仓库中。在提交时如果不指定某个文件名，则将当前工作目录下的所有文件都提交到软件仓库中使用 cvs 进行开发的人最好每天开始工作前或将自己的工作导到 cvs 库里前都要做一次 update，并养成“先同步，后修改”的习惯。但 cvs 里没有文件锁定的概念，所有的冲突需要在 commit 之前解决，如果修改过程中有其他人修改并 commit 到了 cvs 库中，cvs 会通知你文件冲突，并自动将冲突部分用

>>>>>>>

content on cvs server

<<<<<<<

content in your file

>>>>>>>

的形式标记出来，由用户人工解决冲突的内容。版本冲突一般是在多个人修改一个文件时造成的，但这种项目管理上的问题不能由 cvs 来解决。当本地文件成功被提交到软件仓库以后，cvs 将调用编辑器要求你输入这些修改的注释与说明，这些注释能够由 cvs 的 log 命令阅读，具有以下的命令格式：

commit [-lnRf] [-m 'log_message' | -F file] [-r revision] [files...]

cvs 的很多动作都是通过 cvs commit 进行最后确认并修改的，最好每次只修改一个文件。确认前，还需要用户填写修改注释，以帮助其他开发人员了解修改的原因。如果不写-m "comments"而直接确认`cvs commit file_name`的话，cvs 会自动调用系统默认的文字编辑器（一般是 vi）要求写入注释。注释的质量很重要，所以不仅必须要写，而且必须写一些比较有意义的内容，以方便其他开发人员能够很好地理解。

修改某个版本注释：每次只确认一个文件到 cvs 库里是一个很好的习惯，以下命令可以允许修改某个文件某个版本的注释：

cvs admin -m 1.3:"write some comments here" file_name

8）editors

检查谁正在编辑所指定的文件与目录。

9）watchers

检查谁正在观看指定的文件。

10）add

增加文件或目录到软件仓库。

例如：

$ mkdir -p foo/bar　　　　　　　建目录

$ cp ~/myfile foo/bar/myfile 复制文件到新建的目录

$ cvs add foo foo/bar　　　　　增加目录 foo foo/bar 到软件仓库

$ cvs add foo/bar/myfile　　　增加文件 myfile 到软件仓库

11) log

显示指定文件的 log 记录，记录内容包含版本号、日期、作者、增减的行数、提交者的 id 等。

12) login

登录软件仓库将提示输入访问密码。

13) tag、rtag

文件加上标记，BASE 与 HEAD 由 cvs 专用，普通用户不能使用这两个词作标记。例如：

```
$  cvs tag rel-0-4 backend.c   作标记为 rel-0-4
T backend.c
$  cvs status -v backend.c     显示文件状态如下
=================================================
File:backend.c          Status:Up-to-date
Version:           1.4     Tue Dec   1 14:39:01 1992
RCS Version:       1.4     /u/cvsroot/yoyodyne/tc/backend.c,v
Sticky Tag:          (none)
Sticky Date:          (none)
Sticky Options:      (none)
Existing Tags:
rel-0-4                      (revision:1.4)
```

如果不指定文件名，则将当前工作目录下的所有文件都加上标记。这种情况会用得更多，因为很少有需要将一个单独的文件加上标记的，例如：

```
$  cvs tag rel-1-0 .
cvs tag:Tagging .
T Makefile
T backend.c
T driver.c
T frontend.c
T parser.c
```

Tag 通常与-b 参数组合使用，在当前版本下生成一个新的开发分支，新的分支在开发成熟后往往又会重新合并到主分支中来。

$ cvs tag -b rel-1-0-patches

在当前版本下建立一个名为 rel-1-0-patches 的分支。rtag 是对远程的软件仓库操作。

14) export

输出 cvs 软件仓库中的文件。

15) status

显示文件状态。

16) diff

diff 命令用于比较两个不同版本文件的差别,默认情况下将比较当前工作目录中的文件与原始的被修改文件版本之间的差异。

17) edit

设置本地的工作文件将会被编辑,这样当其他用户也想编辑同一个文件时将会被通知,这对于多人合作开发很重要,以避免同一个文件被多人同时修改。如果使用 edit 命令时同时使用了-c 的参数,则当其他人想编辑同一个文件时将得到一个失败的操作。

18) unedit

设置本地工作文件不被编辑,这样其他的人又能编辑这个文件了。

19) admin

执行 cvs 管理者功能,它支持很多选可选项,主要的有:

-b[rev]

设置默认分支为 rev。在 cvs 中,一般不应该手动修改默认分支,但当使用第三方分支时,有时需要使用这个参数到它们的版本。在-b 和它的参数之间可以没有空格。

-l[rev]

锁定修订版号为 rev。如果指定的是分支,则锁定该分支最后的修订版。如果没有 rev,则锁定默认分支的最新修订版本。在-l 和它的参数之间可以没有空格。

-L

设置锁定为 strict。

-state[:rev]

在 cvs 下很有用。为 rev 修订版设置状态为 state。如果 rev 是分支号,则假定是该分支的最新版本。如果 rev 省略,则假定是默认分支的最新版本。state 可以使用任何标识。常用的有 Exp(实验)、Stab(稳定)、Rel(发行)。新的修订版创建时默认使用 Exp 标识。

-U

设置锁定为 non-strict。

-u[rev]

为 rev 修订版解锁。如果给定的是分支,为分支的最新修订版解锁。如果省略 rev,删除设置人的最新锁。通常,只有加锁的人才能解锁;如果其他人也解锁则会打破锁的作用。且发送一个 commit 通知加锁的人。

20) release

标明模块不再使用,这个命令用来安全地撤消 'cvs checkout'的影响。如果只是删除工作目录,则可能忘记里面还有改动的地方,并且丢弃了检出,在 cvs 历史文件里面没有跟踪记录,使用'cvs release'可避免这些问题。该命令检测出当前没有未提交的更改,在 cvs 工作目录上层执行,仓库记录的文件与模块数据库定义的相同。

与命令组合使用的其他常用参数说明如下:

-m message

定义注释信息,从而不需要再调入编辑器来输入注释信息。

-I name

定义输入时被忽略的文件名。

-W spec

定义输入时被过滤的文件名。

-D date

检出的文件使用不晚于此日期的最接近的版本。

-f



与-D -r 组合使用,如果不存在适合的版本则使用最近的版本。

-P

删除空目录。

-p

将从软件仓库获得的文件经过管道方式显示到控制台屏幕,而不是复制到本地工作目录。

-d dir

创建一个指定的目录来代替使用模块名作为目录名。

-l

只对本地当前工作目录操作,不处理其下级子目录。

-r tag[:date]

设置检出由 tag 指定的版本,如果指定了 date,则此版本存在的时间还必须不晚于所指定的时间。

-C

使用软件仓库中的"干净"文件覆盖本地已经被修改的文件。

-F 文件名

从指定文件读取注释信息,这样就不会再调用编辑器要求输入注释。

-r revision

指定提交的版本号为 revision。

-f

强制提交,即使文件没有被修改也提交到软件仓库,但这个参数只对当前工作目录操作,相当于同时使用了-l 参数。

-A

复位所有的标记日期与-k 参数的设置。

-z n

设置压缩传送的级别。cvs 使用 gzip 来压缩数值，可从 0～9，0 表示不压缩，这是默认的设置；1 表示网络迅速快，使用低压缩率；9 表示网络速度慢，使用高压缩率。

-b branch

建立一个分支，往往与 tag 命令组合使用。

-j tag

将标记所指定版本的文件融合到当前工作目录中。

-d cvs_root_directory

设置 cvs 软件仓库的根目录。此目录为 cvs 进行管理的顶层目录，可以定在本地也可以在远程 cvs 服务中。为了使用方便可以将此目录设置在 CVSROOT 环境变量中。

-k

在 cvs 控制下进行开发时，可以很方便地通过 cvs status 或 cvs log 查看到被编文件的版本号，一旦离开 cvs 环境，则很难识别这些文件到底是哪一个版本的；cvs 定义了很多替换关键词，以便在文件离开 cvs 环境时使用正确的字符替换这些关键词，这样就能很方便地在离开 cvs 环境，也能了解到文件的版本等信息。-k 参数具有多种形式，它常常与其他的 cvs 命令，如 add、admin、checkout、update、diff 等组合使用，用于设置文件的替代模式，具有很灵活的功能。

下面是关键字列表：

$Author$

检入该版本的用户登录名。

$Date$

该版本被检入的日期与时间(UTC)。

$Header$

标准的 header 包括 rcs 文件的全路径、版本号、日期(UTC)、作者、状态、加锁人(如果有锁)。在使用 cvs 中文件通常不用加锁。

$Id$

除了 rcs 文件不包括路径，其余和 $Header$ 相同。

$Name$

检出此文件所用的标签名。该关键字只在检出时显示，加上标签时扩展。例如，运行 cvs co -r first 命令时，关键字扩展为 Name：first。

$Locker$

锁定版本的用户登录名(如果没有加锁，则此项为空，一般就如此，除非使用 cvs admin -l 加锁)。

$ Log $

日志信息在提交时提供，前面是一个 header，包括 rcs 文件名、版本号、作者、日期（UTC）。已有的日志信息不会被替换。相反，新日志信息将插在 $ Log:... $ 之后。每一新行前面使用同样的 $ Log 关键字前的字符串。例如，文件包含：

```
/* Here is what people have been up to:
*
*  $ Log:frob.c,v $
*  Revision 1.1   1997/01/03 14:23:51   joe
*  Add the superfrobnicate option
*
*/
```

$ RCSfile $　　不带路径的 RCS 文件名。

$ Revision $　　该文件的修订版本号。

$ Source $　　RCS 文件的完整路径。

$ State $　　版本的状态，可以通过使用 cvs admin-s 命令设置。

-v

显示详细信息。

cvs 还具有以下命令的缩写形式 commit=>ci; update=>up; checkout=>co/get; remove=>rm。

### 2.5.4　远程 cvs 操作

cvs 使用的关键在于找到 cvs 的根目录，因此只要能正确地找到 cvs 根目录，则使用远程的 cvs 服务器与本地的 cvs 服务器是一样的。远程 cvs 服务器使用的网络协议通常为 pserver，使用时必须首先通过 pserver 协议登录到远程 cvs 服务器中，使用以下命令：

cvs -d :pserver:cvsuser@cvs-server:/repos login

其中，参数-d 是指明 CVSROOT 的目录，这里远程 cvs 使用 pserver 协议。cvs-server 为 cvs 服务器名，可以为 ip、主机名或域名等。cvsuser 为访问 cvs 服务器的用户名。/repos 为 cvs 服务器的 CVSROOT 虚拟根目录下的软件仓库目录名，注意为绝对路径。login 表示登录到 cvs 服务器。

### 2.5.5　cvs 使用举例

cvs 使用复杂，命令繁多，难以一一对所有的参数详细解释，好在一般用户只需要用到其中一部分最常用的功能，下面通过一些在实际应用过程中常用的操作与应用举例来介绍。读者学会之后可以举一反三发挥出 cvs 强大的功能，使用下面的命令时应该事先使用 login 命令登录 cvs 服务器。

1）添加文件

首先使用 Linux 命令行 touch new_file 命令创建一个新文件，然后使用 cvs add new_file 可以将新文件加入到软件仓库中。但对于图片，word 文档等非纯文本的项目，需要使用 cvs add -kb 选项按二进制文件方式导入（k 表示扩展选项，b 表示 binary），否则有可能出现文件被破坏的情况。例如：

```
cvs add -kb new_file.gif
cvs add -kb readme.doc
```

2）查看修改历史

```
cvs log file_name
cvs history file_name
```

3）查看当前文件不同版本的区别

```
cvs diff -r1.3 -r1.5 file_name
```

4）查看当前文件和库中相应文件的区别

```
cvs diff file_name
```

5）通过 cvs 恢复旧版本

```
cvs update -p -r1.2 file_name >file_name
```

但命令 cvs update -r1.2 file.name 是给 file.name 加一个 STICK TAG："1.2" ，而不是将它恢复到 1.2 版本。

6）移动文件/文件重命名

cvs 没有单独的改名与文件移动命令，可以使用以下两条命令来实现：

```
cvs remove old_file_name
cvs add new_file_name
```

7）发布不带 cvs 目录的源文件

使用 cvs 开发时，每个开发目录下 cvs 都创建了一个 cvs 目录，里面有文件用于记录当前目录和 cvs 库之间的对应信息。但项目发布的时候一般不希望在发布的文件中还带有 cvs 目录，应使用 export 命令对一个 TAG 或者日期导出，例如：

```
cvs export -r release1 project_name
cvs export -D 20021023 project_name
cvs export -D now project_name
```

8）项目多分支同步开发

a）改变到新的版本号

开发过程中因为各个文件的修改更新情况不一样，可能造成不同文件之间的版本号并不一样。当项目到一定阶段时，可以给所有文件统一指定一个阶段性的版本号，方便以后的开发，同时也是项目的多个分支开发的基础。例如：

cvs commit -r 2　标记所有文件开始进入 2. x 的开发。

b) 版本分支的建立与整合

在开发项目的 2. x 版本的时候发现 1. x 有问题，需要对 1. x 中的 bug 进行修改，这时可以从原来的 1. x 中生成一个分支：

cvs rtag -b -r release_1_0　release_1_0_patch proj_dir

此命令的含义是从标记为 release_1_0 的版本中生成一个新的分支 release_1_0_patch，文件目录为 proj_dir，这时可以安排一些人先在 release_1_0_patch 这个分支下解决 bug，使用以下命令导出这个分支：

cvs checkout -r release_1_0_patch

而其他人员仍旧在项目的主干分支 2. x 上开发。在 release_1_0_patch 上修正错误后，标记一个 1.0 的错误修正版本号：

cvs tag release_1_0_patch_1



如果 2.0 认为这些错误修改在 2.0 里也需要，也可以在 2.0 的开发目录下合并 release_1_0_patch_1 中的修改到当前代码中：

cvs update -j release_1_0_patch_1

这时大家又都回到主干上来开发了。

## 2. 5. 6　Wincvs 的使用

为了利用 cvs 的强大功能，现在也已经出现了在 Windows 下能够工作的 cvs 服务器与客户端，它简化了原来 cvs 复杂的命令，使更多的人能够不必学习 cvs 复杂的原理与命令就能够利用 cvs 来搞开发，但同时它也简化了很多 cvs 的功能；如果需要使用更为复杂的 cvs 功能，则要通过它提供的 cvs 命令行功能来实现；同时它也是作为开源软件的一部分在网络上发行。只要掌握了 cvs 基本原理与基本操作，则使用 Wincvs 将会是一件简单的事情，因为它只不过是将在 Linux 下工作的 cvs 字符界面换成图形界面而已，所有的原理都不变。最新的源码与程序可以到 http://sourceforge.net/projects/cvsgui/下载。下面以 Wincvs 2.0.2.4 (Build 4)为例说明。

### 1. Wincvs 的基本工作模式

cvs 工作于服务器/客户端模式(Client/Server 模式)。Wincvs 是 cvs 在 Windows 下的图形客户端，它有两个基本工作模式：

第 1 种工作模式是 Wincvs 作为远程 cvs 服务器在本地的客户端使用，在这种工作模式下，用户通常需要做以下操作：

① 根据远程 cvs 服务器管理员分配的用户名和密码，先使用 Wincvs 登录(Login)到 cvs 服务器。

② 在本地硬盘上创建一个工作目录。

③ 如果是第 1 次创建，则需要将本地工作目录中的原始目录导入(Import)到 cvs 服务器

上去，使之成为 cvs 服务器上仓库（Repository）的一个 Module。

④ 第1次工作之前，从 cvs 服务器的仓库（Repository）导出（Checkout）一个 Module 到本地硬盘的工作目录。

⑤ 环境建立之后的每次工作都应该使用 update 使本地文件与 cvs 软件仓库服务器同步，每个阶段性工作完成后，应该使用提交（Commit）更新 cvs 服务器。

第2种工作模式是 Wincvs 作为本地的服务器和客户端。如果没有远程 cvs 服务器，Wincvs 版本能够在本地同时作为 Server 和 Client 来工作。其中，服务器端的功能是 Wincvs 启动 CVSNT 在后台实现的。CVSNT（www. cvsnt. org）也是一个开源项目，现在 Wincvs 已经自带 CVSNT，在这种工作模式下，只需要在本地硬盘上指定一个目录为 cvs 的仓库目录（CVSROOT），所有的操作都是相对于这个目录进行的，这时 cvs 根目录与工作目录都是在本地。

Wincvs 工作在这个模式时，用户有这样几项工作需要做：

① 在本地硬盘上创建 cvs 的仓库（Repository）目录。目录名可任意，一般是 CVSROOT，对本地 CVSROOT 目录的定义可以在执行 CVSNT 后再进行，如图 2－31 所示。



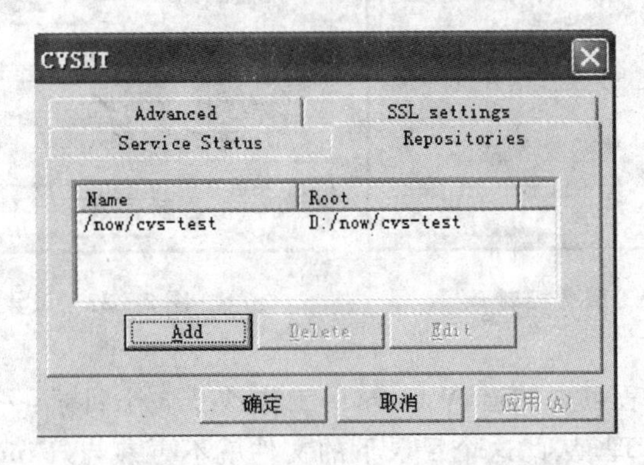


图 2－31　设置 CVSNT 仓库目录

② 把本地需要 cvs 管理的原始目录导入（Import）到 cvs 服务器上去，使之成为 cvs 服务器上仓库（Repository）的一个 Module。

③ 在本地硬盘上创建一个工作目录。

④ 从 cvs 服务器的仓库（Repository）导出（Checkout）一个 Module 到本地硬盘的工作目录。

⑤ 从 cvs 服务器同步（Update）读者从前的修改到本地工作目录，在工作目录上进行工作。在这个过程中，把文件的中间版本（Revision）提交（Commit）给 cvs 服务器。

对 cvsnt 服务的控制也可在 cvsnt 中进行，如图 2－32 所示。对 cvsnt 有关网络的设置，如 pserver 端口的设计，如图 2－33 所示。

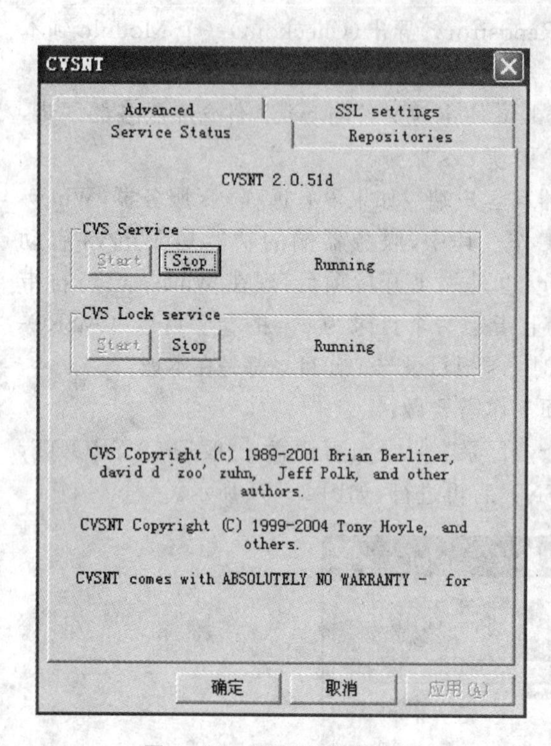


图 2-32　CVSNT 服务控制

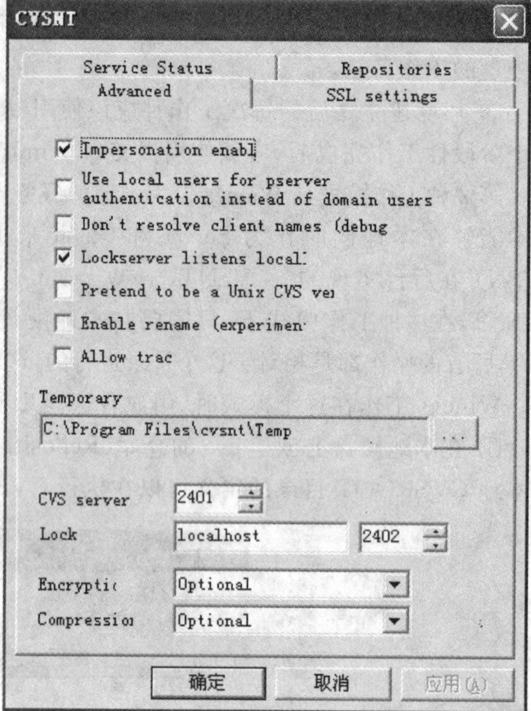


图 2-33　设置 CVSNT 端口

从 Wincvs 的工作流程可以知道，Wincvs 的工作涉及 3 个目录：一是原始目录，可以从这里把文件导到 cvs 进行管理，从此这个目录下的文件就不再参与 Wincvs 活动了；二是 cvs 仓库目录，所有的 Modules 都存放在这里，它可能是远程 Linux 下由 cvs 服务器管理员创建的，也可能是在本地硬盘创建的，这决定于工作在哪种模式下；三是本地硬盘的工作目录，在这里对文件进行多次修改和提交。

## 2. Wincvs 的检入与检出

安装好 Wincvs 之后再启动它就可以见到如图 2-34 所示的界面。可以看出，Wincvs 主界面分成 3 块：右上方是文件信息窗口，主要显示各文件的文件名、版本信息等；左上方是目录信息窗口；下方是信息输出窗口；显示在版本控制过程中，cvs 的各种输出信息。

下面主要介绍对远程 cvs 软件仓库服务器的操作与设置。选择 Remote→Create a new repository，如图 2-35 所示。这里的关键是设置 CVSROOT 指向远程 cvs 服务器，如图 2-36 所示。选择图 2-35 的 CVSROOT 右边的按键可以以图形的方式输入 CVSROOT 的内容，如图 2-37 所示。

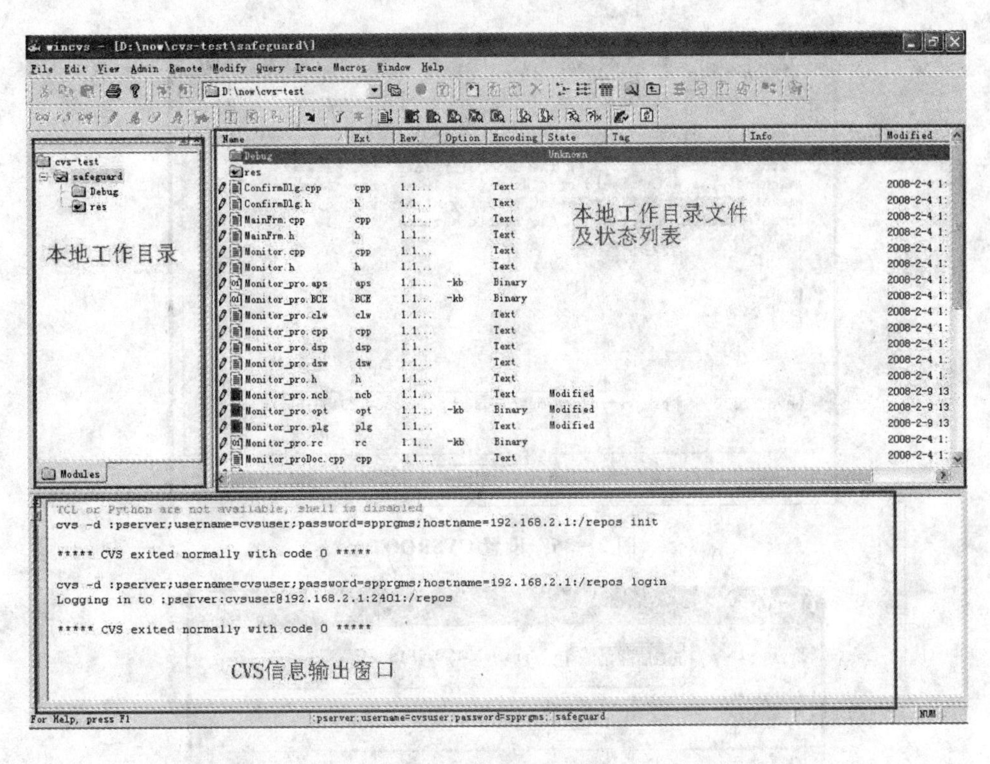


图 2－34　Wincvs 界面

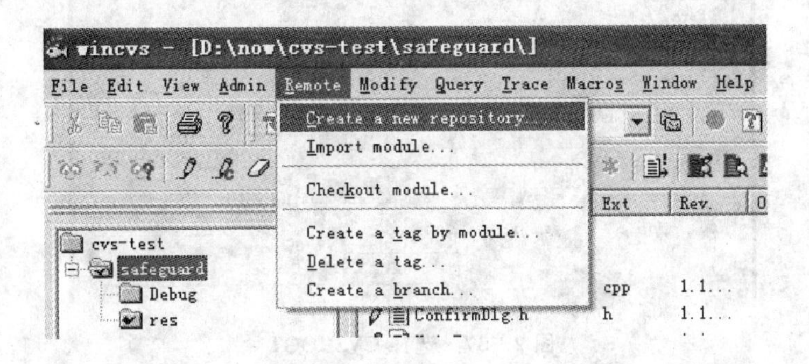


图 2－35　Remote 菜单

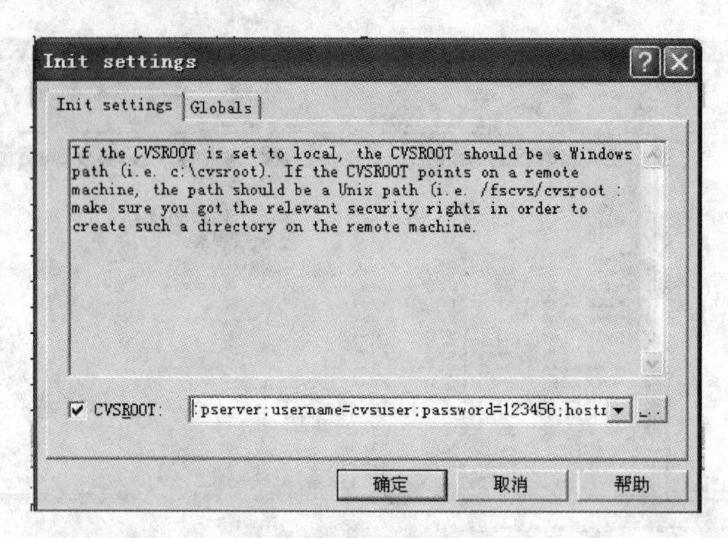


图 2-36　设置 CVSROOT

CVSROOT
Protocol: pserver　pserver 2.0.51d
Repository /repos
Keywords:

| Keyword | Value |
| --- | --- |
| Username | cvsuser |
| Password | 123456 |
| Hostname | 192.168.2.1 |
| Port | |
| Proxy | |
| Proxyport | |
| Tunnel | |

Descripti‹ Username　Edit...　Clear
CVSROOT preview:
:pserver;username=cvsuser;password=123456;hostname=192.168.2.1:/re
OK　Cancel　Help

图 2-37　选择 CVSROOT

根据远程 cvs 服务器的设置输入正确的 cvs 访问用户名与密码，则可以得到以下类似的 CVSROOT 设置字：

pserver;username=cvsuser;password=123456;hostname=192.168.2.1:/repos 网络访问的协议一般均为 pserver。

成功对远程服务器的 CVSROOT 进行初始化之后，将在 cvs 信息窗口中得到以下类似的返回信息：

cvs -d:pserver;username=cvsuser;password=spprgms;hostname=192.168.2.1:/repos init

＊＊＊＊＊ CVS exited normally with code 0 ＊＊＊＊＊

接下来应该选择本地的工作目录，选择 View → Browse Location → Change 菜单项，以选择合适的工作目录，如图 2-38 所示。

如果这是第1次建立 cvs 下的模块，则应该选择 Remote → Import module 将当前工作目录下的文件上传至 cvs 服务器创建模块。

如果 cvs 服务器上的模块已经建立而需要下载到本地工作目录上来修改，则应选择 Remote → Checkout module 菜单项。

每次工作前都必须保持本地工作目录与 cvs 服务器文件一致，应选择 Modify → Update 菜单项。对本地工作目录的每个阶段性修改完成后都必须上传到远程 cvs 服务器中，选择 Modify → Commit 菜单项，则弹出一个对话框，这里需要输入对这次修改的一个说明与注释，如图 2-39 所示。

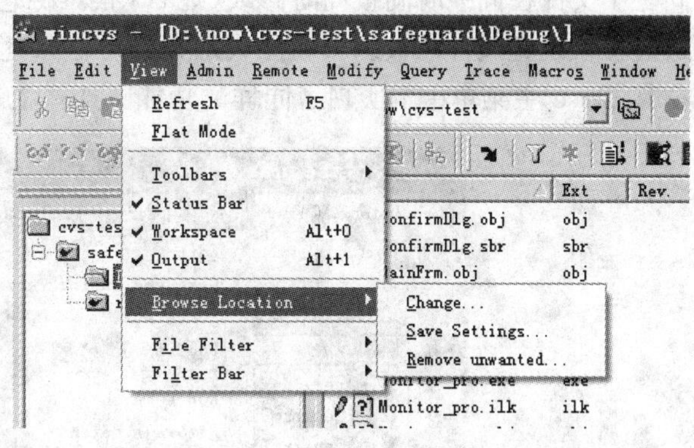


图 2-38　view 菜单

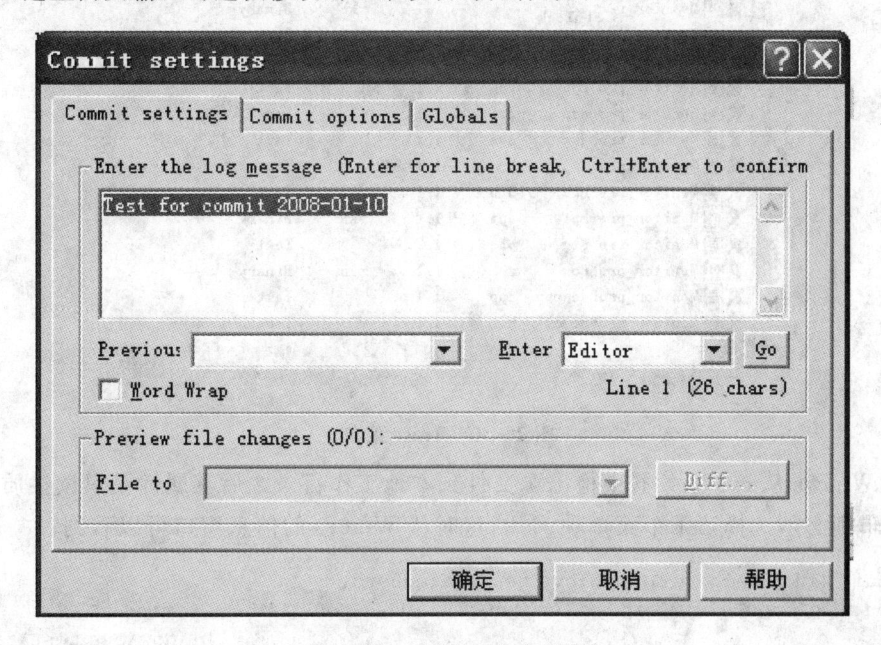


图 2-39　Commit 命令设置

### 3. Wincvs 的多用户操作

cvs 的一个重要的功能就是非常适合于多用户之间的协同开发。一个文件可能被多个用户修改,如果这些不同的用户之间的修改不是同时发生的,cvs 能够自然而然地将版本升级;但如果同一个文件在同一时间被同时修改,则 cvs 很难将它们融合在一起从而发生冲突。前面讲到 cvs 通过提供设置文件的被编辑属性或加锁等方法来达到同一个文件不被同时编辑的目的,Wincvs 在其 Trace 主菜单中也实现了同样的功能。选择主菜单 Trace,如图 2 - 40 所示。

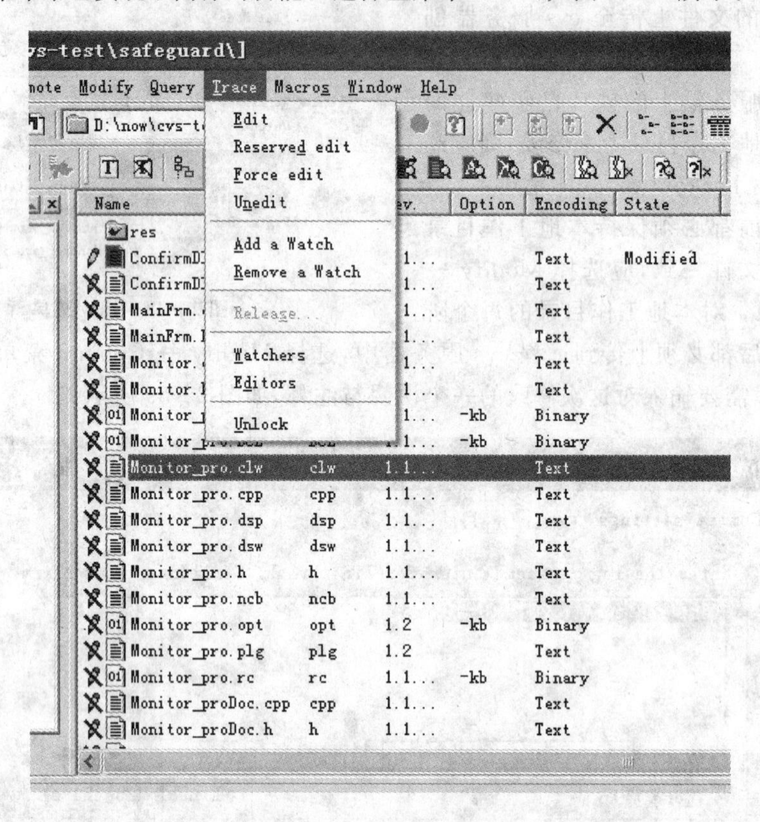


图 2 - 40 Trace 菜单

使用 Wincvs 从 cvs 服务器中检出源文件到本地工作目录之后其属性是只读性质的,要对它进行编辑则必须选择第 1 个菜单项 Edit,这时从 Wincvs 的信息窗口可以看到:

```
cvs edit (in directory D:\now\cvs-test\safeguard)
ConfirmDlg.cpp    cvsuser    Tue Feb 12 15:09:53 2008 GMT    Admin
                                                            D:\now\cvs-test\safeguard
ConfirmDlg.cpp    cvsuser    Tue Feb 12 15:09:53 2008 GMT    Admin
                                                            D:\now\cvs-test\safeguard
* * * * *  CVS exited normally with code 0 * * * * *
```

第 2 个选项 Reserved edit 是检查所选择的文件是否被编辑，同时返回以下信息：

```
cvs edit -c --ConfirmDlg.h (in directory D:\now\cvs-test\safeguard)
ConfirmDlg.h     cvsuser     Tue Feb 12 15:29:56 2008 GMT     Admin     D:\now\cvs-test\
safeguard
cvs [edit aborted]:Files being edited!
* * * * *  CVS exited normally with code 1 * * * * *
```

这表示文件 ConfirmDlg. h 正在被用户 cvsuser 修改，其他用户不能修改。如果这时选择菜单项 Unedit，则表示设置所选择的文件不被编辑，这样其他人又能对它进行编辑了，信息返回如下：

```
cvs unedit --ConfirmDlg.h (in directory D:\now\cvs-test\safeguard)
* * * * *  CVS exited normally with code 0 * * * * *
```

再执行菜单项 Reserved edit，则显示以下结果：

```
cvs edit -c --ConfirmDlg.h (in directory D:\now\cvs-test\safeguard)
* * * * *  CVS exited normally with code 0 * * * * *
```

表示文件 ConfirmDlg. h 现在没有被人编辑。

菜单项 Force edit 表示强制对所选择的文件进行编辑，不论其他人是否对它进行编辑。

```
cvs edit -f --MainFrm.h (in directory D:\now\cvs-test\safeguard)
* * * * *  CVS exited normally with code 0 * * * * *
```

菜单项 Add a Watch 表示为文件设置观看属性。

```
cvs watch add --ConfirmDlg.h (in directory D:\now\cvs-test\safeguard)
* * * * *  CVS exited normally with code 0 * * * * *
```

菜单项 Remove a Watch 表示移除文件的观看属性。

```
cvs watch remove --ConfirmDlg.h (in directory D:\now\cvs-test\safeguard)
* * * * *  CVS exited normally with code 0 * * * * *
```

菜单项 Release 表示标明模块不再使用，它需要先选择一个模块目录后再执行，这时将弹出一个菜单以设置 release 时的一些操作，如图 2－41 所示。

可以选择删除给定目录中的 cvs 控制文件或是删除整个目录与文件，应该指明正确的 CVSROOT，以便将本地目录的修改上传至 cvs 服务器中。

菜单项 Watchers 检查谁正在观看指定的文件。

```
cvs watchers --ConfirmDlg.h (in directory D:\now\cvs-test\safeguard\)
ConfirmDlg.h     cvsuser     tedit     tunedit     tcommit
* * * * *  CVS exited normally with code 0 * * * * *
```

菜单项 Editors 检查谁正在编辑这个文件。

```
cvs editors --ConfirmDlg.h (in directory D:\now\cvs-test\safeguard\)
```

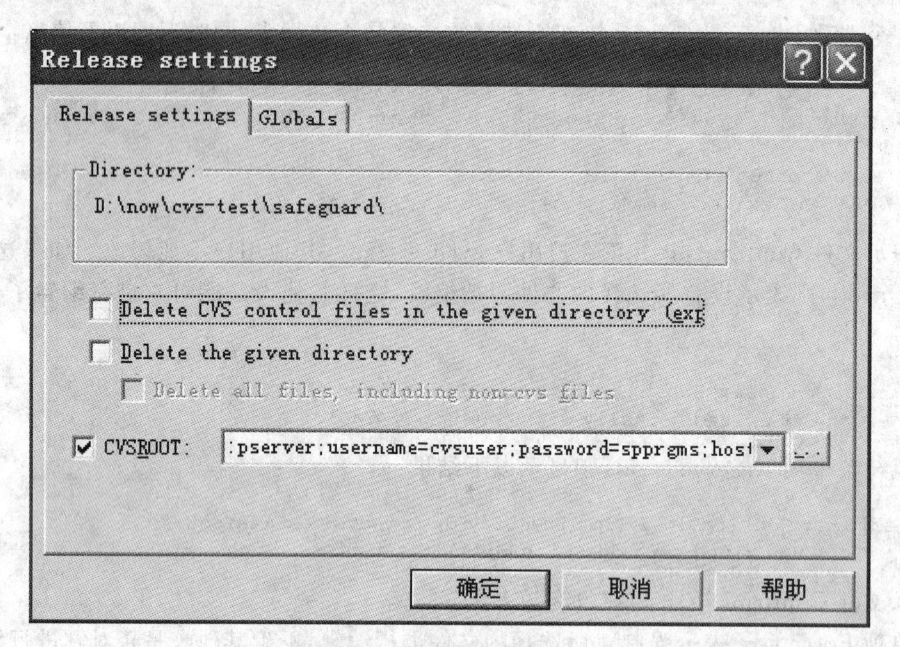


图 2-41　Release 命令设置

```
ConfirmDlg.h    cvsuser    Tue Feb 12 15:35:30 2008 GMT    Admin    D:\now\cvs-test\
safeguard
* * * * *  CVS exited normally with code 0 * * * * *
```

菜单项 Unlock 表示将文件解除锁定。

```
cvs admin -u --ConfirmDlg.h (in directory D:\now\cvs-test\safeguard\)
RCS file:/repos/safeguard/ConfirmDlg.h,v
No locks are set.
done
* * * * *  CVS exited normally with code 0 * * * * *
```

## 4. Wincvs 重要菜单项功能说明

1）主菜单 Admin

| | |
|---|---|
| Preferences | 改变设置 |
| Command Line | 输入 cvs 命令行 |
| Login | 登录到 cvs 服务器 |
| Logout | 从 cvs 服务器注销 |
| Stop CVS | 停止正在执行的 cvs 命令 |

2）主菜单 Remote

| | |
|---|---|
| Create a new repository | 创建一个新的软件仓库即对一个新的软件仓库进行初始化 |
| Import module | 向软件仓库输入模块 |

| | |
|---|---|
| Checkout module | 从软件仓库中检出模块 |
| Create a tag by module | 对软件仓库创建一个新模块标记 |
| Delete a tag | 从软件仓库中删除一个模块标记 |
| Create a branch | 对软件仓库中的模块创建一个新的分支 |

3）主菜单 Modify

| | |
|---|---|
| Update | 更新本地工作目录,使它与 cvs 软件仓库保持一致 |
| Commit | 将本地工作目录中所作的修改提交到 cvs 软件仓库 |
| Add | 将本地文件或目录增加到 cvs 软件仓库中 |
| Add Binary | 将本地二进制文件增加到 cvs 软件仓库中 |
| Add Unicode | 将本地 Unicode 文件加到 cvs 软件仓库中 |
| Remove | 删除远程 cvs 软件仓库中的文件或目录 |
| Erase | 删除本地文件或目录 |
| Create a tag | 在本地创建标记 |
| Delete a tag | 删除本地的标记 |
| Create a branch | 在本地创建一个分支 |

4）主菜单 Query

| | |
|---|---|
| Query Update | 查询更新的情况 |
| Diff | 比较本地文件与 cvs 远程仓库的不同 |
| Log | 显示文件的 log 记录历史 |
| Status | 查询文件的状态 |
| Annotate | 查询本地文件哪些行被修改的历史记录 |
| Graph | 以树的图形方式显示各版本之间的相互关系 |
| Explore | 打开资源管理器浏览本地文件 |

5）主菜单 Trace

| | |
|---|---|
| Edit | 设置所选择的文件被编辑 |
| Reserved edit | 检查所选择的文件是否被编辑 |
| Force edit | 强制对所选择的文件进行编辑,不论其他人是否对它进行编辑 |
| Unedit | 设置所选择的文件不被编辑,这样其他人又能对它进行编辑了 |
| Add a Watch | 为文件设置观看属性 |
| Remove a Watch | 移除文件的观看属性 |
| Release | 标明模块不再使用 |
| Watchers | 检查谁正在观看指定的文件 |
| Editors | 检查谁正在编辑这个文件 |
| Unlock | 将文件解除锁定 |

# 第 3 章

# makefile 文件的编写

## 3.1 概 述

一个大型程序是由很多个小的程序模块文件构成的，按其类型与功能，模块分别放在若干个目录中，这些小的程序模块之间的依赖关系如何，编译时是否需要每一次都将所有的模块源程序编译一遍，都是编译程序需要考虑的问题。事实上，修改程序时往往只对一个大型程序中的一部分模块改动，重新编译时如果每一次都将所有的文件重新编译一遍，则效率是很低的，应该有这样一种机制，只对其中改动的部分重新编译，没有改动的部分直接利用上一次的目标文件连接成新的执行文件，这样可以极大地提高编译的效率。Linux 中使用 makefile 文件来定义上述功能，使用 make 程序根据 makefile 中定义的不同文件之间的依赖关系，并根据文件的改动情况执行高效编译。makefile 使用文本格式记录编译时所应遵循的规则和依赖关系，哪些文件需要先编译，哪些文件后编译，哪些文件需要重新编译以及进行更复杂的功能操作，makefile 就像一个 shell 脚本一样。其中，makefile 也可以执行操作系统的命令。因此，我们不但可以利用 make 这个工具来编译我们的程序，还可以利用它来完成其他的工作，因为规则中的命令可以是 shell 下的任何命令，所以在 Linux 下，你可以在 makefile 中书写其他的命令，如 tar、awk、mail、sed、cvs、compress、ls、rm、yacc、rpm、ftp 等，来完成诸如"程序打包"、"程序备份"、"制作程序安装包"、"提交代码"、"使用程序模板"、"合并文件"等各种各样的功能。makefile 文件通常可以取名为 Makefile 或 makefile。

对于一部分 Windows 的程序员，可能并不知道编程时需要用到 makefile 文件，因为 Windows 强调易用性，已经由 IDE 集成环境隐含地做了 makefile 所做的工作，比如 Delphi 的 make、Visual C＋＋的 nmake，以至于大部分 Windows 程序员因为对 makefile 没有概念，而在编程时无法做到游刃有余地控制编译过程。很多 Windows 开发工具，可以在 project 的 Setting 中调节编译参数，但因为对 makefile 概念不了解，对其中的参数含义理解不够，而且大部分基于图形的 IDE 开发工具即使提供了对 makefile 的设置也都是不全面的，使用图形界面很难做到对其中成百上千个 makefile 功能进行设置与调节，因此要成为一个有成就的专业程序员，必须精通 makefile 文件，这样才能具备完成大型软件的能力；而且在 Linux 中编程，往往不得不编写 makefile 文件。毫无疑问，在 Linux 下 makefile 也是由 make 程序调用 gcc 来完成程序的编译的。

## 3.2 makefile 的基本语法和简单实例

### 3.2.1 基本语法

在讲述 makefile 之前，先来粗略地了解一点 makefile 的规则。

makefile 的基本语法结构如下：

```
target ... : prerequisites ...
        commands
...
...
```

target 也就是一个目标文件，可以是 Object File，也可以是执行文件，或者是一个标签（Label）。

prerequisites 就要生成那个 target 所需要的文件或是目标。command 是 make 需要执行的命令。这其实说明了一个文件的依赖关系，target 这一个或多个的目标文件依赖于 prerequisites 中的文件，其生成规则定义在 command 中。也就是说，prerequisites 中如果有一个以上的文件比 target 文件新（即文件在生成 target 目标文件之后被改动过），此规则下所定义的 command 命令就会被执行，以符号"#"开头的为注释，这就是 makefile 的基本规则。

### 3.2.2 make 命令行参数定义

"-n"

"--just-print"

"--dry-run"

"--recon"

make 执行时，只是显示命令，但不会执行命令，这个功能常用于调试 makefile，观察 makefile 命令执行的内容与顺序。

"-s"

"--slient"

"--quiet"

全面禁止命令的显示。

"-e"

"--environment-overrides"

系统环境变量将覆盖makefile中定义的变量。

"-f"

"--file"

指定除默认文件名GNUmakefile、makefile和Makefile之外的文件作为makefile。如果在make的命令行多次使用"-f"参数，那么，所有指定的makefile将会被连在一起传递给make执行。

"-t"

"--touch"

这个参数把目标文件的时间更新，但不更改目标文件。也就是说，make假装编译目标，但不是真正的编译目标，只是把目标变成已编译过的状态。

"-q"

"--question"

这个参数的行为是找目标的意思。如果目标存在，那么什么也不会输出，也不执行编译；如果目标不存在，打印出一条出错信息。

"-W <file>"

"--what-if=<file>"

"--assume-new=<file>"

"--new-file=<file>"

这个参数需要指定一个文件，一般是源文件(或依赖文件)，make会根据规则推导来运行依赖于这个文件的命令。一般来说，可以和"-n"参数一同使用，来查看这个依赖文件所发生的规则命令。

"-b"

"-m"

这两个参数的作用是忽略和其他版本make的兼容性。

"-B"

"--always-make"

认为所有的目标都需要更新(重编译)。

"-C <dir>"

"--directory=<dir>"

指定读取makefile的目录。如果有多个"-C"参数，则make的解释是后面的路径以前面的作为相对路径，并以最后的目录作为被指定目录。例如，"make -C ～/hchen/test -C prog"等价于"make -C ～/hchen/test/prog"。

"--debug[=<options>]"

输出make的调试信息。它有几种不同的级别可供选择，如果没有参数，那就是输出最简单的调试信息。下面是<options>的取值：

a——也就是 all，输出所有的调试信息。

b——也就是 basic，只输出简单的调试信息。即输出不需要重编译的目标。

v——也就是 verbose，在 b 选项的级别之上。输出的信息包括哪个 makefile 被解析，不需要被重编译的依赖文件（或是依赖目标）等。

i——也就是 implicit，输出所有的隐含规则。

j——也就是 jobs，输出执行规则中命令的详细信息，如命令的 PID、返回码等。

m——也就是 makefile，输出 make 读取 makefile，更新 makefile，执行 makefile 的信息。

"-d"

相当于"--debug=a"。

"-h"

"--help"

显示帮助信息。

"-i"

"--ignore-errors"

执行时忽略所有的错误。

"-I <dir>"

"--include-dir=<dir>"

指定 makefile 的搜索目标。可以使用多个"-I"参数来指定多个目录。

"-j [<jobsnum>]"

"--jobs[=<jobsnum>]"

同时运行命令的个数。如果没有这个参数，make 运行命令时能运行多少就运行多少。如果有一个以上的"-j"参数，那么仅最后一个"-j"才是有效的。

"-k"

"--keep-going"

出错也不停止运行。否则如果生成一个目标失败了，那么依赖于其上的目标就不会被执行了。

"-l <load>"

"--load-average[=<load]"

"--max-load[=<load>]"

指定 make 运行命令的负载。

"-o <file>"

"--old-file=<file>"

"--assume-old=<file>"

不重新生成指定的<file>，即使这个目标的依赖文件新于它。

"-p"

"--print-data-base"

输出 makefile 中的所有数据，包括所有的规则和变量。这个参数会让一个简单的 makefile 都输出一堆信息。如果只是想输出信息而不想执行 makefile，可以使用"make -qp"命令。想查看执行 makefile 前的预设变量和规则，可以使用"make -p -f /dev/null"。这个参数输出的信息包含 makefile 文件的文件名和行号，所以，用这个参数来调试的 makefile 很有用，特别是当环境变量很复杂的时候。

"-r"

"--no-builtin-rules"

禁止 make 使用任何隐含规则。

"-R"

"--no-builtin-variabes"

禁止 make 使用任何作用于变量上的隐含规则。

"-S"

"--no-keep-going"

"--stop"

取消"-k"选项的作用。因为有些时候，make 的选项是从环境变量"MAKEFLAGS"中继承下来的。所以可以在命令行中使用这个参数来让环境变量中的"-k"选项失效。

"-t"

"--touch"

相当于 Linux 的 touch 命令，只是把目标的修改日期变成最新的，也就是阻止生成目标的命令运行。

"-v"

"--version"

输出 make 程序的版本、版权等关于 make 的信息。

"-w"

"--print-directory"

输出运行 makefile 之前和之后的信息。这个参数对于跟踪嵌套式调用 make 时很有用。

"--no-print-directory"

禁止"-w"选项。

"--warn-undefined-variables"

只要 make 发现有未定义的变量，那么就输出警告信息。

### 3.2.3 简单实例

下面我们通过一个简单的例子来说明 makefile 的编写，使读者对 makefile 有一个大致、整体的认识，以便于进行更深入的学习。

这里假设工程有2个C源文件和1个头文件，我们写一个 makefile 来告诉 make 命令如何编译和链接这几个文件。makefile 文件内容如下：

```
# 目标文件 edit 依赖于中间文件 main.o command.o
edit:main.o  command.o
# 如果依赖文件 main.o, command.o 的时间新于目标文件 edit,则执行下面的编译命令,生成新的目标文件 edit
gcc -o edit main.o command.o
# 中间目标文件 main.o 依赖于源文件,main.c defs.h
main.o:main.c defs.h
# 如果文件 main.c defs.h 的时间新于 main.o,则执行下列命令生成新的 main.o
gcc -c main.c
# 中间目标文件 command.o 依赖于源文件,command.c defs.h
command.o:command.c defs.h
# 如果文件 command.c defs.h 的时间新于 command.o 则执行下列命令生成新的 command.o
gcc -c command.c
# 执行清除操作,删除目标文件
clean:
rm edit main.o command.o
```

当一行太长时，可以使用反斜杠(\)进行续行，我们可以把上面列出的内容保存在文件名为 Makefile 或 makefile 的文件中，然后在该目录下直接输入命令 make 就可以根据 makefile 定义的依赖关系生成执行文件 edit。如果要删除执行文件和所有的中间目标文件，那么只要简单地执行一下 make clean 就可以了。

由此可见，依赖关系的实质就是说明了目标文件是由哪些文件生成的。定义好依赖关系后，后续的行定义了如何生成目标文件的操作命令，这些行一定要以一个 Tab 键作为开头。make 会比较目标文件和对应依赖文件的修改日期，如果依赖文件的日期要比目标文件的日期要新，或者目标不存在，那么，make 就会执行后续定义的命令，其文件的依赖关系相当于从后向前倒推。

clean 是一个标记，没有对应的文件，因此每次执行此规则时都是最新的，必须执行此规则定义的命令，可以作为参数跟在 make 命令后面。make clean 命令在执行时将直接跳到 clean 标记处执行，而跳过前面的命令。通过不同的标记，可以使 make 执行不同的分支，以增加 makefile 文件的灵活性。此 makefile 的详细执行情况是：

① make 会在当前目录下找名字叫 Makefile 或 makefile 的文件。

② 如果找到，它会找文件中的第1个目标文件(target)。在上面的例子中，它会找到 edit 这个文件，并把这个文件作为最终的目标文件。

③ 如果edit文件不存在，或是edit所依赖的后面的.o文件的修改时间要比edit文件新，那么就执行后面所定义的命令来生成edit文件。

④ 如果edit所依赖的.o文件也不存在，那么make会在当前文件中找目标为.o文件的依赖性，如果找到则再根据那一个规则生成.o文件。

⑤ 如果C文件和H文件存在，则make生成.o文件，然后再用.o文件连接生成执行文件edit。

这就是整个make的依赖性，make会一层一层地找文件的依赖关系，直到最终编译出第1个目标文件。在寻找过程中，如果出现错误，比如最后被依赖的文件找不到，那么make就会直接退出，并报错。

## 3.3 常用命令

### 3.3.1 @命令

通常，make会把其要执行的命令行在命令执行前输出到屏幕上。用@字符在命令行前时，这个命令将不被make显示出来，我们用这个功能显示一些提示信息。例如：

@echo 正在编译XXX模块......

当make执行时，会输出“正在编译XXX模块......”字串，但不会输出命令；如果没有@，那么make输出：

echo 正在编译XXX模块......

使用@前缀将显示的内容显得简洁。此命令也可用于对makefile文件调试时的显示。

### 3.3.2 命令间的相互关联

当需要让命令执行在上一条命令的结果上时，应该将命令写在同一行，并使用分号分隔。例如：

实例一：

exec：

cd /home/hchen

pwd

实例二：

exec：

cd /home/hchen; pwd

执行make exec时，第1个例子中的cd没有作用，pwd会打印出当前makefile目录；而第2个例子中的cd就起作用了，pwd打印出“/home/hchen”。

### 3.3.3 忽略命令的错误

当在命令前面加入“-”时，则通过 make 忽略命令的错误提示。例如：

clean：

-rm -f ＊.o

### 3.3.4 条件判断

使用条件判断可以让 make 根据运行时的不同情况选择不同的执行分支。条件表达式可以比较变量的值，或是比较变量和常量的值。

基本语法：

＜条件判断＞

命令序列

endif

另一种形式：

＜条件判断＞

命令序列 1

else

命令序列 2

endif

其中，条件判断可以是下列关键词之一：

- ifeq (＜arg1＞，＜arg2＞)　　比较参数 arg1 和 arg2 的值是否相同
- ifneq (＜arg1＞，＜arg2＞)　　比较参数 arg1 和 arg2 的值是否不相同
- ifdef ＜variable-name＞　　变量是否被定义
- ifndef ＜variable-name＞　　变量是否没有被定义

下面的例子用来判断 $(CC)变量是否 gcc，如果是，则使用 GNU 函数编译目标。

```
libs_for_gcc =  -lgnu
normal_libs =
foo:$(objects)
ifeq ($(CC),gcc)
$(CC) -o foo $(objects) $(libs_for_gcc)
else
$(CC) -o foo $(objects) $(normal_libs)
endif
```

### 3.3.5 定义命令序列

如果 makefile 中出现一些相同命令序列，那么可以为这些相同的命令序列定义一个命令

包。定义以 define 开始，以 endef 结束。

```
define  命令包名
命令列表
endef
```

**注意**，命令包名不要和 makefile 中的变量重名，在引用命令包时与引用变量一样，即 $(命令包名)。

## 3.4 目标与规则

一般来说，在一个 makefile 文件中至少要有两个目标，一个为生成最终目标文件的规则，另一个为清除生成的目标文件及其中间代码的规则，通常取名为 clean。makefile 文件中的第 1 个目标通常作为 make 的默认目标，如果需要跳过默认目标而去执行其他操作，则必须在 make 命令行加上目标名作为参数，例如，make clean 便可跳过前面的其他目标规则而执行清除目标文件的工作，而 make 则执行默认规则。



### 3.4.1 伪目标

通常伪目标后面没有文件依赖关系，它并不生成一个文件，只是一个标签。由于伪目标不是文件，所以 make 无法根据它的依赖关系来决定它是否要执行，只有通过显示地指明这个目标才能让其生效。伪目标的取名不能和文件名重名，不然就失去了伪目标的意义了。例如：

```
clean:
rm * .o
```

必须使用 make clean 来执行该目标。

为了避免和文件重名的情况，可以使用一个特殊的标记“.PHONY”来显式地指明一个目标是伪目标，向 make 说明不管是否存在这个文件，都只执行命令而不生成这个文件。

```
.PHONY:clean
clean:
rm * .o temp
```

因为伪目标不生成目标文件，所以伪目标本身的规则总是会被执行，而不管依赖文件的新旧。利用这一特性可以实现 rebuild all 的功能。例如：

```
.PHONY:rebuild-all
rebuild-all:prog1 prog2 prog3
prog1:prog1.o utils.o
cc -o prog1 prog1.o utils.o
prog2:prog2.o
cc -o prog2 prog2.o
```

```
prog3:prog3.o sort.o utils.o
cc -o prog3 prog3.o sort.o utils.o
```

当执行 make rebuild-all 命令时，由于伪目标总是被执行的，所以其依赖的那 3 个目标就总是不如 rebuild-all 目标新。因此，其他 3 个目标的规则总是会被执行。

可以使用通配符定义某种类型的文件，make 支持 3 个通配符："*"，"?"和"[...]"。

### 3.4.2 静态目标

一个大型软件如果有很多依赖关系需要书写，则采用静态模式利用自动化变量来书写满足模式规则的规则，效率很高，同时形式简洁，维护也非常方便。例如：

```
objects =  foo.o bar.o
all:$(objects)
$(objects):% .c
$(CC) -c $(CFLAGS) $<  -o $@
```

上面的规则展开后等价于下面的规则：

```
foo.o:foo.c
$(CC) -c $(CFLAGS) foo.c -o foo.o
bar.o:bar.c
$(CC) -c $(CFLAGS) bar.c -o bar.o
```

### 3.4.3 makefile 中的常用目标

虽然目标名可以由用户自由定义，但是遵循约定俗成的规则会带来方便，下面是在 makefile 文件中常用的目标定义名。

all

这个伪目标是所有目标的目标，其功能一般是编译所有的目标。

clean

这个伪目标功能是删除所有被 make 创建的文件。

install

这个伪目标功能是安装已编译好的程序，其实就是把目标执行文件复制到指定的目录中去。

print

这个伪目标功能是列举改变过的源文件。

tar

这个伪目标功能是把源程序打包备份，也就是一个 tar 文件。

dist

这个伪目标功能是创建一个压缩文件，一般是把 tar 文件压成 Z 文件或 gz 文件。

TAGS

这个伪目标功能是更新所有的目标,以备完整地重新编译使用。

check 和 test

这两个伪目标一般用来测试 makefile 的流程。

### 3.4.4 后缀规则

后缀规则是一个比较老式的定义隐含规则的方法,会被模式规则逐步地取代,因为模式规则更强更清晰。为了和老版本的 makefile 兼容,GNU make 同样兼容于这些东西。后缀规则有两种方式:双后缀和单后缀。双后缀规则定义了一对后缀:目标文件的后缀和依赖目标(源文件)的后缀,如".c.o"表示后缀为.o 的文件依赖于后缀为.c 的文件。单后缀规则只定义一个后缀,也就是源文件的后缀,如".c"。

后缀规则中所定义的后缀应该是 make 所认识的,如果一个后缀是 make 所认识的,那么这个规则就是单后缀规则;而如果两个连在一起的后缀都被 make 所认识,那就是双后缀规则。例如,".c"和".o"都是 make 所知道,因此,如果定义了一个规则是".c.o",那么其就是双后缀规则,意义就是".c"是源文件的后缀,".o"是目标文件的后缀。例如:

```
.c.o:
$(CC) -c $(CFLAGS) $(CPPFLAGS) -o $@ $<
```

后缀规则不允许任何的依赖文件,如果有依赖文件的话,那就不是后缀规则,那些后缀都被认为是文件名,如:

```
.c.o:foo.h
$(CC) -c $(CFLAGS) $(CPPFLAGS) -o $@ $<
```

这个例子就是说,文件".c.o"依赖于文件"foo.h"。

而要让 make 知道一些特定的后缀,可以使用伪目标".SUFFIXES"来定义或删除,例如:

```
.SUFFIXES:.hack .win
```

把后缀.hack 和.win 加入后缀列表中的末尾。

```
.SUFFIXES:#    删除默认的后缀
```

### 3.4.5 模式规则

使用模式规则来定义一个隐含规则。模式规则就像一般的规则,只是在规则中目标的定义需要有"%"字符。"%"表示一个或多个任意字符,例如:"%.c"表示以".c"结尾的文件名(文件名的长度至少为3);而"s.%.c"则表示以"s."开头,".c"结尾的文件名(文件名的长度至少为5)。在依赖目标中同样可以使用"%",只是依赖目标中的"%"的取值取决于其目标。例如:

```
%.o:%.c
```

<command ......>

指出了怎么从所有的.c 文件生成相应的.o 文件的规则。如果要生成的目标是"a.o b.o",那么"%.c"就是"a.c,b.c"。

一旦依赖目标中的"%"模式被确定,那么,make 会被要求去匹配当前目录下所有的文件名,一旦找到,make 就会执行对应的命令,所以,在模式规则中,目标可能是多个;如果有模式匹配出多个目标,make 就会产生所有的模式目标。

如果在模式规则后不写任何命令,那么就取消了这一模式规则的定义。例如:

%.o:%.s

## 3.4.6　多目标与自动推导

makefile 规则中的目标可以不止一个,有时多个目标同时依赖于一个文件,并且其生成的命令大体类似,于是把其合并起来。例如:

```
bigoutput:text.g
generate text.g -big >  bigoutput
littleoutput:text.g
generate text.g -little >  littleoutput
```

目标 bigoutput 与 littleoutput 同时依赖于 text.g 文件。处理一个大型程序时,有可能规则非常多,如果都要一条一条地写出来,则非常麻烦,而且容易出错,这时可以使用自动化变量来完成规则的自动推导。上面的规则可改写成以下简洁的形式:

```
bigoutput littleoutput:text.g
generate text.g -$(subst output,,$@ ) >  $@
```

其中,subst 是 make 支持的内嵌字串替代函数。

## 3.4.7　makefile 规则

### 1. 显式规则

显式规则说明了如何生成一个或多个的目标文件,这时由 makefile 的书写者明显指出要生成的文件、文件的依赖文件、生成的命令等,前面的例子使用的就是显式规则。

### 2. 隐含规则

使用 makefile 时,有一些使用频率非常高的规则,例如,C 语言的源文件后缀为.c、编译生成的中间目标文件后缀为.o 等,这些规则在 makefile 中都是隐含默认的,不需要再写出来的规则。"隐含规则"会使用一些 makefile 系统变量,改变这些系统变量的值可以用来配制隐含规则运行时的参数,如系统变量 CFLAGS 可以控制编译时的编译器参数。例如:

```
foo:foo.o bar.o
  cc  -o foo foo.o bar.o $(CFLAGS) $(LDFLAGS)
```

可以注意到，这个makefile中并没有写下如何生成foo.o和bar.o这两个目标的规则和命令。因为make的“隐含规则”功能会根据“隐含规则”库自动推导这两个目标的依赖目标，且生成命令由C源文件产生。因此完全没有必要写下下面的两条规则：

```
foo.o:foo.c
  cc  -c foo.c $(CFLAGS)
bar.o:bar.c
  cc  -c bar.c $(CFLAGS)
```

当然，如果为[.o]文件书写了自己的规则，那么make就不会自动推导并调用隐含规则，而是按照我们写好的规则执行。

常用的隐含规则：

1）编译C程序的隐含规则

.o的依赖目标会自动推导为.c，并且其生成命令是“$(CC) -c $(CPPFLAGS) $(CFLAGS)”。

2）编译C++程序的隐含规则

.o的依赖目标会自动推导为.cc或是.C，并且其生成命令是“$(CXX) -c $(CPPFLAGS) $(CFLAGS)”(建议使用“.cc”作为C++源文件的后缀，而不是“.C”)。

3）编译Pascal程序的隐含规则

.o的依赖目标会自动推导为.p，并且其生成命令是“$(PC) -c $(PFLAGS)”。

4）编译Fortran/Ratfor程序的隐含规则

.o的依赖目标会自动推导为.r或.F.f，并且其生成命令是：

“.f”:“$(FC) -c $(FFLAGS)”

“.F”:“$(FC) -c $(FFLAGS) $(CPPFLAGS)”

“.f”:“$(FC) -c $(FFLAGS) $(RFLAGS)”

5）预处理Fortran/Ratfor程序的隐含规则

.f的依赖目标会自动推导为.r或.F。这个规则只是转换Ratfor或有预处理的Fortran程序到一个标准的Fortran程序。其使用的命令是：

.F  $(FC) -F $(CPPFLAGS) $(FFLAGS)

.r  $(FC) -F $(FFLAGS) $(RFLAGS)

6）汇编和汇编预处理的隐含规则

.o的依赖目标会自动推导为.s，默认使用编译器as，其生成命令是：“$(AS) $(ASFLAGS)”。

.s的依赖目标会自动推导为.S，默认使用C预编译器cpp，其生成命令是：“$(AS) $(ASFLAGS)”。

7) 链接 Object 文件的隐含规则

目标依赖于.o，通过运行 C 的编译器来运行链接程序(一般是 ld)，其生成命令是："$(CC) $(LDFLAGS) $(LOADLIBES) $(LDLIBS)"。这个规则不但对只有一个源文件的工程有效，对多个 Object 文件(由不同的源文件生成)的也有效。例如：

```
x:y.o z.o
```

如果 x.c、y.c 和 z.c 都存在，则隐含规则执行如下命令：

```
cc  -c x.c -o x.o
cc  -c y.c -o y.o
cc  -c z.c -o z.o
cc  x.o y.o z.o -o x
rm  -f x.o
rm  -f y.o
rm  -f z.o
```

在隐含规则中的命令中，基本上都使用了一些预先设置的变量，可以在 makefile 中改变这些变量的值，或是在 make 的命令行中传入这些值，或是在你的环境变量中设置这些值，无论怎么样，只要设置了这些特定的变量，那么就会对隐含规则起作用。当然，也可以利用 make 的"-R"或"--no-builtin-variables"参数来取消所定义的变量对隐含规则的作用。

可以把隐含规则中使用的变量分成两种：一种是命令相关的，如"CC"；一种是参数相的关，如"CFLAGS"。下面是所有隐含规则中会用到的变量：

AR　　函数库打包程序。默认命令是 ar。

AS　　汇编语言编译程序。默认命令是 as。

CC　　C 语言编译程序。默认命令是 cc。

CXX　　C++语言编译程序。默认命令是 g++。

CO　　从 RCS 文件中扩展文件程序。默认命令是 co。

CPP　　C 程序的预处理器(输出是标准输出设备)。默认命令是 $(CC) -E。

FC　　Fortran 和 Ratfor 的编译器和预处理程序。默认命令是 f77。

GET　　从 SCCS 文件中扩展文件的程序。默认命令是 get。

LEX　　Lex 方法分析器程序(针对于 C 或 Ratfor)。默认命令是 lex。

PC　　Pascal 语言编译程序。默认命令是 pc。

YACC　　Yacc 文法分析器(针对于 C 程序)。默认命令是 yacc。

YACCR　　Yacc 文法分析器(针对于 Ratfor 程序)。默认命令是 yacc -r。

MAKEINFO　　转换 Texinfo 源文件(.texi)到 Info 文件程序。默认命令是 makeinfo。

TEX　　从 TeX 源文件创建 TeX DVI 文件的程序。默认命令是 tex。

TEXI2DVI　　从 Texinfo 源文件创建军 TeX DVI 文件的程序。默认命令是 texi2dvi。

WEAVE　　转换 Web 到 TeX 的程序。默认命令是 weave。

| | |
|---|---|
| CWEAVE | 转换 C Web 到 TeX 的程序。默认命令是 cweave。 |
| TANGLE | 转换 Web 到 Pascal 语言的程序。默认命令是 tangle。 |
| CTANGLE | 转换 C Web 到 C。默认命令是 ctangle。 |
| RM | 删除文件命令。默认命令是 rm -f。 |

### 3.4.8 引入其他的 makefile 文件

在 makefile 中使用 include 关键字可以把别的 makefile 包含进来，这很像 C 语言的 # include，被包含的文件会原样地放在当前文件的包含位置。include 的语法是：

include <filename>

在 include 前面可以有一些空字符，但不能以[Tab]键开始。include 和<filename>可以用一个或多个空格隔开。make 命令开始时，寻找 include 所指出的其他 makefile，如果文件没有指定绝对路径或是相对路径，make 会首先在当前目录下寻找；如果当前目录下没有找到，那么，make 还会在下面的几个目录下找：



① 如果 make 执行时有-I 或--include-dir 参数，那么 make 就会在这个参数所指定的目录下寻找。

② 如果目录<prefix>/include(一般是:/usr/local/bin 或/usr/include)存在，那么 make 也会去找。

如果有文件没有找到，则 make 会生成一条警告信息，但不会马上出现致命错误；它会继续载入其他的文件，一旦完成 makefile 的读取，make 会再重试这些没有找到或是不能读取的文件；如果还是不行，make 才会出现一条致命信息。如果想让 make 不理那些无法读取的文件而继续执行，可以在 include 前加一个“-”。例如：

-include <filename>

表示，无论 include 过程中出现什么错误，都不要报错继续执行。

makefile 文件中的特殊变量“VPATH”用于设置 make 的搜索路径，就是完成这个功能的。如果没有指明这个变量，make 只会在当前的目录中去寻找依赖文件和目标文件；如果定义了这个变量，make 会在当前目录找不到的情况下，到所指定的目录中去寻找文件。例如：

VPATH = src:../headers

指定两个目录，“src”和“../headers”，make 会按照这个顺序进行搜索。目录由“冒号”分隔。另一个设置文件搜索路径的方法是使用 make 的“vpath”关键字(注意是小写)，这不是变量，而是一个 make 的关键字，和上面提到的 VPATH 变量很类似，但是更为灵活，可以指定不同的文件在不同的搜索目录中。有 3 种使用形式：

1) vpath <pattern> <directories>

为符合模式<pattern>的文件指定搜索目录<directories>。

2）vpath ＜pattern＞

清除符合模式＜pattern＞文件的搜索目录。

3）vpath

清除所有已被设置好了的文件搜索目录。

vapth 使用方法中的＜pattern＞需要包含“%”字符。“%”的意思是匹配若干字符，如“%.h”表示所有以“.h”结尾的文件。例如：

```
vpath %.c foo:bar
vpath %.c blish
```

表示“.c”结尾的文件，先在 foo 和 bar 目录，然后是 blish。

## 3.5 变 量

makefile 中经常有一些重复的内容，有时还需要修改其中的某些内容，当 makefile 复杂之后，手工一条条地处理比较麻烦，于是引入变量来使 makefile 易于维护。makefile 的变量值就是一个字符串，可以借用 C 语言中的宏来理解，在 makefile 中执行的时候变量会自动展开在所使用的地方，变量可以使用在目标、依赖目标、命令或是 makefile 的其他部分中。变量的名字可以包含字符、数字，下划线，但不应该含有：、#、=或是空字符；变量是大小写敏感的。

### 3.5.1 变量的定义

变量的定义：

变量名=字符串。

变量的引用：$(变量名)，这时变量由其字符串的值替代。

因为变量的引用需要在变量名前加“$”符号，所以如果使用“$”字符，应用“$$”来表示。例如，如果定义变量：

objects = main.o command.o

则这样上面的 Makefile 例子中的 edit 依赖关系可以改为：

```
edit:$(objects)
  cc -o edit $(objects)
```

变量定义一般在开始部分，这样就可以很方便地通过修改 objects 变量内容，来对 makefile 文件完成维护工作。

在定义变量值时，可以使用其他变量来定义一个变量的值。例如：

foo = $(bar)

右侧中的变量不一定是已定义的变量，可以使用后面定义的变量，例如：

A = $(B)

B = $(A)

这种递归定义会让make陷入无限的变量展开过程中,但是make有能力检测这样的定义并且报错。

为了避免递归定义,我们可以使用":="操作符,例如:

```
x:= foo
y:= $(x) bar
x:= later
```

其等价于:

```
y:= foo bar
x:= later
```

这种方法使用的变量必须是已经定义好的,如果使用没有定义的变量,则得到的是一个空值。如果是这样:

```
y:= $(x) bar
x:= foo
```



那么,y的值是bar,而不是foo bar。

## 3.5.2 与变量相关的操作符

### 1. override关键词

makefile中的变量还可以由make的命令行参数设置的,那么makefile对这个变量的赋值会被忽略。如果需要makefile中设置这类参数的值,必须使用override关键词。

```
override < variable> = < value>
override < variable> := < value>
override < variable> += < more text>
```

### 2. 注释符#在变量定义中的作用

先看下面的例子:

dir:= /foo/bar    # directory to put the frobs in

其中,dir变量的值是"/foo/bar",后面还跟了4个空格。因此注释符#可以用来表示变量的终止,这样跟在变量值后面的空格仍然有效。可以利用此特性来定义一个空格值。

nullstring:=

space:= $(nullstring) # end of the line

这时space变量中的值就是一个空格,而nullstring是实现这一功能的辅助变量。

### 3. ?=操作符

使用?=操作符可以很简洁地表示条件判断,例如,FOO ?= bar的含义是,如果FOO没有被定义过,那么变量FOO的值就是bar;如果FOO先前被定义过,那么这条语句将什么也

不做,其等价于:

```
ifeq ( $(origin FOO), undefined)
    FOO = bar
endif
```

#### 4. +=操作符

可以使用+=操作符给变量追加值,例如:

```
objects = main.o foo.o bar.o utils.o
objects += another.o
```

则 $(objects)值变成:"main.o foo.o bar.o utils.o another.o"(another.o 被追加进去了)。可以理解成为字符的连接操作,如果变量之前没有定义过,那么,+=会自动变成=。

### 3.5.3 变量的应用

#### 1. 变量的替代

语法:$(变量名:被替代字符串=替代字符串)

例如:

```
foo:= a.o b.o c.o
bar:= $(foo:.o=.c)
```

这个实例中,第 1 行先定义了一个 foo 变量,第 2 行把 $(foo)中所有以.o 字串结尾全部替换成.c,所以 $(bar)的值就是"a.c b.c c.c"。下面的表示方法也可以完成同样的工作:

```
foo:= a.o b.o c.o
bar:= $(foo:%.o=%.c)
```

#### 2. 变量的嵌套引用

此功能可以将变量的值作为新的变量名,例如:

```
x = y
y = z
a:= $($(x))
```

在此实例中,$(x)的值是 y,$($(x))就是 $(y),于是 $(a)的值就是 z。

下面的实例可以由多个变量的内容生成一个新的变量:

```
first_second = Hello
a = first
b = second
all = $($a_$b)
```

这里的 $a_$b 组成了 first_second,于是,$(all)的值就是 Hello。

## 3.5.4 特殊变量

### 1. 目标变量

在默认的情况下 makefile 中定义的变量都是全局变量，在整个文件都可以访问这些变量。我们还可以为某个目标设置局部变量，这种变量被称为 Target-specific Variable，它可以和"全局变量"同名，但它的作用范围只在这条规则以及连带规则中，所以其值也只在作用范围内有效，而不会影响规则链以外的全局变量的值。其语法是：

<target ...>:<variable-assignment>

<target ...>:overide <variable-assignment>

例如：

```
prog:CFLAGS = -g
prog:prog.o foo.o bar.o
 $(CC) $(CFLAGS) prog.o foo.o bar.o
prog.o:prog.c
 $(CC) $(CFLAGS) prog.c
foo.o:foo.c
 $(CC) $(CFLAGS) foo.c
bar.o:bar.c
 $(CC) $(CFLAGS) bar.c
```

在这个实例中，不管全局 $(CFLAGS)的值是什么，在 prog 目标及其所引发的所有规则中(prog.o foo.o bar.o 的规则)，$(CFLAGS)的值都是-g。

### 2. 自动化变量

所谓自动化变量，就是这种变量会把模式中定义的一系列文件自动挨个取出，类似于 shell 程序中的循环变量，直至所有符合模式的文件都取完了操作才结束。这种自动化变量只应出现在规则的命令中。下面是自动化变量及其说明：

- $@　表示规则中的目标文件集。在模式规则中，如果有多个目标，那么，$@就是匹配于目标中模式定义的集合。
- $%　仅当目标是函数库文件时，表示规则中的目标成员名。例如，如果一个目标是 foo.a:bar.o，那么，$%就是 bar.o，$@就是 foo.a。如果目标不是函数库文件(Linux 下是[.a]，Windows 下是[.lib])，那么，其值为空。
- $<　依赖文件中的第 1 个目标名字。如果依赖文件是以模式(即%)定义的，那么 $<是符合模式的一系列的文件集。
- $?　所有比目标新的依赖文件的集合，以空格分隔。

$^ 所有依赖文件的集合，以空格分隔。如果在依赖文件中有多个重复，那个这个变量会去除重复的依赖目标，只保留一份。

$+ 这个变量很像$^，也是所有依赖文件的集合，只是它不去除重复的依赖目标。

$* 这个变量表示目标模式文件的主名部分。

$(@D) 表示$@的目录部分(不以斜杠作为结尾)。如果$@值是dir/foo.o，那么$(@D)就是dir；而如果$@中没有包含斜杠，其值就是.(当前目录)。

$(@F) 表示$@的文件部分，如果$@值是dir/foo.o，那么$(@F)就是foo.o，$(@F)相当于函数$(notdir $@)。

$(*D)

$(*F)

和上面所述的同理，也是取文件的目录部分和文件部分。对于$(@D)与$(@F)的那个例子，$(*D)返回dir，而$(*F)返回foo。

$(%D)

$(%F)

分别表示了函数包文件成员的目录部分和文件部分。这对于形同archive(member)的目标中的member包含了不同的目录很有用。

$(<D)

$(<F)

分别表示依赖文件的目录部分和文件部分。

$(^D)

$(^F)

分别表示所有依赖文件的目录部分和文件部分，相同的部分去掉。

$(+D)

$(+F)

分别表示所有依赖文件的目录部分和文件部分，相同的部分保留。

$(?D)

$(?F)

分别表示被更新的依赖文件的目录部分和文件部分。

一个常见的实例：

```
bigoutput.o littleoutput.o:main.c
cc  -c $< -o $@
```

上述规则等价于：

```
bigoutput.o:main.c
cc  -c main.c -o bigoutput.o
```

```
littleoutput.o:main.c
cc  -c main.c -o littleout.o
```

### 3. 环境变量

make 可以使用环境变量，系统的环境变量可以在 make 开始运行时被载入到 makefile 文件中；但是如果 makefile 中已定义了这个变量，或是这个变量由 make 命令行带入，那么系统的环境变量的值被覆盖。

因此，如果我们在环境变量中设置了 CFLAGS 环境变量，那么就可以在所有的 makefile 中使用这个变量了。这对于我们使用统一的编译参数有好处。如果 makefile 中定义了 CFLAGS，则会使用 makefile 中的这个变量。当 make 嵌套调用时，上层 makefile 中定义的变量会以系统环境变量的方式传递到下层的 makefile 中。当然在默认情况下，只有通过命令行设置的变量才会被传递；而定义在文件中的变量，如果要向下层 makefile 传递，则需要使用 export 关键字来声明。

通常情况下并不主张使用环境变量，因为环境变量会在背后悄悄地改变 make 的行为，如果不是被显式地定义，则可能会使用户对 make 的一些操作感到奇怪，因此一旦认为自己的 make 过程出现了一些没有设置的“奇怪”操作，那就可能是 make 受环境变量的影响，这时只需要取消那些环境变量即可。

### 4. 关于命令参数的变量

下面的这些变量都是上面所列命令的相关参数，如果没有指明其默认值，那么其默认值都是空。

| | |
|---|---|
| ARFLAGS | 函数库打包程序 AR 命令的参数。默认值是 rv。 |
| ASFLAGS | 汇编语言编译器参数(当明显地调用.s 或.S 文件时)。 |
| CFLAGS | C 语言编译器参数。 |
| CXXFLAGS | C＋＋语言编译器参数。 |
| COFLAGS | RCS 命令参数。 |
| CPPFLAGS | C 预处理器参数(C 和 Fortran 编译器也会用到)。 |
| FFLAGS | Fortran 语言编译器参数。 |
| GFLAGS | SCCS get 程序参数。 |
| LDFLAGS | 链接器参数(如 ld)。 |
| LFLAGS | Lex 文法分析器参数。 |
| PFLAGS | Pascal 语言编译器参数。 |
| RFLAGS | Ratfor 程序的 Fortran 编译器参数。 |
| YFLAGS | Yacc 文法分析器参数。 |

有些时候，一个目标可能被一系列的隐含规则作用。例如，一个.o 的文件生成，可能是先

被Yacc的.y文件生成.c,然后再被C的编译器生成。把这一系列的隐含规则叫隐含规则链。在本章前面介绍例子中,如果文件.c存在,那么就直接调用C的编译器的隐含规则;如果没有.c文件,但有一个.y文件,那么Yacc的隐含规则会被调用,生成.c文件,然后,再调用C编译的隐含规则,最终由.c生成.o文件。把这种.c文件(或是目标),叫中间目标。不管怎么样,make会努力自动推导生成目标的一切方法,不管中间目标有多少,都会执着地把所有的隐含规则和你书写的规则全部合起来分析,努力达到目标。

在默认情况下,对于中间目标,它和一般的目标有两个地方所不同:第一是只有中间的目标不存在,才会引发中间规则。第二是只要目标成功产生,那么产生最终目标过程中,所产生的中间目标文件会被以rm-f删除。在隐含规则链中,禁止同一个目标出现两次或两次以上,以防止在make自动推导时出现无限递归的情况。

## 3.6 函　数



### 3.6.1 函数的调用语法

makefile支持一些内嵌的函数,从而使命令或规则更为灵活并智能化。函数调用后,函数的返回值可以当作变量来使用。函数调用,很像变量的使用,也是以$来标识的,其语法如下:

$(<function> <arguments> )

或

${<function> <arguments>}

其中,<function>是函数名,<arguments>是函数的参数,参数间以逗号“,”分隔,而函数名和参数之间以空格分隔。函数调用以$开头,以圆括号或花括号把函数名和参数括起。函数中的参数可以使用变量,为了风格的统一,函数和变量的括号最好一样。例如,使用$(subst a,b,$(x))的形式,而不是$(subst a,b,${x})的形式。例如:

```
comma:=
empty:=
space:= $(empty) $(empty)
foo:= a b c
bar:= $(subst $(space),$(comma),$(foo))
```

在这个实例中,$(comma)的值是一个逗号。$(space)使用$(empty)定义了一个空格;$(foo)的值是“a b c”;$(bar)的定义调用了函数subst,这是一个替换函数,这个函数有3个参数,第1个参数是被替换的字串,第2个参数是替换后的字串,第3个参数是被操作的字串。这个函数也就是把$(foo)中的空格替换成逗号,所以$(bar)的值是“a,b,c”。

### 3.6.2　字符串处理函数

① 名称:字符串替换函数 subst。

格式:$(subst <from>,<to>,<text> )

功能:把字串<text>中的<from>字符串替换成<to>。

返回:函数返回被替换过后的字符串。

举例:

$(subst ee,EE,feet on the street)

若把"feet on the street"中的"ee"替换成"EE",则返回结果是"fEEt on the strEEt"。

② 名称:模式字符串替换函数 patsubst。

格式:$(patsubst <pattern>,<replacement>,<text>)

功能:查找<text>中的单词(单词以"空格"、"Tab"或"回车""换行"分隔)是否符合模式<pattern>,如果匹配,则以<replacement>替换。这里,<pattern>可以包括通配符"%",表示任意长度的字串。如果<replacement>中也包含"%",那么<replacement>中的这个"%"将是<pattern>中的那个"%"所代表的字串(可以用"\"来转义,以"\%"来表示真实含义的"%"字符)。

返回:函数返回被替换过后的字符串。

例如:

$(patsubst %.c,%.o,x.c.c bar.c)

把字串"x.c.c bar.c"符合模式[%.c]的单词替换成[%.o],返回结果是"x.c.o bar.o"。

③ 名称:去空格函数 strip。

功能:去掉<string>字串中开头和结尾的空字符。

返回:返回被去掉空格的字符串值。

例如:

$(strip a b c )

把字串"a b c"去到开头和结尾的空格,结果是"a b c"。

④ 名称:查找字符串函数 findstring。

格式:$(findstring <find>,<in> )

功能:在字串<in>中查找<find>字串。

返回:如果找到,那么返回<find>;否则,返回空字符串。

例如:

$(findstring a,a b c)

$(findstring a,b c)

第 1 个函数返回"a"字符串,第 2 个返回""字符串(空字符串)。

⑤ 名称:过滤函数 filter。

格式:$(filter <pattern...>,<text>)

功能:以<pattern>模式过滤<text>字符串中的单词,保留符合模式<pattern>的单词。可以有多个模式,不同的模式之间使用空格分开。

返回:返回符合模式<pattern>的字串。

例如:

```
sources:= foo.c bar.c baz.s ugh.h
foo: $(sources)
cc $(filter %.c %.s, $(sources)) -o foo
```

$(filter %.c %.s, $(sources))返回的值是"foo.c bar.c baz.s"。

⑥ 名称:反过滤函数 filter-out。

格式:$(filter-out <pattern...>,<text>)

功能:以<pattern>模式过滤<text>字符串中的单词,去除符合模式<pattern>的单词。可以有多个模式,不同的模式之间使用空格分开。

返回:返回不符合模式<pattern>的字串。

例如:

```
objects=main1.o foo.o main2.o bar.o
mains=main1.o main2.o
```

$(filter-out $(mains), $(objects)) 返回值是"foo.o bar.o"。

⑦ 名称:排序函数 sort。

格式:$(sort <list>)

功能:给字符串<list>中的单词排序(升序)。

返回:返回排序后的字符串。

举例:$(sort foo bar lose)返回"bar foo lose"。

备注:sort 函数会去掉<list>中相同的单词。

⑧ 名称:取单词函数 word。

格式:$(word <n>,<text>)

功能:取字符串<text>中第<n>个单词(从1开始计数)。

返回:返回字符串<text>中第<n>个单词。如果<n>比<text>中的单词数要大,那么返回空字符串。

举例:$(word 2, foo bar baz)返回值是"bar"。

⑨ 名称:取单词串函数 wordlist。

格式:$(wordlist <s>,<e>,<text>)

功能:从字符串<text>中取从<s>到<e>的单词串。<s>和<e>是数字。

返回:返回字符串<text>中从<s>到<e>的单词字串。如果<s>比<text>中的单词数要大,那么返回空字符串。如果<e>大于<text>的单词数,那么返回从<s>到<text>的单词串。

例如:$(wordlist 2, 3, foo bar baz)返回值是"bar baz"。

⑩ 名称:单词个数统计函数 words。

格式:$(words <text> )

功能:统计<text>中字符串中的单词个数。

返回:返回<text>中的单词数。

例如:$(words, foo bar baz)返回值是 3。

应用:要取<text>中最后的一个单词,可以:$(word $(words <text>),<text>)。

⑪ 名称:首单词函数 firstword。

格式:$(firstword <text> )



功能:取字符串<text>中的第 1 个单词。

返回:返回字符串<text>的第 1 个单词。

例如:$(firstword foo bar)返回值是 foo。

上面的字符串操作函数,如果搭配混合使用,则可以完成比较复杂的功能。现举一个实例来说明,make 使用 VPATH 变量来指定依赖文件的搜索路径。可以利用这个搜索路径来指定编译器对头文件的搜索路径参数 CFLAGS,如:

override CFLAGS += $(patsubst %,-I%, $(subst :, , $(VPATH)))

如果 $(VPATH)的值是"src:../headers",那么"$(patsubst %,-I%, $(subst :, , $(VPATH)))"将返回"-Isrc -I../headers",这正是 cc 或 gcc 搜索头文件路径的参数。

⑫ 名称:连接函数 join。

格式:$(join <list1>,<list2> )

功能:把<list2>中的单词对应地加到<list1>单词后面。如果<list1>的单词个数比<list2>的多,那么,<list1>中的多出来的单词将保持原样。如果<list2>的单词个数比<list1>多,那么,<list2>多出来的单词将被复制到<list2>中。

返回:返回连接过后的字符串。

例如:$(join aaa bbb , 111 222 333)返回值是"aaa111 bbb222 333"。

### 3.6.3 文件操作函数

① 名称:取目录函数 dir。

格式:$(dir <names...> )

功能:从文件名序列<names>中取出目录部分。目录部分是指最后一个反斜杠("/")之前的部分。如果没有反斜杠,那么返回"./"。

返回：返回文件名序列<names>的目录部分。

例如：$(dir src/foo.c hacks)返回值是“src/”。

② 名称：取文件函数 notdir。

格式：$(notdir <names...>)

功能：从文件名序列<names>中取出非目录部分。非目录部分是指最后一个反斜杠（“/”)之后的部分。

返回：返回文件名序列<names>的非目录部分。

例如：$(notdir src/foo.c hacks)返回值是“foo.c hacks”。

③ 名称：取后缀函数 suffix。

格式：$(suffix <names...>)

功能：从文件名序列<names>中取出各个文件名的后缀。

返回：返回文件名序列<names>的后缀序列，如果文件没有后缀，则返回空字串。

例如：$(suffix src/foo.c src-1.0/bar.c hacks)返回值是“.c .c”。

④ 名称：取前缀函数 basename。

格式：$(basename <names...>)

功能：从文件名序列<names>中取出各个文件名的前缀部分。

返回：返回文件名序列<names>的前缀序列，如果文件没有前缀，则返回空字串。

例如：$(basename src/foo.c src-1.0/bar.c hacks)返回值是“src/foo src-1.0/bar hacks”。

⑤ 名称：加后缀函数 addsuffix。

格式：$(addsuffix <suffix>,<names...>)

功能：把后缀<suffix>加到<names>中的每个单词后面。

返回：返回加过后缀的文件名序列。

例如：$(addsuffix .c,foo bar)返回值是“foo.c bar.c”。

⑥ 名称：加前缀函数 addprefix。

格式：$(addprefix <prefix>,<names...>)

功能：把前缀<prefix>加到<names>中的每个单词前面。

返回：返回加过前缀的文件名序列。

举例：$(addprefix src/,foo bar)返回值是“src/foo src/bar”。

### 3.6.4 循环函数

makefile 中的循环功能是由函数 foreach 来实现的，这个函数几乎是仿照于 Unix 标准 Shell(/bin/sh)中的 for 语句，或是 C-Shell(/bin/csh)中的 foreach 语句而构建的。它的语法是：

$(foreach <var>,<list>,<text> )

函数将参数<list>中的单词逐一取出放到参数<var>所指定的变量中,然后再执行<text>所包含的表达式。循环过程中,每一次<text>会返回一个字符串,且每个字符串以空格分隔,最后当整个循环结束后,<text>所返回的字符串所组成的整个字符串(以空格分隔)就是foreach函数的返回值。

例如:

```
names:= a b c d
files:= $(foreach n,$(names),$(n).o)
```

此例中,$(name)中的单词会被逐个取出,并存到变量n中。$(n).o每次根据$(n)计算出一个值,这些值以空格分隔,最后作为foreach函数的返回值,所以,$(files)的值是"a.o b.o c.o d.o"。

**注意**,foreach中的<var>参数是一个临时的局部变量,foreach函数执行完后,参数<var>的变量将不再作用,其作用域只在foreach函数当中。



## 3.6.5 条件函数

if函数很像GNU的make所支持的条件语句ifeq,其语法是:

$(if <condition>,<then-part> )

或

$(if <condition>,<then-part>,<else-part> )

if函数的参数可以是两个,也可以是3个。<condition>参数是if的表达式,如果其返回值为非空字符串,那么这个表达式就相当于返回值,于是,<then-part>会被计算;否则,<else-part>会被计算。结果作为函数的返回值。

## 3.6.6 其他函数

### 1. 新函数定义

call函数可以创建新的参数化函数。可以定义许多参数,然后用call函数向这个表达式传递参数。语法是:

$(call <expression>,<parm1>,<parm2>,<parm3>...)

当make执行这个函数时,<expression>参数中的变量,如$(1)、$(2)、$(3)等,会被参数<parm1>、<parm2>、<parm3>依次取代。而<expression>的返回值就是call函数的返回值。例如:

```
reverse = $(1) $(2)
foo = $(call reverse,a,b)
```

参数的次序是可以自定义的,不一定是顺序的,例如:

reverse = $(2) $(1)

foo = $(call reverse,a,b)

此时foo的值就是“b a”。

**2. origin函数**

origin函数不像其他的函数，它并不操作变量的值，只是告诉变量是从哪里来。语法是：

$(origin <variable> )

**注意**，<variable>是变量的名字，不应该是引用。所以不要在<variable>中使用$字符。Origin函数会以其返回值来表明这个变量来源。

origin函数的返回值：

| | |
|---|---|
| undefined | 表明<variable>从来没有定义过，origin函数返回“undefined”。 |
| default | 表明<variable>是一个默认的定义，比如“CC”这个变量。 |
| environment | 表明<variable>是一个环境变量，并且当makefile被执行时，“-e”参数没有被打开。 |
| file | 表示<variable>变量被定义在makefile中。 |
| command line | 表示<variable>变量是被命令行定义的。 |
| override | 表示<variable>是被override指示符重新定义的。 |
| automatic | 表示<variable>是一个命令运行中的自动化变量。 |

这些信息对于编写makefile是非常有用的，例如有一个makefile包含了一个定义文件Make.def，在Make.def中定义了一个变量bletch，而我们的环境中也有一个环境变量bletch，这时可以判断bletch变量来源于环境还是Make.def文件。如果来源于环境，就重新定义；如果来源于Make.def或是命令行等非环境的，就保持原样。在makefile中，可以这样书写：

```
ifdef bletch
ifeq "$(origin bletch)" "environment"
    bletch = barf, gag, etc.
endif
endif
```

使用override关键词也可以重新定义，但它同时会把从命令行定义的变量也覆盖。

**3. shell函数**

shell函数与反引号“`”具有相同的功能，即shell函数把执行操作系统命令后的输出作为函数返回，可以通过它来操作系统命令以及字符串处理命令，如awk、sed等命令，来生成一个变量，例如：

```
contents:= $(shell cat foo)
files:= $(shell echo *.c)
```

需要注意的是，这个函数会新生成一个shell程序来执行命令，要注意其运行性能。如果

makefile中有一些比较复杂的规则,并大量使用了这个函数,则会使make运行得很慢,特别是makefile的隐含规则可能让你的shell函数执行次数比想象的要多得多。

### 3.6.7 makefile工作过程总结

最后将make的工作过程总结如下:

① 读入所有的makefile。

② 读入被include的其他makefile。

③ 初始化文件中的变量。

④ 推导隐含规则,并分析所有规则。

⑤ 为所有的目标文件创建依赖关系链。

⑥ 根据依赖关系决定哪些目标要重新生成。

⑦ 执行生成命令。



①～⑤步为第1个阶段,⑥～⑦为第2个阶段。第1个阶段中,如果定义的变量被使用了,那么make会把它展开在使用的位置。如果变量出现在依赖关系的规则中,那么仅当这条依赖被决定要使用了,变量才会在其内部展开。

# 第4章 gdb调试技术

## 4.1 概　述

gdb 是 GNU 开源组织发布的一个强大的 Linux 下的程序调试工具，能让开发者进入到被调试程序内部，调试检查程序的逻辑错误。相比 VC、BCB 等 IDE 的调试，gdb 虽然基于字符界面，但更为灵活，功能也强大，因为命令行的优势在于可以由用户编辑定义成一个命令序列，从而形成一个可供调用的脚本。这给开发者带来了极大的便利，可以将不同工具的命令集成在一起，形成一个功能强大的执行脚本；它同时也可以与一些图形界面的 IDE 工具结合实现图形功能。

gdb 支持下列语言：C、C++、Fortran、PASCAL、Java、Chill、assembly 和 Modula-2。一般说来，gdb 会根据所调试的程序来确定使用的调试语言，比如发现文件名后缀为“.c”的，gdb 会认为是 C 程序。文件名后缀为.C、.cc、.cp、.cpp、.cxx、.c++的，gdb 会认为是 C++程序。后缀是.f、.F 的，gdb 会认为是 Fortran 程序。后缀为.s、.S 的，会认为是汇编语言。也就是说，gdb 会根据所调试程序的语言，来设置自己的语言环境，并让 gdb 的命令跟着语言环境的改变而改变。比如一些 gdb 命令需要用到表达式或变量时，这些表达式或变量的语法完全是根据当前的语言环境而改变的。例如，C/C++中对指针的语法是 *p，而在 Modula-2 中则是 p^。并且如果当前的程序是由几种不同语言一同编译成的，那在调试过程中，gdb 也能根据不同的语言自动切换语言环境。这种跟着语言环境而改变的功能，也正是其功能强大的一种体现。

一般来说，gdb 主要完成下面 4 个方面的功能：

① 启动程序。

② 可让被调试的程序在指定的位置(断点处)停住。

③ 当程序被暂停时，可以检查程序中所发生的情况，如观察变量的值等。

④ 动态地改变程序的执行环境。

### 4.1.1　简单的调试实例

由于 gdb 命令众多，技术细节纷繁复杂，下面先介绍一个简单的调试实例，使大家对 gdb 调试程序的全过程有所了解，为进一步深入学习 gdb 调试技术打好基础。源程序 tst.c 如下所示：

```
1 # include < stdio.h>
2
3 int func(int n)
4 {
5           int sum= 0,i;
6           for(i= 0; i< n; i++ )
7           {
8                   sum+= i;
9           }
10          return sum;
11 }
12
13
14 main()
15 {
16          int i;
17          long result =  0;
18          for(i= 1; i< = 100; i++ )
19          {
20                  result +=  i;
21          }
22
23          printf("result[1-100] =  % d \n", result );
24          printf("result[1-250] =  % d \n", func(250) );
25 }
```

执行编译命令生成执行文件：

```
gcc -g tst.c -o tst
```

其中，参数-g 表示生成的执行文件 tst 支持 gdb 的符号调试。

接着使用 gdb 载入 tst 执行文件进行调试。

```
gdb tst    <--------  启动 gdb,并载入执行文件 tst
GNU gdb 5.1.1
Copyright 2002 Free Software Foundation, Inc.
GDB is free software, covered by the GNU General Public License, and you are
welcome to change it and/or distribute copies of it under certain conditions.
Type "show copying" to see the conditions.
There is absolutely no warranty for GDB.  Type "show warranty" for details.
This GDB was configured as "i386-suse-linux"...
(gdb) l     <-----------------l 命令相当于 list,从第 1 行开始例出原码
```

```
1         # include < stdio.h>
2
3         int func(int n)
4         {
5                 int sum= 0,i;
6                 for(i= 0; i< n; i++ )
7                 {
8                         sum+= i;
9                 }
10               return sum;
(gdb)       <------------------ 直接回车表示,重复上一次命令
11        }
12
13
14        main()
15        {
16                int i;
17                long result =  0;
18                for(i= 1; i< = 100; i++ )
19                {
20                        result +=  i;
(gdb) break 16       <------------------ 设置断点,在源程序第 16 行处
Breakpoint 1 at 0x8048496:file tst.c, line 16.
(gdb) break func     <------------------ 设置断点,在函数 func()入口处
Breakpoint 2 at 0x8048456:file tst.c, line 5.
(gdb) info break     <------------------ 查看断点信息
Num Type           Disp Enb Address    What
1   breakpoint     keep y   0x08048496 in main at tst.c:16
2   breakpoint     keep y   0x08048456 in func at tst.c:5
(gdb) r             <------------------ 运行程序,run 命令简写
Starting program:/home/hchen/test/tst
Breakpoint 1, main () at tst.c:17       <--------- 在断点处停住
17              long result =  0;
(gdb) n             <------------------ 单条语句执行,next 命令简写
18              for(i= 1; i< = 100; i++ )
(gdb) n
20                      result +=  i;
(gdb) n
18              for(i= 1; i< = 100; i++ )
(gdb) n
20                      result +=  i;
(gdb) c             <------------------ 继续运行程序,continue 命令简写
Continuing.
result[1-100] =  5050         <---------程序输出
Breakpoint 2, func (n= 250) at tst.c:5
5                int sum= 0,i;
(gdb) n
6                for(i= 1; i< = n; i+ + )
(gdb) p i           <------------------ 打印变量 i 的值,print 命令简写
```

```
$ 1 =  134513808
(gdb) n
8                       sum+= i;
(gdb) n
6               for(i= 1; i< = n; i++ )
(gdb) p sum
$ 2 =  1
(gdb) n
8                       sum+= i;
(gdb) p i
$ 3 =  2
(gdb) n
6               for(i= 1; i< = n; i++ )
(gdb) p sum
$ 4 =  3
(gdb) bt          <------------------  查看函数堆栈
# 0   func (n= 250) at tst.c:5
# 1   0x080484e4 in main () at tst.c:24
# 2   0x400409ed in __libc_start_main () from /lib/libc.so.6
(gdb) finish      <------------------  退出函数
Run till exit from # 0   func (n= 250) at tst.c:5
0x080484e4 in main () at tst.c:24
24              printf("result[1-250] =  % d \n", func(250) );
Value returned is $ 6 =  31375
(gdb) c       <------------------  继续运行
Continuing.
result[1-250] =  31375      <---------程序输出
Program exited with code 027. <-------程序退出,调试结束
(gdb) q       <------------------  退出 gdb
```



## 4.1.2　gdb启动退出与程序的加载

一般来说,gdb主要调试的是C/C++的程序。要调试C/C++的程序,编译时必须要把调试信息加到可执行文件中,使用编译器(cc/gcc/g++)的-g参数可以做到这一点,例如:

gcc -g hello.c -o hello

如果没有-g参数,则不能实现基于C源码的符号调试功能,这时将看不到程序的函数名、变量名,显示的全是运行时的内存地址。

启动gdb的方法有以下几种:

1) gdb <program>

program就是需要调试的执行文件,一般在当前目录下。

2) gdb <program> core

用gdb同时调试一个运行程序和core文件,core是程序非法执行core dump后产生的文件。

3) gdb <program> <PID>

如果程序是一个服务程序,那么可以指定这个服务程序运行时的进程ID。gdb会自动attach上去并调试它,program应该在PATH环境变量中搜索得到。

gdb启动时,可以加上一些gdb的启动开关。下面只列举一些比较常用的参数:

-args

如果希望在调试程序时加上程序本身所支持的命令行参数,必须使用gdb参数-args。例如,“gdb -args program options”,这时options是作为程序program的命令行参数;如果gdb不带-args参数,则gdb将options看成是它调试的第2个文件。

-symbols <file>

-s <file>

从指定文件中读取符号表。

-se file

从指定文件中读取符号表信息,并把它用在可执行文件中。

-core <file>

-c <file>

调试时core dump的core文件。

-directory <directory>

-d <directory>

加入一个源文件的搜索路径。默认搜索路径是环境变量中PATH所定义的路径。

### 4.1.3 gdb随机帮助与常用命令

gdb命令众多,使用时需要随时查阅联机帮助。启动gdb进入调试环境,就可以使用gdb的命令开始调试程序了,gdb的命令可以使用help命令来查看,如下:

```
gdb
GNU gdb 5.1.1
Copyright 2002 Free Software Foundation, Inc.
GDB is free software, covered by the GNU General Public License, and you are
welcome to change it and/or distribute copies of it under certain conditions.
Type "show copying" to see the conditions.
There is absolutely no warranty for GDB.  Type "show warranty" for details.
This GDB was configured as "i386-suse-linux".
(gdb) help
List of classes of commands:
aliases --Aliases of other commands
breakpoints --Making program stop at certain points
data --Examining data
files --Specifying and examining files
internals --Maintenance commands
obscure --Obscure features
running --Running the program
stack --Examining the stack
```

```
status --Status inquiries
support --Support facilities
tracepoints --Tracing of program execution without stopping the program
user-defined --User-defined commands
Type "help" followed by a class name for a list of commands in that class.
Type "help" followed by command name for full documentation.
Command name abbreviations are allowed if unambiguous.
(gdb)
```

gdb 的命令很多，gdb 把它们分成许多个种类。help 命令只是列出 gdb 的命令种类，如果要看种类中的命令，可以使用 help ＜class＞命令，如 help breakpoints，查看设置断点的所有命令；也可以直接输入 help ＜command＞来查看命令的帮助。

在 gdb 中输入命令时，可以不用打全命令，而只打命令的前几个字符就可以了；这时按 TAB 键，如果命令的前几个字符可以确定一个唯一的命令，则自动补全该命令，否则 gdb 将重复的命令列举出来。



示例一：

进入函数 func 时，设置一个断点：可以敲入 break func 或是直接就是 b func

(gdb) b func

Breakpoint 1 at 0x8048458：file hello. c，line 10.

示例二：

敲入 b 按两次 TAB 键，则看到所有 b 打头的命令：

(gdb) b

backtrace　break　　bt

(gdb)

示例三：

只记得函数的前缀，可以这样：

(gdb) b make_ ＜按 TAB 键＞

(再按下一次 TAB 键，则可能会看到)

```
make_a_section_from_file    make_environ
make_abs_section            make_function_type
make_blockvector            make_pointer_type
make_cleanup                make_reference_type
make_command                make_symbol_completion_list
```

(gdb) b make_

则 gdb 把所有 make 开头的函数全部列出来。

在空行直接回车，相当于重复前一条命令。要退出 gdb 时，只用发 quit 或命令简称 q 就行了。

在 gdb 环境中,可以执行 UNIX 的 shell 命令,使用 gdb 的 shell 命令来完成:

shell <command string>

调用 Linux 的 shell 来执行<command string>,环境变量 SHELL 中定义的 Linux 的 shell 会用来执行<command string>;如果 SHELL 没有定义,那就使用标准 shell:/bin/sh。还有一个 gdb 命令是 make。make <make-args>,可以在 gdb 中执行 make 命令来重新 build 自己的程序。这个命令等价于"shell make <make-args>"。

## 4.2 gdb 常用查看命令

gdb 中有非常丰富的查看命令,几乎可以查看到程序的每一个需要知道的细节,能够很好地利用查看命令功能,将在调试程序时起到事半功倍的作用。

### 4.2.1 查看寄存器

| | |
|---|---|
| info registers | 查看寄存器的情况(除了浮点寄存器) |
| info all-registers | 查看所有寄存器的情况(包括浮点寄存器) |
| info registers <regname ...> | 查看所指定的寄存器的情况 |

寄存器中放置了程序运行时的数据,比如程序当前运行的指令地址(ip)、程序的当前堆栈地址(sp)等。同样,可以使用 print 命令来访问寄存器的情况,只需要在寄存器名字前加一个 $ 符号就可以了,如 p $eip。

### 4.2.2 查看栈信息

当程序调用了一个函数时,函数的地址、函数参数、函数内的局部变量都会被压入"栈"(Stack)中。可以用 gdb 命令来查看当前栈中的信息。下面是一些查看函数调用栈信息的 gdb 命令:

```
backtrace < n>
bt < n>
```

函数功能:打印当前的函数调用栈的所有信息,n 是一个正整数,表示只打印栈顶上 n 层的栈信息。

例如:

```
(gdb) bt
#0  func (n=250) at tst.c:6
#1  0x08048524 in main (argc=1, argv=0xbffff674) at tst.c:30
#2  0x400409ed in __libc_start_main () from /lib/libc.so.6
```

从上可以看出函数的调用栈信息:__libc_start_main --> main() --> func()

backtrace <-n>

bt <-n>

其中,-n 是一个负整数,表示只打印栈底下 n 层的栈信息。

frame <n>

f <n>

n 是一个从 0 开始的整数,是栈中的层编号。例如,frame 0,表示栈顶,frame 1 表示栈的第 2 层。要查看某一层的信息,需要切换当前的栈,一般来说,程序停止时,最顶层的栈就是当前栈,如果你要查看栈下面层的详细信息,需要切换当前栈。

up <n>

表示向栈的上面移动 n 层,不设定 n,则表示向上移动一层。

down <n>

表示向栈的下面移动 n 层,可以不打 n,表示向下移动一层。



上面的命令都会显示出移动到 n 的栈层信息。如果想隐藏其显示信息,则可以使用下面这 3 个命令:

select-frame <n> 对应于 frame 命令。

up-silently <n> 对应于 up 命令。

down-silently <n> 对应于 down 命令。

frame 或 f

查看当前栈层的信息,会显示栈的层编号、当前的函数名、函数参数值、函数所在文件及行号、函数执行到的语句。

info frame

info f

这个命令会打印出更为详细的当前栈层的信息,只不过大多数都是运行时的内存地址。例如,函数地址、调用函数的地址、被调用函数的地址、目前的函数是由什么样的程序语言写成的、函数参数地址及值、局部变量的地址等。例如:

```
(gdb) info f
Stack level 0, frame at 0xbffff5d4:
eip =  0x804845d in func (tst.c:6); saved eip 0x8048524
called by frame at 0xbffff60c
source language c.
Arglist at 0xbffff5d4, args:n= 250
Locals at 0xbffff5d4, Previous frame's sp is 0x0
Saved registers:
ebp at 0xbffff5d4, eip at 0xbffff5d8
```

info args

打印出当前函数的参数名及其值。

info locals

打印出当前函数中所有局部变量及其值。

info catch

打印出当前的函数中的异常处理信息。

### 4.2.3　查看源程序

只要在程序编译时加上-g 的参数，gcc 就会将源程序信息编译到执行文件中，gdb 可以显示出所调试程序的源代码，否则就看不到源程序了。当程序停下来以后，gdb 会报告程序停在了那个文件的第几行上，这时可以使用有关命令来对源代码进行操作。

list ＜linenum＞

显示程序第 linenum 行周围的源程序。

list ＜function＞

显示函数名为 function 的函数的源程序。

list

显示当前行后面的源程序。

list -

显示当前行前面的源程序。

list ＜first＞，＜last＞

显示从 first 行到 last 行之间的源代码。

list ，＜last＞

显示从当前行到 last 行之间的源代码。

list ＋

往后显示源代码。一般是显示当前行的上 5 行和下 5 行，或者是上 2 行下 8 行，默认是 10 行。当然，也可以定制显示的范围，使用下面命令可以设置一次显示源程序的行数。

set listsize ＜count＞

设置一次显示源代码的行数。

show listsize

查看当前 listsize 的设置。

list 后面可以跟以下这些的参数：

| | |
|---|---|
| ＜linenum＞ | 行号。 |
| ＜＋offset＞ | 当前行号的正偏移量。 |
| ＜offset＞ | 当前行号的负偏移量。 |
| ＜filename:linenum＞ | 哪个文件的哪一行。 |
| ＜function＞ | 函数名。 |

<filename:function> 哪个文件中的哪个函数。

< * address> 程序运行时语句在内存中的地址。

### 4.2.4 查看源代码的内存

info line 命令用来查看源代码在内存中的地址。info line 后面可以跟"行号"、"函数名"、"文件名:行号"、"文件名:函数名";这个命令会显示出所指定的源码在运行时的内存地址,如:

(gdb) info line tst. c:func

Line 5 of "tst. c" starts at address 0x8048456 <func+6> and ends at 0x804845d <func+13>.

disassemble 可以查看源程序在当前执行时的机器码,这个命令会把目前内存中的指令 dump 出来,比如下面的实例表示查看函数 func 的汇编代码。



```
(gdb) disassemble func
Dump of assembler code for function func:
0x8048450 < func> :       push   % ebp
0x8048451 < func+ 1> :    mov    % esp,% ebp
0x8048453 < func+ 3> :    sub    $ 0x18,% esp
0x8048456 < func+ 6> :    movl   $ 0x0,0xfffffffc(% ebp)
0x804845d < func+ 13> :   movl   $ 0x1,0xfffffff8(% ebp)
0x8048464 < func+ 20> :   mov    0xfffffff8(% ebp),% eax
0x8048467 < func+ 23> :   cmp    0x8(% ebp),% eax
0x804846a < func+ 26> :   jle    0x8048470 < func+ 32>
0x804846c < func+ 28> :   jmp    0x8048480 < func+ 48>
0x804846e < func+ 30> :   mov    % esi,% esi
0x8048470 < func+ 32> :   mov    0xfffffff8(% ebp),% eax
0x8048473 < func+ 35> :   add    % eax,0xfffffffc(% ebp)
0x8048476 < func+ 38> :   incl   0xfffffff8(% ebp)
0x8048479 < func+ 41> :   jmp    0x8048464 < func+ 20>
0x804847b < func+ 43> :   nop
0x804847c < func+ 44> :   lea    0x0(% esi,1),% esi
0x8048480 < func+ 48> :   mov    0xfffffffc(% ebp),% edx
0x8048483 < func+ 51> :   mov    % edx,% eax
0x8048485 < func+ 53> :   jmp    0x8048487 < func+ 55>
0x8048487 < func+ 55> :   mov    % ebp,% esp
0x8048489 < func+ 57> :   pop    % ebp
0x804848a < func+ 58> :   ret
End of assembler dump
```

# 4.3 变量操作命令

## 4.3.1 查看单个数据

调试程序时，当程序被暂停时，可以使用 print 命令（简写命令为 p），或是同义命令 inspect 来查看当前程序的运行数据。print 命令的格式是：

print <expr>

print /<f> <expr>

其中，<expr>是表达式，是所调试的程序语言的表达式；<f>是输出的格式，比如要把表达式按 16 进制的格式输出，那么就是/x。

使用 gdb 的 print 查看程序运行时的数据时，每一个 print 都会被 gdb 记录下来。以 $1、$2、$3…的方式为每一个 print 命令编号，于是可以使用这个编号访问以前的表达式，如 print $1。这样如果以前输入了一个比较长的表达式，后面还想查看这个表达式的值，就可以使用历史记录来访问，省去了重复输入。

## 4.3.2 输出格式

一般来说，gdb 会根据变量的类型输出变量的值，但也可以自定义 gdb 输出的格式。例如，想输出一个整数的十六进制或是二进制来查看这个整型变量中位的情况，这时可以使用 gdb 的数据显示格式：

x 按十六进制格式显示变量。

d 按十进制格式显示变量。

u 按十六进制格式显示无符号整型。

o 按八进制格式显示变量。

t 按二进制格式显示变量。

a 按十六进制格式显示变量。

c 按字符格式显示变量。

f 按浮点数格式显示变量。

```
(gdb) p i
$21 = 101
(gdb) p/a i
$22 = 0x65
(gdb) p/c i
$23 = 101 'e'
```

(gdb) p/f i

$24 = 1.41531145e-43

(gdb) p/x i

$25 = 0x65

(gdb) p/t i

$26 = 1100101

### 4.3.3　修改变量的值

使用gdb的print命令还可以完成修改被调试程序运行时的变量值,例如:

(gdb) print x=4

其中,x=4这个表达式是C/C++的语法,意为把变量x的值修改为4;如果当前调试的语言是Pascal,那么可以使用Pascal的语法x:=4。



在某些时候,变量可能和gdb中的参数冲突,例如:

```
(gdb) whatis width
type =  double
(gdb) p width
$ 4 =  13
(gdb) set width= 47
Invalid syntax in expression
```

因为,set width是gdb的命令,而width又是一个变量名,所以,出现了Invalid syntax in expression的设置错误。使用set var命令来告诉gdb,width不是gdb的参数,而是程序的变量名,例如:

(gdb) set var width=47

**注意**,gdb可能并不报告这种错误,这时用户可能不知命令并没有被执行,所以保险起见,在改变程序变量取值时,最好都使用set var格式的gdb命令。

### 4.3.4　全局变量与局部变量

在gdb中,可以随时查看以下3种变量的值:

① 全局变量(所有文件可见的);

② 静态全局变量(当前文件可见的);

③ 局部变量(当前范围可见的)。

如果局部变量和全局变量发生冲突(即重名),一般情况下是局部变量会隐藏全局变量,也就是说,如果一个全局变量和一个函数中的局部变量同名时,用print显示出的变量的值会是函数中的局部变量的值。如果此时想查看全局变量的值,可以使用"::"操作符:

file::variable

function::variable

通过这种形式指定你所想查看的变量，是哪个文件中的或是哪个函数中的，例如，查看文件 f2.c 中全局变量 x 的值：

(gdb) p 'f2.c'::x

虽然“::”操作符会和C++中的发生冲突，但 gdb 能自动识别“::”是否为C++的操作符，所以不必担心在调试C++程序时会出现异常。

另外，需要注意的是，如果程序编译时开启了优化选项，那么在用 gdb 调试被优化过的程序时，可能会发生某些变量不能访问，或是取值错误的情况。这是正常现象，因为优化程序会删改你的程序、整理程序的语句顺序、剔除一些无意义的变量等，所以 gdb 在调试这种程序时，运行时的指令和所编写指令就有不一样，也就会出现异想不到的结果。对付这种情况时，需要在编译程序时关闭编译优化。一般来说，几乎所有的编译器都支持编译优化的开关，如 GNU 的 C/C++编译器 gcc，可以使用-gstabs 选项来解决这个问题。

### 4.3.5 表达式

print 和许多 gdb 的命令一样，可以接受一个表达式；gdb 会根据当前程序运行的数据来计算这个表达式，表达式可以是当前程序运行中的常量、变量、函数等内容，但不能使用在程序中定义的宏。表达式的语法应该是当前所调试的语言的语法，本书中的例子都是关于C/C++的。在表达式中，有几种 gdb 所支持的操作符，它们可以用在任何一种语言中。

@　　是一个和数组有关的操作符，在后面会有更详细的说明。

::　　指定一个在文件或是一个函数中的变量。

{<type>} <addr>　　表示一个指向内存地址<addr>的类型为 type 的一个对象。

### 4.3.6 数　组

如果需要查看一段连续的内存空间的值，比如数组的一段或是动态分配的数据的大小，则可以使用 gdb 的@操作符。@的左边是第1个内存的地址的值，@的右边则是想查看内存的长度。例如，程序中有这样的语句：

```
int * array = (int *) malloc (len * sizeof (int));
```

于是，在 gdb 调试过程中，可以以如下命令显示出这个动态数组的取值：

```
p * array@len
```

其中，@的左边是数组的首地址的值，也就是变量 array 所指向的内容，右边则是数据的长度，其保存在变量 len 中，其输出的数据结果可能是：

```
(gdb) p * array@len
$1 = {2, 4, 6, 8, 10, 12, 14, 16, 18, 20, 22, 24, 26, 28, 30, 32, 34, 36, 38, 40}
```

如果是静态数组，则可以直接用 print 数组名就可以显示数组中所有数据的内容了。

## 4.3.7　查看内存

可以使用 examine 命令(简写是 x)来查看内存地址中的值。x 命令的语法如下所示：

x /<n/f/u> <addr>

其中,n、f、u 是可选的参数。

n 是一个正整数,表示显示内存的长度,也就是说,从当前地址向后显示几个地址的内容。

f 表示显示的格式。如果地址所指的是字符串,那么格式可以是 s;如果地址是指令地址,那么格式可以是 i。

u 表示从当前地址往后请求的字节数,如果不指定的话,gdb 默认是 4 字节。u 参数可以用下面的字符来代替:b 表示单字节,h 表示双字节,w 表示四字节,g 表示八字节。当指定了字节长度后,gdb 会从指定的内存地址开始,读/写指定字节,并把其当作一个值取出来。

n/f/u 这 3 个参数可以一起使用。例如:x/3uh 0x54320 表示从内存地址 0x54320 读取内容,h 表示以双字节为一个单位,3 表示 3 个单位,u 表示按十六进制显示。

<addr>表示一个内存地址。

## 4.3.8　变量自动显示

对于一些需要经常观察的变量,为了提高效率,gdb 支持自动显示,可以设置自动显示这些变量;当程序停住或是在单步跟踪时,这些变量会自动显示。其命令格式为:

display <expr>

display/<fmt> <expr>

display/<fmt> <addr>

其中,expr 是一个表达式,fmt 表示显示的格式,addr 表示内存地址。当使用 display 设定好了一个或多个表达式后,只要程序被停下来,gdb 就会自动显示所设置的这些表达式的值。

格式 i 和 s 被 display 支持,下面这个命令非常有用:

display/i $pc

其中,$pc 是 gdb 的环境变量,表示指令的地址;/i 则表示输出格式为机器指令码,也就是汇编。于是当程序停下后,就会出现源代码和机器指令码相对应的情形。

下面是一些和 display 相关的 gdb 命令:

undisplay <dnums...>

delete display <dnums...>

删除自动显示,dnums 表示设置好了的自动显式的编号。如果要同时删除几个,则编号可以用空格分隔,如果要删除一个范围内的编号,则可以用减号表示(如 2～5)。

disable display <dnums...>

enable display <dnums...>

disable和enalbe不删除自动显示的设置,而只是让其失效和恢复。

info display

查看display设置的自动显示的信息。gdb会打出一张表格,报告调试中设置了多少个自动显示设置,包括设置的编号、表达式、是否enable等。

# 4.4 程序断点运行调试命令

当程序载入gdb后,直接使用r或是run命令可以全速运行程序,但为了查找程序中的错误还需要让程序能够根据需要在适当的地方停住进行观察,或使用单步执行进行跟踪。在gdb中,可以有以下几种暂停方式:断点(BreakPoint)、观察点(WatchPoint)、捕捉点(CatchPoint)、信号(Signals)、线程停止(Thread Stops)。

当进程被gdb停住时,可以使用info program来查看程序是否在运行、进程号、被暂停的原因。如果要恢复程序运行,可以使用c或continue命令。



## 4.4.1 断点操作

断点(BreakPoint)是最常用的暂停程序进行调试的手段之一,它可以让程序在断点以外的地方连续执行,直到执行到断点处才暂停程序使用户对程序实行观察、设置等其他的调试手段。使用break命令来设置断点,常用有以下几种设置断点的方法:

break <function>

在进入指定函数时停住。C++中可以使用class::function或function(type,type)格式来指定函数名。

break <linenum>

在指定行号停住。

break +offset

break -offset

在当前行号的前面或后面的offset行停住,offiset为自然数。

break filename:linenum

在源文件filename的linenum行处停住。

break filename:function

在源文件filename的function函数的入口处停住。

break * address

在程序运行的内存地址处停住。

break

break命令没有参数时,表示在下一条指令处停住。

Break <arguments>... if <condition>

条件断点时，<arguments>可以是前面提到的参数，condition 表示条件，在条件成立时停住。比如在循环体中，可以设置 break if i=100，表示当 i 为 100 时停住程序。

查看断点时，可使用 info 命令，如下：

info breakpoints [n]

info break [n]

这里，n 表示断点编号。

### 4.4.2 观察点操作

观察点(WatchPoint)一般用来观察某个变量或表达式的值是否发生变化，如果有变化，马上停住程序，而且也像 break 一样支持 if 条件。一般使用下面的几种方法来设置观察点：

watch <expr>



为表达式(变量)expr 设置一个观察点。一旦表达式值有变化时，马上停住程序。

rwatch <expr>

当表达式(变量)expr 被读时，停住程序。

awatch <expr>

当表达式(变量)的值被读或被写时，停住程序。

info watchpoints

列出当前设置的所有观察点。

### 4.4.3 捕捉点操作

可以通过设置捕捉点(CatchPoint)来捕捉程序运行时的一些事件，如载入共享库(动态链接库)或是 C++的异常。设置捕捉点的格式为：

catch <event>

当 event 发生时，停住程序。event 可以是下面的内容：

throw　　一个 C++抛出的异常。

catch　　一个 C++捕捉到的异常。

exec　　调用系统调用 exec 时。

fork　　调用系统调用 fork 时。

vfork　　调用系统调用 vfork 时。

load 或 load <libname>　　载入共享库(动态链接库)时。

unload 或 unload <libname>　　卸载共享库(动态链接库)时。

tcatch <event>

只设置一次捕捉点，当程序停住以后，该点被自动删除。

## 4.4.4 重载函数的断点操作

在C++中，函数名可能会重复(即函数的重载)，在这种情况下，break <function>不能告诉gdb要停在哪个函数的入口。如果不使用break <function(type)>将函数的参数类型告诉gdb，以确定一个唯一的函数，gdb会列出一个断点菜单供用户选择所需要的断点，这时只需要输入菜单列表中的编号就可以指定断点的位置了。如下面实例所示：

```
(gdb) b String::after
[0] cancel
[1] all
[2] file:String.cc; line number:867
[3] file:String.cc; line number:860
[4] file:String.cc; line number:875
[5] file:String.cc; line number:853
[6] file:String.cc; line number:846
[7] file:String.cc; line number:735
> 2 4 6
Breakpoint 1 at 0xb26c:file String.cc, line 867.
Breakpoint 2 at 0xb344:file String.cc, line 875.
Breakpoint 3 at 0xafcc:file String.cc, line 846.
Multiple breakpoints were set.
Use the "delete" command to delete unwanted
breakpoints.
(gdb)
```

可见，gdb列出了所有after的重载函数，选一下列表编号就行了。其中，0表示放弃设置断点，1表示所有函数都设置断点，上例中设置了编号2、4、6的重载函数为断点。

## 4.4.5 各种断点的维护

### 1. 清除断点

clear

清除所有已定义的断点。

clear <function>

clear <filename:function>

清除所有设置在函数上的断点。

clear <linenum>

clear <filename:linenum>

清除所有设置在指定行上的断点。

delete [breakpoints] [range...]

删除指定的断点，breakpoints为断点号。如果不指定断点号，则表示删除所有的断点。

range表示断点号的范围(如3～7)。其简写命令为d。

比删除更好的一种方法是disable断点,disable是暂停断点,gdb不会删除;在需要时,还可以使用enable重新激活。

disable [breakpoints] [range...]

disable所指定的断点,breakpoints为断点号。如果什么都不指定,表示disable所有的断点。简写命令是dis.

enable [breakpoints] [range...]

enable所指定的断点,breakpoints为断点号。

enable [breakpoints] once range...

enable所指定的断点一次,当程序停止后,该断点马上被gdb自动disable。

enable [breakpoints] delete range...

enable所指定的断点一次,当程序停止后,该断点马上被gdb自动删除。



### 2. 条件断点维护

已知在设置断点时,可以设置一个条件,当条件成立时,程序自动停止。这是一个非常强大的功能,一般初始条件使用if后面跟其断点条件来设置,条件设置好后,可以使用condition命令来修改维护断点的条件。

condition <bnum> <expression>

修改断点号为bnum的停止条件为expression。

condition <bnum>

清除断点号为bnum的停止条件。

还有一个比较特殊的维护命令ignore,可以指定程序运行时忽略停止条件几次,这一条命令在调试程序时也很有作用。

ignore <bnum> <count>

表示忽略断点号为bnum的停止条件count次。

### 3. 断点的自动化操作

当被调试的程序在断点处被停止时,自动执行其他的命令,这有利于实现自动化调试功能。

commands [bnum]

command-list

end

是编号为bnum的断点指写一个命令列表。当程序被该断点停住时,gdb会依次运行命令列表中的命令。例如:

break foo if x>0

commands

```
printf "x is %d\n",x
continue
end
```

断点设置在函数 foo 中,断点条件是 x>0。如果程序被停住,也就是一旦 x 的值在 foo 函数中大于 0,gdb 自动打印出 x 的值,并继续运行程序。

如果要清除断点上的命令序列,那么只需要在 commands 命令后面直接写上 end 就行了。

## 4.5 程序的单步调试技术

程序调试的主要手段就是观察程序在执行过程中各种变化是否达到设计要求,如果不是则需要找出其中的原因,修改后再调试,直到达到要求为止。在调试过程中一个基本的要求就是程序能够暂停被观察,断点操作就是完成这一工作的。但对于一些较复杂的关键代码段,需要以语句为单位一步一步地跟踪程序的执行,使用大尺度断点调试不太方便,这时需要用到单步调试技术。

step <count>

单步跟踪。如果有函数调用,则会进入该函数。进入函数的前提是此函数被编译时有 debug 信息,很像 VC 等工具中的 step in。后面可以加 count 也可以不加,不加表示一条条地执行;加表示执行后面的 count 条指令,然后再停住。

next <count>

同样单步跟踪。如果有函数调用,则不会进入该函数,很像 VC 等工具中的 step over。后面可以加 count 也可以不加,不加表示一条条地执行;加表示执行后面的 count 条指令,然后再停住。

continue [ignore-count]

c [ignore-count]

fg [ignore-count]

程序被停住后,使用此命令恢复程序运行,直到程序结束或是下一个断点到来。ignore-count 表示忽略其后的断点次数。continue、c、fg 这 3 个命令都是一样的意思。

finish

运行程序直到当前函数完成返回,并打印函数返回时的堆栈地址、返回值及参数值等信息。

until 或 u

在一个循环体内单步跟踪时,这个命令可以运行程序直到退出循环体。

stepi 或 si

nexti 或 ni

单步跟踪一条机器指令。一条程序代码可能由数条机器指令完成，stepi和nexti可以单步执行机器指令。与它具有相同功能的命令是"display/i $pc"，当运行完这个命令后，单步跟踪会在打出程序代码的同时打出机器指令，即汇编代码。

set step-mode

set step-mode on

打开step-mode模式，于是在进行单步跟踪时，程序不会因为没有debug信息而不停住。这个参数有利于查看机器码。

set step-mod off

关闭step-mode模式。

## 4.6 程序的信号调试技术



信号(Signals)是一种软中断，是一种处理异步事件的方法。一般来说，操作系统都支持许多信号，尤其是Linux比较重要的应用程序一般都会处理信号。Linux定义了许多信号，比如SIGINT表示中断字符信号，也就是Ctrl＋C的信号，SIGBUS表示硬件故障的信号，SIGCHLD表示子进程状态改变信号，SIGKILL表示终止程序运行的信号等。因此，针对信号量gdb调试技术是Linux系统下必不可少的一种技术。

gdb有能力在调试程序的时候处理任何一种信号，可以设置gdb需要处理哪一种信号。使gdb在收到所指定的信号时马上停住正在运行的程序以便调试，可以使用gdb的handle命令来完成这一功能。

handle ＜signal＞ ＜keywords...＞

在gdb中定义一个信号处理。信号＜signal＞可以以SIG开头或不以SIG开头，可以定义一个要处理信号的范围(如SIGIO～SIGKILL，表示处理从SIGIO到SIGKILL的信号，其中包括SIGIO、SIGIOT、SIGKILL这3个信号)，也可以使用关键字all来标明要处理所有的信号。一旦被调试的程序接收到信号，运行程序可能马上会被gdb停住，以供调试。＜keywords＞可以是以下几种关键字的一个或多个。

nostop

当被调试的程序收到信号时，gdb不会停住程序的运行，但会打出消息，通知收到这种信号。

stop

当被调试的程序收到信号时，gdb会停住程序。

print

当被调试的程序收到信号时，gdb会显示出一条信息。

noprint

当被调试的程序收到信号时，gdb不会显示收到信号的信息。

pass

noignore

当被调试的程序收到信号时，gdb 不处理信号，但会把这个信号交给被调试程序处理。

nopass

ignore

当被调试的程序收到信号时，gdb 不会让被调试程序来处理这个信号。

info signals

info handle

查看有哪些信号在被 gdb 检测中。

有时为了调试的需要，要人工产生信号量，gdb 也提供了 singal 命令，可以产生一个信号量给被调试的程序，如中断信号 Ctrl＋C。这对程序的调试非常方便，可以在程序全速运行时在任意位置设置断点，并在该断点用 gdb 产生一个信号量，这种精确地在某处产生信号非常有利于程序的调试。



signal <singal>

Linux 的系统信号量通常是 1～15，所以<singal>取值也在这个范围。

single 命令和 shell 的 kill 命令不同，系统的 kill 命令发信号给被调试程序时，是由 gdb 截获的，而 single 命令所发出一信号则是直接发给被调试程序的。

## 4.7 程序的多线程调试技术

如果程序是多线程(Multi-Thread)，则可以定义断点是否在所有的线程上，或是在某个特定的线程。

break <linespec> thread <threadno>

break <linespec> thread <threadno> if ...

其中，linespec 指定了断点设置在的源程序的行号。threadno 指定了线程的 ID，注意，这个 ID 是 gdb 分配的，可以通过 info threads 命令来查看正在运行程序中的线程信息。如果不指定 thread <threadno>，则表示断点设在所有线程上面。也可以为某线程指定断点条件。

例如：

(gdb) break frik.c:13 thread 28 if bartab > lim

当程序被 gdb 暂停时，所有的运行线程都会被停住，这方便查看运行程序的总体情况。而当恢复程序运行时，所有的线程也会被恢复运行，即使主进程被单步调试。

# 4.8 程序控制命令

程序的控制命令可以改变程序的执行，这样使用 gdb 挂上被调试程序，当程序运行起来后，可以根据自己的调试思路来动态地在 gdb 中更改当前被调试程序的运行线路或是其变量的值。这个强大的功能能够更好地调试程序，提高调试的效率，例如，可以在程序的一次运行中走遍程序的所有分支。

## 4.8.1 跳转控制命令

一般来说，被调试程序会按照程序代码的运行顺序依次执行。gdb 提供了乱序执行的功能，也就是说，gdb 可以修改程序的执行顺序，可以让程序执行随意跳跃。这个功能可以由 gdb 的 jump 命令来完成：

jump <linespec>

指定下一条语句的运行点。<linespce>可以是文件的行号、file:line 格式或＋num 这种偏移量格式，表示下一条运行语句从哪里开始。

jump <address>

<address>是代码行的内存地址。

注意，jump 命令不会改变当前程序栈中的内容，所以，当一个函数跳到另一个函数时、当函数运行完返回时、进行弹栈操作时必然会发生错误，可能结果还非常奇怪，甚至于产生程序 Core Dump。所以最好是同一个函数中进行跳转。

熟悉汇编的人都知道，程序运行时，有一个寄存器用于保存当前代码所在的内存地址。所以，jump 命令也就改变了这个寄存器中的值。也可以使用 set $pc 来更改跳转执行的地址。例如：

set $pc = 0x485

## 4.8.2 函数控制命令

### 1. 强制函数返回命令

如果调试断点在某个函数中，且还有语句没有执行完，则可以使用 return 命令强制函数忽略还没有执行的语句并返回。

return

return <expression>

使用 return 命令取消当前函数的执行并立即返回，如果指定了<expression>，那么该表达式的值会被认作函数的返回值。

**2. 强制调用函数命令**

call <expr>

表达式中可以是某一需要强制调用的函数，并显示函数的返回值。如果函数返回值是void，则没有显示。

print 命令也可以完成相似的功能，因为 print 后面可以接表达式，所以也可以用来调用函数。print 和 call 不同的是，如果函数返回 void，则 call 不显示，而 print 则会显示表达式的值，并把该值存入历史数据中。

## 4.9 gdb 环境设置命令

### 4.9.1 运行环境设置

| | |
|---|---|
| set args | 可指定运行时参数(如 set args 10 20 30 40 50)。 |
| show args | 可以查看设置好的运行参数。 |
| path <dir> | 可设定程序的运行路径。 |
| show paths | 查看程序的运行路径。 |
| set environment varname [=value] | 设置环境变量，如 set env USER=hchen。 |
| show environment [varname] | 查看环境变量。 |
| cd <dir> | 相当于 shell 的 cd 命令。 |
| pwd | 显示当前的所在目录。 |

### 4.9.2 显示设置

gdb 中关于显示的选项比较多，在此只列举常用的选项。

set print address

set print address on

打开地址输出，当程序显示函数信息时，gdb 会显出函数的参数地址。系统默认为打开的，例如：

```
(gdb) f
# 0  set_quotes (lq= 0x34c78 "< < ", rq= 0x34c88 "> > ")
at input.c:530
530        if (lquote !=  def_lquote)
set print address off
```

关闭函数的参数地址显示，例如：

```
(gdb) set print addr off
```

```
(gdb) f
# 0  set_quotes (lq= "< < ", rq= "> > ") at input.c:530
530        if (lquote !=  def_lquote)
show print address
```

查看当前地址显示选项是否打开。

set print array

set print array on

打开数组显示。打开后当数组显示时,每个元素占一行;如果不打开,则每个元素以逗号分隔。这个选项默认是关闭的。与之相关的两个命令如下。

set print array off

show print array

set print elements <number-of-elements>

这些选项主要是设置数组的。如果数组太大了,那么就可以指定一个<number-of-elements>来指定数据显示的最大长度;当到达这个长度时,gdb就不再往下显示了。如果设置为0,则表示不限制。



show print elements

查看print elements的选项信息。

set print null-stop <on/off>

如果打开了这个选项,那么当显示字符串时,则遇到结束符就停止显示。这个选项默认为off。

set print pretty on

如果打开printf pretty选项,那么当gdb显示结构体时会比较漂亮。例如:

```
$ 1 =  {
  next =  0x0,
  flags =  {
          sweet =  1,
          sour =  1
        },
  meat =  0x54 "Pork"
}
```

set print pretty off

关闭printf pretty选项,则gdb显示结构体时会显示:

$1 = {next = 0x0, flags = {sweet = 1, sour = 1}, meat = 0x54 "Pork"}

show print pretty

查看gdb是如何显示结构体的。

set print sevenbit-strings <on/off>

设置字符显示,是否按\nnn的格式显示,如果打开,则字符串或字符数据按\nnn显示,如

\065。

show print sevenbit-strings

查看字符显示开关是否打开。

set print union <on/off>

设置显示结构体时是否显式其内的联合体数据。例如有以下数据结构：

```
typedef enum {Tree, Bug} Species;
typedef enum {Big_tree, Acorn, Seedling} Tree_forms;
typedef enum {Caterpillar, Cocoon, Butterfly} Bug_forms;
struct thing {
  Species it;
  union {
      Tree_forms tree;
        Bug_forms bug;
      } form;
};
struct thing foo =  {Tree, {Acorn}};
```

打开这个开关时，执行 p foo 命令后，会如下显示：

$1 = {it = Tree, form = {tree = Acorn, bug = Cocoon}}

关闭这个开关时，执行 p foo 命令后，会如下显示：

$1 = {it = Tree, form = {...}}

show print union

查看联合体数据的显示方式。

set print object <on/off>

在 C++中，如果一个对象指针指向其派生类，则打开这个选项时，gdb 自动按照虚方法调用的规则显示输出；如果关闭这个选项，gdb 就不管虚函数表了。这个选项默认是 off。

show print object

查看对象选项的设置。

set print static-members <on/off>

这个选项表示，当显示一个 C++对象中的内容时，是否显示其中的静态数据成员。默认是 on。

show print static-members

查看静态数据成员选项设置。

set print vtbl <on/off>

当此选项打开时，gdb 将用比较规整的格式来显示虚函数表示。默认是关闭的。

show print vtbl

查看虚函数显示格式的选项。

### 4.9.3 环境变量

可以在 gdb 的调试环境中定义自己的变量，用来保存一些调试程序中的运行数据；使用 gdb 的 set 命令。gdb 的环境变量和 Linux 一样，也是以 $ 起头，例如：

set $foo = *object_ptr

使用环境变量时，gdb 会在第 1 次使用时创建这个变量，而在以后的使用中，则直接对其赋值。环境变量没有类型，可以给环境变量定义任意的类型，包括结构体和数组。show convenience 命令查看当前设置的所有环境变量。环境变量和程序变量可以混合使用，这将使得程序调试更为灵活。例如，在调试时需要依次查看指针数组 bar 中 contents 的内容，可以：

set $i = 0

print bar[$i++]-> contents

这样就不必复杂地输入以下命令组：print bar[0]→contents, print bar[1]→contents，而只需要在输入上述命令之后直接回车，就能重复执行上一条语句，环境变量会自动累加，从而完成逐个输出的功能。

show language

查看当前的语言环境。如果 gdb 不能识别所调试的编程语言，那么 C 语言被认为是默认的环境。

set language

如果命令后什么也不跟，则可以查看 gdb 所支持的语言种类：

```
(gdb) set language
The currently understood settings are:
local or auto    Automatic setting based on source file
c                Use the C language
c++              Use the C++ language
asm              Use the Asm language
chill            Use the Chill language
fortran          Use the Fortran language
java             Use the Java language
modula-2         Use the Modula-2 language
pascal           Use the Pascal language
scheme           Use the Scheme language
```

知道支持哪些语言后便可以在 set language 后跟上被列出来的程序语言名，来设置当前的语言环境。

info language

查看当前函数的程序语言。

info source

查看当前文件的程序语言。

### 4.9.4 搜索源代码

forward-search <regexp>

search <regexp>

向前搜索。

reverse-search <regexp>

向后搜索。其中,<regexp>就是正则表达式,即一个字符串的匹配模式。

### 4.9.5 指定源文件的路径

某些时候用-g编译过后的执行程序中只是包括了源文件的名字,没有路径名。gdb提供了可以指定源文件的路径的命令,以便gdb进行搜索。

directory <dirname ... >

dir <dirname ... >

加一个源文件路径到当前路径的前面。指定多个路径使用":"分隔。

directory

清除所有自定义的源文件搜索路径信息。

show directories

显示定义了的源文件搜索路径。

# 第5章

# Linux 常用编辑器

## 5.1 vi 编辑器

### 5.1.1 概 述

Linux 系统提供了一个完整的编辑器家族系列，如 Ed、Ex、vi 和 emacs 等，按功能它们可以分为两大类：行编辑器（Ed、Ex）和全屏幕编辑器（vi、emacs）。行编辑器每次只能对一行进行操作，使用起来很不方便。而全屏幕编辑器可以对整个屏幕进行编辑，用户编辑的文件直接显示在屏幕上，修改的结果可以立即看出来，克服了行编辑的那种不直观的操作方式，并且具有强大的功能。

本节介绍 Linux 上最常用的文本编辑器 vi 或 vim。vi 是 Linux 系统的第 1 个全屏幕交互式编辑程序，方便用户建立自己的文本文件、编写源程序等文字编辑工作。所有的 Linux 系统中都自带 vi，它从诞生至今一直得到广大用户的青睐，历经十数年仍然是 Linux 下人们常用的文本编辑工具，具有很强的生命力，而强大的生命力正是由其强大的功能带来的。

vi 是 visual interface 的简称，可以执行文本输入、删除、查找、替换、块操作等众多文本操作，而且用户可以根据自己的需要对其进行定制，这是其他编辑程序所没有的。vi 不是一个排版程序，它不像 Word 或 WPS 那样可以对字体、格式、段落等其他属性进行编排，它只是一个文本编辑程序。vi 能输入命令行且命令繁多，没有菜单命令。因为没有菜单命令，所以 vi 在输入命令时需要切换到命令状态，以便与普通的文件输入相区别，这一点与一般编辑器是不同的。vi 有 3 种基本工作模式：命令行模式、文本输入模式和末行模式。

**1. vi 工作模式**

1）命令行模式

任何时候，不管用户处于何种模式，只要按一下 Esc 键，即可使 vi 进入命令行模式。进入 vi 时的初始状态也是命令行模式，在该模式下，用户可以输入各种合法的 vi 命令，用于管理自己的文档。此时从键盘上输入的任何字符都被当作编辑命令来解释，注意，所输入的命令都不会在屏幕上显示。若输入的字符是合法的 vi 命令，则 vi 在接受用户命令之后完成相应的动作。若输入的字符不是 vi 的合法命令，则 vi 响铃报警。

2）末行模式

末行模式也称 ex 转义模式，这时输入的字母会被转义成 ex 命令。它与命令行模式的区别是，在命令模式下用户按“:”键即可进入末行模式，此时 vi 会在显示窗口的最后一行（通常也是屏幕的最后一行）显示一个“:”作为末行模式的提示符，等待用户输入命令。多数文件管理命令都是在此模式下执行的。末行命令执行完后，vi 自动回到命令模式。本书中所有的末行命令都以冒号“:”开头。

在末行命令下还有下面所列举的功能键帮助用户更好地输入命令：

ctrl-d　　在输入末行命令时能够将与已输入命令开头相匹配的命令都显示出来；
TAB　　在输入末行命令时能够将与已输入命令开头相匹配的命令依次地显示出来；
ctrl-n　　在输入末行命令时能够显示与已输入命令开头相匹配的下一条命令；
ctrl-p　　在输入末行命令时能够显示与已输入命令开头相匹配的上一条命令。



末行方式下经常需要表示文本的范围，通常有这样几种表示方式：

开始行号 n，结束行号 m　　表示 n－m 行；
开始行号 n，.　　表示从第 n 行到当前行；
.，结束行号 m　　表示从当行到第 m 行；
.，$　　表示从当前行到文件的最后一行。

在表示范围时还能使用加减运算，如. ＋20 表示从当前行加 20 行，.-10 表示从当前行减 10 行，读者可以举一反三灵活应用。

在同一末行命令中可以多条命令同时输出，不同的命令之间使用“|”分隔，例如 1,5 m 10 | g/pattern/nu。在 vi 命令后面接“!”通常表示强制执行此命令。

vi 的命令一般都能带参数，如行数、行号等，不同的命令只要不相互矛盾，也往往能够组合使用。用户在使用命令时如果能注意到这些特点将最大限度地高效发挥命令的功能。

3）文本输入模式

在命令模式下输入插入命令 i、附加命令 a、打开命令 o、修改命令 c、取代命令 r 或替换命令 s 都可以进入文本输入模式。在该模式下，用户输入的任何字符都被 vi 当作文件内容保存起来，并将其显示在屏幕上。在文本输入过程中，若想回到命令模式下，按 Esc 键即可。

## 2. vi 进入与退出

1）vi 的进入

用户登录到系统中之后，系统给出提示符“$”。在提示符后键入 vi 和想要编辑或建立的文件名，便可进入 vi，如图 5－1 所示。

如果只键入 vi，而不带文件名，也可以进入 vi。退出 vi 时，只需在退出命令后输入文件名即可。

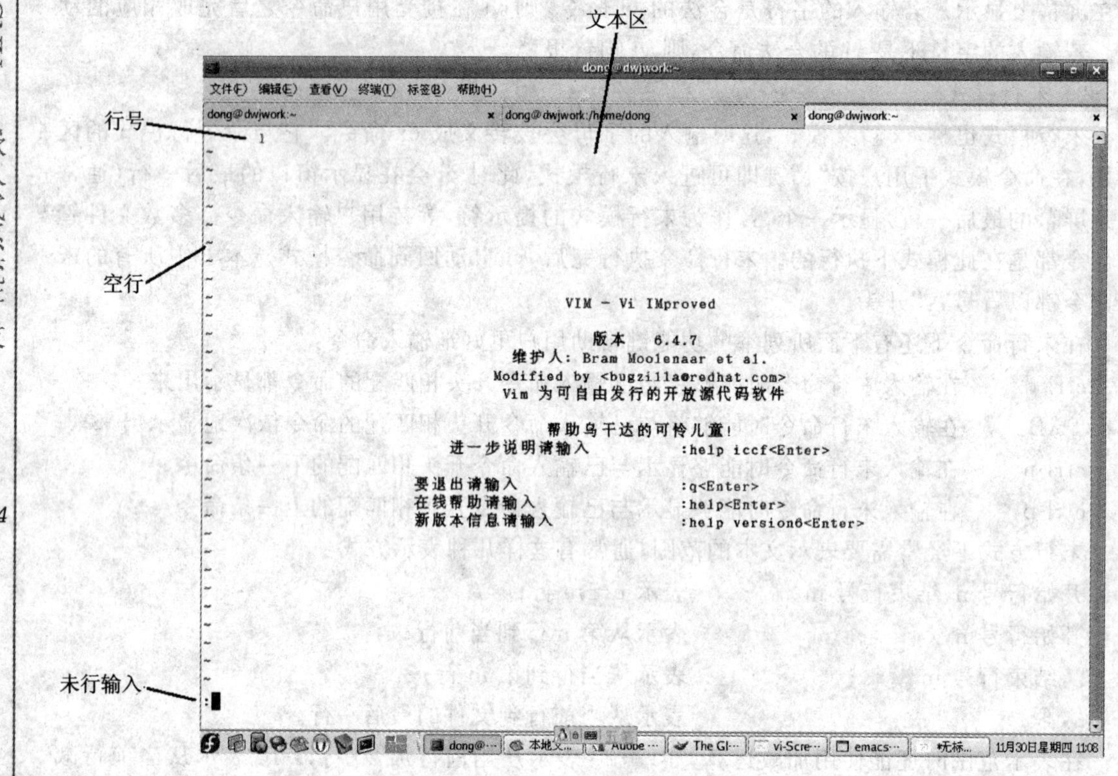


图 5-1　vi 主界面

进入 vi 后，首先进入的就是命令模式，也就是说等待命令输入而不是文本输入，这时输入的字母都将作为命令来解释。光标停在屏幕第 1 行首位上，其余各行行首均有一个"～"符号，表示该行为空行。最后一行也称状态行，显示出当前正在编辑的文件名以及其状态。这时需要将 vi 的工作状态切换到文本输入模式，通常是输入命令 i，将工作模式转换到文本插入状态以便用户输入。

```
$ vi example.c
```

然后键入：

```
# include
main ( )
{ int k ;
for ( k= 0 ; k< 3 ; k++ ) add( );
}
add( )
{ static int x= 0;
  x++ ;
```

```
    printf("x = %d\n", x);
}
~
~
```

如果 example.c 文件已在系统中存在,那么输入上述命令后,在屏幕上显示出该文件的内容,并且光标停在第1行的首位,在状态行显示出该文件的文件名、行数和字符数。

进入 vi 时,用户不仅可以指定一个待编辑的文件名,而且还能在命令行输入许多附加的参数。

2) 光标快速定位到指定行

如果希望在进入 vi 后光标处于文件中特定的某行上,可在 vi 后加上任选项+n,其中 n 为指定的行数。

例如:

$ vi +5 example1.c

光标将位于文件 example1.c 中的第5行上。这一功能对编程特别有用,可以迅速定位到源程序的任何地方。

3) 光标快速定位到文件末尾

如果希望进入 vi 后光标处于文件最末行,则只需把命令中附加项"+"后面的数字 n 省略掉即可。

$ vi + example1.c

4) 光速快速定位到指定字符串

在进入 vi 时,除了可以指定一个光标起始行号之外,还可以在命令中指定一个模式串,这时在进入 vi 后,光标就处于文件中第1个与指定模式串相匹配的行上。

键入命令:

$ vi +/int example1.c

光标将位于文件 example1.c 中的第3行上,匹配 int 字串。

5) 编辑多文件

使用 vi 可以同时编辑多个文件,只要在进入 vi 的命令中写入所要操作的文件即可,还可以使用通配符。

键入命令:

$ vi *.cat

就可以编辑所有后缀为 cat 的文件了。

6) 其他常用参数

| | |
|---|---|
| -R 文件名 | 以只读方式打开文件; |
| -b | 以二进制方式启动 vi; |
| -o[N] | 打开 N 个窗口(预设是每个文件一个); |

-n 不使用交换文件，只使用内存，可以加快编辑的速度；

-u <vimrc> 设置新文件以替换默认的初始化文件.vimrc。

更为详细的vi命令行参数可以使用命令 vi -help 查看。

7）退出vi

当编辑完文件，准备退出vi返回到shell时，可以使用以下几种方法之一：

第一，命令模式下退出。

在命令模式中，连按两次大写字母Z，若当前编辑的文件曾被修改过，则vi保存该文件后退出，返回到shell；若当前编辑的文件没被修改过，则vi直接退出，返回到shell。

第二，末行模式下先存盘后退出。

在末行模式下，输入命令:w，则vi保存当前编辑文件，但并不退出，而是继续等待用户输入命令。在使用w命令时，可以再给编辑文件起一个新的文件名。

:w newfile



此时vi把当前文件的内容保存到指定的newfile中，而原有文件保持不变，相当于另存为一个新文件名。若newfile是一个已存在的文件，则vi在显示窗口的状态行给出提示信息：

File exists (use ! to override)

此时，若用户真的希望用文件的当前内容替换newfile中原有内容，可使用命令

:w! newfile

否则，可选择另外的文件名来保存当前文件。存盘之后便可以使用命令q退出vi。如果编辑一个已经存在的文件，则可以使用wq存盘后退出vi。

第三，末行模式下直接退出。

在末行模式下，输入命令q，系统退出vi返回到shell。若在用此命令退出vi时，编辑文件没有被保存，则vi在显示窗口的最末行显示：

No write since last change (use ! to overrides)

提示用户该文件被修改后没有保存，然后vi并不退出，继续等待用户命令。若用户确实不想保存被修改后的文件而要强行退出vi时，可使用命令q!，则vi放弃所作修改而直接退到shell。

如果想放弃刚才所作的修改，重新编辑上一次保存后的文件而不退出vi，可以使用以下命令：

:e!

第四，末行模式下存盘退出。

在末行模式下，输入命令x。该命令的功能同命令模式下的ZZ命令功能相同。

### 5.1.2 多文件操作

在vi中还能保存指定行的内容到一个文件中，例如：

:230，$ w newfile 将230行到文件尾的内容保存到文件newfile中

:.，600w newfile 将当前行到600行的内容保存到文件newfile中

在保存文件的同时还能实现追加功能，例如：

:340,$ w >>newfile　　将 340 行到文件末尾的内容追加到文件 newfile 的末尾

将一个文件读进来：

:read filename

:r filename

:185r /home/tim/data　　将文件 data 的内容读到 185 行之后

:$r /home/tim/data　　将文件 data 的内容读到文件末尾

:0r /home/tim/data　　将文件 data 的内容读到文件开始

:/pattern/r /home/tim/data　　将文件 data 的内容读到包含 pattern 内容的行之后

:e filename　　编辑指定的文件

ctrl-^　　在两个文件之间切换

:n　　切换到下一个文件

## 5.1.3 光标移动命令

全屏幕文本编辑器中，光标的移动操作无疑是最经常使用的操作了。用户只有熟练地使用移动光标的这些命令，才能迅速准确地到达所期望的位置进行编辑。

### 1. 基本光标移动命令

vi 中的光标移动既可以在命令模式下，也可以在文本输入模式下，但操作的方法不尽相同。在文本输入模式下，可直接使用键盘上的 4 个方向键移动光标。在命令模式下，有很多移动光标的方法。不但可以使用 4 个方向键来移动光标，还可以用 h、j、k、l 这 4 个键代替 4 个方向键来移动光标，这样可以避免由于不同机器上的不同键盘定义所带来的矛盾；而且熟练后可以手不离开字母键盘位置就能完成所有操作，从而提高工作效率。除此之外，还有一些移动光标的命令。下面对它们的工作方式介绍如下：

1) l　向右键

向右键的作用是将光标向右移动一个位置。若在向右键前先输入一个数字 n，那么光标就向右移动 n 个位置。例如，5l 表示光标向右移动 5 个位置。需要注意的是，光标移动不能超过当前行的末尾。若给定的 n 超过光标当前位置至行尾的字符个数，光标只能移到行尾。

2) h　向左键

执行一次向左键，光标向左移动一个位置。同向右键一样，也可以在向左键的前面输入一个数字 n，那么光标就向左移动 n 个位置。需要注意的是，如果用左向键，光标左移不能超出该行的开头。

3) j　向下键

执行一次向下键光标，则向下移动一个位置（即一行），但光标所在的列不变。当这些命令前面加上数字 n，则光标下移 n 行。vi 除了可以用向下键将光标下移外，还可以用数字键和

“+”键将光标下移一行或n行(不包括本行在内),但光标下移之后将位于该行的第1个字符处。例如:

3j　　光标下移3行,且光标所在列的位置不变。

3+或3<enter>　　光标下移3行,且光标位于该行的行首。

4-　　光标上移4行,且光标位于该行的行首。

4) k　向上键

执行一次向上键,则光标向上移动一个位置(即一行),但光标所在的列不变。同样在这个命令前面加上数字n,则光标上移n行。

## 2. 快速光标移动命令

### (1) 按字移动光标

首先介绍一下vi中“字”的概念。在vi中“字”有两种含义,一种是广义的字,它可以是两个空格之间的任何内容;另一种是狭义上的字,在此种意义之下,英文单词、标点符号和非字母字符(如!、@、#、$、%、^、&、*、(、)、-、+、{、}、[、]、~、|、\、<、>、/等)均被当成是一个字。vi中使用大写命令一般就是指将字作为广义来对待,使用小写命令就是作为狭义对待。vi共提供了3组关于按字移动光标的命令,分别是:

**w和W命令**

将光标右移至下一个字的字首。例如,屏幕上显示:

printf(“Hello Mr. Huang! \n”);

则使用w命令,把光标移到下一个字(狭义)的字首“(”上。使用W命令,则把光标移到下一个字(广义)的字首“M”上。

**e和E命令**

如果光标起始位置处于字内(即非字尾处),则该命令把光标移到本字字尾,如果光标起始位置处于字尾,则该命令把光标移动到下一个字的字尾。

**b和B命令**

如果光标处于所在字内(即非字首),则该命令把光标移至本字字首,如果光标处于所在字字首,则该命令把光标移到上一个字的字首。

### (2) 按句移动光标

在vi中,一个句子被定义为以逗号“,”、句号“.”、问号“?”和感叹号“!”结尾,且后面跟着至少两个以上(含两个)空格或一个换行符的字符序列。vi提供了关于按句移动光标的两个命令,分别为:

**( 命令**

将光标移至上一个句子的开头。

**) 命令**

将光标移至下一个句子的开头。

**(3) 按段移动光标**

在vi中,一个段被定义为以一个空白行开始和结束的片段。vi提供了关于按段移动光标的两个命令,分别为:

**{ 命令**

将光标向前移至上一个段的开头。

**} 命令**

将光标向后移至下一个段的开头。

**(4) 行定位**

0　　移至行首

$　　移至行尾

n-　　光标上移n行

n$　　光标下移n-1行并到达行尾

nG　　光标移至指定行号n所指定行的行首

相关的末行命令:

:1　　移到文件首

:$　　移到文件尾

:n　　移到第n行

行内定位:

^　　将光标移到行内非空格的第1个字符

n|　　将光标移到第n列

书签:

mx　　设置当前书签,其中,x可以为任何字母

'x　　跳到书签所在的行首(单引号)

`x　　跳到书签所在的位置(反引号)

``　　跳到上一次所在的位置(两个反引号)

''　　跳到上一次所在行的行首(两个单引号)

%　　可以在两个对应的符号对之间快速移动,如(、[、{、<和}、]、)、>

## 5.1.4 屏幕操作命令

### 1. 屏幕内移动

vi提供了3个关于光标在全屏幕上移动并且文件本身不发生滚动的命令,分别是H、M和L命令。

**H 命令**

该命令将光标移至屏幕首行的行首(即左上角),也就是当前屏幕的第1行,而不是整个文

件的第1行。利用此命令可以快速将光标移至屏幕顶部。若在H命令之前加上数字n,则将光标移至屏幕第n行的行首。使用命令dH,则删除从光标当前所在行至所显示屏幕首行的全部内容。

**M命令**

该命令将光标移至屏幕显示文件中间行的行首。如果当前屏幕已经充满,则移动到整个屏幕的中间行;如果未充满,则移动到所显示行的中间行。利用此命令可以快速地将光标从屏幕的任意位置移至屏幕显示文件中间行的行首。使用命令dM,则删除从光标当前所在行至屏幕显示文件中间行的全部内容。

**L命令**

当文件显示内容超过一屏时,该命令将光标移至屏幕上最底行的行首;当文件显示内容不足一屏时,该命令将光标移至文件的最后一行的行首。可见,利用此命令可以快速准确地将光标移至屏幕底部或文件的最后一行。若在L命令之前加上数字n,则将光标移至从屏幕底部算起第n行的行首。使用命令dL,则删除从光标当前行至屏幕底行的全部内容。



### 2. 屏幕翻滚

屏幕命令是以屏幕为单位移动光标的,常用于文件的滚屏和翻页。需要注意的是,屏幕命令不是光标移动命令,不能作为文本限定符用于删除命令中。在命令模式下和文本输入模式下均可以使用屏幕滚动命令。

**滚屏命令**

ctrl+u　将屏幕向前(文件头方向)翻滚半屏。

ctrl+d　将屏幕向后(文件尾方向)翻滚半屏。

可以在这两个命令之前加上一个数字n,则屏幕向前或向后翻滚n行;并且这个值被系统记住,以后再用< ctrl+u >和< ctrl+d >命令滚屏时,还滚相应的行数。

**分页命令**

ctrl+f　将屏幕向文件尾方向翻滚一整屏(即一页)。

ctrl+b　将屏幕向文件首方向翻滚一整屏(即一页)。

同样也可以在这两个命令之前加上一个数字n,则屏幕向前或向后移动n页。

### 3. 屏幕调整

vi提供了3个有关屏幕调整的命令,格式分别为:

[行号] z [行数] <回车>

将由行号指定的行作为的屏幕的首行。

[行号] z [行数] .

将由行号指定的行作为的屏幕的中间行。

[行号] z [行数] _

将由行号指定的行作为的屏幕的最末行。

若省略了行号和行数，则这3个命令分别将光标所在的当前行作为屏幕的首行、中间行和最末行重新显示。若给出行号，那么该行号所对应的行就作为当前行显示在屏幕的首行、中间行和最末行。若给出行数，则它规定了在屏幕上显示的行数。例如：

8z16<回车>　将文件中的第8行作为屏幕显示的首行，并一共显示16行。

15z.　将文件中的第15行作为屏幕显示的中间行，显示行数为整屏。

15z 5_　将文件中的第15行作为屏幕显示的最末行，显示行数为5行。

**Ctrl+G**

屏幕状态行显示命令。该命令显示在vi状态行上的vi状态信息，包括正在编辑的文件名、是否修改过、当前行号、文件的行数以及光标之前的行占整个文件的百分比。

**Ctrl+l**

刷新屏幕显示。

在编程时，有时经常需要看一看程序其他部分的内容，然后继续编辑当前的内容，vi提供了临时显示部分内容的功能，如输入末行命令：1，10#可以在屏幕上临时显示1～10的内容。



## 5.1.5 寻找与替换

一种很有效的快速移动光标的方法就是使用寻找功能，寻找命令是由斜线(/)开始的。在命令状态下输入"/"时，屏幕的底部将显示"/"，这时接着输入需要寻找的内容，然后回车。要搜索的内容在此命令中作为整字处理，被寻找字符串前面或最后的空格也被作为寻找内容的一部分。

### 1. 基本操作

/pattern　　向后搜索

?pattern　　向前搜索

如果需要重复寻找，则使用以下命令：

n　在同一方向上重复寻找

N　在相反方向上重复寻找

/　重复向后寻找

?　重复向前寻找

搜索范围的设置：

:g　　全局搜索

例如：

:g/pattern　　全局搜索包含pattern内容的行

:g! /pattern　　全局搜索不包含pattern内容的行

:g! /pattern/nu　　全局搜索不包含pattern内容的行同时显示行号

:60,124g/pattern/　　60 行到 124 行范围内搜索 pattern

搜索命令还能与其他命令组合使用完成相当强大的功能，例如：

| | |
|---|---|
| :/pattern/d | 删除包括寻找字符串的行 |
| :/pattern1/,/ pattern2/d | 删除从包含 pattern1 的行到包含 pattern2 的行 |
| :.,/pattern/m23 | 将从当前行到包含 pattern 的行移动到第 23 行之后 |
| :s/old/new/ | 在当前行用 new 字符串替换第 1 次遇到的 old 字符串 |
| :s/old/new/g | 在当前行将全部的 old 字符串替换成 new 字符串 |

也可以指定范围：

:50,100s/old/new/g　　将 50 行到 100 行范围内的所有 old 字符串替换成 new 字符串

加上命令字符 c，在替换时需要用户确认：

:50,100s/old/new/gc

在确认时有以下几个选项：

| | |
|---|---|
| y | 表示确认替换操作 |
| n | 表示不替换 |
| a | 全部替换 |
| q | 退出替换操作 |
| Ctrl＋E | 向上滚动屏幕 |
| Ctrl＋Y | 向下滚动屏幕 |

## 2. 复杂操作

1）搜索时所支持的通配符

| | |
|---|---|
| . | 匹配任意单个字符 |
| * | 匹配零个或多个字符 |
| ^ | 匹配的字符串在行首行 |
| $ | 匹配字符串在行尾的行 |
| [开始字符-结尾字符] | 匹配从开始字符到结尾字符范围内的单个字符 |
| % | 表示当前文件，相当于 1，$ 的范围，在保存文件时也可以代表当前文件名 |

例如：

| | |
|---|---|
| [a-d] | 表示任意从 a～d 的小写字母 |
| [:;A-Za-z()] | 表示匹配 4 个符号：;()和所有的英文字母 |

如果在前面加上符号“^”，表示否定的意思。

| | |
|---|---|
| [^a-z] | 匹配所有非小写字母的字符 |
| /^book | 寻找行首为 book 的行 |
| /book $ | 寻找行末为 book 的行 |

2）转义定义符\

\\.　　　表示字符“.”，而不是前面所讲的通配符

\\< \\>　　　设置单词首字母与尾字母的匹配

\\<ac　　　匹配以 ac 开头的单词

ac\\>　　　匹配以 ac 结尾的单词

3）在寻找匹配的地方增加字串

格式：字符 1& 字符 2。

例如：

:1,10s/.*/(&)/　　　将 1～10 行使用左右括号括起来

4）整字寻找

使用\\<pattern\\>　　　定义整字。

5）保持缓冲区操作

\\(\\)　　　将内容保存到一个保持缓冲区中(hold buffer)，保持缓冲区的编号从 1 到 9，在引用时使用\1 到\9。

例如：

\\(that\\) or \\(this\\)　　　将 that 存入 1 号保持缓冲区，this 存入 2 号保持缓冲区

使用以下命令可以将 that 与 this 互换：

:%s/\\(That\\) or \\(this\\)/\2 or \1/

使用以下搜索替换形式还能完成更为复杂的操作：

:g/pattern/s/old/new/g　　　第 1 个 g 表示对整个文件搜索字符串 pattern，s 表示对包含 pattern 字串的行进行替换操作，用 new 字符串替换 old 字串；第 2 个 g 表示替换所有满足条件的行

例如假设有 3 个函数 mgibox、mgrbox、mgabox 需要改名，但只想更改 box 为 square，而其前缀不变，则使用以下命令：

:g/mg\\([ira]\\)box/s//mg\1square/g

## 5.1.6 vi 的基本编辑命令及操作

### 1. 文本的插入

在命令模式下用户输入的任何字符都被 vi 当作命令加以解释执行，如果用户要将输入的字符当作是文本内容，则首先应将 vi 的工作模式从命令模式切换到文本输入模式。切换时使用下面的命令。

**(1) 插入(Insert)命令**

vi 提供了两个插入命令：i 和 I。

1) i 命令

插入文本从光标所在位置前开始，此时 vi 处于插入状态，屏幕最下行显示："--INSERT--"(插入)字样。

2) I 命令

该命令是将光标移到当前行的行首，然后在其前插入文本。

vi 还提供了两个附加插入命令：a 和 A。

3) a 命令

该命令用于在光标当前所在位置之后追加新文本。新输入的文本放在光标之后，在光标后的原文本将相应向后移动。光标可在一行的任何位置。

4) A 命令

该命令与 a 命令不同的是，A 命令把光标挪到所在行的行尾，从那里开始插入新文本。当输入 A 命令后，光标自动移到该行的行尾。



插入命令还能带参数完成一些特殊的功能，如在 c 语言的注释中常常需要输入多个星号"*"，使用下面的命令就能轻松地完成这一功能：

50i* Esc　　在当前光标处插入 50 个星号"*"；

50A Esc　　在当前行末插入 50 个星号"*"；

25a*-Esc　　在当前光标处插入 25 组"*-"字符，共 50 个字符。

**(2) 打开(open)命令**

不论是 insert 命令还是 append 命令，插入的内容都是从当前行的某个位置开始的。若希望在某行之前或某行之后插入一些新行，则应使用 open 命令。

1) o(小写)命令

插入新行，该命令将在光标所在行的下面新开一行，并将光标置于该行的行首，等待输入文本。

2) O(大写)命令

和 o 命令相反，O 命令是在光标所在行的上面插入一行，并将光标置于该行的行首，等待输入文本。

## 2. 文本的修改

文本内容的修改是指在编辑过程中，可以对文本中的某些字符、某些行进行修改，即用新输入的文本代替需要修改的老文本；它等于先用删除命令删除需要修改的内容，然后再插入新的内容。vi 提供了 3 种修改命令，分别是 c、C 和 cc，它们修改文本的范围是由光标位置和光标移动命令两者限定的。

1) c 命令

c 后紧跟光标移动命令，限定修改内容的范围是从光标当前位置开始到指定的位置。例如，输入命令 c7G 后，当前行到第 7 行的内容被删除，同时进入文本插入模式，这时可以插入新的文本。

2）C或c$命令

输入C或c$命令后，当前光标到行末的内容被删除，进入文本插入状态。

3）cc命令

删除当前行并进入文本插入状态。同命令C一样，也可以在cc之前加上数字n，表示要从光标当前行算起一共修改n行的内容。例如，5cc表示先删除光标所在行及其下面的4行，然后输入要修改的内容。

### 3. 文本的替换

文本的替换是用新输入的文本代替原来已有的文本，同文本修改一样，也是先执行删除操作，再执行插入操作。vi提供的替换命令有取代命令、替换命令和字替换命令。

1）r和R

取代命令r：用随后输入的一个字符代替当前光标处的那个字符。若在命令r之前加上一个数字，表示将要从当前光标处开始的指定数目的字符用r后所输入的字符替换。例如，屏幕上显示为：

/* this is a program */

在命令模式下输入命令4rA，则结果显示为：

/* this is a AAAAram */

此时把当前光标处的字符及其后的3个字符都取代为“A”。

R：用随后输入的文本取代从当前光标处及其后面的若干字符，每输入一个字符就取代原有的一个字符，直到按Esc键结束这次取代。若新输入的字符数超过原有对应字符数，则多出部分就附加在后面。若在命令R之前加上一个数字，如5R，则表示新输入的文本重复出现5次，并替换原来的字符。

例如，屏幕上显示为：

/* this is a program */

输入4RAA，屏幕显示为：

/* this is a AAAAAAAA/

2）s和S

替换命令s(小写)：该命令表示用随后输入的文本替换当前光标所在的字符。

例如，屏幕上显示为：

/* this is a program */

输入s命令，光标所在的“a”消失，随后输入：A good example<Esc>，显示为：

/* this is A good example program */

可以在s前面加一个数字n，则表示用s后输入的文本替换从光标所在字符开始及其后的n-1个字符(共n个字符)。

例如,屏幕显示为:

/* this is good program */

输入4s命令后,屏幕显示为:

/* this is program */

接着输入a再按Esc键,屏幕显示为:

/* this is a program */

如果只用一个新字符替换光标所在字符,则s命令与r命令功能类似,如sh与rh的作用都是将光标所在字符变为h。但二者也有区别,r命令仅完成置换,而s命令在完成置换同时,工作模式从命令方式转为文本输入方式。

S(大写):该命令表示用新输入的正文替换光标当前行(整行)(不管光标位于何列), 如果在S之前给出一个数字n,例如3,则表示有3行(包括光标当前行及其下面2行)要被S命令之后输入的正文所替换。



3) cw

字替换。如果只希望将某个字的内容用其他文本串替换,则可用cw命令。cw所替换的是一个狭义的字。输入这个命令后,vi把光标处的那个字删除,然后用户可输入任何文本内容。

#### 4. 文本的删除

在命令模式下,vi提供了许多删除命令。这些命令大多是以d开头的,常用的有:

| | |
|---|---|
| d0 | 删至行首。 |
| D或d$ | 删至行尾。 |
| dd | 删除光标所在的整行。 |
| ndd | 删除当前行及其后n－1行。 |
| x | 删除光标处的字符。若在x之前加上一个数字n,则删除从光标所在位置开始向右的n个字符。 |
| X | 删除光标前面的那个字符。若在X之前加上一个数字n,则删除从光标前面那个字符开始向左的n个字符。 |
| dw | 删除一个单词。若光标处在某个词的中间,则从光标所在位置开始删至词尾;如在命令前加入数字n,则表示删除n个单词。 |

对应的末行命令:

:delete或d

命令前面是删除文本的范围,例如,":3,18 d",则删除3～18行。

#### 5. 文本块的操作

1) 文本行的左右移动

文本行左右移动的命令有＞、＜、＞＞和＜＜共4个。

:＞范围

＞命令将指定范围的行向左移动一个 TAB 的距离，例如：

:＞4

将当前行与下面的 3 行(共 4 行)向左移动。

:＞

将当前行向左移动。

:＜范围

＜命令将指定范围的行向右移动一个 TAB 的距离，其他与＞命令相同。

:范围＞＞

＞＞命令将指定范围的行向左移动一个 TAB 的距离，例如：

:4＞＞

将第 4 行向左移动。

:＞＞

将当前行向左移动。

:范围＜＜

＜＜命令将指定范围的行向左移动一个 TAB 的距离，其使用与＞＞命令相同。

2) 文本行的前后移动

可以利用下面的步骤完成文本行从一个地方移至另外一个地方。

① 将光标移至待移动文本的首行。

② 按 ndd 命令。其中，n 为待移动的行数。此时 vi 将把待移动的文本行从文件中删除，并将其放入到 1 号删除寄存器中。

③ 将光标移动到目的行处。

④ 命令 p(或 1p)将待移动的文本行从删除寄存器中取出。

此时待移动的文本行就出现在目的位置处了。

上述方法虽然可以实现文本行的异行移动，但显然太烦琐。vi 还提供了另一种快捷的方法，就是在末行模式下使用命令 m(Move 命令)。

命令格式：n m k

表示把第 n 行移至第 k 行的下方。例如，如果想使第 5 行移至第 4 行，可在末行模式下输入“:5 m 3”，然后按 Enter。在命令 m 之前，还可以指定一个行号范围，表示要把指定范围内的文本行移到指定位置。例如：

:2,5 m 0

表示把文件中的第 2 行至第 5 行的内容移至文件头(第 0 行之下，0 行是一个虚行)。

### 6. 文本行的复制

yank 命令(y)可以将所指定的文本内容复制到一个特别的缓冲区，然后使用 put(p)命令将缓冲区中的内容复制到光标处。下列命令将内容复制到缓冲区内：

yw 把光标当前所在的单词移到缓冲区；

y$ 把当前行及其以前的所有文本移到缓冲区；

yy 把当前行整行移到缓冲区；

nyy n 代表打算移到缓冲区的文本的行数。例如，5yy 将把当前行和紧随其后的 4 行移到缓冲区，然后将光标移到目的地，再使用命令 p，就能实现文本的复制了。

对应的末行命令方式：

:copy 或 co 或 t 后面接范围；

:23,29co100 23～29 行复制到 100 行。

## 5.1.7 多窗口操作

:[N]sp[lit][position][file]

将当前光标分成两个窗口，其中，N 表示窗口的高度，position 表示光标落到文件 file 的哪一行上，file 表示所编辑的文件。

:[N]new[position][file]

生成一个新的窗口，其中，参数 N、position、file 的含义同 split 命令。

:[N]sv[iew][position][file]

生成一个只读的新窗口，参数含义同前。

:q[uit][!]

退出当前窗口，! 表示强制执行。

:clo[se] [!]

ctrl-w c 关闭当前窗口。

:hid[e] 隐藏当前窗口。

:on[ly][!]

ctrl-w o

ctrl-w ctrl-o

将当前窗口扩展到整个屏幕：

:res[ize] [±n] 将当前窗口增加或减少 n 行高度。

:res[ize] [n] 设置当前窗口的高度为 n 行。

:qa[ll][!] 退出所有窗口。

:wqa[ll][!]

:xa[ll][!]

将所有文件存盘后退出：

:wa[ll][!] 将所有文件存盘。

:next　　　　　转到下一个文件进行编辑。

:previous　　　转到前一个文件进行编辑。

:new

ctrl-w n　　　　生成一个新窗口。

:f filename　　　将当前窗口定义一个文件名。

ctrl-w s　　　　将当前窗口分成相等的两个窗口。

ctrl-w j

ctrl-w ctrl-j

ctrl-w <DOWN ARROW>

光标移动到下一个窗口。

ctrl-w k

ctrl-w ctrl-k

ctrl-w <UP ARROW>

光标移动到上一个窗口。

ctrl-w q　　　　保存文件并退出。

ctrl-w ]

ctrl-w ctrl-]

生成一个新窗口,同时在新窗口中打开包含以当前光标所在单词为 tag 的文件。

[count]ctrl-w ctrl-w

循环移动到下一个窗口,或者移动到 count 数字指定的窗口。例如,当前屏幕共有 4 个窗口,当前光标停在第 2 个窗口中,单击“ctrl-w ctrl-w”则移动到第 3 个窗口;如果单击“4ctrl-W ctrl-W”则直接移动到第 4 个窗口。

ctrl-w +　　　　扩大当前窗口。

ctrl-w -　　　　缩小当前窗口。

ctrl-w =　　　　所有窗口具有相同的尺寸。

ctrl-w t

ctrl-w ctrl-T

将光标移动到最上面一个窗口。

ctrl-w b

ctrl-w ctrl-B

将光标移动到最下面一个窗口。

ctrl-w p

ctrl-w ctrl-P

将光标移动到上一次窗口中。

:sta[g][tagname]　分割当前窗口并且在其中一个窗口中打开包含 tagname 的文件。

## 5.1.8　寄存器与缓冲区操作

在 vi 中定义了一些变量用于保存文本或操作，这些变量叫寄存器或缓冲。

:display　　　　显示寄存器内容。

"np　　　　　　取出第 n 个寄存器的值。

利用寄存器操作可以很方便地对误删除操作进行恢复，因为 vi 内部有 9 个用于维护删除操作的寄存器，分别用数字 1～9 表示，它们分别保存以往用 dd 命令删除的内容。这些寄存器组成一个队列，如最近一次使用 dd 命令删除的内容被放到寄存器 1 中；当下次再使用 dd 命令删除文本内容时，vi 将把寄存器 1 的内容转存到寄存器 2 中，而寄存器 1 中又将是最近一次 dd 命令删除的内容。以此类推，vi 可以保存最近 9 次用 dd 命令删除的内容。

假设当前有编辑文件为 xu. c 如下：

```
/*  this is a example * /
# include < stdio.h>
void main(  )
{
  int i , j ;
  printf(  “ please input a number:\ n   ” );
  scanf  ( “ % d  ”, &i  ) ;
  j =  i + 100 ;
  printf  ( “ \n j =  % d \n   ”, j  ) ;
  return ;
}
```

对其进行如下操作：

① 将光标移至文件第一行，按 dd 命令，此时文件第 1 行的内容被删除，且被删除的内容保存在寄存器 1 中。

② 按 5j 使光标下移至第 1 个 printf 语句行。

③ 按 dd 命令将该行删除，此时寄存器 1 将保存刚刚被删除的内容：

printf　(“ please input a number:\ n　”　);

而寄存器 1 原有的内容：

/ *　this is a example　* /

则被保存到寄存器 2 中。这时使用"1p 可以取出第 1 个寄存器的内容进行恢复，"2p 可以取出第 2 个寄存器的内容进行恢复。

d 与 y 命令可以使用以 a～z 这 26 个小写字母命名的命名缓冲，可以在任何需要的时候从命名缓冲中取出所存放的内容。对命名缓冲操作是在缓冲区名字前加上双引号，例如：

"dyy　　将当前行的内容存入 d 缓冲区中。

"dp　　将 d 缓冲区中的内容复制到当前光标处。

### 5.1.9 与编程开发相关操作

#### 1. 函数定义的快速定位与浏览

编程人员希望能快速定位和浏览函数定义、变量定义，就好像一些源码阅读器一样，vi也支持这些编辑工具的高级功能；支持由ctags生成一个源程序的索引文件，此索引文件能够帮助文本编辑工具快速定位；ctags还能生成多个文件的交叉引用文件。现在ctags已经被很多编辑器支持，如vi及其衍生编辑器elvis、vim、Vile、Lemmy、CRiSP、emacs、FTE、JED、jEdit、Mined、NEdit、UltraEdit、WorkSpace、X2、Zeus等。ctags支持多种语言的标记，可以通过参数--list-languages和--list-kinds查看。所有支持的语言类别能够自动识别，参数--list-maps查看不同语言使用的默认后缀，参数--langmap可以改变这些默认的后缀。

一个c程序可能由几个源程序组成的，为了在不同源程序中的函数迅速跳动，vi可以调用命令行ctag来生成相关源程的标记索引文件。ctag命令在命令行中执行，生成一个可以由vi识别的有关函数定义的文件。例如：

:! ctags file.c　　生成当前目录下file.c文件的ctag索引文件。

:! ctags *.c　　生成当前目录下所有后缀为c的文件的ctag索引文件。

:! ctags *　　生成当前目录下所有文件的标识索引。

:! ctags -R *　　生成当前目录以及其下所有子目录所有文件夹标识索引。

**注意**，只有ctags能够识别的源文件才会被扫描。

当生成了源程序的索引文件之后，只需要键入下面的命令就能跳到相应的函数：

:tag name

在vi命令模式下将光标放在函数名上按“^]”也能实现函数名的转跳。

与tags相关的命令列表如下：

:tags　　显示tag命令的历史记录。

^T　　返回到前一个tag。

ta[g][!] [tagstring]　　编辑一个包含tagstring tag的文件。! 表示如果当前正在编辑的文件被修改而没有存盘，则在一个新窗口中打开文件。

[i　　显示包含当前光标所在关键词的定义。

]i　　在当前文件中，从当前光标向后找与当前光标所在关键词匹配的第1个tag。

[I　　显示所有包含当前光标所在关键词的文件与行号。

]I　　在当前文件中，显示从当前光标向后与当前光标所在关键词匹配的所有tag。

[ TAB　　跳到与当前光标所在关键词匹配的第1个tag。

] ^I　　在当前文件中，从当前光标向后跳到当前光标所在关键词匹配的第1个tag。

^W i

^W ^I　　在一个新窗口中显示与当前光标所在关键词匹配的tag。

[d 显示当前光标下的宏定义所在的 tag。

]d 在当前文件中从当前光标向后找当前光标下的宏定义所在的 tag。

[D 显示所有与光标下宏匹配的 tag 文件名与行号。

]D 在当前文件中从当前光标向后找当前光标下的宏定义所在的 tag。

[ ^D 跳到当前光标下宏所在的 tag。

] ^D 在当前文件中,从当前光标向后跳到当前光标宏定义所在的 tag。

^W d

^W ^D 在一个新窗口中显示与当前光标所在宏匹配的 tag。

**2. 程序的编译与查错**

:make 对当前程序执行编译操作,同时能够显示错误信息和定位到出错的行。

可以使用以下命令来定位错误:

:cf[ile][!][errorfile]



读入错误文件并跳到第 1 个错误处,错误文件名可以通过变量 errorfile 来设置。如果当前文件修改后没有存盘,使用! 符号在一个新 buffer 中打开错误文件。

:cl[ist][!] 列举错误。

:[count]cn[ext][!] 显示后面的第 count 个错误。

:[count]cN[ext][!]

:[count]cp[revious][!]

显示前面的第 count 个错误。

:clast[!] [n] 显示第 n 个错误,如果没有指定 n,则显示最后一个错误。

:crewind[!] [n] 显示第 n 个错误,如果没有指定 n,则显示第 1 个错误。

:cc[!] [n] 显示第 n 个错误,如果没有指定 n,则显示当前错误。

**3. 与 C 语言相关的快速光标移动命令**

%

快速在成对匹配的以下符号对之间移动:/ *  * /、# if、# ifdef、# ifndef、# elif、# else、# endif、{,}、(,)、[,]。

[( 移到前面不匹配的左括号(。

[) 移到后面不匹配的右括号)。

[{ 移到前面不匹配的{。

[} 移到后面不匹配的 }。

[# 移到前面不匹配的 # if 或 # else。

]# 移到后面不匹配的 # else 或 # endif。

[ *

[/

移到前面不匹配的/*。

]*

]/

移到后面不匹配的*/。

CTRL-T　向右缩进。

CTRL-D　向左退回缩进。

### 5.1.10 配置设置

vi的工作环境可以由用户来定制，主要通过定义一些vi所使用的环境变量的值实现。进入vi时，选项均设置为特定的默认值。定义vi的环境变量可以在vi中使用末行命令的方式设置，但这种方式所设置的环境变量的值在退出vi时所有选项均变为默认值，因此，每次进入vi时都需要重新设置选项。还可以通过vi的配置文件进行设置，这样每次进入vi都能自动将环境变量设为所需要的值。

:set all　查看所有默认选项。

:set option　设置选项的值，其中，option是要使用的编辑器选项的名称。

:set nooption　取消设置(撤消)某个编辑器选项。

例如，大小写敏感设置：

:set ic　设置大小写敏感。

:set noic　设置大小写不敏感。

对于可以被赋值的设置，使用等号赋值，例如：

:set window=20

想要查看某一设置的值，则使用以下命令，

:set option?

查看被修改过的设置，

:set

表5-1列举了一些常用的vi二进制设置选项。

表5-1　常用的vi二进制设置选项

| 选　项 | 缩　写 | 默认值 | 设置后的效果 |
|---|---|---|---|
| all | | | 在屏幕上列出所有编辑器选项 |
| autoindent | ai | noai | 文本的每个新行均与上一行对齐(适用于程序员) |
| cindent | cin | nocindent | 这是C语言的缩进形式，采用这样的缩进方式的程序语言有C、C++、Java等。当采用这种缩进格式时，vi就会自动采用标准的C语言形式 |

续表5-1

| 选　项 | 缩　写 | 默认值 | 设置后的效果 |
|---|---|---|---|
| ignorecase | ic | noic | 使vi在搜索过程中忽略大小写 |
| number | nu | nonu | 对文本各行进行编号 |
| list | | nolist | 显示文件中的控制符,如以^I表示TAB、$表示回车等 |
| readonly | | noreadonly | 对正在编辑的文件启用写保护。这样可以避免意外更改或破坏文件内容 |
| showmatch | sm | nosm | 圆括号、花括号或方括号左右括号的匹配显示设置 |
| showmode | | noshowmode | 根据所处的模式,屏幕底部显示INPUT MODE或REPLACE MODE消息 |
| smartindent | sm | nosmartindent | 在这种缩进模式中,每一行都和前一行有相同的缩进量,同时这种缩进形式能正确的识别出花括号,当遇到右花括号(}),则取消了缩进形式 |

以下是一些常用的非二进制选项:

makeprg　　设置make程序,默认值为make。

makeef　　设置编译输出保存文件。

shell　　设置shell程序,默认值为/bin/sh。

tabstop　　跳格键的宽度。

例如:

:set tabstop=4　　　设置跳格的宽度为4。

vi按以下顺序在当前目录中搜索默认的配置文件:.vimrc、_vimrc、.exrc、_exrc。

下面是一个实例:

```
set nocp incsearch
set cinoptions= :0,p0,t0
set cinwords= if,else,while,do,for,switch,case
set formatoptions= tcqr
set cindent
syntax on
source ~/.exrc
```

## 5.1.11 其他编辑命令

**(1) 取消上一命令u(undo)**

这是一条非常有用的命令,使用简单,只需要在命令模式下按小写字母“u”,就可以取消前面的误操作或不合适的操作对文件造成的影响,使之回复到这种误操作或不合适操作被执行之前的状态;与其他命令一样,前面也可以加上数字指定undo的次数。

**(2) 重复命令.(redo)**

合理地利用重复命令可以极大地提高编辑效率。在文本编辑中经常会碰到需要机械地重复一些操作，这时就需要用到重复命令，它可以让用户方便地再执行一次前面刚完成的某个复杂的命令。重复命令只能在命令模式下工作，在该模式下按“.”键即可重复执行上一条命令；与其他命令一样，前面也可以加上数字指定 redo 的次数。

**(3) 文本行的合并**

vi 提供了将文本中的某些行进行合并的命令。该命令用 J 表示，其功能是把光标所在行与下面一行合并为一行。如果在 J 命令之前给出一个数字 n，如 3，则表示把光标当前行及其后面的 2 行(共 3 行)合并为一行。

**(4) vi 中的行号**

vi 中的许多命令都要用到行号及行数等数值。若编辑的文件较大，自己去数是非常不方便的。vi 提供了给文本加行号的功能，这些行号显示在屏幕的左边，而相应行的内容则显示在行号之后。使用的命令是在末行方式下输入命令：

:set number

这里加的行号只是显示给用户看的，它们并不是文件内容的一部分。



:set nonumber

:set nonu

设置不显示行号。

在一个较大的文件中，用户可能需要了解光标当前行是哪一行、在文件中处于什么位置，在末行方式下，可以输入命令“:nu”(单词 number 的缩写)来获得光标当前行的行号与该行内容。

**(5) 改变当前光标字母的大小写**

格式：~

在命令方式下，键入～可以改变当前光标所在字母的大小写，同时光标向后移动一个字母。如果在命令前加一个数字 n，则显示改变 n 个字母的大小写。

**(6) 执行 shell 命令**

:!command　　执行 Linux 命令。

例如：

:!date　　查看日期与时间。

:sh　　进入 Linux 的 Shell 环境，按 Ctrl-D 返回 vi。

vi 还能直接读入 Shell 命令执行的结果，例如：

:r !date　　读入命令 date 执行的结果。

**(7) 定义缩写**

:ab 缩写名字符串

将字符串定义成指定的缩写名，在 vi 中定义好缩写后，在插入模式下，只要输入前面的缩写再按 TAB，vi 就能自动扩展成完整的字符。例如：

:ab imrc International Materials Research Center

进入插入模式后输入 imrc，再按 TAB 键，这时 abbr 被 vi 扩展变成了 International Materials Research Center。

:unab imrc　　取消定义的缩写。

:ab　　列举已定义的缩写。

**(8) 定义键盘命令映射**

可以将一个复杂的键盘命令定义成一个映射，这样就能够以比较简单的击键来完成一个复杂的命令。

:map x sequence定义一个映射。

:unmap x　　取消一个映射。

:map　　显示已定义的映射。

例如：

:map v dwelp　定义一个映射。只需要简单地在命令方式下键入字母 v，就能完成删除一个字:dw，移动光标到下一个单词:e，左移光标:1，粘贴刚才删除的单词等一系列命令。



如果在映射中使用了 RETURN、ESC、BACKSPACE、DELETE 等在 vi 中已经定义的键，则必须使用转义的形式，如^M 表示回车、^[表示 ESC、^H 表示空格等。如果需要输入组合键应该：

:map CTRL-A sequence

但是如果需要包括以下 3 个组合键，即^T、^W 和 ^X，则应该在前面加上作为转义的^V。例如，定义^T 应该这样：

:map CTRL-V CTRL-T sequence

**(9) 二进制编辑模式**

:%! xxd　　将文本文件显示为二进制文件。

:%! xxd -r　　将二进制文件转换为文本文件。

**(10) 使用帮助**

vi 包含一个很好的随机帮助，这个帮助的内容非常丰富，包含超过 50 个文件，总行数大约有 25 500 行；在线的文本帮助包含 tag 功能，用户能够像使用 tag 功能一样通过在关键词上键入^]和^T 向后或向前转跳到对应的关键词。

:help　　启用帮助。

## 5.2 emacs 编辑器

### 5.2.1 概　述

GNU emacs 是 GNU 计划下的第 1 个产品，emacs 为 editor macros 的缩写。Richard

Stallman 于 1975 年在 MIT 首次编写了 emacs editor。GNU emacs 秉持着 GNU 的精神，功能强大而且免费。GNU emacs 是由 C 与 LISP 语言写成的，任何人都能根据需要将个人编写的函数加入到 GNU emacs 中；当然，新的代码是不可以从事商业买卖的，只能将它无条件地奉献出来。

GNU emacs 并非一个单纯的编辑器，它是一个以编辑器为主干的软件环境。一般的软件都是将编辑器视为一个附属功能，只有 emacs 以编辑器为基石，在其上发展其他的功能。这个编辑环境提供使用者许多功能，让使用者如置身在一个全功能的作业系统中。emacs 自行发展了一个 bourne-shell-like 的 shell，除了 emacs 自己的 shell 外，还可以让使用者自行选择所使用的 shell。emacs 可以读取 e-mail，可以通过 ftp 来编辑远程主机上的文件而不需要登录主机；emacs 也可做 telnet 与 relogin 的动作；可以读 news；emacs 也提供了年历(calendar)，可以让使用者查阅日期也可以将重要的事情在年历上标示出来；emacs 还提供了 Diary 的功能，当特定的日期与时间到来时，会在屏幕上将 Diary 上的事情显示出来；emacs 也有撰写文章大纲的功能。emacs 提供了多种语言程序的编译功能，让使用者可以在其中一边编辑程序一边编译；还有自己的 debugger，使程序的除错、编辑与编译在其中同时完成。



Emacs 的主要功能：

可执行 Shell 的指令。

可作为 Directory Editor(Dired)。

可以编辑、编译及调试程序。

具有编辑其他主机上文件的能力。

可以列表文件。

具有年历、日记的功能(Calendar、Diary)。

具有读 Man Page 的能力。

可以收发电子邮件(Mail、Rmail)。

可以阅读新闻组与 BBS。

具有版本控制的功能。

对于文件的处理，具有 Outline 的能力。

具有资料库的处理能力。

可以提供电子计算器的功能。

提供了游戏功能。

### 5.2.2 emacs 基本知识

emacs 对字符(characters)、字(words)、行(lines)、句子(sentences)、段落(paragraphs)、页(pages)、各种程序中的表达式(expression)和注解(comments)都有一些专用的处理方法。

### 1. 进入与退出

启动 emacs 的方法很简单，如果系统装有 emacs，则只要 console 下键入 emacs 即可。离开 emacs 的方法有两种，一种是暂时离开 emacs(suspending emacs)，按键 Ctrl-z(suspend-emacs)暂时离开且回到其上一层的状态，一般是回到 shell 的状态，这时对于所使用的缓冲区、kill ring 以及 undo history 等相关内容仍保持与离开前相同的状态。若又想回到 emacs 的状态，只要键入%emacs，就可以回到 emacs 了。如果要真正离开 emacs，则必需键入 Ctrl-x ctrl-c(save-buffers-kill-emacs)或 meta-x save-buffers-kill-emacs，emacs 接收此指令后主动提醒使用者储存所有修改过的文件，这时以下选项可供用户选择：

y　保存文件。

n　不保存文件。

!　保存所有的文件。

.　只保存当前文件，其他文件不再保存。

q　不保存任何文件。

一些常用命令：

ctrl-g　用来取消键入的指令，如果不想执行所键入的指令，可以随时将其取消。

ctrl-r　以只读方式显示当前缓冲区的内容。

ctrl-h　查看帮助。

### 2. emacs 的屏幕安排

在字符模式下的 Console 启动 emacs 时，emacs 会占据整个屏幕，此时的屏幕称为 frame。这里只讨论字符模式下的情况，对于 X Window 的环境则不在讨论的行列中。frame 又由数个 window 组成。启动 emacs 时，会产生两个预设的窗口，一个窗口用来输入一般的文件，在没有文件输入前先用来展示 emacs 和版本信息，如图 5-2 所示。

图中，底部长条形的小窗口 minibuffer 用来输入指令或用作命令的应答，称为 minibuffer 或 echo area。minibuffer 也是一个窗口，所以可以从别的窗口移至此窗口，ctrl-x o 的指令就是用来使光标在各个窗口间移动的。minibuffer 上面是 mode line(状态栏)，状态栏出现在每一个文字窗口的最后一行，用来描述此窗口的相关信息。窗口在状态栏使用以下符号表示相关的状态：

--　表示缓冲区未被修改过。

**　表示缓冲区已被修改过。

%%　表示缓冲区为只读的缓冲区。

%*　表示只读的缓冲区被修改过。

此窗口缓冲区名称通常为所编辑的文件名称，还能表示当前光标的位置等信息。

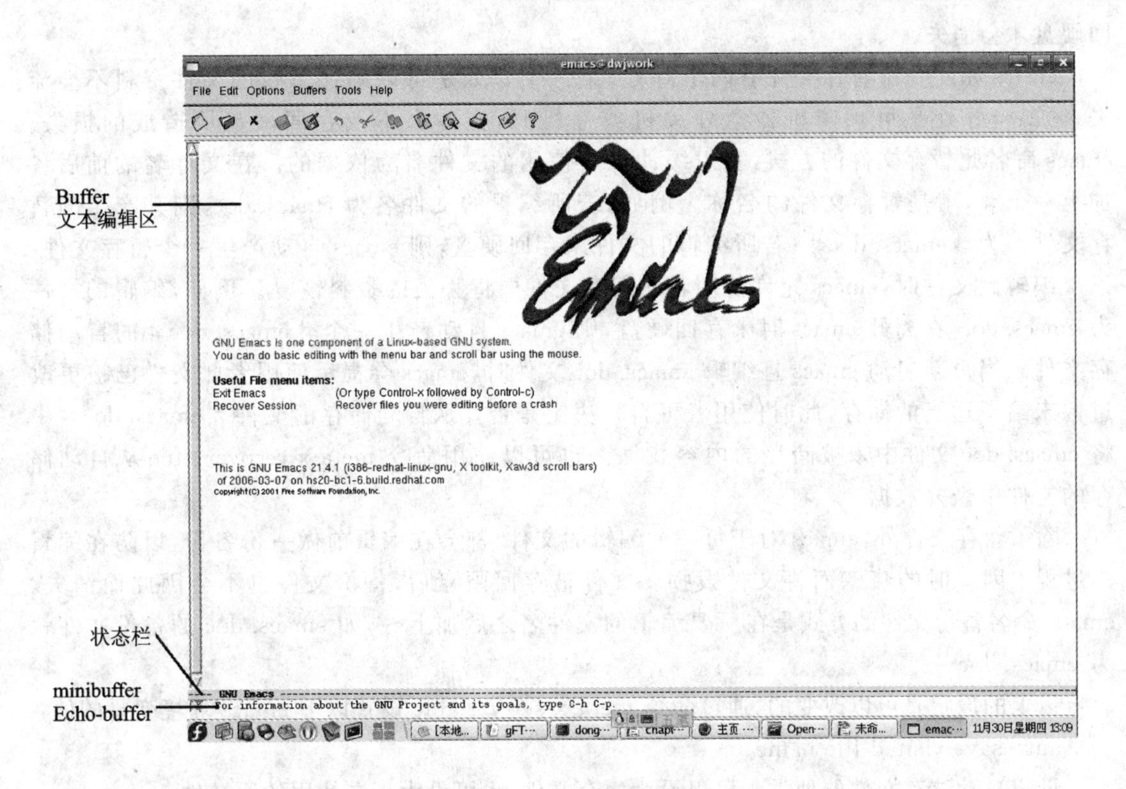


图5-2 emacs主界面

### 3. emacs的缓冲区与窗口

emacs的缓冲区(buffer)与窗口(window)的关系密不可分。缓冲区是用来存放编辑文件的,但窗口却是用来显示缓冲区中的文件。缓冲区是emacs编辑文件时,暂时存放文件的地方。这个地方只用来暂时存放文件,要想永久保留这些文件,必需将暂时存放的文件储存起来,一般使用硬盘来存储缓冲区的文件。在emacs中所做的任何事情都是先暂放于缓冲区内,emacs处理文件的方式也是先将文件从硬盘中取出,再放于缓冲区内。所以不论是删减、修改与新增文件,都是在缓冲区内进行,除非将缓冲区内的文件存回硬盘,否则硬盘的内容都不会因缓冲区内容的改变而改变。文件未存回硬盘而离开emacs(kill emacs)将永远消失。但emacs有一个自动储存文件的功能,称为auto save。每当键入一定数量的字符(通常是300个字符)时,emacs就会自动做储存的动作,经过一段停顿的时间(通常是30 s),emacs也会做自动储存的动作。emacs自动储存的功能并非将文件直接存回该文件所在的硬盘中那样,而是将缓冲区的文件存入一个暂存文件内。只有以存文件的指令,例如ctrl-x ctrl-s的指令,将缓冲区的文件存回硬盘时,缓冲区内的文件才会存回硬盘中。只有当文件存回硬盘中,emacs才会自动清除此暂存文件。若缓冲区的内容一直未存回硬盘,此暂存文件就会一直存在,直到存回硬盘才会消失。

emacs如此安排暂存文件有两个好处,第一个好处是可以确保编辑的文件资料不会流失;第二个好处是可预防机器意外关机或当机时,文件来不及存回硬盘所造成的损失。emacs命名此暂存文件的方式,是以缓冲区所使用的文件名为依据的。在文件名的前后各加上一个#,就是暂存文件的名称。例如,若所编辑的文件名为emacs.doc,则其产生的暂存文件即为#emacs.doc#;若所编辑的文件未存回硬盘,则emacs自动产生一个暂存文件。下次编辑此文件时,emacs允许使用者从暂存文件中将丢失的资料恢复。例如,编辑的文件为emacs.doc,在离开emacs时未存回硬盘,则emacs自动产生一个#emacs.doc#的自动储存文件。当重新启动emacs且编辑emacs.doc文件时,emacs会提示使用者此文件已被更改过但未给予适当的储存,此时使用者可自行决定是否要从自动储存的文件#emacs.doc#中将emacs.doc文件中未被储存的内容找回。也可以使用命令meta-x recovery-file从自动储存的文件中恢复数据。



除了暂存文件外,emacs对于每一个编辑的文件,都会在编辑前做一份备份,以防在编辑的过程中因一时的疏忽而将文件毁损。文件被存回硬盘后,备份文件也不会因此而消失。emacs命名备份文件的方式是在所要编辑的文件名之后加上~,如emacs.doc的备份文件就为emacs.doc~。

以上的设定是可以改变的,通过命令meta-x set-variable设置以下emacs环境变量的值:

auto-save-visited-file-name

设定自动储存文件的种类。可以设为暂存文件,也可设为正在使用的原文件。

delete-auto-save-file

设定文件被存回硬盘后,自动储存的暂存文件是否会自动删除。

auto-save-interval

设定自动储存时的字符数。

auto-save-timeout

设定自动储存时的时间。

emacs可以允许多个缓冲区的同时存在,在不同的缓冲区之间通过以下命令进行操作。

ctrl-x b buffer RET(switch-to-buffer)

选择不同的缓冲区,此指令可以使用自动匹配功能(completion)。echo area会出现如下的信息:"Switch to buffer:(default filename)"。若所要选择的缓冲区不是系统所预设的,可以在后面输入所需要选择的缓冲区名称。

ctrl-x k buffername RET(kill-buffer)

此指令是用来删除minibuffer所显示的缓冲区。若只键入RET,则删除目前的缓冲区,否则,删除所输入的缓冲区名称。同样,此指令可以使用自动匹配功能。

ctrl-x ctrl-b(list-buffer)

将目前 emacs 所使用过的缓冲区显示出来：

```
MR Buffer              Size   Mode        File
--------               ----  ----         ----
. *  tmp. txt           689   Text         ~/tmp. txt
emacs-materials. txt   92139 Text      ~/ref/emacs-materials. txt
  * scratch *          191   Lisp Interaction
*   * Messages *       1953  Fundamental
 %  * Completions *    207   Completion List
```

MR 列标记缓冲区的状态，其可能的状态如下所示：

*　　表示此缓冲区被修改过。

. *　　表示此选用的缓冲区被修改过。

.　　表示此缓冲区为目前被选择的缓冲区。

%　　表示此缓冲区为 read-only 的缓冲区。

% *　　表示此 read-only 的缓冲区被修改过。

Buffer 列显示所使用的缓冲区名称。Buffer 中的内容若为文件名称，则表示缓冲区所放置的内容为一个文件。若 Buffer 中的名称前后加上了 *，则表示此缓冲区不能被保存。

Size 列显示缓冲区的大小。

Mode 列显示缓冲区所使用的主要模式。

File 列表示所访问文件的绝对名称。若缓冲区的内容不是来自访问的文件，亦即 Buffer 列的名字前后加上 * 时，则以空白表示。

meta-x buffer-menu

此命令可对列出来的缓冲区做各种操作，如储存缓冲区、删除缓冲区、显示缓冲区以及编辑缓冲区等，此时显示可用的命令于 echo buffer 中：

Command:d, s, x, u; f, o, 1, 2, m, v; ~, %; q to quit; ? for help.

说明如下：

d　　标记欲删除的缓冲区。在 MR 列的最前方会出现 D，此时并未真正删除缓冲区，只是将要删除的缓冲区做上标记，直到下达执行标记的命令时，才会真正将标示 D 的缓冲区删除。此执行的指令为 x。

s　　标记欲储存的缓冲区。在 MR 列处标上 S，此时并未真正做储存的动作，只是在要储存的缓冲区做上标记，直到下达执行标记的命令 x 时，才会真正将标示 S 的缓冲区存储。

x　　对做好标记的缓冲区下达执行的命令，也就是对标有 D 与 S 的缓冲区做执行的动作。

u　　将设好的标记取消。

f　　选择目前光标所在处的缓冲区，此时的窗口会将此缓冲区的内容显示出来。

#### 4. 命令的键入

emacs 命令有 ctrl 命令与 meta 命令两种，其中，ctrl 命令是以 ctrl 键为开头的组合键，meta 命令是以 meta 键为开头，再接小写字母 x，然后输入命令字符完成的。可以认为 ctrl 命令是 meta 命令的快捷方式，使用 meta 命令可以完成所有的 emacs 命令，但是只有一些常用的 meta 命令才有 ctrl 快捷命令方式。PC 键盘没有专门的 meta 键，可以使用 Alt 键或 Esc 键进行模拟。本书约定，在列举 ctrl 快捷命令方式时将其对应的 meta 命令（省略 mega-x）紧接在后面的括号内。例如，打开文件命令 ctrl-x ctrl-f(find-file)，括号内为命令 meta-x find-file，省略了 meta-x。

常用的 meta 指令通常会有完成相同功能的 ctrl 键开头的热键，例如，ctrl-x ctrl-c 就是一个热键，代表了 meta 指令的 save-buffers-kill-emacs。若要使用 meta 键来表达与 ctrl-x ctrl-c 相同的效果，则必须键入 meta-x save-buffers-kill-emacs。

**(1) 自动匹配补全**

与 Linux 命令行命令一样，meta 命令字符串支持 completion 功能，即可以只输入命令字符前的字符，然后通过按 TAB 键将所有与已输入字符匹配的待选命令列举出来，或将匹配的唯一命令自动补全。使用 emacs 的 completion 有 3 种方法：

| | |
|---|---|
| TAB | 尽可能将其余的字串填满，如果有多个就将它们列举出来。 |
| SPACE(空格) | 将唯一匹配的一个词补全。 |
| ? | 将所有可能的命令选择都列出来。 |

使用 completion 的做法是将部分字串键入后，再按下 TAB、SPACE 或 ? 即可。例如，键入 M-x au TAB，则屏幕的下方出现另一个窗口，所有可能匹配的命令：

```
auto-fill-mode      auto-lower-mode
auto-raise-mode     auto-save-mode
```

若键入 M-x au SPACE，则屏幕的最下方、刚才键入命令处会出现 M-x auto-，若再键入 SPACE，则屏幕也会出现另一个窗口列出所有可能匹配的命令：

```
auto-fill-mode      auto-lower-mode
auto-raise-mode     auto-save-mode
```

TAB 与 SPACE 的功能的差异可以从实例看出：键入 M-x auto-f TAB 可得 M-x auto-fill-mode；但键入 M-x auto-f SPACE 只能得到 M-x auto-fill-，要得到 M-x auto-fill-mode，则必须再键入一次 SPACE。这就是前面所说的 SPACE 一次只填一个字的意思，而 TAB 则是尽可能将所有可以判断出来的字串呈现出来。键入？的作用，是在 emacs 的另一个窗口中显示所有可能的字串。

**(2) 命令的重复**

1) 重复执行命令 n 次

用法：ctrl-u n command 或 meta-n command。例如：

n 为正值时，ctrl-u 5 ctrl-f 或 meta-5 ctrl-f 表示光标往前(右)移动 5 个字符。

n 为负值时，ctrl-u -5 ctrl-f 或 meta-5 ctrl-f 表示光标往回(左)移动 5 个字符。

如果 ctrl-u 后面不接数字，则每一个 ctrl-u 重复指令的动作 4 次。例如：ctrl-u ctrl-f 表示光标往前移动 4 个字符。ctrl-u ctrl-u ctrl-f 表示光标往前移动 16 个字符。

2）自动键入多个相同的字符

用法：ctrl-u n char 或 meta-n char

例子：

ctrl-u 10 r，或 meta-10 r，则屏幕上出现 10 个 r。

ctrl-u r，或 meta-4 r，则屏幕上出现 4 个 r。

3）自动产生多个具有相同字符的字块

用法：ctrl-u n ctrl-u n character 或 meta-n ctrl-u n character

说明：ctrl-u 后面有 2 个 n，第 1 个 n 表示重复的次数，第 2 个 n 表示重复的字符。ctrl-u 组合适合于任何一个 emacs 指令。

还可以使用以下功能更强的重复命令操作：

ctrl-x meta-ESC，ctrl-x meta-：(repeat complex command)

可以使用上下箭头从命令缓冲区中找出曾经执行过的命令再次执行。

ctrl-x z(command repeat)

重复执行刚才的命令。

### 5．yanking 操作

在 emacs 中有一个专门用于存放被删除内容的寄存器叫 kill ring，将 kill ring 中的的内容取出来，emacs 称之为 yank。yank 除了可 yank 最新 killing 的资料，也可 yank 原来 killing 的内容。现在就以 2 种不同的 yank 作为讨论的对象。

将最新 killing 的文件从 kill-ring 中取出的方法很简单，只要使用 ctrl-y 即可。但在 yank 时，一定要确保在 killing-ring 中存有被删除的资料。

想要 yank 最新 killing 之前的文件，必须先移动 kill ring 的指针，将它指向前面 yank 的内容。移动 kill ring 指针的方法是使用 meta-y，但在使用 meta-y 之前，必须要先使用 ctrl-y 将最近被删除的内容从 kill ring 中 yank 出来，然后再使用 meta-y 移动 kill ring 中的指针，将刚才被 yank 出来的内容被新指针所指的内容替换。例如，有两行文件：

第一行：111111

第二行：222222

使用 ctrl-k 首先删除第 1 行，再删除第 2 行，再执行 ctrl-y 将 kill ring 中最近被删除的内容 yank 出来，即显示 222222，然后执行 meta-y，这时 kill ring 中的指针向前移动，刚才被 yank 出来的内容 222222 被移动后指针所指的内容 111111 所替换；不停地执行 mega-y 命令可以不停地向前移动 kill ring 中的指针。

### 6. 在emacs中执行shell的指令

在emacs中有两种执行shell指令的方法:一种是进入shell command mode,另一种是进入shell mode。其最大不同之处是,进入shell mode的状态,执行shell指令的同时,仍可以切换到其他模式处理别的工作,但如果使用shell command mode,就必须等指令执行完才可以做其他的事。使用shell command mode时,使用者在屏幕的最下方输入欲执行的指令,则emacs开启一个名为 * Shell command output * 的窗口,将shell指令执行的结果显示在此窗口中。

shell mode则是执行一个subshell,其输入与输出都是通过同一个缓冲区,所以输入与输出是在同一个地方;它不似shell command mode,指令输入与结果的显示在不同的地方。shell command mode又可以有两种模式,一种就是很单纯地执行一个shell的指令,另一种是对某一特定区域的资料执行shell的指令。shell command mode可以将执行后的结果直接输入到目前所使用的工作区内,有了如此的功能,使用者可以很轻易的将shell指令执行的结果直接放入适当的位置,而不需另外从事剪贴的工作。

| | |
|---|---|
| ESC-! shell-command | 在shell command mode下执行shell命令。 |
| ctrl-u ESC-! shell-command | 将shell命令执行的结果插入到当前光标处。 |
| meta-x shell | 进入shell mode模式,使用exit退回到emacs。 |

## 5.2.3 对目录的操作

### 1. 基本操作

emacs中的Dired是专门针对目录操作的编辑功能。进入Dired mode后,emacs会根据使用者所指定的目录来列出其下的文件及子目录,此时可根据需要进行如下操作:

① 文件删除,此功能可以很容易的将emacs的备份文件(其文件名以 ~结尾)、暂存文件(文件名在两个 # 中间)或具某一特殊文件名模式的文件删除。

② 文件的复制。

③ 文件名的更新。

④ 改变文件的mode。

⑤ 改变gid、uid。

⑥ 文件的打印。

⑦ 文件的压缩、解压缩。

⑧ 载入、编绎emacs的LISP文件。

⑨ 可产生hard links与symbolic links。

⑩ 可将文件名换成大写或小写的英文字母。

⑪ 可在Dired中执行shell的指令。

⑫ 可使用 Linux 的 diff 指令比较文件间的异同。

⑬ 可隐藏子目录。

⑭ 可使用 find 的程序来寻找文件。

进入 Dired 模式，这时可以在屏幕最下方的 minibuffer 输入需要操作的目录名，按回车则系统另开启一个窗口来显示此目录下的所有文件，接着就可以对这些文件进行操作了。Dired 所使用的缓冲区是一个只读（read-only）的缓冲区，如果要缓冲区的只读状态改为可读，可以键入 ctrl-x ctrl-q 来改变。移动光标到对应的文件或目录，然后键入命令可以完成以下操作：

在 Dired 中删除文件（键入 d）

删除文件必须首先在需要删除的文件做上删除标志，将光标移到想要删除的文件行，键入 d，则此行的最前方会出现 D，这就是删除的标志。此时的光标会移到此行的下一行。

放弃所作的操作（键入 u）

若想放弃已定好的标志，可以键入 u 使屏幕上的 D 消失。

执行所定义的操作（键入 x）

键入指令 d 只是将要删除的文件先做上标志，并未真正执行删除的动作。只有键入 x 才会将所有做上标志的文件删除。执行删除文件之前，会先询问是否真要删除，此时如果回答 yes，则执行删除的动作；若回答 no，则不执行删除的动作，但标志依然存在。

刷新显示（键入 g）

刷新显示当前 Frame 中的内容，这对于屏幕出现混乱时很有用。

### 2. 在 Dired 中将多个文件同时做上标志

#

键入 #，系统自动将所有自动储存的文件做上删除的标志。

~

键入～，系统自动将所有的备份文件做上删除的标志。

%d regexp RET

将所有适合的 regular 正则表达式的文件做上删除的标志。

### 3. 在 Dired 中访问文件

f(dired-find-file)

如果想要访问目前光标所在行的文件，只要在此行上键入 f 即可，这时文件的内容会显示在原先显示 Dired 缓冲区的窗口上。使用此方法访问文件，就如同以 ctrl-x ctrl-f 访问文件一样。

o(dired-find-file-other-window)

此方法也是用来访问文件的，但与键入 f 有些不同。键入 o 后，所访问的文件会出现在另一个窗口上,而光标也会移至所访问的窗口,显示 Dired 缓冲区的窗口并未消失在屏幕上。

ctrl-o(dired-display-file)

此方法与键入 o 相似,二者不同之处在于键入 ctrl-o 后所访问的文件会出现在另一个窗口上,但光标不会移至所访问文件的窗口,依然留在显示 Dired 缓冲区的窗口上。

v(dired-view-file)

以只读方式在当前窗口查看文件的内容。

将 Dired 的文件做上标记的命令如下:

m(dired-mark)

将目前光标所在的文件做上标记 *。如果在 m 前面加上数值 n,则从当前光标开始的 n 个文件加上标记。

*(dired-mark-exectables)

将所有的可执行文件做上标记* 。

@(dired-mark-symlinks)

将所有的符号连接的文件做上标记* 。

/(dired-mark-directories)

将所有为目录的文件名,但除了 . 与 .. 之外,均做上标记* 。

%m regexp RET(dired-mark-files-regexp)

可使用正则表达式将具有某一类型的文件做上标记。

### 4. 操作 Dired 缓冲区的文件指令

C newfile RET(dired-do-copy)

对当前光标处的文件执行复制。

R newfile RET(dired-do-rename)

更换文件名。

H newfile RET(dired-do-hardlink)

将文件标上硬连接(hard links)的标记。

S new RET(dired-do-symlink)

将文件标上软连接(symbolic links)的标记。

M midespec RET(dired-do-chmod)

更改特定文件的模式(mode,permission bits)。此功能使用 Linux 内带的 chmod 程序,所以可以使用数字来表示属性。

G newgroup RET(dired-do-chgrp)

改变特定文件的组(group)为新的组( newgroup)。

O newowner RET(dired-do-chown)

改变特定文件的拥有者(owner)为新的拥有者(newowner)。

P command RET(dired-do-print)

打印特定的文件。

Z(dired-do-compress)

压缩或反压缩特定的文件,如果文件已被压缩则将其反压缩,反之则将文件压缩。

L(dired-do-load)

载入特定的 EMACS Lisp 文件。

B(dired-do-byte-compile)

编译(byte compile)特定的 EMACS Lisp 文件。

!

在文件上执行 shell 命令,比如可以执行 diff 命令比较两个文件的不同。这一点对于开发编程特别有用,可以比较现在的程序与其前一个版本的不同之处。

s

将文件按文件名或时间进行排序,在两种排序之间相互切换。

+

创建一个目录。

如果在命令前加上数值 n,则此时命令作用的范围是从目前光标所在的文件起往后算 n 个文件(包括光标所在的文件)。如果 n 为负数,则往光标所在处之前算 n 个文件(包括光标所在的文件)。如果命令前没有数据,则对当前文件操作。

## 5.2.4 编辑远程机器上的文件

emacs 除了提供一般编辑器所具有的功能之外,还提供了编辑远程主机上的文件。emacs 编辑远程 host 文件时使用 ftp 协议,将欲编辑的文件先下载到本地主机上,编辑完毕再把文件 ftp 传回远程的主机。这一过程都是自动完成的,比使用手工先下载再编辑然后手工上传要方便很多。操作过程:

键入 ctrl-x ctrl-f 后,再输入远程主机上的文件名。

Find file:/username@host:filename

其中,host 是指远程 host 的名称, filename 是指存放在远程 host 上的文件。

## 5.2.5 光标操作

### 1. 光标移动

文字的键入及显示是编辑过程不可缺少的,除此之外,移动光标到适当的位置,也是提高编辑效率不可缺的。emacs 有多种方式来移动光标。

1) 左右移动一或数个字符(character)

ctrl-f(forward-char)　　　　光标往前(右)移动一个字符。

ctrl-u n ctrl-f (ctrl-u n meta-x forward-char) 光标往前(右)移动 n 个字符。

ctrl-b(backward-char) 光标往回(左)移动一个字符。

ctrl-u n ctrl-b(ctrl-u n meta-x backward-char) 光标往回(左)移动 n 个字符。

2) 光标左右移动一或数个字(word)

meta-f(forward-word) 光标往前(右)移动一个字。

ctrl-u n meta-f(ctrl-u n meta-x forward-word) 光标往前(右)移动 n 个字。

meta-b(backward-word) 光标往回(左)移动一个字。

ctrl-u n meta-b(ctrl-u n meta-x backward-word) 光标往回(左)移动 n 个字。

3) 光标移至一行的最前端或最尾端

ctrl-a(beginning-of-line) 光标移至一列的最前端。

ctrl-e(end-of-line) 光标移至一列的最尾端。

4) 光标上下移动一行或数行(line)



ctrl-n(next-line) 光标向下移动一行。下移一行的光标所在的水平位置,与移动前的水平位置相同。

ctrl-u n ctrl-n(ctrl-u n meta-x next-line) 光标向下移动 n 行。

ctrl-p(previous-line) 光标向上移动一行。上移一行的光标所在的水平位置,与移动前的水平位置相同。

ctrl-u n ctrl-p(ctrl-u n meta-x previous-line) 光标向上移动 n 列。

5) 页间的移动

ctrl-x [ (backward-page) 将光标移至上一页分页指标(^L)之后且紧邻 ^L。

ctrl-x ] (forward-page) 将光标移至下一页分页指标(^L)之后且紧邻 ^L。

ctrl-x ctrl-p (mark-page) 选择当前页。

6) 光标移动到指定的位置

以下命令都是以缓冲区的第 1 行第 1 列为起点来计算的。

meta-x goto-char 回车 在回车后面输入数字,光标将移动到相应的位置。注意,是以缓冲区第 1 个字符开始计算的。

meta-x goto-line RET 在回车后面输入行号。

ctrl-l(recenter) 刷新屏幕显示。

7) 上下滚动缓冲区

ctrl-v(scroll-up)

向上滚屏,查看后面的内容,且将目前屏幕的最后两行作为卷动后屏幕的前两行。光标出现在屏幕的第 1 行。

ctrl-u n ctrl-v

屏幕向上卷动 n 行。若指定卷动的行数 n,如果不超过光标在此屏幕上所在的行数,则卷动后的光标仍会留在原处不动；否则，光标移至屏幕的第 1 行。

meta-v(scroll-down)

向下滚屏，查看前面的内容，且将目前屏幕的前两行作为卷动后屏幕的后两行，光标出现在屏幕的最后一行。

ctrl-u n ctrl-v

屏幕向下卷动 n 行。若向下卷动的行数 n 不超过光标在此屏幕所在位置以下的行数，卷动后的光标仍会留在原处不动，否则光标移至屏幕的最后一行。

| | |
|---|---|
| meta ＜(beginning-of-buffer) | 光标移到文件开头处。 |
| meta ＞(end-of-buffer) | 光标移到文件结尾处。 |
| ctrl-meta-v(scroll-other-window) | 向下滚动光标所在位置下一个窗口(另一个窗口)的屏幕。 |

8) 左右滚动屏幕

| | |
|---|---|
| ctrl-x ＜(scroll-left) | 屏幕向左滚动。 |
| ctrl-x ＞(scroll-right) | 屏幕向右滚动。 |

9) 上下移动光标

| | |
|---|---|
| ctrl-p 或↑(previous-line) | 光标向上移动一行。 |
| ctrl-u n ctrl-p | 光标向上移动 n 行。 |
| ctrl-n 或↓(next-line) | 光标向下移动一行。 |
| ctrl-u n ctrl-n | 光标向下移动 n 行。 |

10) 与光标有关的信息

meta-x what-page

光标所在的页数与行数。若缓冲区没有以分页(^L)符号分页，则光标所在的页数永远为第 1 页。

ctrl-x l(count-lines-page)

得到当前页的总行数以及光标所在位置之前与之后的行数。

meta-x what-line　　光标所在的行数。

ctrl-x ＝

在 minibuffer 显示当前光标所在字符的内码，分别以八进制、十进制与十六进制显示。同时，显示当前光标的列数与在整个文件中的相对位置。

| | |
|---|---|
| meta-＝ | 得到所选择文本的信息。 |
| meta-x line-number-mode | 设置或取消在状态栏显示行号与列号。 |
| meta-x hexl-mode | 以十六进制方式显示。 |
| meta-x text-mode | 以字符方式显示。 |

### 2. 寄存器与书签

emacs的寄存器(register)用于暂时存储文件的光标位置,一旦离开所使用的emacs,所有存于register中的资料也会消失。如果想永久存储文件或光标位置,则必须使用书签(Bookmarks)。在命令上寄存器只能使用一个英文字母,而书签可以使用多个字符甚至包括中文。

1) 寄存器操作

ctrl-x r空格　英文字母

ctrl-x /英文字母(point-to-register)

将光标目前所在的位置,存于由英文字母命名的寄存器中。

ctrl-x j英文字母(jump-to-register)

将光标移动到由英文字母所指定的寄存器所存储的位置。

例如:

ctrl-x r空格 a

将当前光标位置存于寄存器a中。

ctrl-x j a

将光标移动到刚才寄存器a所存储的位置。

2) 书签操作

ctrl-x r m bookmark(bookmark-set)

将光标所在的位置存入书签中,这时echo area会出现Set bookmark (visited-filename):的信息。此时,若不输入任何字符,则只键入RET,系统会以所访问的文件名作为bookmark的名称。若输入其他的字串,则bookmark就以此字串命名。

ctrl-x r b bookmark RET(command bookmark-jump)

载入文件并将光标移动到书签存储的位置。键入命令后,echo area出现Jump to bookmark (bookmark-name):,输入想要的bookmark名称;如果文件没有打开,则先打开文件,然后再将光标移动到书签所存储的位置。

| | |
|---|---|
| C-x r l (bookmark-bmenu-list) | 书签列表。 |
| M-x bookmark-delete | 删除书签,这时可以直接输入书签名或者按TAB键在书签列表中选择。 |
| M-x bookmark-rename | 书签改名。 |

## 5.2.6 基本编辑功能

### 1. 文本输入

载入文件与储存文件的命令如下:

ctrl-x ctrl-f(find-file)　　　打开文件进行编辑,可以对目录进行访问操作。

Insert 键　　插入与覆盖状态的切换。
ctrl-x i　　插入文件。
ctrl-x ctrl-s(save-buffer)　　保存文件,不退出 emacs。
ctrl-x ctrl-w(write-file)　　另存文件。
ctrl-x s(save-some-buffers)　　保存所有被修改过的文件
ctrl-x ctrl-c(save-buffers-kill-emacs)　　保存所有被修改的文件,并退出 emacs。

emacs 还允许使用者输入一些从键盘上无法输入的字,如一些控制码和八进制超过 200 的字符。输入这些特殊的文字时,只要在这些字的前方加上 ctrl-q 即可。例如,要输入分页码(form-feed、ASCII ctrl-L、octal code 014),则输入 ctrl-q ctrl-l 即可。此时屏幕会出现^L 的符号。

当输入文件的长度超过 emacs 窗口宽度所能显示的范围时,如果输入回车,则从新一行开始显示;如果不输入回车而继续输入,则 emacs 自动在窗口的最后加上\,并将其余的文字移至下一列。如果不键入 RET,也不使 emacs 自动产生折行,则超过屏幕宽度的部分暂时隐藏起来;emacs 处理这种情形,是在窗口的最后加上一个 $。$表示其后的内容在窗口上暂时看不到,但仍存在缓冲区内。emacs 的基本预设是自动折行加入 \。如果不使用自动折行而要使多余的文字隐藏起来,必须设定 truncate-lines 变量的值为正值。

### 2. 删除操作

emacs 中的删除有两种形式,一种是文件的 killing。在 emacs 中所谓的 killing 是指将文件从目前的缓冲区移到一个称为 kill-ring 的变量中,killing 的内容在缓冲区中是消失了,但却储存在 kill-ring 这个变量中。emacs 可以有许多缓冲区,但却只有一个 kill-ring 的储存变量。另一种是模式的删除,在 emacs 中称为 deletion。使用这种方式删除的内容只能通过 ctrl-x u(undo)找回来。除了可以使用通常的 Backspace、DEL 键删除之后,emacs 还支持以下指令:

1) 属于 deletion 的指令集

ctrl-d(delete-char)　　删除光标所在位置的字符。
BACKSPACE(delete-backward-char)　　删除光标之前的字符。
meta-\(delete-horizontal-space)

这是快速删除 spaces 和 tabs 的方法,输入文本时,常会不自觉地输入无意的空格(space)和 tab;当上下行合并为一行时,也常会出现 space 或 tab。meta-\可删除光标前后所有的 space 和 tab。

meta-SPC(just-one-space)

删除光标前后的 space 和 tab 时,若希望留下一个 space 或 tab 作为彼此的分隔,就使用 meta-SPC。

2) 属于 killing 的指令

meta-d(kill-word)　　往前删除光标所在位置的字。

meta-DEL(backward-kill-word)　　往回删除光标所在位置的字。

ctrl-k(kill-line)　　删除当前行从当前光标开始以后的内容。

ctrl-x ctrl-o(delete-blank-lines)　　删除当前光标前后的空行,只保留一行作为分隔。

ctrl-w (Kill-region)　　删除所定义的块。

查询 kill-ring 的内容

键入 ctrl-h v 后,echo area 处出现 Describe variable;输入变量名 kill-ring,则 emacs 另外一个窗口来显示此变量的值。

ctrl-x u(undo)

取消前面的操作。此命令可以连续恢复最近使用过的指令,但是 undo 只能 undo 对缓冲区内容造成改变的指令,对于只是改变光标动作的指令是无法以 undo 来恢复的。如果所有修改过内容的指令都以 undo 恢复原状后,再一次使用 undo 的指令,echo area 会出现:no further undo information。



### 3. 块操作

emacs 的块分为行块与列块(或叫矩形块),它们的定义方法相同,但是操作命令与操作效果不一样。行块如果包含多行,则中间的行必须整行被定义成块;而矩形块则中间的行不必一定要定义成块,它所定义的块是以块定义开始字符为左上角(或右下角),以块定义结束字符为右下角(或左上角),所操作块的内容是一个矩形区域。

1) 行块操作

块操作能对大量文字进行操作,大幅度地提高编辑效率。操作之前必须对块做标记,使用以下命令:ctrl-@ (set-mark-command),然后移动光标,而光标所经过的内容都被设置成块。块设置成功之后,就可以使用以下命令对块作操作了。

ctrl-w(kill-region)　　删除块。

ctrl-x r s(copy-to-register)　　将块的内容复制到寄存器中。

ctrl-x ctrl-p(mark-page)　　定义当前页面为块。

ctrl-x ctrl-l(downcase-region)　　将块的内容转换为小写字母。

ctrl-x ctrl-u(upcase-region)　　将块的内容转换为大写字母。

2) 矩形块操作

虽然与行块的定义一样,也使用 ctrl-@命令,但对它操作则使用不同的命令,而且被删除的矩形块不能由 ctrl-y 粘贴过来。

ctrl-x r d (delete-rectangle)　　彻底删除矩形块。

ctrl-x r k (kill-rectangle)　　将矩形块删除并存入缓冲区。

ctrl-x r y (yank-rectangle)　　将 ctrl-x r k 删除的矩形块调入到当前光标处。

ctrl-x r c (clear-rectangle)　　将矩形块用空格代替。

ctrl-x r t (string-rectangle)　　将矩形块用新的字符串代替,宽度为新字符串的长度。

## 5.2.7 查找与替换

emacs 在 minibuffer 输入查找与替换字符，默认采取的搜寻方法是，每键入一个字符就展开搜寻，emacs 称此种方式的搜寻为 Incremental Search。如果字符全由小写的英文字母组成，则在搜索时不区分大小写；如果输入的字符串中包含大写字母，则搜索时区分大小写；如果需要在搜索时输入的小写字母也区分大小写，则需要设置 case-fold-search 为 nil。

**(1) 基本搜索命令**

ctrl-s(isearch-forward)　　在 minibuffer 输入字符串回车后，向前(右)搜寻。

ctrl-r(isearch-backward)　　在 minibuffer 输入字符串回车后，往回(左)搜寻。

如果需要多次搜索可以重复执行命令 ctrl-s 或 ctrl-r。当找到所需要的字符串时，可以直接从键盘进行编辑。如果在搜索过程中打算取消进一步的搜索，则使用 ctrl-g (keyboard-quit)取消，光标回到原来的位置。

在搜索过程中 emacs 使用 search-ring 变量取出曾经搜索过的字符串，此变量的使用与 kill-ring 变量类似。使用 ctrl-h v 可以看到 search-ring 中的内容。在使用搜索命令时，使用 ESC-p 可以依次向前调入曾经使用过的搜索内容，使用 ESC-n 可以依次向后调入曾经使用过的搜索内容。

在执行了搜索命令之后还可以使用以下方法快速有效地得到要搜索的字符串：

ctrl-y　　从当行光标到行尾的所有内容都出现在 minibuffer 中作为搜索内容。

ctrl-w　　将当前光标所在的字复制成为搜索内容。

ESC-y(yank-pop)　　将 kill-ring 中的内容作为搜索内容。

传统的编辑器在所有字符串都输入完成之后才执行搜索操作，emacs 称它为 nonincremental search。切换到 nonincremental search 方式比较简单，当 ctrl-s 或 ctrl-r 启动 incremental search 后，echo area 出现“I-search:”或“I-search backward:”后，只要键入回车就启动了 nonincremental search。

**(2) 替换操作命令**

meta-x replace-string RET string RET newstring RET　　无条件替换。

meta-x query-replace RET string RET newstring RET　　查询替换。

替换时有以下选项可供选择：

Space 或 y

决定以新的字串取代原来的字串，同时光标会移至下一个合适的字串处。

Delete 或 n

放弃字串的取代，使光标移至下一个合适的字串。

.

若已找到合适的字串，想终止所有进一步的替换时，则键入 . 可使目前光标处的字串以新的字串取代,并且在替换后立即离开 query replace 的状态。

! 直接进行无条件替换。

RET 或 q 退出替换操作。

### 5.2.8 多窗口操作

emacs 窗口的大小是允许重新调整的,除了大小是可以调整的,一个窗口也可以再分成两个窗口。分割的方法有水平或垂直的分割。窗口的操作,除了分割窗口之外,也可以使光标在不同的窗口间移动。

ctrl-x 2(split-window-vertically)

将一个窗口分成上下两个窗口,这时两个窗口的缓冲区内容是一样的,可以通过 ctrl-x ctrl-f 命令调入另一个文件进行编辑。

ctrl-x ^(enlarge-window)



将目前光标所在的窗口拉长一行。

ctrl-u n ctrl-x ^(enlarge-window nn)

与 ctrl-x ^指令相似,不同之处在于,此指令可以将目前光标所在的窗口拉长 n 行。

ctrl-x 3(split-window-horizontally)

将窗口分成左右两个,此时的两个窗口依然拥有相同的缓冲区,可以通过 ctrl-x ctrl-f 命令调入另一个文件进行编辑。

ctrl-x }(enlarge-window-horizontally)

将目前光标所在的窗口拉宽一列。

ctrl-u n ctrl-x }(enlarge-window-horizontally nn)

与 ctrl-x}指令相似,此指令可以将目前光标所在的窗口拉宽 n 列。

ctrl-x o(other-window)

将光标转移到另一个窗口。注意,此 o 是英文字的 o,而非数字的 0。

ctrl-x 0(delete-window)

将目前光标所在的窗口关闭。注意,此 0 是阿拉伯数字的 0。

ctrl-x 1(delete-other-window)

将当前窗口最大化,其余的窗口隐藏。

### 5.2.9 emacs 编程语言支持功能

#### 1. 编辑、编译与调试功能

emacs 对于不同的编程语言提供不同的编辑模式,有程序内缩、括号对应的提示、程序注解、光标移动的方式与程序的删除等。

emacs 能自动根据所编辑的文件名后缀来选择适合的语言模式,如后缀为 .c 的 C 语言程序，emacs会自动给予C语言模式，emacs提供的程序语言模式有LISP、SCHEME、C、C++、FORTRAN、MAKEFILE、AWK、PERL、ICON与MUDDLE等。编辑好的程序可以直接在emacs中进行编译，不需离开emacs到shell下进行编译的动作，只要键入meta-x compile即可。emacs预设的编译指令是make，若要使用其他的编译器，只需在"compile command:"的后面给予适当的编译指令即可；此指令与在Linux shell下使用编译的方法完全相同。设置global-font-lock-mode的值为t，则支持语法彩色显示。

emacs提供了很多功能可以使用户快速地完成对代码的输入和程序的调试，如使用Esc-/可以自动匹配前面出现过的单词，而在编程时函数与变量名往往重复出现。这一特性有助于快速输入函数和变量名。

执行了meta-x compile命令后，emacs进入Compilation模式，可以使用以下命令来定义错误：

ctrl-x `(next-error)　将光标移动到下一个错误信息处，同时显示对应的出错源码。

Esc-n　移动到下一个出错信息。

Esc-p　移动到上一个出错信息。

ctrl-c ctrl-c　移动到当前出错信息所对应的源码处。

emacs还提供了4种debugger，分别为gdb、dbx、xdb与sdb，使用者可根据需要来选择合适的debugger。

调用格式如下：

meta-x gdb RET file RET

meta-x dbx RET file RET

meta-x xdb RET file RET

meta-x sdb RET file RET

### 2. etags源码浏览功能

与vi一样，emacs也支持对程序源码的浏览，可以快速地在变量、函数以及类之间进行跳跃，但是emacs支持的是etags标记，应首先在源程序所在的目录使用以下命令生成etags标记文件，下面的例子以C语言为准。

find ./-name "*.[chCH]" -print | etags -

上述命令可以在当前目录及其子目录下查找所有的.h和.c的文件，并把它们的摘要提取出来做成TAGS文件，之后便可以在emacs中使用相关的命令对源程序进行浏览，功能比一般的源程序阅读器更强，常用的相关命令如下如示：

meta-.　查找一个tag，比如函数定义、变量定义等。

ctrl-u meta-.　查找下一个tag的位置。

meta-*　回到上一次运行meta-. 前的光标位置。

meta-TAB　对搜索的tag执行completion。

meta-x tags-search　在所有的文件中搜索所指定的标记。

C-M-. 使用正则表达式查找 tag。
meta-x visit-tags-table 调入 TAGS 文件。
meta- 执行一次的 tags 搜索。
meta-x tags-apropos 显示所有匹配的 tags 内容。
ctrl-x 5 .(find-tag-other-frame) 在其他 frame 中显示所指定的 tag 内容。
ctrl-x 4 .(find-tag-other-window) 在其他 window 中显示所指定的 tag 内容。
meta-.(find-tag) 跳到所指定的 tag。
meta-x select-tags-table 当载入多个 tag 表时,使用此命令选择其中一个。
meta-x tags-reset-tags-tables 删除当前所使用的 tags 表。
meta-x select-tags-table-mode 选择一个 TAGS 表作为主 TAGS。

etags 支持多种语言格式,见表 5-2。

表 5-2 etags 支持的语言格式

| 语 言 | 能识别的 tags |
|---|---|
| C/C++ | 函数、typedef、struct、union、enum、#define、#undef、全局变量 |
| Perl | Package、sub、my、local、our |
| Java | 所有 C++的 tag、interface、extends、implements |
| LaTeX | \chapter、\section、\subsection、\subsubsection、\eqno、\label、ref、\cite、\bibitem、\part、\appendix、\entry、\index、\def、\newcommand、\renewcommand、\newenvironment、\renewenvironment |
| Lisp | defun、defvar、defconst 等 def |
| Scheme | def 和顶层的 set |
| Html | title、h1、h2、h3、name=、id= |

emacs 在任何时候都只能操作一个 tags 表,即变量 tags-file-name 对应的文件,所有相关的命令都是在这个选项中的 tags 表中进行查找。可以用 visit-tags-table 命令设置 tags-file-name,注意在设置新的 tags 时,不要保留当前的 tags。

### 3. xcscope 源码浏览功能

要在 emacs 实现此功能需要事先安装 xcscope 软件。与 etags 不同,在 emacs 使用 xcscope 并不需要手动生成 tags 数据库(以下简称数据库),第 1 次使用 xcscope 提供的命令时,如果没有找到数据库则自动生成数据库。xcscope 使用 xcscope. out 或 xcscope. files 作为找到数据库的标志。xcscope 会从当前目录开始向上逐层查找这两个文件,直到找到其中一个文件或到根目录为止。没有找到数据库时就会生成数据库。如果设置了 xcscope-initial-directory,那么就在这个目录中新建数据库,否则在当前目录中创建。可以用 Ctrl-c s a 修改 cscope-initial-directory,推荐修改这个变量。

xcscope把所有按键设定为Ctrl-c s +字母，为简洁起见，下面的内容将Ctrl简写成大写字母C。比较常用的有关查找的功能键见表5-3。与浏览显示有关的按键见表5-4。用于管理数据库的按键见表5-5。

**表5-3 常用的有关查找的功能键**

| 按 键 | 功 能 | 命 令 |
|---|---|---|
| C-c s s | 查找某个符号 | cscope-find-this-symbol |
| C-c s d | 查找全局定义 | cscope-find-global-definition |
| C-c s g | 同d,查找全局定义 | cscope-find-global-definition |
| C-c s G | 查找全局定义,不提示输入 | cscope-find-global-definition-no-prompting |
| C-c s c | 查找调用这个函数的函数 | cscope-find-functions-calling-this-function |
| C-c s C | 查看这个函数调用的函数 | cscope-find-called-functions |
| C-c s t | 查找字符串 | cscope-find-this-text-string |
| C-c s e | 查找正则表达式 | cscope-find-egrep-pattern |
| C-c s f | 打开匹配的文件 | cscope-find-this-file |
| C-c s i | 查找头文件被使用的地方 | cscope-find-files-including-file |

**表5-4 与浏览显示有关的按键**

| 按 键 | 功 能 | 命 令 |
|---|---|---|
| C-c s b | 显示 *cscope* 缓冲区 | cscope-display-buffer |
| C-c s B | 切换在查找命令后是否自动显示 *cscope* 缓冲区 | cscope-display-buffer-toggle |
| C-c s n | 跳到下一个查找到的位置 | cscope-next-symbol |
| C-c s p | 跳到前一个查找到的位置 | cscope-prev-symbol |
| C-c s N | 跳到下一个查找到的文件 | cscope-next-file |
| C-c s P | 跳到前一个查找到的文件 | cscope-prev-file |
| C-c s u | 回到前一个跳转的位置 | cscope-pop-mark |

**表5-5 用于管理数据库的按键**

| 按 键 | 功 能 | 命 令 |
|---|---|---|
| C-c s a | 设置 initial directory | cscope-set-initial-directory |

续表 5-5

| 按 键 | 功 能 | 命 令 |
| --- | --- | --- |
| C-c s A | 清除 initial directory | cscope-unset-initial-directory |
| C-c s L | 创建文件列表 cscope. files | cscope-create-list-of-files-to-index |
| C-c s I | 创建文件列表和索引 | cscope-index-files |
| C-c s E | 编辑文件列表 | cscope-edit-list-of-files-to-index |
| C-c s W | 显示数据库目录 | cscope-tell-user-about-directory |
| C-c s S | 同 W | cscope-tell-user-about-directory |
| C-c s T | 同 W | cscope-tell-user-about-directory |
| C-c s D | 跳到数据库目录 | cscope-dired-directory |

### 4. ebrowse源码浏览功能

ebrowse是emacs自带的一个浏览C++代码的工具。和etags一样,使用前需要用ebrowse程序产生BROWSE文件,然后才能在emacs中用相应的命令进行浏览或查找。一般在命令行输入以下类似命令:

ebrowse *.cpp *.h

这时会生成文件名为BROWSE的文件,在emacs中打开此文件后直接进入Tree Buffer。在这个缓冲区里显示定义的各种class,并用缩进方式显示类的继承树。Tree Buffer中常用的按键见表5-6。member functions buffer常用功能键见表5-7。

表 5-6 Tree Buffer 常用的按键

| 按 键 | 功 能 | 命 令 |
| --- | --- | --- |
| RET | 跳到类定义的文件中 | ebrowse-find-class-declaration |
| SPC | 跳到类定义的文件中,并进入 view-mode | ebrowse-view-class-declaration |
| / | 读入类名,并跳到类所在位置 | ebrowse-read-class-name-and-go |
| n | 重复前一次的查找 | ebrowse-repeat-member-search |
| - | 折叠节点 | ebrowse-collapse-branch |
| + | 展开节点 | ebrowse-expand-branch |
| * | 展开所有节点 | ebrowse-expand-all |
| T f | 切换显示文件名 | ebrowse-toggle-file-name-display |
| T s | 只对当前行显示文件名 | ebrowse-show-file-name-at-point |
| T w | 设置缩进 | ebrowse-set-tree-indentation |
| C-k | 删除在当前行上的类 | ebrowse-remove-class-at-point |
| x | 显示统计信息 | ebrowse-statistics |

表 5-7 member functions buffer 常用功能键

| 按 键 | 功 能 | 命 令 |
|---|---|---|
| RET | 跳到成员定义的位置 | ebrowse-find-member-definition |
| f | 跳到成员声明的位置 | ebrowse-find-member-declaration |
| SPC | 以 view-mode 跳到定义 | ebrowse-view-member-definition |
| v | 以 view-mode 跳到声明 | ebrowse-view-member-declaration |
| C c | 选择其他类 | ebrowse-switch-member-buffer-to-any-class |
| C b | 回到父类 | ebrowse-switch-member-buffer-to-base-class |
| C d | 到子类 | ebrowse-switch-member-buffer-to-derived-class |
| C n | 下一个兄弟类(sibling) | ebrowse-switch-member-buffer-to-next-sibling-class |
| C p | 前一个兄弟类(sibling) | ebrowse-switch-member-buffer-to-previous-sibling-class |
| D a | 切换是否显示成员属性 | ebrowse-toggle-member-attributes-display |
| D b | 切换显示继承的类及成员 | ebrowse-toggle-base-class-display |
| D l | 切换是否显示完整信息 | ebrowse-toggle-long-short-display |
| D r | 切换是否显示全名 | ebrowse-toggle-regexp-display |
| D w | 设置名字宽度 | ebrowse-set-member-buffer-column-width |
| G v | 跳到输入的成员处 | ebrowse-goto-visible-member |
| G m | 类似 G v,但是补全使用全部的 member | ebrowse-goto-visible-member/all-member-lists |
| G n | 重复前一次查找 | ebrowse-repeat-member-search |
| TAB | 跳到 Tree Buffer | ebrowse-pop-from-member-to-tree-buffer |
| t | 类似 TAB,但是光标跳到当前浏览的类 | ebrowse-show-displayed-class-in-tree |

在用 D a 开启显示成员属性后,在每个成员之前尖括号内显示了下列成员属性见表 5-8。根据成员的属性,在 Member Buffer 中提供一些过滤器,见表 5-9。用于查找类成员的命令设定按键为以 L 开头,见表 5-10。在源文件中的 ebrowse 按键如表 5-11。

表 5-8 成员属性

| 缩 写 | 含 义 | 缩 写 | 含 义 |
|---|---|---|---|
| T | template | 0 | pure virtual |
| C | extern "C"声明 | m | declared mutable |
| v | virtual | e | declared explicit |
| i | inline | t | with throw list |
| c | const | | |

表5-9 过滤器

| 按 键 | 功 能 | 按 键 | 功 能 |
|---|---|---|---|
| F a u | 切换显示 public 成员 | F i | 切换显示 inline 成员 |
| F a o | 切换显示 protected 成员 | F c | 切换显示 const 成员 |
| F a i | 切换显示 private 成员 | F p | 切换显示 pure virtual 成员 |
| F v | 切换显示 virtual 成员 | F r | 移除所有过滤器 |

表5-10 用于查找类成员的命令列表

| 按 键 | 类成员 |
|---|---|
| L v | 实例变量(Instance member variables) |
| L V | 实例成员函数(Instance member functions) |
| L f | 静态变量(Static member variables) |
| L F | 静态成员函数(Static member functions) |
| L d | 友元函数(friend functions) |
| L t | 类型(类作用域内定义的 enum 和 typedef) |

表5-11 源文件中的 ebrowse 按键

| 按 键 | 功 能 | 命 令 |
|---|---|---|
| C-c b f | 跳到 member 的定义 | ebrowse-tags-find-definition |
| C-c b F | 跳到 member 的声明 | ebrowse-tags-find-declaration |
| C-c b v | 以 view-mode 跳到 member 的定义 | ebrowse-tags-view-definition |
| C-c b V | 以 view-mode 跳到 member 的声明 | ebrowse-tags-view-declaration |
| C-c b 4 f | 在另一个窗口中,跳到 member 的定义 | ebrowse-tags-find-definition-other-window |
| C-c b 4 F | 在另一个窗口中,跳到 member 的声明 | ebrowse-tags-view-definition-other-window |
| C-c b 4 v | 在另一个窗口中,以 view-mode 跳到 member 的定义 | ebrowse-tags-find-declaration-other-window |
| C-c b 4 V | 在另一个窗口中,以 view-mode 跳到 member 的声明 | ebrowse-tags-view-declaration-other-window |
| C-c b 5 f | 在另一个 frame 中,跳到 member 的定义 | ebrowse-tags-find-definition-other-frame |
| C-c b 5 F | 在另一个 frame 中,跳到 member 的声明 | ebrowse-tags-view-definition-other-frame |
| C-c b 5 v | 在另一个 frame 中,以 view-mode 跳到 member 的定义 | ebrowse-tags-find-declaration-other-frame |
| C-c b 5 V | 在另一个 frame 中,以 view-mode 跳到 member 的声明 | ebrowse-tags-view-declaration-other-frame |

续表 5-11

| 按 键 | 功 能 | 命 令 |
|---|---|---|
| C-c b - | 在位置堆栈中返回前一个位置 | ebrowse-back-in-position-stack |
| C-c b + | 在位置堆栈中向后一个位置 | ebrowse-forward-in-position-stack |
| C-c b p | 列出所有位置进行选择，用空格确定 | ebrowse-electric-position-menu |
| C-c b s | 查找正则表达式 | ebrowse-tags-search |
| C-c b u | 查找 member 名字 | ebrowse-tags-search-member-use |
| C-c b % | 查找并替换 | ebrowse-tags-query-replace |
| C-c b , | 重复上面 3 个命令 | ebrowse-tags-loop-continue |
| C-c b n | 重复 tag 操作 | ebrowse-tags-next-file |
| C-c b l | 列出某个文件中所有的 member | ebrowse-tags-list-members-in-file |
| C-c b a | 模糊查找 | ebrowse-tags-apropos |
| C-c b TAB | 补全 | ebrowse-tags-complete-symbol |
| C-c b m | 列出某个类的 member | ebrowse-tags-display-member-buffer |



### 5. 与 C 语言相关的快速光标移动

meta-a(c-beginning-of-statement)　移动到语句开始的位置。
meta-e (c-end-of-statement)　移动到语句末尾的位置。
ctrl-meta-a (beginning-of-defun)　移动到函数开始处。
ctrl-meta -e (end-of-defun)　移动到函数结束处。
ctrl-meta -h(c-mark-function)　将整个函数定义成块。
ctrl-c ctrl-q(c-indent-defun)　将整个函数或所定义的块缩进。
ctrl-c ctrl-u(c-up-conditional)　将光标移动到预处理开始处。
ctrl-c ctrl-p(c-backward-conditional)　将光标移动到上一个预处理处。
ctrl-c ctrl-n(c-forward-conditional)　将光标移动到下一个预处理处。
ctrl-meta-n(forward-list)　将光标移动到左括号处。
ctrl-meta-p(backward-list)　将光标移动到右括号处。
meta-;　加入注释符号。
ctrl-c . (c-set-style)　设置缩进格式。
ctrl-c ctrl-a(c-toggle-auto-state)　当一行输入完成时自动增加新行。

| | |
|---|---|
| ctrl-c ctrl-d (c-toggle-hungry-state) | 自动将前面所有的空格删除。 |
| ctrl-c ctrl-t (c-toggle-auto-hungry-state) | 同时具有增加新行与删除前面所有空格的功能。 |
| ctrl-c ctrl-e (c-macro-expand) | 扩展宏的内容。 |
| 变量 c-macro-preprocessor | 将/lib/cpp -C 改变成其他值,此变量定义的函数完成扩展宏的功能。 |
| meta-x c-indent-line-or-region | 将所选择的区域将 C 语言的要求缩进。 |
| meta-x c-mode | 设置为 C 语言模式。 |
| meta-x which-func-mode | 设置在状态行显示光标所在位置所属的函数名。 |
| meta-x check-parens | 检查不匹配的括号。 |

### 5.2.10 emacs 设置



emacs 的工作环境与工作状态可以通过设置环境变量由用户自行调节,环境变量既可以在进入 emacs 程序后由命令行进行设置,但相关的设置在退出 emacs 时自动消失,重新进入后须重新设置;也可以使用位于用户目录下的 emcas 的配置文件.emacs,这样 emacs 启动之后能自动根据配置文件的内容对 emacs 的工作环境进行设置。所有在命令行中完成的设置命令都可以在配置文件中完成,emacs 的环境变量非常多,这里只介绍一些常用的环境变量。

如果所设置的值是一个布尔值,则 emacs 有一个遵循的规则。以任何 non-nil(非空)的值来代表肯定,习惯上以 t"来表示肯定,而以 nil 来代表否定。在设定新的变量值之前,若想知道目前变量的值,emacs 可以以 ctrl-h v(describe-variable)来查阅变量的值。下面举例说明设定二进制变量 make-backup-files 的方法。

① 键入 ctrl-h v,echo area 处会出现“Describe variable:”。

② 输入 make-backup-files 变量名。

③ 屏幕上另开一个窗口,显示如下的内容:

```
make-backup-files's value is t
Documentation:
* Non-nil means make a backup of a file the first time it is saved.
This can be done by renaming the file or by copying.
```

其默认值为 t,表示保存文件时为当前文件创建一个备份文件。

④ 然后再执行 meta-x set-variable,则 echo area 处出现“Describe variable:”。

⑤ 输入变量名 make-backup-files。

⑥ echo area 处会出现“Set  make-backup-files to value:”。

⑦ 输入 nil,再以 ctrl-h v 来查阅所设定的 make-backup-files 变量,则变量的值变为 nil。

数字型与字符串型变量的设置过程完全一样。

在 emacs 执行过程中所设定的变量值,一旦离开此 emacs,则所有的设定就恢复成原来的预设值。要想永久保留此设定,必需将所设定的变量值储存在文件名为 .emacs 的文件中,此文件是 emacs 的启动文件,进入 emacs 时会先执行此文件内的指令。例如,在.emacs 文件中有以下语句:

```
(setq auto-save-visited-file-name t)
(setq auto-save-interval 350)
```

设定变量 auto-save-visited-file-name 与 auto-save-interval 的值。

与备份与版本控制相关的变量见表5-12,搜索与替换相关的变量见表5-13,与显示相关的变量见表5-14。

**表5-12 备份与版本控制相关的变量**

| 变 量 | 默认值 | 描 述 |
|---|---|---|
| make-backup-files | t | 如果设置为 t,则在保存文件时为当前文件创建一个备份文件 |
| version-control | nil | 如果设为t,则创建以数字编号的备份文件;如果设为 nil,则只在已经使用数字编号时才使用;如果设为' never(注意前面有个单引号),则不使用数字编号的备份文件 |
| kept-new-versions | 2 | 当新的备份文件生成时,设置的数字为需要保留的最近版本号数字 |
| kept-old-versions | 2 | 当新的备份文件生成时,设置的数字为需要保留的最旧的版本号数字 |
| delete-old-versions | nil | 如果设置为 t,则不需用户确认就删除超过上面变量所设置的备份文件;如果设为 nil,则在删除时需要用户确认,如果设为其他值,则不删除已经过期的备份文件 |
| auto-save-default | t | 如果设为 t,则自动保存每一个被访问的文件 |
| auto-save-visited-file-name | nil | 如果设为 t,则自动保存的文件即为被访问的文件本身,不使用一个特别的文件名来作自动保存 |
| auto-save-interval | 300 | 自动保存间隔时间,单位为秒。如果设为0,则不自动保存 |
| vc-display-status | t | 如果设置为 t,则在状态行显示版本号与锁定的状态 |
| vc-suppress-confirm | nil | 在版本控制操作之前需要用户确认 |
| vc-initial-comment | nil | 如果设为 t,则在向版本控制注册一个文件时提示输入初始的说明 |
| vc-make-backup-files | nil | 如果设为 t,则使用标准的 emacs 备份文件作为版本控制的文件 |

**表5-13 搜索与替换相关的变量**

| 变 量 | 默认值 | 描 述 |
|---|---|---|
| case-fold-search | t | 如果设为 t,则在搜索时字母的大小写不敏感 |
| search-highlight | t | 如果设为 t,则高亮度显示匹配的内容 |

**表5-14 与显示相关的变量**

| 变 量 | 默认值 | 描 述 |
|---|---|---|
| next-screen-context-lines | 2 | 向前后翻屏时所保留的行数 |

续表 5-14

| 变 量 | 默认值 | 描 述 |
|---|---|---|
| scroll-step | 0 | 当垂直移动光标超出窗口的范围时,设置向前或向后滚动的行数;如果设为0,则将光标所在的行放在窗口中间位置 |
| hscroll-step | 0 | 当水平移动光标超过窗口的范围时,设置水平移动的列数,如果等于0,则将当前光标所在的列移动到窗口的中间 |
| tab-width | 8 | 设置跳格键的跳动宽度 |
| left-margin | 0 | 在文本模式下设置Ctrl-j的缩进宽度 |
| standard-indent | 4 | 设置标准缩进宽度 |
| truncate-lines | nil | 如果设为t,则取消自动折行功能;当字符行超过窗口的范围时,需要通过移动光标才能看到 |
| window-min-height | 4 | 设置窗口最小的高度 |
| window-min-width | 10 | 设置窗口最小的宽度 |
| display-time-day-and-date | nil | 如果设为t,则M-x display-time命令也显示日期 |
| line-number-mode | t | 如果设为t,则在状态行显示行数 |
| line-number-display-limit | nil | 缓冲区显示行数的最大值,nil表示没有限制 |
| column-number-mode | nil | 如果设为t,则在状态行显示列号 |
| track-eol | nil | 设为t,则在上下移动光标时,如果光标在行尾,则光标始终在行尾移动;如果设为nil,则在上下移动光标时保持它上一个位置所在列 |
| blink-matching-paren | t | 如果设为t,当输入一对封闭的括号时,则以闪烁的方式醒目显示匹配的括号 |
| blink-matching-paren-distance | 25600 | 当输入一对匹配的括号时,设置括号中包含的字符数不超过所设置的值,才能以闪烁方式醒目显示匹配括号 |
| blink-matching-delay | 1 | 闪烁显示匹配括号的延时 |
| echo-keystrokes | 1 | 在用户在mini-buffer输入命令时停多长时间则自动显示未完成的命令,0表示不自动显示未完成的命令 |
| insert-default-directory | t | 如果设为t,则在mini-buffer输入文件名时自动插入当前目录 |

## 5.2.11 版本控制

### 1. 基本概念

在写大型程序或文档时,修改是不可避免的,但是作者有时往往发现对所作的修改不满意,想要回到原来的状态,或者当多个合作者开发一个大型程序或写一个大型文档时需要对每个人的修改作记录以便明确每个人的责任,这时最好的方法就是使用版本控制来完成。emacs 提供了版本控制功能,它能回到修改过程中的任何阶段,并能比较两个不同版本之间的不同。

emacs 支持多种版本控制,如 RCS、CVS,其默认支持 RCS,通常不同的版本控制系统都具有不同的子目录用于存放记录修改过程的相关文件。在 emacs 中的版本控制命令叫作 vc 命令,即 version control 命令。

为了让版本控制记录你的修改,必须将文件向版本控制注册,这样每一个注册的文件都具有一个完整的修改记录。对于一个多人修改的文件,版本控制还具有锁定功能,文件的拥有者能够将文件锁定而不让其他人修改。

版本控制的4个基本操作:

| | |
|---|---|
| registration | 注册,将文件各版本控制软件注册,以便对修改进行记录。 |
| check in | 将文件所作的修改向版本控制软件进行登记,这时文件变成只读方式。 |
| check out | 将已经登记好的文件退出只读方式,以便进一步进行编辑。 |
| revert | 退回到原来的版本,如果对所作的修改不满意,可以使用此命令退回到所登记的任何版本。 |

版本控制的操作比较简单,被注册文件按不同的条件进行状态变换,这里只需要理解以下规则:

① 如果文件没有向版本控制注册,则下一个版本控制状态就进行注册操作,同时文件进入只读状态。

② 如果文件已经注册了,则下一个操作就是执行 check out 操作,退出只读状态以便进行编辑。

③ 如果一个已经注册的文件被修改,则下一个操作将执行 check in 操作,向版本控制进行登记,同时文件进入只读状态,这时 emacs 会显示一个窗口让你输入一个有关版本修改的说明,完成后输入命令 ctrl-c ctrl-c 退出。对于版本修改的说明能使用命令进行单独操作,可以使用 meta-p 向前显示说明,或 meta-n 向后显示说明,还能使用 meta-r 向前搜索说明内容,或 meta-s 向后搜索说明内容。

因此,VC 定义了一个基本的命令 Ctrl-x v v (vc-next-action),根据上面的规则来完成下一个状态的操作,只需要理解这一点,则绝大部分的版本控制操作都能完成了。

退回原来版本的命令是:ctrl-x v u(vc-revert-buffer)。

### 2. 常用的版本控制命令

常用的版本控制命令见表5-15。

表5-15 常用的版本控制命令

| 命 令 | 命令全称 | 操 作 |
| --- | --- | --- |
| Ctrl-x v v | vc-next-action | 将文件切换到下一个版本控制状态 |
| Ctrl-x v d | vc-directory | 显示在版本控制目录下的所有注册文件 |
| Ctrl-x v = | vc-diff | 生成一个不同版本文件的差别报告 |
| Ctrl-x v u | vc-revert-buffer | 取消所作的修改，将文件恢复到上一个版本 |
| Ctrl-x v ～ | vc-version-other-window | 在另一个窗口打开指定版本号的文件 |
| Ctrl-x v l | vc-print-log | 显示文件的修改说明以及修改的历史记录 |
| Ctrl-x v I | vc-register | 向版本控制软件注册正在编辑的文件 |
| Ctrl-x v h | vc-insert-headers | 插入版本控制头，包含当前版号、由谁修改的、何时 check in(保存)的，这样便可以在非 emacs 的编辑器中看到版本号 |
| Ctrl-x v r | vc-retrieve-snapshot | 检验一个命名项目快照 |
| Ctrl-x v s | vc-create-snapshot | 创造一个命名项目快照，快照能将一个项目的一系列版本号作为一个整体来处理；emacs 会生成一个符号名，此符号名便与当前文件及其以下的一系列版本号相联系，并能够被 vc 命令处理 |
| Ctrl-x v c | vc-cancel-version | 丢弃已经保存的修改 |
| Ctrl-x v a | vc-update-change-log | 更新 GNU 修改日志文件，使 emacs 能够使用一些自由软件基金会 FSF 使用的 ChangLog 来记录系统的改变 |

## 3. 版本控制基本操作

一个文件是否已经向版本控制软件进行注册可以从 emacs 的状态栏上看出来，如图 5-3 所示，分别表示了没有注册、已经注册但没有修改和已经注册已经修改的 3 个不同的状态。

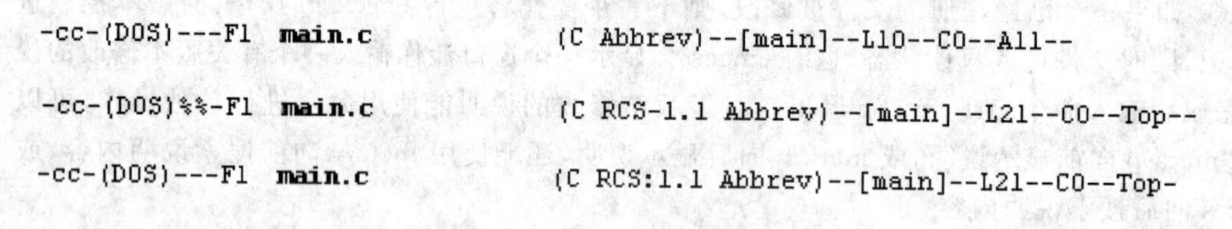


图5-3 3种状态信息

1) 多文件的版本控制

通常，一个大型的程序或文档是由多个文件构成的，如果这些文件都向版本控制进行了注册，它们的修改记录将存放在一个子目录中，版本控制如果能同时对这些文件进行操作则将带来很大的便利。emacs 提供了实现这一功能的命令 ctrl-x v d (vc-directory)，它将所有已经注册的文件列在一个目录窗口中，可以使用 emacs 的目录操作命令同时对这些文件进行操作，如可以同时对选定的文件执行 ctrl-x v v(vc-next-action)和 Ctrl-x v u(vc-revert-buffer)等操作,而且对所有选定的文件只需要输入一次修改说明即可。

2）不同版本之间的差别报告

命令"Ctrl-x v = (vc-diff)"可以生成当前工作文件与最近一个版本之间的差别报告,使用命令"Ctrl-u Ctrl-x v ="将提示用户输入两个不同的版本号,版本控制将比较用户所指定文件名的两个版本文件之间的不同。如果不输入源版本号而使用直接回车,则以当前工作文件作为源文件;或者不输入被比较的版本号而直接回车,则以最近一个注册的版本作为被比较文件。如果输入的是一个目录,则可以比较此目录下所有注册文件不同版本之间的不同,生成的报告可以作为一个补丁文件使用 patch 命令对旧的文件打补丁,这为多人合作开发程序带来很大的便利,可以不必将所有的文件都发给各作者而只需要将补丁文件发给对方即可。

### 5.2.12 随机帮助的使用

emacs 提供了丰富的在线帮助功能,让使用者可以随时查阅需要的信息,且都是以 ctrl-h 开头的。当键入 ctrl-h (help-command)时,屏幕的最下端会出现"C-h(Type ? for further options)",这时键入的 ctrl-h 只是用作前置字(prefix key),用来等候使用者输入其他的指令。若输入"?",则屏幕的下方出现所有可使用的选择,使用者可根据需要来选择合适的选项。这时如果连续键入两次 ctrl-h ctrl-h (help-for-help),则屏幕下方出现"type one of the options listed or Space to scroll";同时 emacs 会另外开启一个窗口,将所有与求助相关的选项都列出来并做简要的说明,键入空格键进行翻页。新窗口列举的命令共有 21 个选项,只要在 ctrl-h 之后输入任一个选择就可以了。例如,要选择"a",则执行 ctrl-h a 即可。常用的帮助命令说明如下:

ctrl-h c　简述与 Hotkey 关联的命令。

ctrl-h k　详述与 Hotkey 关联的命令。

ctrl-h w　以命令的第 1 个词为根据,查询命令所关联的 HotKey。

ctrl-h a　以命令的任意一个词为根据,查询命令所关联的 Hotkey。

ctrl-h v　查看 emacs 环境变量的值。

查询 ctrl-x ctrl-c 热键的含义。

键入 ctrl-h c RET,则屏幕下方出现"Describe key briefly:";键入命令 ctrl-x ctrl-c,则出现此命令的简略说明"C-x C-c runs the command save-buffers-kill-emacs"。如果使用"ctrl-h k RET"来查询此命令,则出现较为详细的说明:

```
C-x C-c runs the command save-buffers-kill-emacs
   which is an interactive compiled Lisp function in 'files'.
(save-buffers-kill-emacs &optional ARG)
```

```
Offer to save each buffer, then kill this emacs process.
With prefix arg, silently save all file-visiting buffers, then kill.
```

其中,“save-buffers-kill-emacs”是 Hotkey 所关联的 meta 命令的全名。

### 5.2.13 emacs 的其他功能

1) 日历功能(The Calendar and the Diary)

emacs 的 Calendar 与一般的月历功能相似,还可以适时提醒使用者该注意的事情。

meta-x calendar　　进入日历功能。

meta-x diary　　进入日记功能。

2) 查看 man 帮助信息

meta-x manual-entry RET unix-command-name RET 在 emacs 的 buffer 中显示所键入的 Linux 命令的 man 帮助信息。

meta-x man　　查询 man 帮助。

meta-x pwd　　查询当前目录。

emacs 的使用与命令很多,绝大部分人都无法使用其全部的功能,这里也只介绍其基本功能以及与编辑密切相关的内容,其他内容有兴趣的读者可以参考有关书籍,或直接阅读 emacs 的内嵌帮助信息。

# 第 6 章

# ATmega48/88/168 硬件结构与功能

## 6.1 ATmega48/88/168 概述

### 6.1.1 产品特性

➢ 高性能、低功耗的 8 位 AVR® 单片机
➢ 先进的 RISC 结构
-131 条指令，其中，大多数指令的执行时间为单个时钟周期
-32×8 通用工作寄存器
-全静态操作
-工作于 16 MHz 时性能高达 16 MIPS
-只需两个时钟周期的硬件乘法器
➢ 非易失性的程序和数据存储器
-4/8/16 KB 的系统内可编程 Flash (ATmega48/88/168)，擦写寿命：10 000 次
-具有独立锁定位的可选 Boot 代码区，通过片上 Boot 程序实现系统内编程，真正的同时读/写操作
-256/512/512 B 的 EEPROM (ATmega48/88/168)，擦写寿命：100 000 次
-512 B/1 KB/1 KB 的片内 SRAM (ATmega48/88/168)
-可以对锁定位进行编程以实现用户程序的加密
-支持 debugwire 调试功能
➢ 外设特点
-两个具有独立预分频器和比较器功能的 8 位定时器/计数器
-一个具有预分频器、比较功能和捕捉功能的 16 位定时器/计数器
-具有独立振荡器的实时计数器 RTC
-6 通道 PWM
-8 路 10 位 ADC(TQFP 与 MLF 封装)
-6 路 10 位 ADC(PDIP 封装)

-可编程的串行 USART 接口
-可工作于主机/从机模式的 SPI 串行接口
-面向字节的两线串行接口
-具有独立片内振荡器的可编程看门狗定时器
-片内模拟比较器
-引脚电平变化可引发中断及唤醒 MCU

➢ 特殊的微控制器特点
-上电复位以及可编程的掉电检测
-经过标定的片内 RC 振荡器
-片内/外中断源
-5 种休眠模式：空闲模式、ADC 噪声抑制模式、省电模式、掉电模式和 Standby 模式

➢ I/O 口与封装
-23 个可编程的 I/O 口线
-32 引脚 TQFP 封装与 32 引脚 MLF 封装

➢ 工作电压：
-ATmega48 V/88 V/168 V：1.8～5.5 V
-ATmega48/88/168：2.7～5.5 V

➢ 工作温度范围：
-－40～85 ℃

➢ 工作速度等级：
-ATmega48 V/88 V/168 V：0～2 MHz @ 1.8～5.5 V，0～8 MHz @ 2.4～5.5 V
-ATmega48/88/168：0～8 MHz @ 2.7～5.5 V，0～16 MHz @ 4.5～5.5 V

➢ 极低功耗
-正常模式：
1 MHz，1.8 V：300 μA
32 kHz，1.8 V：20 μA（包括振荡器）
-掉电模式：
1.8 V，0.5 μA



ATmega48/88/168 除了在 flash、sram 与 eeprom 容量上有区别之外，其他都是兼容的，因此本章对此系列 CPU 结构与功能的讲述未加特别说明均指 ATmega48。

### 6.1.2　引脚配置

ATmega48 有 PDIP（如图 6－1 所示）、QTFP（如图 6－2 所示）和 MLF（如图 6－3 所示）3 种封装形式。引脚说明如表 6－1 所列。

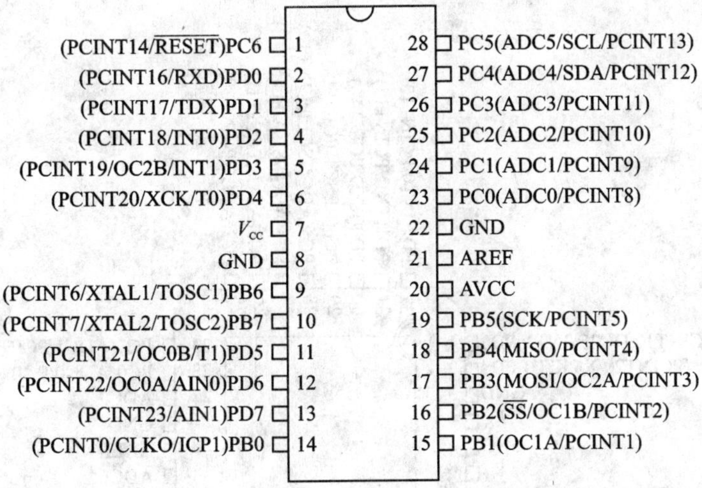

(PCINT14/RESET)PC6 1
(PCINT16/RXD)PD0 2
(PCINT17/TDX)PD1 3
(PCINT18/INT0)PD2 4
(PCINT19/OC2B/INT1)PD3 5
(PCINT20/XCK/T0)PD4 6
$V_{cc}$ 7
GND 8
(PCINT6/XTAL1/TOSC1)PB6 9
(PCINT7/XTAL2/TOSC2)PB7 10
(PCINT21/OC0B/T1)PD5 11
(PCINT22/OC0A/AIN0)PD6 12
(PCINT23/AIN1)PD7 13
(PCINT0/CLKO/ICP1)PB0 14
28 PC5(ADC5/SCL/PCINT13)
27 PC4(ADC4/SDA/PCINT12)
26 PC3(ADC3/PCINT11)
25 PC2(ADC2/PCINT10)
24 PC1(ADC1/PCINT9)
23 PC0(ADC0/PCINT8)
22 GND
21 AREF
20 AVCC
19 PB5(SCK/PCINT5)
18 PB4(MISO/PCINT4)
17 PB3(MOSI/OC2A/PCINT3)
16 PB2(SS/OC1B/PCINT2)
15 PB1(OC1A/PCINT1)

**图 6-1 ATmega48 PDIP 封装图**



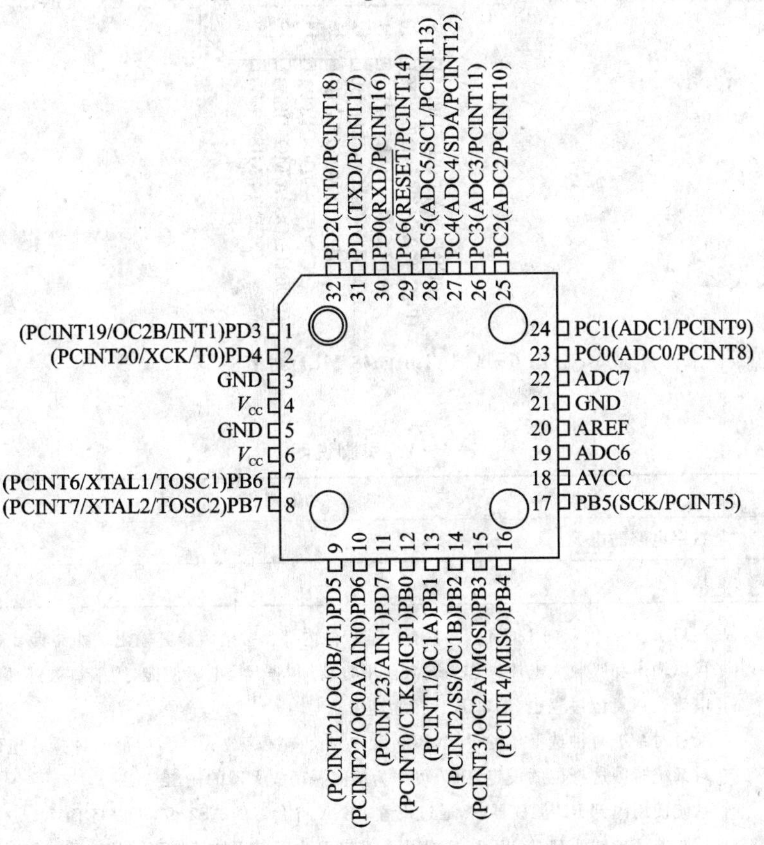


**图 6-2 ATmega48 QTFP 封装图**

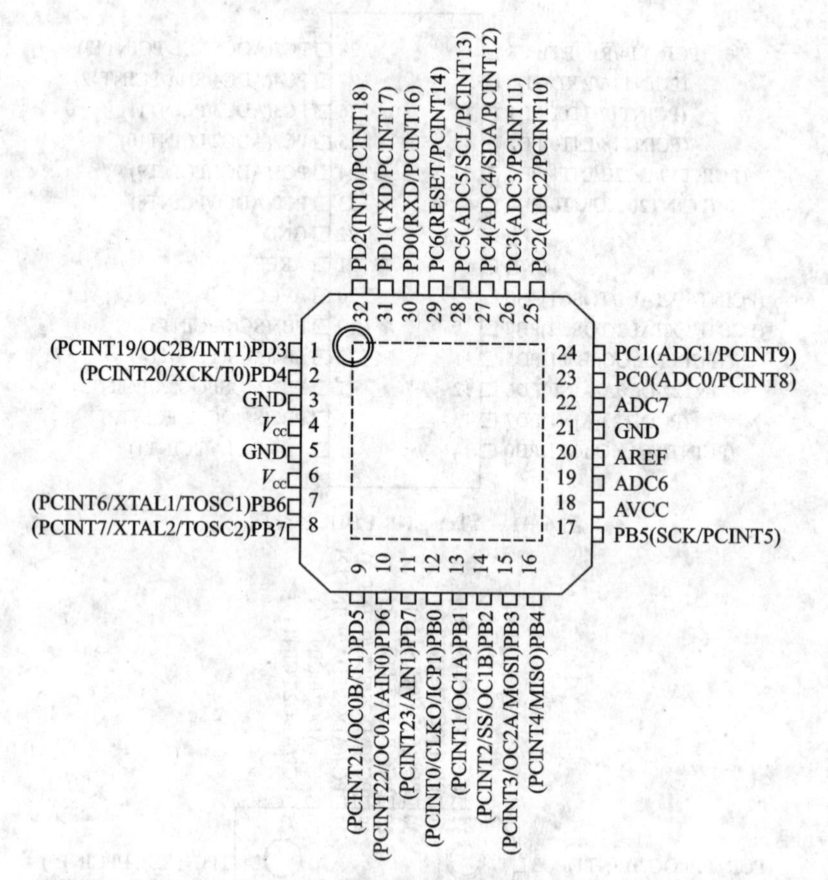


图 6-3　ATmega48 MLF 封装图

表 6-1　引脚说明

| 引　脚 | 功能描述 |
|---|---|
| $V_{CC}$ | 数字电路的电源 |
| GND | 地 |
| 端口 B (PB7..0)<br>XTAL1/XTAL2/<br>TOSC1/TOSC2 | 端口 B 为 8 位双向 I/O 口,并具有可编程的内部上拉电阻。其输出缓冲器具有对称的驱动特性,可以输出和吸收大电流。作为输入使用时,若内部上拉电阻使能,则端口被外部电路拉低时输出电流。在复位过程中,端口 B 保持为高阻态<br>通过对系统时钟选择位的设定,PB6 可作为反向振荡放大器与内部时钟操作电路的输入。通过对系统时钟选择位的设定,PB7 可作为反向振荡放大器的输出<br>系统使用内部 RC 振荡器时,通过设置 ASSR 寄存器的 AS2 位,可以将 PB7..6 作为异步定时器/计数器 2 的输入口 TOSC2..1 使用。端口 B 也可以用作其他不同的特殊功能 |

续表 6-1

| 引 脚 | 功能描述 |
| --- | --- |
| 端口 C (PC5..0) | 端口 C 为 7 位双向 I/O 口,并具有可编程的内部上拉电阻,其输出缓冲器具有对称的驱动特性,可以输出和吸收大电流。作为输入使用时,若内部上拉电阻使能,则端口被外部电路拉低时将输出电流。在复位过程中,端口 C 保持为高阻态 |
| PC6/RESET | 熔丝位 RSTDISBL 被编程时,可将 PC6 作为一个 I/O 口使用。因此,PC6 引脚与端口 C 其他引脚的电特性是有区别的<br>RSTDISBL 位未编程时,PC6 作为复位输入引脚 Reset。此时,即使系统时钟没有运行,该引脚上出现的持续时间超过最小脉冲宽度的低电平将产生复位信号。持续时间不到最小脉冲宽度的低电平不会产生复位信号。端口 C 也可以用作其他不同的特殊功能 |
| 端口 D (PD7..0) | 端口 D 为 8 位双向 I/O 口,并具有可编程的内部上拉电阻,其输出缓冲器具有对称的驱动特性,可以输出和吸收大电流。作为输入使用时,若内部上拉电阻使能,则端口被外部电路拉低时将输出电流。在复位过程中,端口 D 呈现为高阻态。端口 D 也可以用作其他不同的特殊功能 |
| AVCC | AVCC 为 A/D 转换器的电源。当引脚 PC3..0 与 PC7..6 用于 ADC 时,AVCC 应通过一个低通滤波器与 $V_{CC}$ 连接 |
| AREF | AREF 为 ADC 的模拟基准输入引脚 |
| ADC7..6 (TQFP 与 MLF 封装) | QTFP 与 MLF 封装芯片的 ADC7..6 引脚为两个 10 位 A/D 转换器的输入口,它们的电压由 AVCC 提供 |



### 6.1.3 结构框图

ATmega48/88/168 是基于 AVR 增强型 RISC 结构的低功耗 8 位 CMOS 微控制器。由于其先进的指令集以及单时钟周期指令执行时间,ATmega48/88/168 的数据吞吐率高达 1 MIPS/MHz,从而可以缓减系统在功耗和处理速度之间的矛盾,其结构框图如图 6-4 所示。

为了得到最大程度的性能以及并行性,AVR 采用了哈佛(Harvard)结构,具有独立的数据和程序总线。程序存储器的指令通过一级流水线运行,CPU 在执行一条指令的同时读取下一条指令。这个概念实现了指令的单时钟周期运行。程序存储器为可以在线编程的 Flash。快速访问寄存器包括 32 个 8 位通用工作寄存器,访问时间为一个时钟周期,从而可以实现单时钟周期的 ALU 操作。在典型的 ALU 操作过程中,两个位于寄存器的操作数同时被访问,然后执行相应的运算,结果再送回寄存器。整个过程仅需要一个时钟周期。

寄存器中有 6 个寄存器可以用作 3 个 16 位的间接寻址寄存器指针以寻址数据空间,实现高效的地址运算。其中一个指针还可以作为程序存储器查询表的地址指针。这些附加的功能寄存器即为 16 位的 X、Y、Z 寄存器。ALU 支持寄存器之间以及寄存器和常数之间的算术和逻辑运算。ALU 也可以执行单寄存器操作。运算完成之后状态寄存器的内容将更新以反映

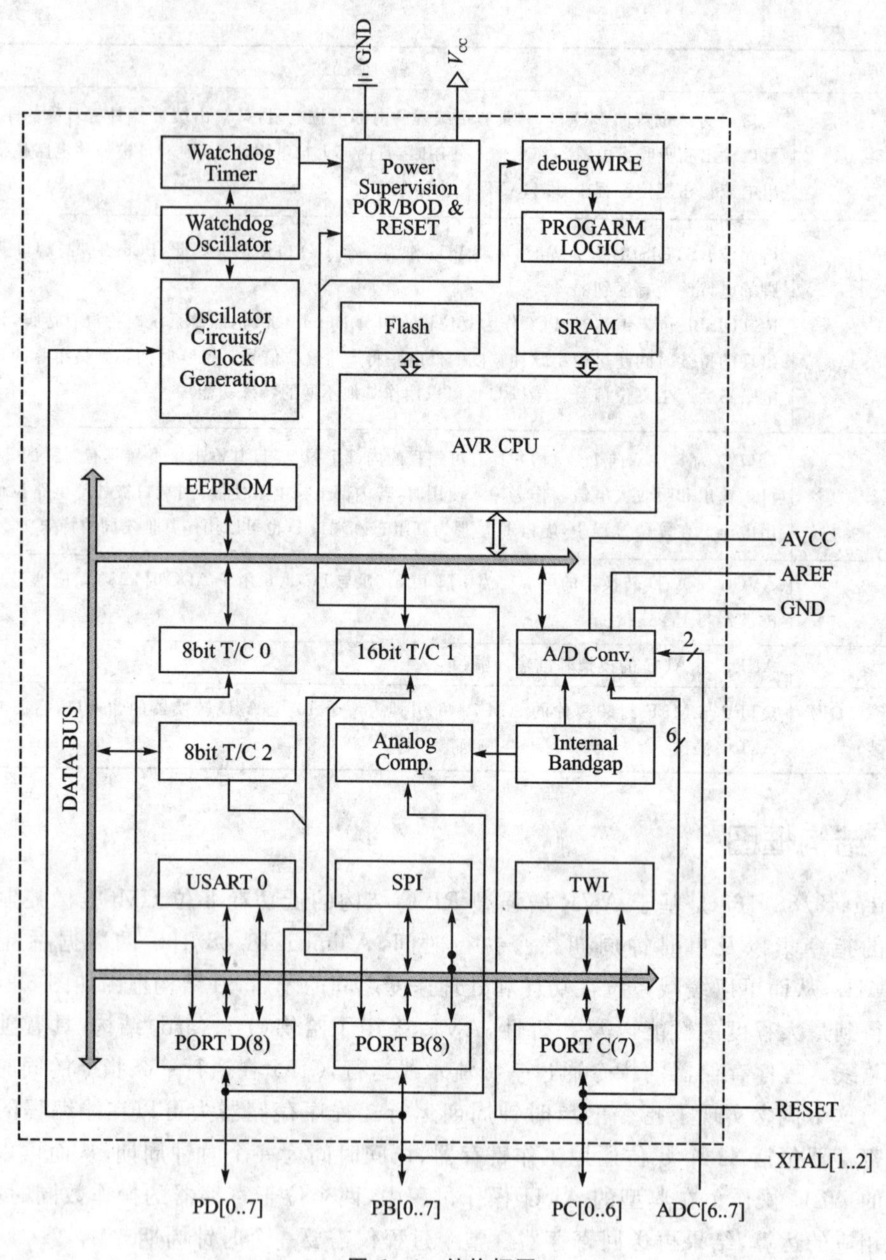


图 6-4 结构框图

操作结果。

程序存储器空间分为两个区：引导程序区和应用程序区，这两个区都有专门的锁定位以实现读和读/写保护。

在中断和调用子程序时返回地址程序计数器(PC)保存于堆栈之中。堆栈位于通用数据SRAM,故此嵌套深度仅受限于SRAM的大小。在复位例程里用户首先要初始化堆栈指针SP。数据SRAM可以通过5种不同的寻址模式进行访问。AVR具有一个灵活的中断模块,每个中断在中断向量表里都有独立的中断向量。各个中断的优先级与其在中断向量表的位置有关,中断向量地址越低,优先级越高。

AVR存储器为线性的平面结构。I/O存储器空间包含64个可以直接寻址的地址,作为CPU外设的控制寄存器。

### 6.1.4 工作状态与MCU控制寄存器

1) 工作状态寄存器(SREG)

| I | T | H | S | V | N | Z | C |
|---|---|---|---|---|---|---|---|



- 位7-I:全局中断使能,可以通过SEI和CLI指令来置位和清零。
- 位6-T:位复制,配合指令BLD和BST利用T作为目的或源地址。BST把寄存器的某一位复制到T,而BLD把T复制到寄存器的某一位。
- 位5-H:半进位标志,表示算术操作发生了半进位。此标志对于BCD运算非常有用。
- 位4-S:符号位,$S = N \oplus V$。
- 位3-V:2的补码溢出标志。
- 位2-N:负数标志,表明算术或逻辑操作结果为负。
- 位1-Z:零标志,表明算术或逻辑操作结果为零。
- 位0-C:进位标志,表明算术或逻辑操作发生了进位。

2) 通用控制寄存器(MCUCR)

| JTD | — | — | PUD | — | — | IVSEL | IVCE |
|---|---|---|---|---|---|---|---|

- 位0-IVCE:中断向量修改使能,改变IVSEL时IVCE必须置位。在IVCE写入4个时钟周期或IVSEL写操作之后,IVCE被硬件清零。置位IVCE将禁止中断。该位在ATmega48中无效。
- Bit 1-IVSEL:中断向量选择。IVSEL为0时,中断向量位于Flash存储器的起始地址;IVSEL为1时,中断向量转移到Boot区的起始地址。实际的Boot区起始地址由熔丝位BOOTSZ确定。为了防止无意识地改变中断向量表,修改IVSEL时需要遵循如下过程:

  ① 置位中断向量修改使能位IVCE。

  ② 在紧接的4个时钟周期里将需要的数据写入IVSEL。
- 位4-PUD:禁用上拉电阻。

### 6.1.5 AVR CPU 通用工作寄存器

如图 6－5 所示，每个寄存器都有一个数据内存地址将它们直接映射到用户数据空间的头 32 个地址。虽然寄存器的物理实现不是 SRAM，但这种内存组织方式在访问寄存器方面具有极大的灵活性，因为，X、Y、Z 寄存器可以设置为指向任意寄存器的指针。

| 7　　　　0 | Addr. | |
|---|---|---|
| R0 | 0x00 | |
| R1 | 0x01 | |
| R2 | 0x02 | |
| ⋮ | | |
| R13 | 0x0D | |
| R14 | 0x0E | |
| R15 | 0x0F | |
| R16 | 0x10 | |
| R17 | 0x11 | |
| ⋮ | | |
| R26 | 0x1A | X寄存器,低字节 |
| R27 | 0x1B | X寄存器,高字节 |
| R28 | 0x1C | Y寄存器,低字节 |
| R29 | 0x1D | Y寄存器,高字节 |
| R30 | 0x1E | Z寄存器,低字节 |
| R31 | 0x1F | Z寄存器,高字节 |

**图 6－5　寄存器组**

堆栈指针共 16 位，由 I/O 空间中的两个 8 位寄存器实现，可以分别由 SPH 和 SPL 访问其高 8 位与低 8 位。AVR 的堆栈是向下生长的，即新数据推入堆栈时，堆栈指针的数值将减小。堆栈指针指向数据 SRAM 堆栈区，堆栈指针必须指向高于 0xFF 的地址空间。

## 6.2 存储结构

AVR 结构在逻辑空间上具有两个主要的存储器空间：数据存储器空间和程序存储器空间。而在物理结构上具有 3 个存储空间：SRAM、Flash、EEPROM，这 3 个存储器空间都为线性的平面结构。

### 6.2.1 ATmega48 的程序存储器映像

ATmega48/88/168 具有 4/8/16 KB 的在线编程 Flash，用于存放程序指令代码。因为所有的 AVR 指令为 16 位或 32 位，所以 Flash 组织成 2/4/8 KB×16。对于 ATmega 88 与 ATmega 168，用户程序根据安全性要求将 Flash 存储器分为两个区：引导(Boot)区和应用程序区。ATmega 48 中没有分为引导区和应用程序区，程序存储空间如图 6－6 所示。ATmega 88/168 的程序存储空间如图 6－7所示。Boot Flash 区域可以存放 BootLoad 代码，完成对 mcu 的自编程或 bootload 代码的自我更新,Boot Flash Section 的大小由熔丝位 BOOTSZ1、BOOTSZ2 决定。

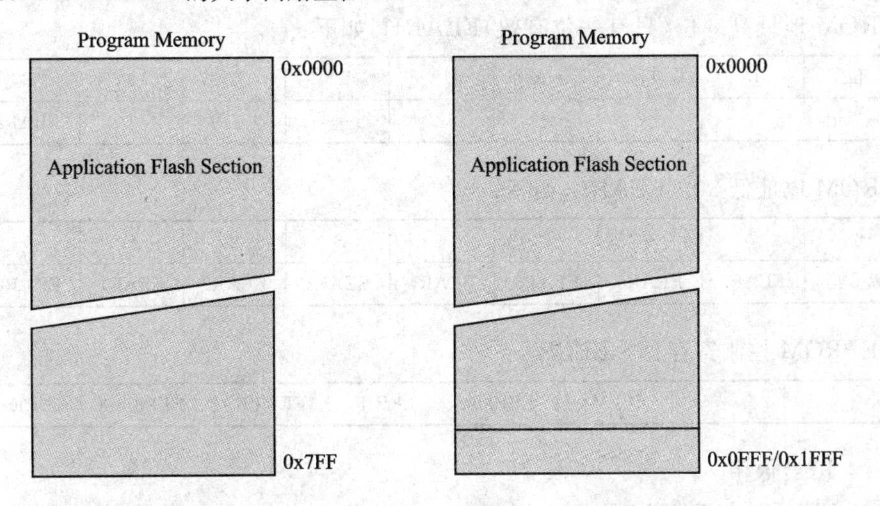


图6-6 ATmega48 程序存储空间　　图6-7 ATmega88/168 程序存储空间

## 6.2.2 SRAM 数据存储器

ATmega48/88/168 数据存储器包含对 I/O 端口的映射,其支持的外设要比预留的 64 个 I/O(通过 IN/OUT 指令访问)所能支持的多。对于扩展的 I/O 空间段 0x60～0xFF,只能使用 ST/STS/STD 和 LD/LDS/LDD 指令。

前 768/1 280/1 280 个数据存储器包括了寄存器、I/O 存储器、扩展的 I/O 存储器以及数据 SRAM。起始的 32 个地址为寄存器,然后是 64 个 I/O 存储器,接着是 160 个扩展 I/O 存储器,最后是 512/1 024/1 024 字节的数据 SRAM。

数据存储器的寻址方式分为 5 种:直接寻址、带偏移量的间接寻址、间接寻址、预减间接寻址和后加间接寻址。寄存器文件中的寄存器 R26～R31 为间接寻址的指针寄存器。数据存储映像如图 6-8 所示。

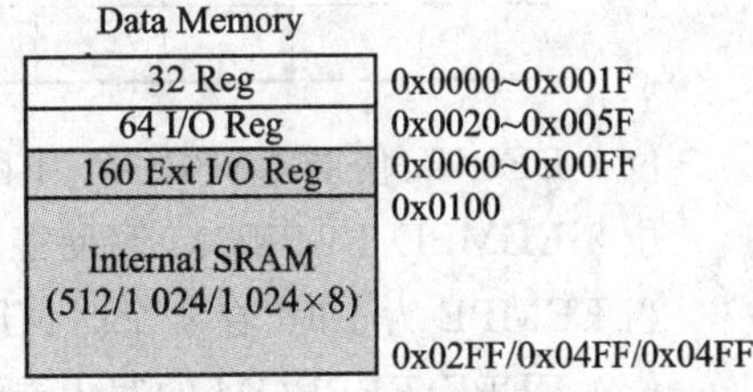


图6-8 数据存储映像

## 6.2.3 EEPROM 数据存储器

ATmega48/88/168 包含 256/512/512 字节的 EEPROM 数据存储器,它是作为一个独立的数据空间而存在的,它的访问由位于 I/O 空间的地址寄存器、数据寄存器和控制寄存器决定。为了防止无意识的 EEPROM 写操作,在写 EEPROM 时需要执行一个特定的写时序。当执行 EEPROM 读操作时,CPU 会停止工作 4 个周期,然后再执行后续指令;当执行 EEPROM 写操作时,CPU 会停止工作 2 个周期,然后再执行后续指令。

1) EEPROM 地址寄存器—EEARH 和 EEARL

EEPROM 地址高 8 位(只有一位有效)EEARH,如下:

| 位 | 15 | 14 | 13 | 12 | 11 | 10 | 9 | 8 |
|---|---|---|---|---|---|---|---|---|
| 标　记 | — | — | — | — | — | — | — | EEAR8 |

EEPROM 地址低 8 位 EEARL,如下:

| 位 | 7 | 6 | 5 | 4 | 3 | 2 | 1 | 0 |
|---|---|---|---|---|---|---|---|---|
| 标　记 | EEAR7 | EEAR6 | EEAR5 | EEAR4 | EEAR3 | EEAR2 | EEAR1 | EEAR0 |

2) EEPROM 控制寄存器—EECR

| — | — | EEPM1 | EEPM0 | EERIE | EEMPE | EEPE | EERE |
|---|---|---|---|---|---|---|---|



位 7..4-Res:保留

位 5,4-EEPM1 与 EEPM0

EEPROM 编程模式位,见表 6-2。

**表 6-2　编程模式**

| EEPM1 | EEPM0 | 编程时间 | 操　作 |
|---|---|---|---|
| 0 | 0 | 3.4 ms | 擦与写在一个操作内完成(基本操作) |
| 0 | 1 | 1.8 ms | 只擦操作 |
| 1 | 0 | 1.8 ms | 只读操作 |
| 1 | 1 | — | 保留 |

位 3-EERIE:使能 EEPROM 中断

位 2-EEMPE:EEPROM 写使能

当 EEMPE 为 1 时,在 4 个时钟周期内置位 EEPE 将把数据写入 EEPROM 的指定地址。

位 1-EEPE:EEPROM 的写入选通信号

当 EEPROM 数据和地址设置好之后,须置位 EEPE 以便将数据写入 EEPROM。此时 EEMPE 必须置位,否则 EEPROM 写操作将不会发生。写时序如下(第③和第④步的次序可更改):

① 等待 EEPE 为 0。

② 等待 SPMCSR 寄存器的 SPMEN 为 0,在 CPU 写 Flash 存储器的时候不能对 EEPROM 进行编程。在启动 EEPROM 写操作之前软件必须检查 Flash 写操作是否已经完成。允许 CPU 对 Flash 进行编程时进行这一步;如果 CPU 永远都不写 Flash,则可以忽略。

③ 将新的 EEPROM 地址写入 EEAR (可选)。

④ 将新的 EEPROM 数据写入 EEDR (可选)。

⑤ 对 EECR 寄存器的 EEMPE 写 1,同时清零 EEPE。

⑥ 在置位 EEMPE 之后的 4 个周期内置位 EEPE。

位 0-EERE:EEPROM 读使能

3) EEPROM 数据寄存器—EEDR

用于存放对 EEPROM 的读/写数据。

4) C 代码例程

```
void EEPROM_write(unsigned int uiAddress, unsigned char ucData)
{
/* 等待上一次写操作结束 * /
while(EECR & (1< < EEWE));
/* 设置地址和数据寄存器* /
EEAR = uiAddress;
EEDR = ucData;
/* 置位 EEMWE * /
EECR |= (1< < EEMWE);
/* 置位 EEWE 以启动写操作 E * /
EECR |= (1< < EEWE);
}
unsigned char EEPROM_read(unsigned int uiAddress)
{
/* 等待上一次写操作结束 * /
while(EECR & (1< < EEWE));
/* 设置地址寄存器* /
EEAR = uiAddress;
/* 设置 EERE 以启动读操作 * /
EECR |= (1< < EERE);
/* 自数据寄存器返回数据 * /
return EEDR;
}
```

5) 防止 EEPROM 数据丢失

如果电源电压波动或过低,CPU 和 EEPROM 有可能工作不正常而造成 EEPROM 数据的毁坏。这种情况在使用独立的 EEPROM 器件时也会遇到。为了避免启动时电压不稳而造成 CPU 对 EEPROM 操作导致数据被破坏的情况发生,应该烧写对应的熔丝位使其作掉电检测 BOD,以及设置合适的启动延时来保证数据可靠。

## 6.3 系统时钟以及选择

### 6.3.1 时钟分类

CPU 将系统时钟通过分频生成一系列专用时钟供各部件使用,明白这些时钟的概念对于正确理解 ATmeta48 的工作过程、实时时钟、系统的低功耗与控制都有帮助。有以下几种：

1）CPU 时钟—$clk_{CPU}$

CPU 时钟与操作 AVR 内核的子系统相连，如通用寄存器文件、状态寄存器及保存堆栈指针的数据存储器。终止 CPU 时钟将使内核停止工作。

2）I/O 时钟—$clk_{I/O}$

I/O 时钟用于主要的 I/O 模块，如定时器/计数器、SPI 和 USART。I/O 时钟还用于外部中断模块。但是有些外部中断通过异步逻辑检测，因此即使 I/O 时钟停止了这些中断仍然可以得到监控。

3）Flash 时钟—$clk_{Flash}$

Flash 时钟控制 Flash 接口的操作，通常与 CPU 时钟同时挂起或激活。

4）异步定时器时钟—$clk_{ASY}$

异步定时器时钟允许异步定时器/计数器直接由外部 32 kHz 时钟晶体驱动，使得此定时器/计数器即使在睡眠模式仍然可以为系统提供一个实时时钟。



5）ADC 时钟—$clk_{ADC}$

ADC 具有专门的时钟，这样可以在 ADC 工作的时候停止 CPU 和 I/O 时钟以降低数字电路产生的噪声，从而提高 ADC 转换精度。

## 6.3.2　时钟源

芯片内有几种通过熔丝位选择的时钟源，详见表 6-3。

**表 6-3　时钟源选择**

| 器件时钟选项 | 熔丝位 CKSEL3..0 |
|---|---|
| 低功耗晶振 | 1111～1000 |
| 满振幅晶振 | 0111～0110 |
| 低频晶振 | 0101～0100 |
| 内部 128 kHz RC 振荡器 | 0011 |
| 校准的内部 RC 振荡器 | 0010 |
| 外部时钟 | 0000 |
| 保留 | 0001 |

注：对于所有的熔丝位，"1" 表示未编程，"0" 代表已编程。

1）默认时钟源

芯片出厂时，内部 RC 振荡器频率标定为 8.0 MHz 并且熔丝位 CKDIV8 被编程，因此得到 1.0 MHz 的系统时钟。

2）外部晶振的接法

如图 6－9 所示。

3）低功率晶振

如果系统时钟相应的熔丝位被设为低功率晶振，则该振荡器是一个低功率振荡器。XTAL2 输出电压的摆幅比平常的要低，它提供了最低的功耗，但不能驱动其他的时钟输入，在噪声环境中也更易受影响。电容 C1、C2 的值总是相等的，具体电容值的选择取决于使用的是石英晶体还是陶瓷振荡器，石英晶体取值在 12～22 pF 之间，而使用陶瓷振荡器时，电容值应采用生产商给出的值。

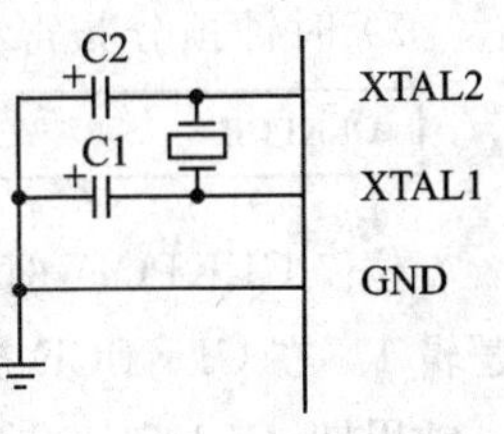


图 6－9　外部晶振的接法

4）满振幅晶振

该振荡器为满振幅振荡器，XTAL2 引脚的输出为满幅振荡信号，可用来驱动其他的时钟输入端，且在噪声环境中工作抗干扰能力较强；电容 C1、C2 的取值同低功率晶振。



5）低频晶振

可以使用外部 32.768 kHz 表用振荡器作为器件的时钟源。

6）标定的片内 RC 振荡器

校准的片内 RC 振荡器提供了固定的 8.0 MHz 的时钟，这是在 3 V、25℃下的标称数值。器件出厂时，CKDIV8 熔丝位已经被编程，即默认的系统时钟频率为 1.0 MHz，因为 RC 振荡器的精度不高，因此需要进行标定，复位时硬件将标定字节加载到 OSCCAL 寄存器，自动完成对 RC 振荡器的标定。在 3 V、25℃时，这种标定可以提供标称频率±1%的精度。通过改变 OSCCAL 寄存器，标定可以使振荡器在 7.3～8.1 MHz 范围内的精度达到±1%。

7）128 kHz 内部振荡器

128 kHz 内部振荡器是低功率振荡器，在 3 V、25℃条件下的标称频率。

8）时钟输出缓冲器

CKOUT 熔丝位编程后，系统时钟从 CLKO 输出，这种模式适用于芯片时钟用来驱动系统内其他电路。即使芯片处于复位状态，此时钟也会被输出。如果使用系统时钟预分频，则输出的是被分频后的系统时钟频率。

### 6.3.3　与系统时间相关寄存器

1）振荡器标定寄存器—OSCCAL

将标定数据写入这个地址可以对内部振荡器进行调节，以消除生产工艺所带来的振荡器频率偏差，这在芯片复位时自动完成。25℃时，振荡器频率为 8.0 MHz，应用软件可对该寄存器进行写操作来改变振荡器频率。

该寄存器第 8 位，即 bit7 决定振荡器工作范围，将该位置 0 则给出低端频率范围，而将该位置 1 则给出高端频率范围；这两个频率范围是有重叠的，也就是说，OSCCAL ＝ 0x7F 给出的频率高于 OSCCAL = 0x80。bit6..0 用来调节被选中范围内的频率,设置为 0x00 表示该范围中的最低频率,设置为 0x7F 表示该范围中的最高频率。

2) 时钟预分频寄存器—CLKPR

| CLKPCE | — | — | — | CLKPS3 | CLKPS2 | CLKPS1 | CLKPS0 |
|---|---|---|---|---|---|---|---|

位 7-CLKPCE:时钟预分频器更新使能。要改变 CLKPS 的内容,则 CLKPCE 必须写入逻辑 1。在 CLKPCE 被写入逻辑 1 之后 4 个时钟周期或是 CLKPS 位被执行写操作之后 4 个时钟周期,CLKPCE 被硬件清除。

位 3..0-CLKPS3..0:时钟预分频选择位 3-0,详见表 6-4。

**表 6-4 时钟预分频选择**

| CLKPS3 | CLKPS2 | CLKPS1 | CLKPS0 | 时钟分频因子 |
|---|---|---|---|---|
| 0 | 0 | 0 | 0 | 1 |
| 0 | 0 | 0 | 1 | 2 |
| 0 | 0 | 1 | 0 | 4 |
| 0 | 0 | 1 | 1 | 8 |
| 0 | 1 | 0 | 0 | 16 |
| 0 | 1 | 0 | 1 | 32 |
| 0 | 1 | 1 | 0 | 64 |
| 0 | 1 | 1 | 1 | 128 |
| 1 | 0 | 0 | 0 | 256 |
| 其他 | | | | 保留 |

为避免无意中改变时钟频率,在改变 CLKPS 时必须执行一个特殊的写程序:

① 将时钟预分频器更新使能(CLKPCE)置位,并同时将 CLKPR 的其余位清零。

② 在随后的 4 个时钟周期内,将需要的数值写入 CLKPS 并同时将 CLKPCE 清零以保证写操作不被中断,在改变预分频设置时必须禁止中断。

熔丝位 CKDIV8 决定了 CLKPS 的初始值。如果 CKDIV8 未编程,则 CLKPS 被设为 0000。如果 CKDIV8 已编程,则 CLKPS 被设为 0011,在芯片启动时将 8 作为分频因子。

## 6.4 电源管理与休眠模式

### 6.4.1 工作模式

休眠模式可以使应用程序关闭 MCU 中没有使用的模块,从而降低功耗。AVR 具有不同的休眠模式,允许用户根据自己的应用要求实施剪裁。进入 5 个休眠模式的条件是置位寄存器 SMCR 的 SE,然后执行 SLEEP 指令。中断触发可以将进入休眠模式的 MCU 唤醒。经过启动时间外加4个时钟周期，MCU才能运行中断服务程序；中断程序结束后，MCU又返回到SLEEP的下一条指令。

**(1) 空闲模式**

SM2..0为000时，SLEEP指令使MCU进入空闲模式。在此模式下，CPU停止运行，而SPI、USART、模拟比较器、ADC、两线串行接口、定时器/计数器、看门狗和中断系统继续工作。这个休眠模式只停止了$clk_{CPU}$和$clk_{Flash}$，其他时钟则继续工作。

**(2) ADC噪声抑制模式**

SM2..0为001时，SLEEP指令使MCU进入噪声抑制模式。在此模式下，CPU停止运行，而ADC、外部中断、两线串行地址匹配、定时器/计数器2和看门狗继续工作。这个休眠模式只停止了$clk_{I/O}$、$clk_{CPU}$和$clk_{Flash}$，其他时钟则继续工作。此模式改善了ADC的噪声环境，使得转换精度更高。

**(3) 掉电模式**

SM2..0为010时，SLEEP指令使MCU进入掉电模式。在此模式下，外部晶体停振，而外部中断、两线串行地址匹配、看门狗继续工作。只有外部复位、看门狗复位、看门狗中断、BOD复位、两线串行地址匹配、外部电平中断INT0或INT1以及引脚电平变化中断可以使MCU脱离掉电模式。这个休眠模式基本停止了所有的时钟，只有异步模块可以继续工作。



使用外部电平中断方式可以将MCU从掉电模式唤醒，但必须使外部电平保持一定的时间，因为从施加掉电唤醒条件到真正唤醒MCU有一个延时，此时间用于时钟重新启动并稳定下来。唤醒时间与熔丝位CKSEL定义的复位时间是一样的。

**(4) 省电模式**

SM2..0为011时，SLEEP指令使MCU进入省电模式。这一模式与掉电模式只有一点不同：如果定时器/计数器2是使能的，则在器件省电模式期间它将继续运行。只要TIMSK2使能定时器中断，而且SREG的全局中断使能位I置位，定时器/计数器2的溢出中断和比较匹配中断可以将MCU从休眠方式唤醒。如果定时器/计数器2无须运行，建议使用掉电模式而不是省电模式。定时器/计数器2在省电模式下可采用同步与异步时钟驱动。

**(5) Standby模式**

当SM2..0为110，且选择了外部晶体振荡器或陶瓷谐振器作为时钟源时，SLEEP指令使MCU进入Standby模式。这一模式与掉电模式唯一的不同之处在于振荡器继续工作，其唤醒时间只需要6个时钟周期。

## 6.4.2 休眠模式控制寄存器

具体进入哪一种省电模式由SMCR寄存器的的SM2、SM1和SM0决定。

休眠模式控制寄存器—SMCR：

| — | — | — | — | SM2 | SM1 | SM0 | SE |
|---|---|---|---|---|---|---|---|

位7..4 Res:保留位。

位3、2、1-SM2..0:休眠模式选择位,详见表6-5。

**表6-5 休眠模式选择**

| SM2 | SM1 | SM0 | 休眠模式 | SM2 | SM1 | SM0 | 休眠模式 |
| --- | --- | --- | --- | --- | --- | --- | --- |
| 0 | 0 | 0 | 空闲模式 | 1 | 0 | 0 | 保留 |
| 0 | 0 | 1 | ADC 噪声抑制模式 | 1 | 0 | 1 | 保留 |
| 0 | 1 | 0 | 掉电模式 | 1 | 1 | 0 | Standby 模式 |
| 0 | 1 | 1 | 省电模式 | 1 | 1 | 1 | 保留 |

位0-SE:休眠使能。为了使 MCU 在执行 SLEEP 指令后进入休眠模式,SE 必须置位。最好在 SLEEP 指令的前一条指令置位 SE。一旦唤醒立即清除 SE。



## 6.4.3 功耗最小化需要考虑的几个问题

为了使 AVR 芯片所消耗的功率最小化,需要利用芯片的休眠功能,并使用尽可能少的模块功能,无关的或不需要的功能必须禁止,与功耗相关的模块有以下几个:

1) 模/数转换器

使能时,ADC 在所有休眠模式下都继续工作。为了降低功耗,在进入休眠模式之前需要禁止 ADC。重新启动后的第1次转换为扩展的转换。

2) 模拟比较器

在空闲模式时,如果没有使用模拟比较器,则可以将其关闭;在 ADC 噪声抑制模式下也应如此;在其他休眠模式,模拟比较器是自动关闭的。如果模拟比较器使用了内部电压基准源,则不论在什么休眠模式下都需要通过程序来关闭它;否则,内部电压基准源将一直使能。

3) 掉电检测 BOD

如果系统没有利用掉电检测器 BOD,这个模块也可以关闭。如果编程熔丝位 BODLEVEL 使能 BOD 功能,则它将在各种休眠模式下继续工作,从而消耗电流。对于深层次的休眠模式下,这个电流将占总电流的很大比重。

4) 片内基准电压

当使用 BOD、模拟比较器或 ADC 时,可能需要内部电压基准源。若这些模块都禁止了,则基准源将被禁止,从而不会消耗能量。

5) 看门狗定时器

如果系统无需看门狗,则这个模块就可以关闭。若使能,则在任何休眠模式下都持续工作,从而消耗电流。在深层次的睡眠模式下,这个电流将占总电流的很大比重。

6) 端口引脚

进入休眠模式时,所有的端口引脚都应该配置为只消耗最小的功耗,最重要的是要避免驱动电阻性负载。在休眠模式下，I/O 时钟 $clk_{I/O}$ 和 ADC 时钟 $clk_{ADC}$ 都被停止了，输入缓冲器也禁止了，从而保证输入电路不会消耗电流。但在某些情况下输入逻辑是使能的，用来检测唤醒条件。如果输入缓冲器是使能的，则输入不能悬空，信号电平也不应该接近 $V_{CC}/2$；否则，输入缓冲器会消耗额外的电流。模拟输入引脚的数字输入缓冲器应一直禁用，否则，即使输入引脚工作于模拟输入状态，当模拟信号电压接近 $V_{CC}/2$ 时，输入缓冲器也需要消耗很大的电流。可以通过操作数字输入禁止寄存器(DIDR1 与 DIDR0) 来禁止数字输入缓冲器。

7) 片上调试系统

如果通过熔丝位 DWEN 使能了片上调试系统，则当芯片进入休眠模式时主时钟将保持运行。在休眠模式中这个电流占总电流的很大比重。

## 6.5 时间器与看门狗



### 6.5.1 看门狗定时器

看门狗定时器由独立的 128 kHz 片内振荡器驱动，通过设置看门狗定时器的预分频器可以调节看门狗复位的时间间隔。看门狗复位指令 WDR 用来复位看门狗定时器。如果没有及时复位定时器，则一旦时间超过复位周期，ATmega48/88/168 就复位，并执行复位向量指向的程序。看门狗定时器还可用来产生中断，这在使用看门狗将系统从掉电状态唤醒是非常有用的。为了防止无意之间禁止看门狗定时器或改变了复位时间，熔丝位 WDTON 提供了两个不同的保护级别。

### 6.5.2 看门狗控制寄存器

| WDIF | WDIE | WDP3 | WDCE | WDE | WDP2 | WDP1 | WDP0 |
|---|---|---|---|---|---|---|---|

位 7-WDIF：看门狗超时中断标志

当看门狗定时器超时且定时器作为中断使用时，该位置位。执行相应的中断处理程序时，WDIF 由硬件清零；也可通过对标志位写 1 来对 WDIF 清零。

位 6-WDIE：看门狗超时中断使能

WDIE 置 1 且工作状态寄存器的 I 位被设置，则看门狗中断使能。如果这里 WDE 置 0，则看门狗处于中断模式，看门狗超时则触发看门狗中断；如果这里 WDE 置 1，则看门狗处于中断与系统复位模式，第 1 次看门狗时间器溢出将设置 WDIF 位，这时如果设置了中断例程被执行则由硬件自动清除 WDIE 与 WDIF 位。看门狗工作于中断与复位模式时，WDIE 必须在每次中断例程执行时被设置；如果中断没有被执行，则在看门狗时间器第 2 次溢出时执行系统复位。

表 6-6 看门狗定时器的配置

| WDE | WDIE | 看门狗定时器状态 | 超时后的动作 |
|---|---|---|---|
| 0 | 0 | 停止 | 无 |
| 0 | 1 | 运行 | 中断 |
| 1 | 0 | 运行 | 复位 |
| 1 | 1 | 运行 | 中断 |

位 4-WDCE:看门狗修改使能

清零 WDE 时必须置位 WDCE,否则不能禁止看门狗。一旦置位,硬件将在紧接的 4 个时钟周期之后将其清零。修改预分频器也必须置位 WDCE。

位 3-WDE:使能看门狗

WDE 为 1 时,看门狗使能,否则看门狗将被禁止。只有在 WDCE 为 1 时 WDE 才能清零。



位 5，2..0-WDP3..0:看门狗定时器预分频器

详见表 6-7。

表 6-7 看门狗定时器预分频器选项

| WDP3 | WDP2 | WDP1 | WDP0 | 看门狗振荡器周期数 | $V_{CC}$= 5.0 V 时的典型溢出时间 |
|---|---|---|---|---|---|
| 0 | 0 | 0 | 0 | 2K | 16 ms |
| 0 | 0 | 0 | 1 | 4K | 32 ms |
| 0 | 0 | 1 | 0 | 8K | 64 ms |
| 0 | 0 | 1 | 1 | 16K | 0.125 s |
| 0 | 1 | 0 | 0 | 32K | 0.25 s |
| 0 | 1 | 0 | 1 | 64K | 0.5 s |
| 0 | 1 | 1 | 0 | 128K | 1.0 s |
| 0 | 1 | 1 | 1 | 256K | 2.0 s |
| 1 | 0 | 0 | 0 | 512K | 4.0 s |
| 1 | 0 | 0 | 1 | 1 024K | 8.0 s |
| 其他 | | | | 保留 | |

## 6.5.3 看门狗安全操作时间序列

### 1. 安全级别

为了保证对看门狗操作的可靠性,看门狗处于不同状态下的操作具有不同的安全级别以及不同的操作时间序列。

1）安全级别 1

在此模式下看门狗定时器的初始状态是禁止的，可以通过置位 WDE 来使能它。改变定时器溢出时间及禁止（已经使能的）看门狗定时器，需要执行一个特定的时间序列：

① 在同一个指令内对 WDCE 和 WDE 写 1，即使 WDE 已经为 1。

② 在紧接的 4 个时钟周期之内将 WDE 和 WDP 设置为合适的值，而 WDCE 写 0。

2）安全级别 2

在此模式下看门狗定时器总是使能的，WDE 的读返回值总是为 1。改变定时器溢出时间需要执行一个特定的时间序列：

① 在同一个指令内对 WDCE 和 WDE 写 1。虽然 WDE 总是为置位状态，也必须写 1 以启动时序。

② 在紧接的 4 个时钟周期之内同时对 WDCE 写 0 以及为 WDP 写入合适的数据。WDE 的数值可以任意。

### 2. 看门狗操作示例代码

C 代码例程：

```
void WDT_off(void)
{
/* MCUSR 中的 WDRF 清零 */
MCUSR = 0x00;
/* 置位 WDCE 与 WDE */
WDTCSR = (1<<WDCE) | (1<<WDE);
/* 关闭 WDT */
WDTCSR = 0x00;
}
```

## 6.5.4　看门狗熔丝位

看门狗熔丝位如表 6-8 所列。

**表 6-8　看门狗熔丝位**

| WDTON | 安全等级 | WDT 初始状态 | 如何禁止 WDT | 如何改变复位间隔时间 |
|---|---|---|---|---|
| 未编程 | 1 | 禁止 | 使用安全时间序列 | |
| 已编程 | 2 | 使能 | 总是使能 | 使用安全时间序列 |

## 6.5.5　定时器的工作模式

ATmega48/88/168 定时器的工作模式非常丰富，有普通 I/O 模式、CTC 模式、快速 PWM 模式、相位修正 PWM 模式、频率相位修正 PWM 模式，这些模式分为非 PWM 与 PWM 模式两大类，相关的定时器能工作于部分或全部的工作模式中。为了描述方便，则定义了以下变量，详见表6-9。

**表6-9 常用变量**

| 变量名 | 说明 |
| --- | --- |
| BOTTOM | 计数器计数到达0x00时即达到BOTTOM |
| MAX | 计数器计到0xFF（对16位计数器为0xFFFF）时即达到MAX |
| TOP | 计数器计到计数序列的最大值时即达到TOP。TOP值可以为固定值，或是存储于寄存器OCRnx（或者为ICRn）中的数值，具体由工作模式确定 |

对于定时器的工作模式，我们主要需要理解计数器计数值的变化过程以及在达到关键点时定时器所执行的操作。工作模式由波形发生模式及比较输出模式的控制位决定。比较输出模式对计数序列没有影响，但对到达关键点时的操作有影响，可以定义执行置位、清零或是电平取反，而波形产生模式对计数序列则有影响。

**(1) 普通模式**

与时间器相关的I/O引脚作普通的I/O，与时间器没有关联；时间器输出与I/O引脚无关。

**(2) CTC模式**

定时器的计数值从BOTTOM开始增加到TOP时发生一次计数匹配事件，然后马上回到BOTTOM重复自增到TOP，此模式可以方便产生不同的频率输出。此方式为单缓冲寄存器，因此对TOP值的修改可以马上生效，注意，所修改的TOP值不要少于当前的计数，否则将错过一次匹配，一般在到达TOP时设置中断，这时可以在中断中修改TOP，如图6-10所示。

**(3) 快速PWM模式**

计数值从BOTTOM增加到TOP时发生一次计数值匹配事件，然后计数值再增加到MAX，定时器发生计数溢出事件，之后再回复到BOTTOM重复操作。此模式为双缓冲，对TOP的修改需要到下一次PWM计数时才会起，一般在计数器溢出中断中修改TOP值，如图6-11所示。

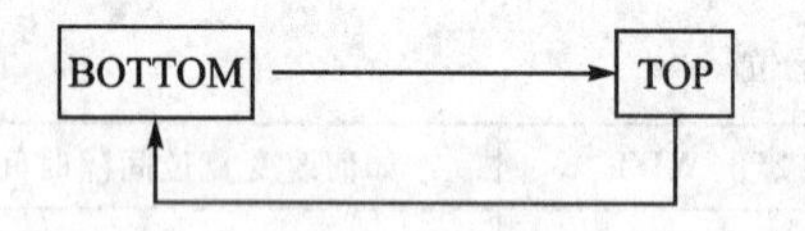


**图6-10 CTC模式中的BOTTOM与TOP**

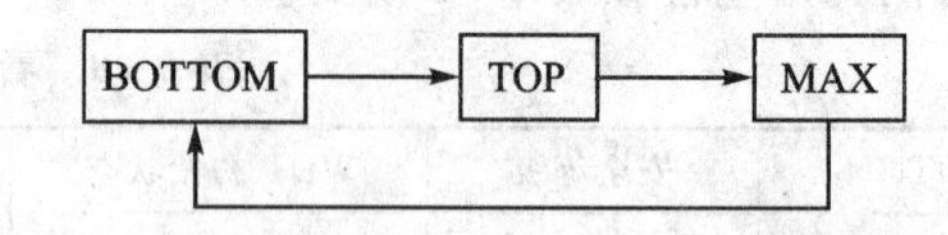


**图6-11 快速PWM模式中的BOTTOM与TOP**

**(4) 相位修正PWM模式**

计数值增加到TOP时发生一次计数值匹配事件，然后计数值再增加到MAX，然后定时器发生计数溢出事件，然后计数值再自减到TOP，这时又发生一次计数值匹配事件，计数值继续自减直到BOTTOM，再重复自增的操作。此模式为双缓冲，对TOP的修改需要到下一次PWM计数时才会起，一般在计数器溢出中断中修改TOP值，如图6-12所示。

**(5) 频率相位修正 PWM 模式**

计数值增加到 TOP 时发生一次计数值匹配事件,然后计数值再增加到 MAX,定时器发生计数溢出事件,之后计数值再自减到 TOP,这时又发生一次计数值匹配事件,计数值继续自减直到 BOTTOM,再重复自增的操作。此模式为双缓冲,对 TOP 的修改需要到下一次 PWM 计数时才会起,一般在计数器溢出中断中修改 TOP 值。与相位修正不同的是,中断时的计数值为 BOTTOM,而不是 MAX,这样频率相位修正 PWM 生成的 PWM 波形在频率与相位上都是正确的,如图 6-13 所示。

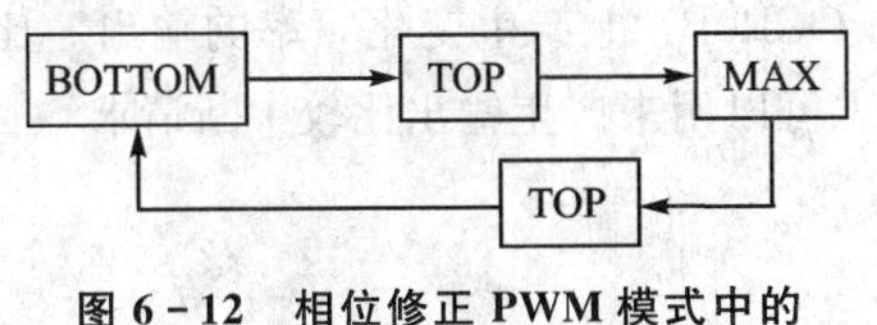


图 6-12 相位修正 PWM 模式中的 BOTTOM 与 TOP

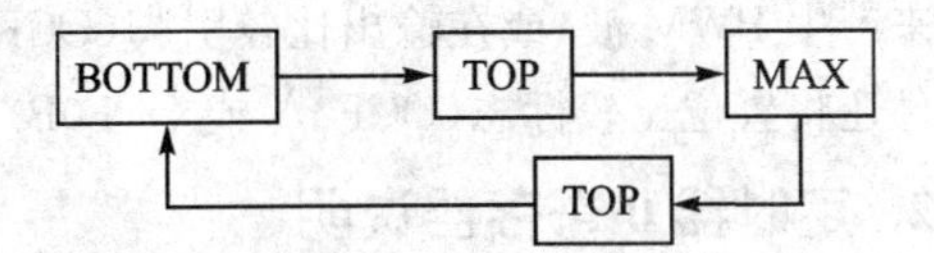


图 6-13 频率相位修正 PWM 模式的 BOTTOM 与 TOP



## 6.5.6 8位 PWM 定时器 0

### 1. 概 述

Timer/Counter0(简写为 T/C0)是一个通用的 8 位定时器/计数器模块,有两个独立的输出比较单元且支持 PWM 功能,提供精确的程序定时(事件管理)与波形产生,其单元方框图如图 6-14 所示。其主要特点如下:

- 两个独立的输出比较单元;
- 双缓冲输出比较寄存器;
- 比较匹配发生时清除定时器(自动加载);
- 无干扰脉冲,相位正确的 PWM;
- 可变 PWM 周期;
- 频率发生器;
- 3 个独立的中断源(TOV0、OCF0A 与 OCF0B)。

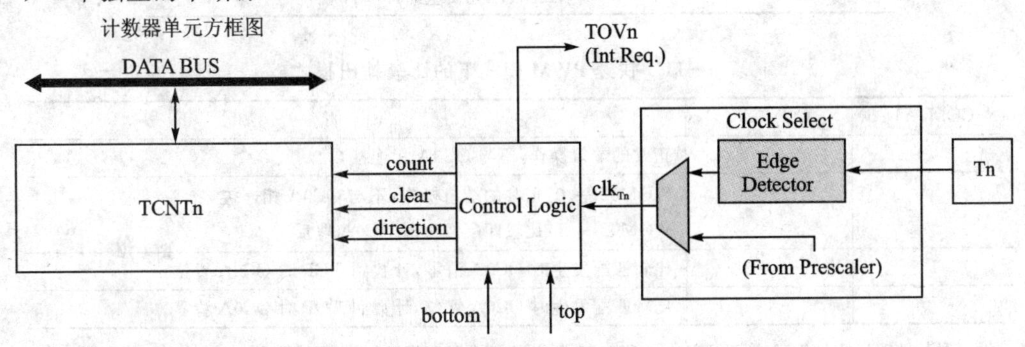


图 6-14 定时器 0 单元方框图

约定:为了表示同类寄存器的通用格式,使用小写的 n 代表序号,小写的 x 代表通道。

定时器可以由内部时钟源通过预分频器驱动,或者通过 T0 引脚的外部时钟源来驱动。时钟选择逻辑模块控制使用哪一个时钟源以及使用上升沿还是下降沿来增加(或减少)定时器的计数值。没有选择时钟源 T/C 就不工作。时钟选择模块的输出定义为定时器时钟 $clk_{T0}$。T/C1 与 T/C0 共用一个预分频模块,但它们可以有不同的分频设置,但需要注意的是外部时钟源不送入预分频器。

双缓冲的输出比较寄存器(OCR0A 与 OCR0B) 持续地与 T/C 的数值进行比较,比较的结果可用来产生 PWM 波,或在输出比较引脚(OCR0A 与 OCR0B) 上产生变化频率的输出。比较匹配事件还将置位比较标志(OCF0A 或 OCF0B),此标志可以用来产生输出比较中断请求。

## 2. 定时器 0 寄存器说明

1) T/C 控制寄存器 A—TCCR0A

| COM0A1 | COM0A0 | COM0B1 | COM0B0 | - | - | WGM01 | WGM00 |
|---|---|---|---|---|---|---|---|

位 7：6-COM0A1：0:比较匹配输出 A 模式

这些位决定了比较匹配发生时输出引脚 OC0A 的电平,它的功能在设置为 PWM 方式与非 PWM 方式时定义有所不同。表 6－10 列出了比较输出模式、非 PWM 模式下当 WGM02：0 设置为普通模式或 CTC 模式时 COM0B1：0 的功能。当 WGM01：0 设置为快速 PWM 模式时 COM0A1：0 的功能见表 6－11。表 6－12 列出了当 WGM02：0 设置为相位修正 PWM 模式时 COM0A1：0 的功能。

**表 6－10　非 PWM 模式下的比较输出模式**

| COM0A1 | COM0A0 | 说　明 |
|---|---|---|
| 0 | 0 | 正常的端口操作,不与 OC0A 相连接 |
| 0 | 1 | 比较匹配发生时 OC0A 取反 |
| 1 | 0 | 比较匹配发生时 OC0A 清零 |
| 1 | 1 | 比较匹配发生时 OC0A 置位 |

**表 6－11　快速 PWM 模式下的比较输出模式**

| COM0A1 | COM0A0 | 说　明 |
|---|---|---|
| 0 | 0 | 正常的端口操作,不与 OC0A 相连接 |
| 0 | 1 | WGM02 = 0:正常的端口操作,不与 OC0A 相连接<br>WGM02 = 1:比较匹配发生时 OC0A 取反 |
| 1 | 0 | 比较匹配发生时 OC0A 清零,计数到 TOP 时 OC0A 置位 |
| 1 | 1 | 比较匹配发生时 OC0A 置位,计数到 TOP 时 OC0A 清零 |

注:一种特殊情况是 OCR0A 等于 TOP 且 COM0A1 置位,此时比较匹配被忽略,而计数到 TOP 时 OC0A 的动作继续有效。

表 6－12 相位修正 PWM 模式下的比较输出模式

| COM0A1 | COM0A0 | 说 明 |
| --- | --- | --- |
| 0 | 0 | 正常的端口操作，不与 OC0A 相连接 |
| 0 | 1 | WGM02 ＝ 0：正常的端口操作，不与 OC0A 相连接<br>WGM02 ＝ 1：比较匹配发生时 OC0A 取反 |
| 1 | 0 | 在升序计数时发生比较匹配将清零 OC0A；降序计数时发生比较匹配将置位 OC0A |
| 1 | 1 | 在升序计数时发生比较匹配将置位 OC0A；降序计数时发生比较匹配将清零 OC0A |

位 5：4-COM0B1：0：比较匹配输出 B 模式

这些位决定了比较匹配发生时输出引脚 OC0B 的电平，它的功能在设置为 PWM 方式与非 PWM 方式时定义有所不同，其定义与 A 相似。表 6－13 列出了当 WGM02：0 设置为普通模式或 CTC 模式时 COM0B1：0 的功能。当 WGM02：0 设置为快速 PWM 模式时 COM0B1：0 的功能见表 6－14。当 WGM02：0 设置为相位修正 PWM 模式时 COM0B1：0 的功能见表 6－15。



表 6－13 非 PWM 模式下的比较输出模式

| COM0B1 | COM0B0 | 说 明 |
| --- | --- | --- |
| 0 | 0 | 正常的端口操作，不与 OC0B 相连接 |
| 0 | 1 | 比较匹配发生时 OC0B 取反 |
| 1 | 0 | 比较匹配发生时 OC0B 清零 |
| 1 | 1 | 比较匹配发生时 OC0B 置位 |

表 6－14 快速 PWM 模式下的比较输出模式

| COM0B1 | COM0B0 | 说 明 |
| --- | --- | --- |
| 0 | 0 | 正常的端口操作，不与 OC0B 相连接 |
| 0 | 1 | 保留 |
| 1 | 0 | 比较匹配发生时 OC0B 清零，计数到 TOP 时 OC0B 置位 |
| 1 | 1 | 比较匹配发生时 OC0B 置位，计数到 TOP 时 OC0B 清零 |

表 6－15 相位修正 PWM 模式下的比较输出模式

| COM0B1 | COM0B0 | 说 明 |
| --- | --- | --- |
| 0 | 0 | 正常的端口操作，不与 OC0B 相连接 |
| 0 | 1 | 保留 |

续表 6-15

| COM0B1 | COM0B0 | 说　明 |
|---|---|---|
| 1 | 0 | 在升序计数时发生比较匹配将清零 OC0B；降序计数时发生比较匹配将置位 OC0B |
| 1 | 1 | 在升序计数时发生比较匹配将置位 OC0B；降序计数时发生比较匹配将清零 OC0B |

位 3，2-Res：保留位

位 1：0-WGM01：0：波形产生模式

这几位与 TCCR0B 寄存器的 WGM02 结合起来控制计数器的计数序列、计数器的最大值 TOP 以及产生何种波形。T/C 支持的模式有：普通模式、比较匹配发生时清除计数器模式(CTC)以及两种 PWM 模式。波形产生模式的位定义见表 6-16。

表 6-16　波形产生模式的位定义

| 模式 | WGM02 | WGM01 | WGM00 | T/C 的工作模式 | TOP | OCRx 的更新时间 | TOV 的置位时刻 |
|---|---|---|---|---|---|---|---|
| 0 | 0 | 0 | 0 | 普通 | 0xFF | 立即更新 | MAX |
| 1 | 0 | 0 | 1 | PWM，相位修正 | 0xFF | TOP | BOTTOM |
| 2 | 0 | 1 | 0 | CTC | OCRA | 立即更新 | MAX |
| 3 | 0 | 1 | 1 | 快速 PWM | 0xFF | TOP | MAX |
| 4 | 1 | 0 | 0 | 保留 | — | — | — |
| 5 | 1 | 0 | 1 | PWM，相位修正 | OCRA | TOP | BOTTOM |
| 6 | 1 | 1 | 0 | 保留 | — | — | — |
| 7 | 1 | 1 | 1 | 快速 PWM | OCRA | TOP | TOP |

2）T/C 控制寄存器 B—TCCR0B

| FOC0A | FOC0B | — | — | WGM02 | CS02 | CS01 | CS00 |
|---|---|---|---|---|---|---|---|

位 7-FOC0A：强制输出比较 A

FOC0A 仅在 WGM 指明非 PWM 模式时才有效。对其写 1 后，波形发生器将立即进行比较操作。比较匹配输出引脚 OC0A 将按照 COM0A1：0 的设置输出相应的电平。要注意，FOC0A 类似一个锁存信号，真正对强制输出比较起作用的是 COM0A1：0 的设置。

位 6-FOC0B：强制输出比较 B

作用与 FOC0A 类似。

位 5：4-Res：保留位

位 3-WGM02：波形产生模式

位 2：0-CS02：0：时钟选择，见表 6-17

表 6-17 时钟选择位定义

| CS02 | CS01 | CS00 | 说 明 |
|---|---|---|---|
| 0 | 0 | 0 | 无时钟,T/C 不工作 |
| 0 | 0 | 1 | $clk_{I/O}/1$（没有预分频） |
| 0 | 1 | 0 | $clk_{I/O}/8$（来自预分频器） |
| 0 | 1 | 1 | $clk_{I/O}/64$（来自预分频器） |
| 1 | 0 | 0 | $clk_{I/O}/256$（来自预分频器） |
| 1 | 0 | 1 | $clk_{I/O}/1\ 024$（来自预分频器） |
| 1 | 1 | 0 | 时钟由 T0 引脚输入,下降沿触发 |
| 1 | 1 | 1 | 时钟由 T0 引脚输入,上升沿触发 |

如果 T/C0 使用外部时钟,即使 T0 被配置为输出,其上的电平变化仍然会驱动计数器。利用这一特性可通过软件控制记数。

3) T/C 寄存器—TCNT0

通过 T/C 寄存器可以直接对计数器的 8 位数据进行读/写访问。对 TCNT0 寄存器的写访问将在下一个时钟阻止比较匹配。在计数器运行过程中修改 TCNT0 的数值有可能丢失一次 TCNT0 和 OCR0x 的比较匹配。

4) 输出比较寄存器 A—OCR0A

输出比较寄存器 A 包含一个 8 位的数据,不间断地与计数器数值 TCNT0 进行比较。匹配事件可以用来产生输出比较中断,或者用来在 OC0A 引脚上产生波形。

5) 输出比较寄存器 B—OCR0B

输出比较寄存器 B 包含一个 8 位的数据,不间断地与计数器数值 TCNT0 进行比较。匹配事件可以用来产生输出比较中断,或者用来在 OC0B 引脚上产生波形。

6) T/C 中断屏蔽寄存器—TIMSK0

| — | — | — | — | — | OCIE0B | OCIE0A | TOIE0 |
|---|---|---|---|---|---|---|---|

位 7..3-Res:保留位

位 2-OCIE0B:T/C 输出比较匹配 B 中断使能

位 1-OCIE0A:T/C0 输出比较匹配 A 中断使能

位 0-TOIE0:T/C0 溢出中断使能

7) T/C 0 中断标志寄存器—TIFR0

| — | — | — | — | — | OCF0B | OCF0A | TOV0 |
|---|---|---|---|---|---|---|---|

位 7..3-Res:保留

位 2-OCF0B:T/C0 输出比较 B 匹配标志

当 T/C 计数值与 OCR0B(输出比较寄存器 0B)的值匹配时,OCF0B 置位。此位在中断服务程序里硬件清零,也可以对其写 1 来清零。

位 1-OCF0A:T/C0 输出比较 A 匹配标志

当 T/C0 计数值与 OCR0A(输出比较寄存器 0A)的值匹配时,OCF0A 置位。此位在中断服务程序里硬件清零,也可以对其写 1 来清零。

位 0-TOV0:T/C0 溢出标志

执行相应的中断服务程序时此位硬件清零,此外 TOV0 也可以通过写 1 来清零。

8) 通用 T/C 控制寄存器—GTCCR

| TSM | — | — | — | — | — | — | PSRSYNC |
|---|---|---|---|---|---|---|---|

位 7-TSM:T/C 同步模式

因为定时器 0 与定时器 1 共用一个分频器,所以只要向此位写入 1 则激活 T/C 同步模式。在这种模式下被写入到 PSRSYNC 的值被保持,不会出现在配置一个定时器时另一个定时器正在工作的情况。当此位被写入 0,PSRASY 与 PSRSYNC 被硬件清除时,定时器开始工作。

位 0-PSRSYNC:预分频器复位

当此位被写入 1 时,定时器 0 与定时器 1 的预分频器被复位。通常情况下这位会很快地被硬件清除,除非 TSM 被置位。

### 3. 定时器 0 的工作模式

#### (1) 普通模式

普通模式(WGM02:0 = 0)为最简单的工作模式,在此模式下计数器不停地累加,计到最大值后(TOP = 0xFF),由于数值溢出计数器而简单地返回到最小值 0x00 重新开始。在 TCNT0 为零时,溢出标志 TOV0 置位。定时器中断服务程序能够自动清零 TOV0。输出比较单元可以用来产生中断,但是不推荐在普通模式下利用输出比较来产生波形,因为这会占用太多的 CPU 时间。

#### (2) CTC 模式

在 CTC 模式(WGM02:0 = 2)下,OCR0A 寄存器用于调节计数器的分辨率。当计数器的数值 TCNT0 等于 OCR0A 时,计数器清零。OCR0A 定义了计数器的 TOP 值,亦即计数器的分辨率。这个模式使得用户可以很容易地控制比较匹配输出的频率,也简化了外部事件计数的操作,如图 6-15 所示。

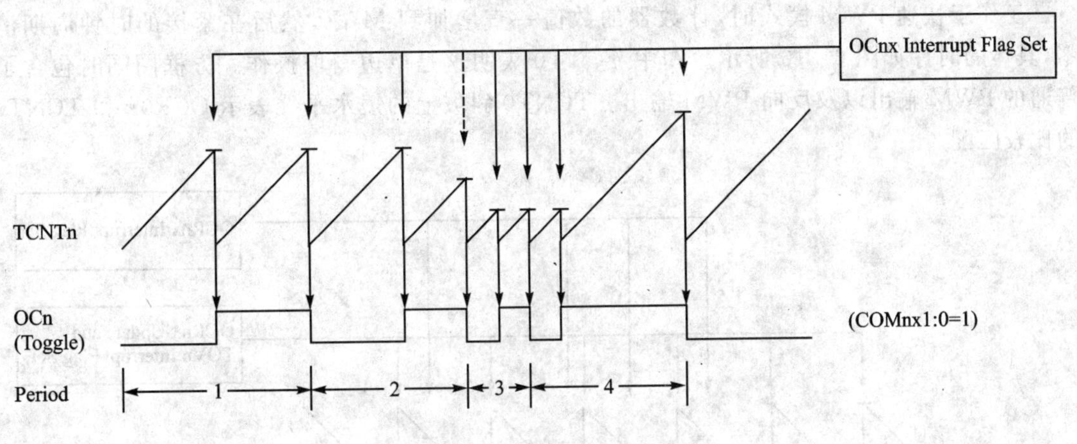


图 6-15 CTC 模式的时序图



计数器数值 TCNT0 一直累加到 TCNT0 与 OCR0A 匹配,然后 TCNT0 清零。在计数器数值达到 TOP 时产生中断,在中断服务程序里可以更新 TOP 的数值。由于 CTC 模式没有双缓冲功能,当计数器没有使用预分频器或以很低的分频数工作时,将 TOP 更改为接近 BOTTOM 的数值时要小心。如果写入的 OCR0A 数值小于当前 TCNT0 的数值,则计数器丢失一次比较匹配。在下一次比较匹配发生之前,计数器不得不先计数到最大值 0xFF ,然后再从 0x00 开始计数到 OCR0A,从而使匹配发生一次错误。

为了在 CTC 模式下得到波形输出,可以设置 OC0A 在每次比较匹配发生时改变逻辑电平,这可以通过设置 COM0A1：0 ＝ 1 来完成。在期望获得 OC0A 输出之前,首先要将其端口设置为输出。波形发生器能够产生的最大频率为 $f_{OC0} = f_{clk\_I/O}/2$ (OCR0A ＝ 0x00)。频率由如下公式确定:

$$f_{OCnx} = \frac{f_{clk\_I/O}}{2 \cdot N \cdot (1 + OCRnx)}$$

式中,变量 $N$ 表示预分频因子 (1 、8 、64 、256 或 1 024)。

**(3) 快速 PWM 模式**

快速 PWM 模式(又称为非对称 PWM)(WGM02：0 ＝ 3 或 7)可用来产生高频的 PWM 波形。快速 PWM 模式与其他 PWM 模式的不同之处是其单斜坡工作方式。计数器从 BOTTOM 计到 TOP,这时在 OCn 发生匹配操作,然后计数器继续增加直到回到 BOTTOM 重新开始。对于普通的比较输出模式,输出比较引脚 OC0x 在 TCNT0 与 OCR0x 匹配时清零,在 BOTTOM 时置位;对于反向比较输出模式,OC0x 的动作正好相反。由于使用了单斜坡模式,快速 PWM 模式的工作频率比使用双斜坡的相位修正 PWM 模式高一倍。此高频操作特性使得快速 PWM 模式十分适合于功率调节、整流和 DAC 应用。高频可以减小外部元器件(电感、电容) 的物理尺寸,从而降低系统成本。

工作于快速 PWM 模式时，计数器的数值一直增加到 MAX，然后在紧接的时钟周期清零，具体的时序如图 6-16 所示。图中 TCNT0 表明这是单边斜坡操作。方框图同时包含了普通的 PWM 输出以及反向 PWM 输出。TCNT0 斜坡上的短水平线表示 OCR0x 和 TCNT0 的比较匹配。

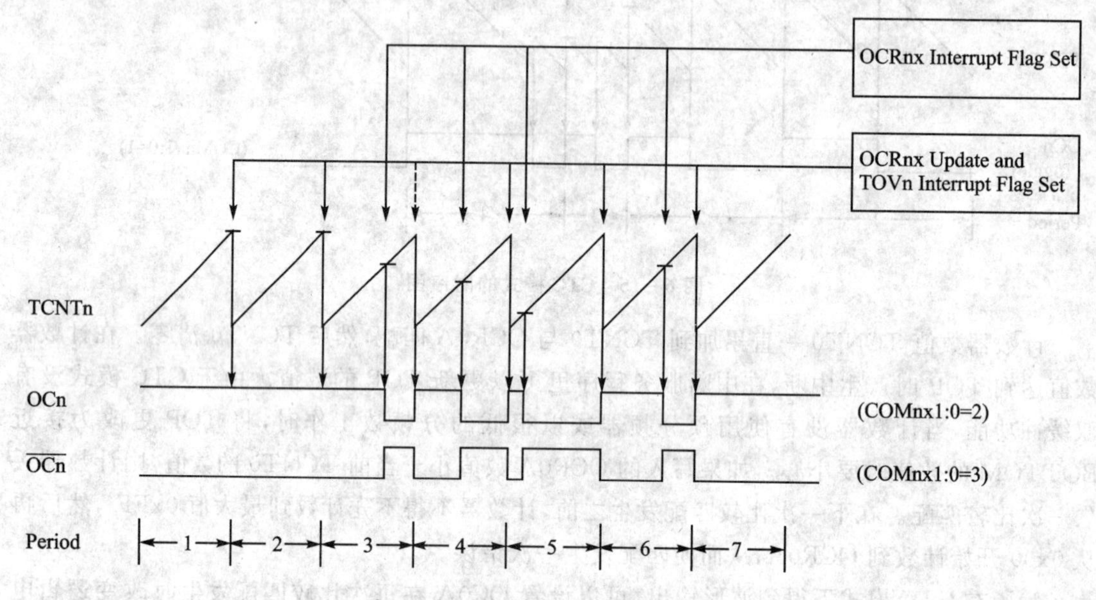


图 6-16 快速 PWM 模式的时序图

计时器数值达到 TOP 时，T/C 溢出标志 TOV0 置位。如果中断使能，则中断服务程序可以更新比较值。输出的 PWM 频率可以通过如下公式计算得到：

$$f_{\text{OCnxPWM}}=\frac{f_{\text{clk\_I/O}}}{N\cdot 556}$$

式中，变量 $N$ 代表分频因子（1、8、64、256 或 1 024）。

OCR0A 寄存器为极限值时，表示快速 PWM 模式的一些特殊情况。若 OCR0A 等于 BOTTOM，则输出为出现在第 MAX+1 个定时器时钟周期的窄脉冲；OCR0A 为 MAX 时，根据 COM0A1：0 的设定，输出恒为高电平或低电平。

**(4) 相位修正 PWM 模式**

相位修正 PWM 模式（又称为对称 PWM）（WGM02：0 ＝ 1 或 5）为用户提供了一个获得高精度相位修正 PWM 波形的方法，此模式基于双斜坡操作，时序如图 6-17 所示。计时器重复地从 BOTTOM 计到 TOP，如果此时计数值不为 MAX，则增加到 MAX，然后减少经过 TOP 退回到 BOTTOM；在计数值增加与减少的过程中与 OCRnx 各发生一次匹配操作。相位修正 PWM 模式分为一般比较输出模式与反向输出模式。与单斜坡操作相比，双斜坡操作可获得的最大频率要小，但由于其对称的特性，十分适合于电机控制。

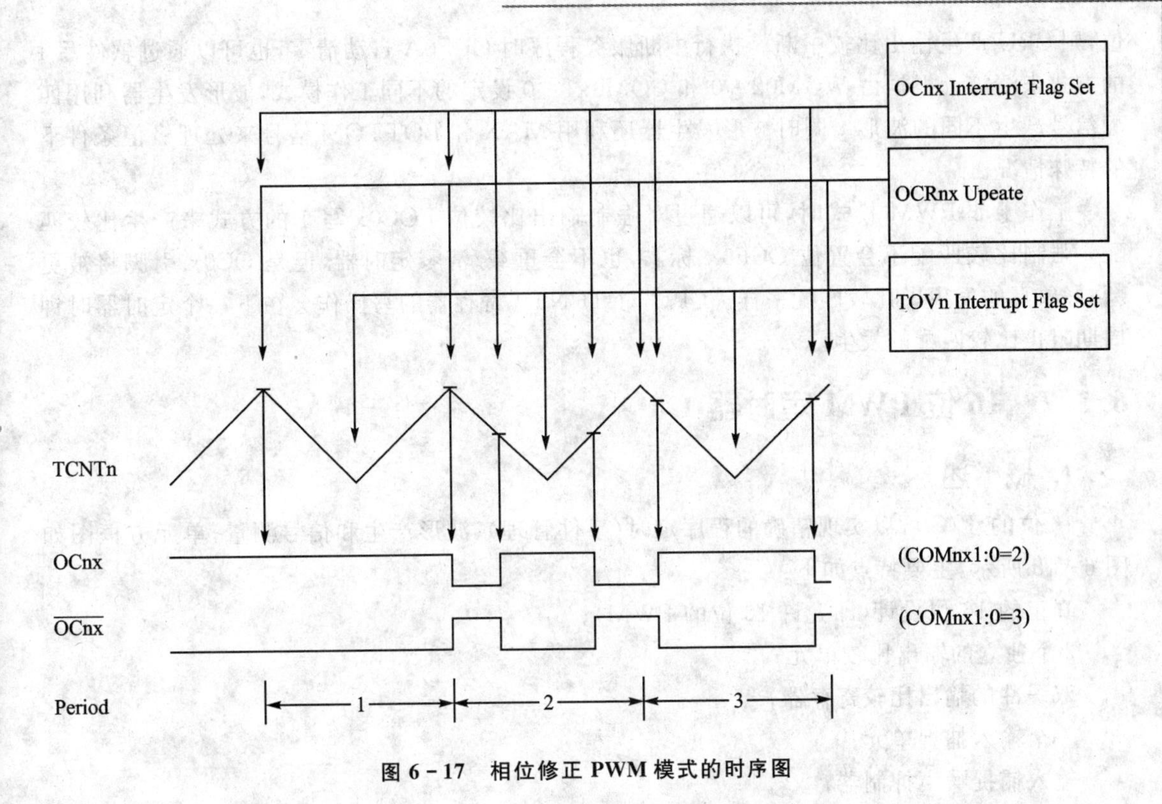


图 6-17 相位修正 PWM 模式的时序图

当计时器达到 BOTTOM 时，T/C 溢出标志位 TOV0 置位，此标志位可用来产生中断。要想在引脚上得到输出信号还必须将 OC0x 的数据方向设置为输出。OCR0x 和 TCNT0 比较匹配发生时，OC0x 寄存器将产生相应的清零或置位，从而产生 PWM 波形。工作于相位修正模式时，PWM 频率可由下式公式获得：

$$f_{\mathrm{OCnxPCPWM}}=\frac{f_{\mathrm{clk\_I/O}}}{N\cdot 510}$$

式中，变量 $N$ 表示预分频因子(1、8、64、256 或 1 024)。

OCR0A 寄存器处于极值，则代表了相位修正 PWM 模式的一些特殊情况。在普通 PWM 模式下，若 OCR0A 等于 BOTTOM，则输出一直保持为低电平；若 OCR0A 等于 MAX，则输出保持为高电平。反向 PWM 模式则正好相反。另外为了保证输出的 PWM 波是基于 BOTTOM 点的对称，OCnx 可能引入额外的跳变。

### 4. 输出比较单元

8 位比较器持续将 TCNT0 和输出比较寄存器 OCR0A、OCR0B 进行比较，一旦 TCNT0 等于 OCR0A 或 OCR0B，比较器就给出匹配信号。在匹配发生的下一个定时器时钟周期，输出比较标志 OCF0A 或 OCR0B 置位。若此时 OCIE0A ＝ 1 且 SREG 的全局中断标志 I 置位,则 CPU 产生输出比较中断。执行中断服务程序时 OCF0A 自动清零,也可以通过软件写 1 的方式来清零。根据由 WGM02：0 和 COM0x1：0 设定的不同工作模式,波形发生器利用匹配信号产生不同的波形。同时波形发生器还利用 MAX 和 BOTTOM 信号来处理极值条件下的特殊情况。

工作于非 PWM 模式时,可以通过对强制输出比较位 FOC0x 写 1 的方式来产生比较匹配。强制比较匹配不会置位 OCF0x 标志,也不会重载/清零定时器,但是 OC0x 引脚将被更新,好象真的发生了比较匹配一样。CPU 对 TCNT0 寄存器的写操作会在下一个定时器时钟周期阻止比较匹配的发生。

## 6.5.7　16 位 PWM 定时器 1

### 1. 概　述

16 位的 T/C 可以实现精确的程序定时(事件管理)、波形产生和信号测量,单元方框图如图 6－18 所示,主要特点如下：

真正的 16 位设计(即允许 16 位的 PWM)；

2 个独立的输出比较单元；

双缓冲的输出比较寄存器；

一个输入捕捉单元；

输入捕捉噪声抑制器；

比较匹配发生时清除寄存器(自动重载)；

无干扰脉冲,相位正确的 PWM；

可变的 PWM 周期；

频率发生器；

外部事件计数器；

4 个独立的中断源(TOV1、OCF1A、OCF1B 与 ICF1)。

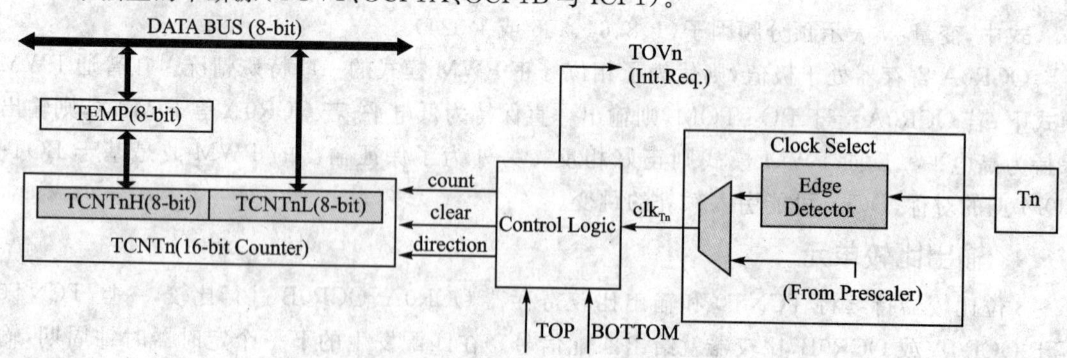


图 6－18　定时器 1 单元方框图

定时器/计数器 TCNT1 、输出比较寄存器 OCR1A/B 与输入捕捉寄存器 ICR1 均为 16 位寄存器。如果使用汇编语言访问 16 位寄存器，则必须使用特殊的步骤；但使用 C 语言则没有限止，因为已经由编译器完成了这一工作。控制寄存器 TCCR1A/B 为 8 位寄存器，可以直接访问没有限制。

T/C1 可由内部时钟通过预分频器或通过由 T1 引脚输入的外部时钟驱动。引发 T/C1 数值增加(或减少）的时钟源及其有效沿由时钟选择逻辑模块控制；没有选择时钟源时，T/C1 处于停止状态。时钟选择逻辑模块的输出称为 $clk_{T1}$。

双缓冲输出比较寄存器 OCR1A/B 持续地与 T/C1 的值进行比较，波形发生器用比较结果产生 PWM 或在输出比较引脚 OC1A/B 输出可变频率的信号。比较匹配结果还可置位比较匹配标志 OCF1A/B ，用来产生输出比较中断请求。

当输入捕捉引脚 ICP1 或模拟比较器输入引脚有输入捕捉事件产生(边沿触发)时，此时的 T/C1 值被传输到输入捕捉寄存器保存起来。输入捕捉单元包括一个数字滤波单元(噪声消除器)，以降低噪声干扰。为描述方便，定义以下常量，见表 6－18。



**表 6－18　16 位计数边界值定义**

| 变量名 | 说　明 |
|---|---|
| BOTTOM | 计数器计到 0x0000 时即达到 BOTTOM |
| MAX | 计数器计到 0xFFFF（十进制的 65 535）时即达到 MAX |
| TOP | 计数器计到计数序列的最大值时即达到 TOP。TOP 值可以为固定值 0x00FF、0x01FF 或 0x03FF，或是 OCR1A 或 ICR1 里的数值 |

## 2. 定时器 1 寄存器说明

1) T/C1 控制寄存器 A—TCCR1A

| COM1A1 | COM1A0 | COM1B1 | COM1B0 | — | — | WGM11 | WGM10 |
|---|---|---|---|---|---|---|---|

位 7：6-COM1A1：0：通道 A 的比较输出模式

位 5：4-COM1B1：0：通道 B 的比较输出模式，详见表 6－19～表 6－21

**表 6－19　非 PWM 下的比较输出模式**

| COM1A1/COM1B1 | COM1A0/COM1B0 | 说　明 |
|---|---|---|
| 0 | 0 | 普通端口操作，非 OC1A/OC1B 功能 |
| 0 | 1 | 比较匹配时 OC1A/OC1B 电平取反 |
| 1 | 0 | 比较匹配时清零 OC1A/OC1B(输出低电平) |
| 1 | 1 | 比较匹配时置位 OC1A/OC1B(输出高电平) |

表 6－20　快速 PWM 下的比较输出模式

| COM1A1/COM1B1 | COM1A0/COM1B0 | 说　明 |
|---|---|---|
| 0 | 0 | 普通端口操作，非 OC1A/OC1B 功能 |
| 0 | 1 | WGM13：0 ＝ 15　比较匹配时 OC1A 取反，OC1B 不占用物理引脚。WGM1 为其他值时为普通端口操作，非 OC1A/OC1B 功能 |
| 1 | 0 | 比较匹配时清零 OC1A/OC1B，OC1A/OC1B 在 TOP 时置位 |
| 1 | 1 | 比较匹配时置位 OC1A/OC1B，OC1A/OC1B 在 TOP 时清零 |

表 6－21　相位修正及相频修正 PWM 模式下的比较输出模式

| COM1A1/COM1B1 | COM1A0/COM1B0 | 说　明 |
|---|---|---|
| 0 | 0 | 普通端口操作，非 OC1A/OC1B 功能 |
| 0 | 1 | WGM13：0 ＝ 9 或 14　比较匹配时 OC1A 取反，OC1B 不占用物理引脚。WGM1 为其他值时为普通端口操作，非 OC1A/OC1B 功能 |
| 1 | 0 | 升序记数时比较匹配将清零 OC1A/OC1B，降序记数时比较匹配将置位 OC1A/OC1B |
| 1 | 1 | 升序记数时比较匹配将置位 OC1A/OC1B，降序记数时比较匹配将清零 OC1A/OC1B |



位 1：0-WGM11：0：波形发生模式，这两位与位于 TCCR1B 寄存器的 WGM13：2 相结合，用于控制计数器的计数序列——计数器计数的上限值和确定波形发生器的工作模式。T/C 支持的工作模式有：普通模式(计数器)、比较匹配时清零定时器(CTC)模式以及 3 种脉宽调制(PWM) 模式。波形发生模式定义见表 6－22。

表 6－22　波形发生模式定义

| 模　式 | WGM13 | WGM12 (CTC1) | WGM11 (PWM11) | WGM10 (PWM10) | 定时器/计数器工作模式 | 计数上限值 TOP | OCR1x 更新时刻 | TOV1 标志设置 |
|---|---|---|---|---|---|---|---|---|
| 0 | 0 | 0 | 0 | 0 | 普通模式 | 0xFFFF | 立即更新 | MAX |
| 1 | 0 | 0 | 0 | 1 | 8 位相位修正 PWM | 0x00FF | TOP | BOTTOM |
| 2 | 0 | 0 | 1 | 0 | 9 位相位修正 PWM | 0x01FF | TOP | BOTTOM |
| 3 | 0 | 0 | 1 | 1 | 10 位相位修正 PWM | 0x03FF | TOP | BOTTOM |
| 4 | 0 | 1 | 0 | 0 | CTC | OCR1A | 立即更新 | MAX |
| 5 | 0 | 1 | 0 | 1 | 8 位快速 PWM | 0x00FF | TOP | TOP |
| 6 | 0 | 1 | 1 | 0 | 9 位快速 PWM | 0x01FF | TOP | TOP |

续表 6-22

| 模 式 | WGM13 | WGM12 (CTC1) | WGM11 (PWM11) | WGM10 (PWM10) | 定时器/计数器工作模式 | 计数上限值 TOP | OCR1x 更新时刻 | TOV1 标志设置 |
|---|---|---|---|---|---|---|---|---|
| 7 | 0 | 1 | 1 | 1 | 10 位快速 PWM | 0x03FF | TOP | TOP |
| 8 | 1 | 0 | 0 | 0 | 相位与频率修正 PWM | ICR1 | BOTTOM | BOTTOM |
| 9 | 1 | 0 | 0 | 1 | 相位与频率修正 PWM | OCR1A | BOTTOM | BOTTOM |
| 10 | 1 | 0 | 1 | 0 | 相位修正 PWM | ICR1 | TOP | BOTTOM |
| 11 | 1 | 0 | 1 | 1 | 相位修正 PWM | OCR1A | TOP | BOTTOM |
| 12 | 1 | 1 | 0 | 0 | CTC | ICR1 | 立即更新 | MAX |
| 13 | 1 | 1 | 0 | 1 | 保留 | — | — | — |
| 14 | 1 | 1 | 1 | 0 | 快速 PWM | ICR1 | TOP | TOP |
| 15 | 1 | 1 | 1 | 1 | 快速 PWM | OCR1A | TOP | TOP |



2) T/C1 控制寄存器 B—TCCR1B

| ICNC1 | ICES1 | — | WGM13 | WGM12 | CS12 | CS11 | CS10 |
|---|---|---|---|---|---|---|---|

位 7-ICNC1:输入捕捉噪声抑制器

置位 ICNC1 将使能输入捕捉噪声抑制功能,此时外部引脚 ICP1 的输入被滤波,其作用是从 ICP1 引脚连续进行 4 次采样。如果 4 个采样值都相等,那么信号送入边沿检测器。因此使能该功能使得输入捕捉被延时了 4 个时钟周期。

位 6-ICES1:输入捕捉触发沿选择

ICES1 为 0,选择的是下降沿触发输入捕捉;ICES1 为 1,选择的是逻辑电平的上升沿触发输入捕捉。当 ICR1 用作 TOP 值时,ICP1 与输入捕捉功能脱开,这时输入捕捉功能被禁用。

位 5-保留位

位 4∶3-WGM13∶2

波形发生模式

位 2∶0-CS12∶0

时钟选择,见表 6-23,其中,外部时钟从 T1 输入。

**表 6-23 时钟分频定义**

| CS12 | CS11 | CS10 | 说 明 |
|---|---|---|---|
| 0 | 0 | 0 | 无时钟源(T/C 停止) |
| 0 | 0 | 1 | $clk_{I/O}/1$ (无预分频) |

续表 6 - 23

| CS12 | CS11 | CS10 | 说 明 |
|---|---|---|---|
| 0 | 1 | 0 | $clk_{I/O}$/8（来自预分频器） |
| 0 | 1 | 1 | $clk_{I/O}$/64（来自预分频器） |
| 1 | 0 | 0 | $clk_{I/O}$/256（来自预分频器） |
| 1 | 0 | 1 | $clk_{I/O}$/1 024（来自预分频器） |
| 1 | 1 | 0 | 外部 T1 引脚，下降沿驱动 |
| 1 | 1 | 1 | 外部 T1 引脚，上升沿驱动 |

3）T/C1 控制寄存器 C—TCCR1C

| FOC1A | FOC1B | — | — | — | — | — | — |
|---|---|---|---|---|---|---|---|

➢ 位 7-FOC1A：强制输出比较 A

➢ 位 6-FOC1B：强制输出比较 B

对 FOC1A/FOC1B 写 1 将强制波形发生器产生一次成功的比较匹配，并使波形发生器依据 COM1x1：0 的设置而改变 OC1A/OC1B 的输出状态。FOC1A/FOC1B 的作用如同一个选通信号，COM1x1：0 的设置才是最终确定比较匹配结果的因素。FOC1A/FOC1B 选通信号不会产生任何中断请求，也不会对计数器清零。

4）T/C1 计数寄存器—TCNT1H 与 TCNT1L

TCNT1H 与 TCNT1L 组成了 T/C1 的数据寄存器 TCNT1，通过它们可以直接对定时器/计数器单元的 16 位计数器进行读/写访问。为保证 CPU 对高字节与低字节的同时读/写，必须使用一个 8 位临时高字节寄存器 TEMP，其中，TEMP 是所有的 16 位寄存器共用的。

5）输出比较寄存器 1A—OCR1AH 与 OCR1AL

6）输出比较寄存器 1B—OCR1BH 与 OCR1BL

该寄存器中的 16 位数据与 TCNT1 寄存器中的计数值进行连续比较，一旦数据匹配，则产生一个输出比较中断，或改变 OC1x 的输出逻辑电平。

7）输入捕捉寄存器 1—ICR1H 与 ICR1L

当外部引脚 ICP1（或 T/C1 的模拟比较器）有输入捕捉触发信号产生时，计数器 TCNT1 中的值写入 ICR1 中。

8）T/C1 中断屏蔽寄存器—TIMSK1

| — | — | ICIE1 | — | — | OCIE1B | OCIE1A | TOIE1 |
|---|---|---|---|---|---|---|---|

位 7，6-Res：保留位

位 5-ICIE1：T/C1 输入捕捉中断使能

位 4，3-Res：保留位

位 2-OCIE1B：T/C1 输出比较，B 匹配中断使能

位 1-OCIE1A：T/C1 输出比较，A 匹配中断使能

位 0-TOIE1：T/C1 溢出中断使能

9）T/C1 中断标志寄存器—TIFR1

| — | — | ICF1 | — | — | OCF1B | OCF1A | TOV1 |
|---|---|---|---|---|---|---|---|

位 7，6-Res：保留位

位 5-ICF1：T/C1 输入捕捉标志位。外部引脚 ICP1 出现捕捉事件时，ICF1 置位。此外，当 ICR1 作为计数器的 TOP 值时，一旦计数器值达到 TOP，ICF1 也置位。执行输入捕捉中断服务程序时，ICF1 自动清零，也可以对其写入逻辑 1 来清除该标志位。

位 4，3-Res：保留位

位 2-OCF1B：T/C1 输出比较 B 匹配标志位

位 1-OCF1A：T/C1 输出比较 A 匹配标志位

位 0-TOV1：T/C1 溢出标志

### 3. 对 16 位寄存器的读 /写操作

TCNT1、OCR1A/B 与 ICR1 是 AVR CPU 通过 8 位数据总线进行访问的 16 位寄存器，读/写 16 位寄存器需要两次操作。每个 16 位计时器都有一个 8 位临时寄存器用来存放高 8 位数据。每个 16 位定时器所属的 16 位寄存器共用相同的临时寄存器。访问低字节时会触发 16 位读或写操作。当 CPU 写数据到 16 位寄存器的低字节时，写入的 8 位数据与存放在临时寄存器中的高 8 位数据组成一个 16 位数据，同步写入到 16 位寄存器中。当 CPU 读取 16 位寄存器的低字节时，高字节内容在读低字节操作的同时被放置于临时寄存器中；但并非所有的 16 位访问都涉及临时寄存器，对 OCR1A/B 寄存器的读操作就不涉及临时寄存器。写 16 位寄存器时，应先写入该寄存器的高位字节；而读 16 位寄存器时，应先读取该寄存器的低位字节。

下面的例程说明了如何访问 16 位定时器寄存器，前提是假设不会发生更新临时寄存器内容的中断。同样的原则也适用于对 OCR1A/B 与 ICR1 寄存器的访问。使用 C 语言时，编译器会自动处理 16 位操作。

汇编代码例程：

```
...
; 设置 TCNT1 为 0x01FF
ldi r17,0x01
ldi r16,0xFF
out TCNT1H,r17
out TCNT1L,r16
```

```
;将 TCNT1 读入 r17:r16
in r16,TCNT1L
in r17,TCNT1H
...
```

C 代码例程：

```
unsigned int TIM16_ReadTCNT1( void )
{
unsigned char sreg;
unsigned int i;
/* 保存全局中断标志 */
sreg = SREG;
/* 禁用中断*/
_CLI();
/* 将 TCNT1 读入 i */
i = TCNT1;
/* 恢复全局中断标志 */
SREG = sreg;
return i;
}
```



在对 16 位寄存器操作时，最好首先屏蔽中断响应，防止在主程序读/写 16 位寄存器的两条指令之间发生这样的中断；如果在中断中它也访问同样的寄存器或其他的 16 位寄存器，从而更改了临时寄存器，那么中断返回后临时寄存器中的内容已经改变，会造成主程序对 16 位寄存器的读/写错误。

### 4. 定时器 1 的工作模式

1）普通模式

工作原理同定时器 0，只不过具体寄存器不同，而且是 16 位定时器。

2）CTC 模式

工作原理同定时器 0，但其 TOP 值由 OCR1A（WGM13：0=4）或 ICR1（WGM13：0 = 12）定义，同时有关具体的寄存器使用不同。频率由如下公式确定：

$$f_{\mathrm{OCnx}} = \frac{f_{\mathrm{clk\_I/O}}}{2 \cdot N \cdot (1 + \mathrm{OCRnx})}$$

式中，变量 $N$ 代表预分频因子(1、8、64、256 或 1 024)。

3）快速 PWM 模式

工作原理同定时器 0，但其 TOP 值由 OCR1A 或 ICR1 定义，同时有关具体的寄存器使用不同。输出的 PWM 频率可以通过如下公式计算得到：

$$f_{\mathrm{OCnxPWM}} = \frac{f_{\mathrm{clk\_I/O}}}{N \cdot (1 + \mathrm{TOP})}$$

式中，变量 $N$ 代表预分频因子(1、8、64、256 或 1 024)。

4）相位修正 PWM 模式

工作原理同定时器 0，但其 TOP 值由 OCR1A 或 ICR1 定义，同时有关具体的寄存器使用不同。输出的 PWM 频率可以通过如下公式计算得到：

$$f_{\text{OCnxPWM}} = \frac{f_{\text{clk\_I/O}}}{2 \cdot N \cdot \text{TOP}}$$

式中，变量 $N$ 代表预分频因子（1、8、64、256 或 1 024）。

5）频率相位修正 PWM 模式

此方式下定时器计数值的变化情况与相位修正的 PWM 完全一样，所不同的是其 TOP 值的修改时刻不同。相位修正的 PWM 的 TOP 值修改时刻是计数值达到 MAX 时；而相位与频率修正 PWM 方式的 TOP 值的修改时刻在计数值达到 BOTTOM 时，这样可以保证输出的 PWM 波形的相位与频率都是正确的，如图 6－19 所示。

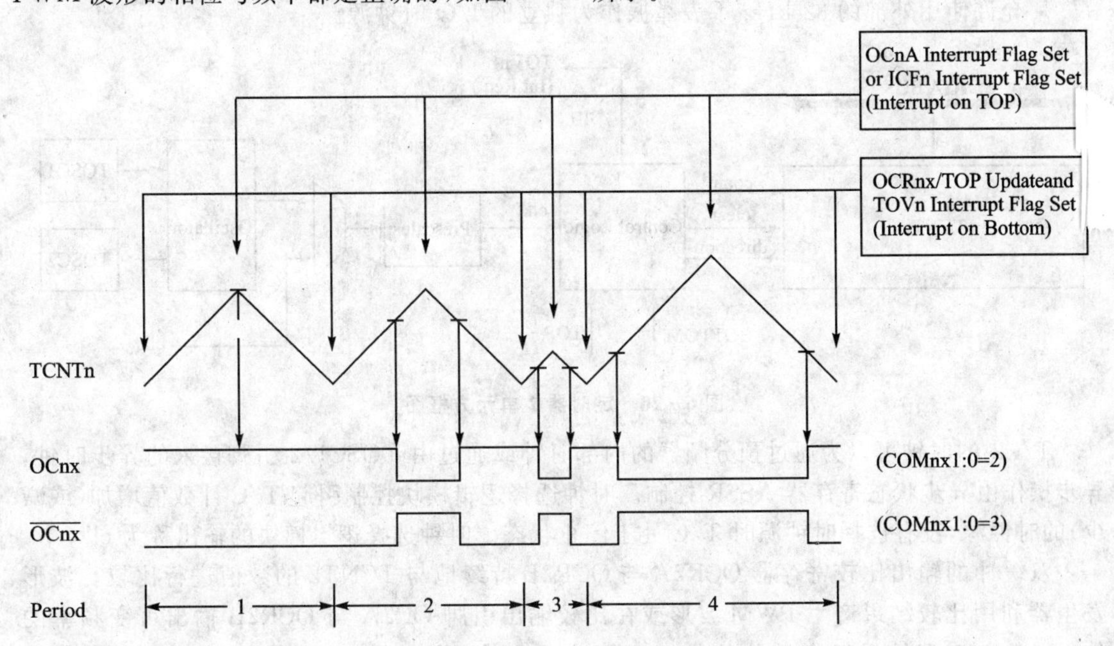


**图 6－19　频率相位修正 PWM 模式的时序图**

但其 TOP 值由 OCR1A 或 ICR1 定义，输出的 PWM 频率可以通过如下公式计算得到：

$$f_{\text{OCnxPWM}} = \frac{f_{\text{clk\_I/O}}}{2 \cdot N \cdot \text{TOP}}$$

式中，变量 $N$ 代表预分频因子（1、8、64、256 或 1 024）。

## 5. 输出比较单元

工作过程与的 timer0 完全相同，但是相应的控制寄存器则使用 timer1 的。

## 6.5.8　8 位异步操作 PWM 定时器 2

### 1. 概　述

定时器 2 的单元方框图如图 6-20 所示，主要特点：

- 单通道计数器；
- 比较匹配时清零定时器（自动重载）；
- 无干扰脉冲，相位正确的脉宽调制器（PWM）；
- 频率发生器；
- 10 位时钟预分频器；
- 溢出与比较匹配中断源（TOV2 与 OCF2A）；
- 允许使用外部的 32 kHz 手表晶振作为独立的 I/O 时钟源。

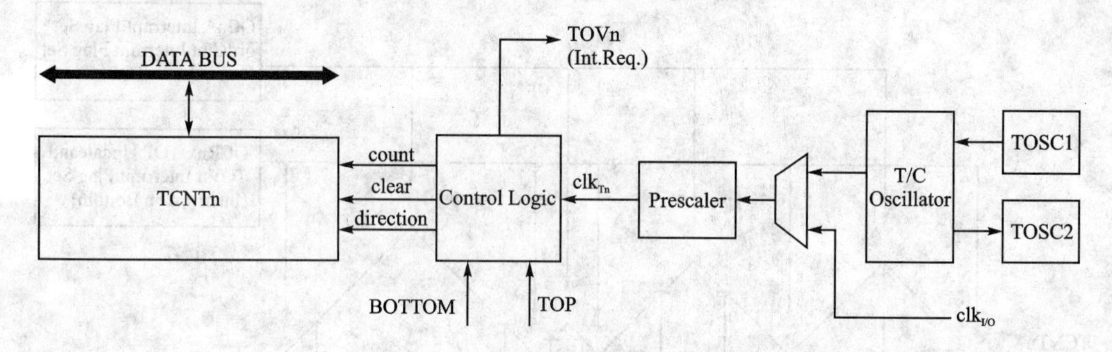


图 6-20　定时器 2 单元方框图

T/C2 的时钟可以为通过预分频器的内部时钟或通过由 TOSC1/2 引脚接入的异步时钟，异步操作由异步状态寄存器 ASSR 控制。时钟选择逻辑模块控制引起 T/C 计数值增加（或减少）的时钟源，没有选择时钟源时 T/C 处于停止状态。时钟选择逻辑模块的输出称为 $clk_{T2}$。

双缓冲的输出比较寄存器 OCR2A 与 OCR2B 持续地与 TCNT2 的数值进行比较。波形发生器利用比较结果产生 PWM 波形或在比较输出引脚 OC2A 与 OCR2B 输出可变频率的信号。比较匹配结果还会置位比较匹配标志 OCF2A 或 OCF2B，用来产生输出比较中断请求。

### 2. 定时器 2 寄存器说明

1）T/C 控制寄存器 A—TCCR2A

| COM2A1 | COM2A0 | COM2B1 | COM2B0 | — | — | WGM21 | WGM20 |
|---|---|---|---|---|---|---|---|

位 7：6-COM2A1：0：比较匹配输出 A 模式

位 5：4-COM2B1：0：比较匹配输出 B 模式，详见表 6-24～表 6-28

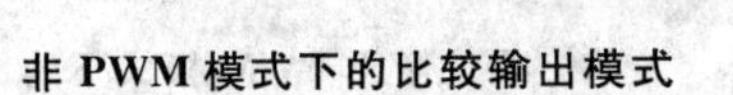

表 6-24 非 PWM 模式下的比较输出模式

| COM2A1/2B1 | COM2A0/2B0 | 说明 |
|---|---|---|
| 0 | 0 | 正常的端口操作,不与 OC2A/2B 相连接 |
| 0 | 1 | 比较匹配发生时 OC2A/2B 取反 |
| 1 | 0 | 比较匹配发生时 OC2A/2B 清零 |
| 1 | 1 | 比较匹配发生时 OC2A/2B 置位 |

表 6-25 快速 PWM 模式下的比较输出模式

| COM2A1 | COM2A0 | 说明 |
|---|---|---|
| 0 | 0 | 正常的端口操作,不与 OC2A 相连接 |
| 0 | 1 | WGM22 = 0 正常的端口操作,不与 OC2A 相连接<br>WGM22 = 1 比较匹配发生时 OC2A 取反 |
| 1 | 0 | 比较匹配发生时 OC2A 清零,计数到 TOP 时 OC2A 置位 |
| 1 | 1 | 比较匹配发生时 OC2A 置位,计数到 TOP 时 OC2A 清零 |

表 6-26 相位修正 PWM 模式下的比较输出模式

| COM2A1 | COM2A0 | 说明 |
|---|---|---|
| 0 | 0 | 正常的端口操作,不与 OC2A 相连接 |
| 0 | 1 | WGM22 = 0 正常的端口操作,不与 OC2A 相连接<br>WGM22 = 1 比较匹配发生时 OC2A 取反 |
| 1 | 0 | 升序计数时发生比较匹配将清零 OC2A,降序计数时发生比较匹配将置位 OC2A |
| 1 | 1 | 升序计数时发生比较匹配将置位 OC2A,降序计数时发生比较匹配将清零 OC2A |

表 6-27 快速 PWM 模式下的比较输出模式

| COM2B1 | COM2B0 | 说明 |
|---|---|---|
| 0 | 0 | 正常的端口操作,不与 OC2B 相连接 |
| 0 | 1 | 保留 |
| 1 | 0 | 比较匹配发生时 OC2B 清零,计数到 TOP 时 OC2B 置位 |
| 1 | 1 | 比较匹配发生时 OC2B 置位,计数到 TOP 时 OC2B 清零 |

**表 6-28 相位修正 PWM 模式下的比较输出模式**

| COM0B1 | COM0B0 | 说 明 |
|---|---|---|
| 0 | 0 | 正常的端口操作,不与 OC2B 相连接 |
| 0 | 1 | 保留 |
| 1 | 0 | 升序计数时发生比较匹配将清零 OC2B,降序计数时发生比较匹配将置位 OC2B |
| 1 | 1 | 升序计数时发生比较匹配将置位 OC2B,降序计数时发生比较匹配将清零 OC2B |

位 3,2-Res:保留位

位 1∶0-WGM21∶0:波形产生模式,详见表 6-29

**表 6-29 波形产生模式的位定义**

| 模 式 | WGM2 | WGM1 | WGM0 | T/C 的工作模式 | TOP | OCRx 的更新时间 | TOV 的置位时刻 |
|---|---|---|---|---|---|---|---|
| 0 | 0 | 0 | 0 | 普通 | 0xFF | 立即更新 | MAX |
| 1 | 0 | 0 | 1 | PWM,相位修正 | 0xFF | TOP | BOTTOM |
| 2 | 0 | 1 | 0 | CTC | OCRA | 立即更新 | MAX |
| 3 | 0 | 1 | 1 | 快速 PWM | 0xFF | TOP | MAX |
| 4 | 1 | 0 | 0 | 保留 | — | — | — |
| 5 | 1 | 0 | 1 | PWM,相位修正 | OCRA | TOP | BOTTOM |
| 6 | 1 | 1 | 0 | 保留 | — | — | — |
| 7 | 1 | 1 | 1 | 快速 PWM | OCRA | TOP | TOP |

2) T/C 控制寄存器 B—TCCR2B

| FOC2A | FOC2B | — | — | WGM22 | CS22 | CS21 | CS20 |
|---|---|---|---|---|---|---|---|

位 7-FOC2A:强制输出比较 A

位 6-FOC2B:强制输出比较 B

位 5∶4-Res:保留位

位 3-WGM22:波形产生模式

位 2∶0-CS22∶0:时钟选择,详见表 6-30

**表 6-30 时钟选择位定义**

| CS22 | CS21 | CS20 | 说 明 |
|---|---|---|---|
| 0 | 0 | 0 | 无时钟,T/C 不工作 |
| 0 | 0 | 1 | $Clk_{T2S}$/1 (没有预分频) |
| 0 | 1 | 0 | $Clk_{T2S}$/8 (来自预分频器) |
| 0 | 1 | 1 | $Clk_{T2S}$/32 (来自预分频器) |

续表 6-30

| CS22 | CS21 | CS20 | 说 明 |
| --- | --- | --- | --- |
| 1 | 0 | 0 | $Clk_{T2S}$/64（来自预分频器） |
| 1 | 0 | 1 | $Clk_{T2S}$/128(来自预分频器) |
| 1 | 1 | 0 | $Clk_{T2S}$/256(来自预分频器) |
| 1 | 1 | 1 | $Clk_{T2S}$/1 024(来自预分频器) |

3）T/C 计数寄存器—TCNT2

4）输出比较寄存器 A—OCR2A

5）输出比较寄存器 B—OCR2B

6）异步状态寄存器—ASSR

| — | EXCLK | AS2 | TCN2UB | OCR2AUB | OCR2BUB | TCR2AUB | TCR2BUB |
| --- | --- | --- | --- | --- | --- | --- | --- |



位 6-EXCLK:外部时钟输入使能

当 EXCLK 为 1 且选择了异步时钟时,则可以从 TOSC1 引脚输入外部时钟,而不是 32 kHz晶振。

位 5-AS2:异步 T/C2

AS2 为 0 时,T/C2 由 I/O 时钟 $clk_{I/O}$驱动;AS2 为 1 时,T/C2 由连接到 TOSC1 引脚的晶体振荡器驱动。

位 4-TCN2UB:T/C2 更新中

T/C2 工作于异步模式时,更改 TCNT2 将引起 TCN2UB 置位。当 TCNT2 从暂存寄存器更新完毕后 TCN2UB 由硬件清零。TCN2UB 为 0 表明 TCNT2 可以写入新值了。

位 3-OCR2AUB:输出比较寄存器 2 更新中

T/C2 工作于异步模式时,更改 OCR2A 将引起 OCR2UB 置位。当 OCR2A 从暂存寄存器更新完毕后 OCR2AUB 由硬件清零。OCR2AUB 为 0 表明 OCR2A 可以写入新值了。

位 2-OCR2BUB:输出比较寄存器 2 更新中

其他与 OCR2AUB 相似。

位 1-TCR2AUB:T/C 控制寄存器 2 更新中

其他与 OCR2AUB 相似。

位 0-TCR2BUB:T/C 控制寄存器 2 更新中

其他与 OCR2AUB 相似。

如果在更新忙标志置位的时候写上述任何一个寄存器,则都将引起数据的破坏,并引发不必要的中断。读取 TCNT2、OCR2A、OCR2B、TCCR2A 与 TCCR2B 的机制是不同的,读取 TCNT2 得到的是实际的值,而 OCR2A、OCR2B、TCCR2A 与 TCCR2B 则是从暂存寄存器中读取的。

异步模式操作的注意事项：

若选择了异步工作模式，则 T/C2 的 32.768 kHz 振荡器将一直工作，除非进入掉电模式或 Standby 模式。注意，此振荡器的稳定时间可能长达 1 s。因此，建议在器件上电复位，或从掉电/Standby 模式唤醒时至少等待 1 s 后再使用 T/C2。同时，由于启动过程时钟的不稳定性，唤醒时所有的 T/C2 寄存器的内容都可能不正确，不论使用的是晶体还是外部时钟信号，用户必须重新给这些寄存器赋值。

同步和异步模式之间的转换有可能造成 TCNT2、OCR2x 和 TCCR2x 数据的损毁，安全的步骤应该是：

① 清零 OCIE2x 和 TOIE2，以关闭 T/C2 的中断。

② 设置 AS2，以选择合适的时钟源。

③ 对 TCNT2、OCR2x 和 TCCR2x 写入新的数据。

④ 切换到异步模式：等待 TCN2xUB、OCR2xUB 和 TCR2xUB 清零。

⑤ 清除 T/C2 的中断标志。

⑥ 需要的话，使能中断。

⑦ 系统主时钟，必须比晶振高 4 倍以上。

从省电模式唤醒之后的短时间内读取 TCNT2 可能返回不正确的数据，因为 TCNT2 是由异步的 TOSC 时钟驱动的，而读取 TCNT2 必须通过一个与内部 I/O 时钟同步的寄存器来完成。同步发生于每个 TOSC1 的上升沿。从省电模式唤醒后 I/O 时钟重新激活，而读到的 TCNT2 数值为进入休眠模式前的值，直到下一个 TOSC1 上升沿的到来。从省电模式唤醒时 TOSC1 的相位是完全不可预测的，而且与唤醒时间有关。因此，读取 TCNT2 的推荐序列为：

① 写一个任意数值到 OCR2x 或 TCCR2x。

② 等待相应的更新忙标志清零。

③ 读 TCNT2。

7）定时器/计数器 2 中断屏蔽寄存器—TIMSK2

| – | – | – | – | – | OCIE2B | OCIE2A | TOIE2 |
|---|---|---|---|---|---|---|---|

位 2-OCIE2B：T/C2 输出比较匹配 B 中断使能

位 1-OCIE2A：输出比较匹配 A 中断使能

位 0-TOIE2：T/C2 溢出中断使能

8）定时器/计数器 2 中断标志寄存器—TIFR2

| – | – | – | – | – | OCF2B | OCF2A | TOV2 |
|---|---|---|---|---|---|---|---|

位 2-OCF2B：输出比较标志 2B

位 1-OCF2A：输出比较标志 2A

位 0-TOV2：T/C2 溢出标志

### 3. 定时器 2 的工作模式

1）普通模式

工作原理同定时器 0，只不过使用的是定时器 2 的寄存器。

2）CTC 模式

工作原理同定时器 0，但其 TOP 值由 OCR2A（WGM22：0 = 2）定义，同时有关具体的寄存器使用不同。频率由如下公式确定：

$$f_{\mathrm{OCnx}} = \frac{f_{\mathrm{clk\_I/O}}}{2 \cdot N \cdot (1 + \mathrm{OCRnx})}$$

式中，变量 $N$ 代表预分频因子(1、8、64 或 1 024)。

3）快速 PWM 模式

工作原理同定时器 0，但其 TOP 值由 OCR2A 定义，同时有关具体的寄存器使用不同。输出的 PWM 频率可以通过如下公式计算得到：

$$f_{\mathrm{OCnxPWM}} = \frac{f_{\mathrm{clk\_I/O}}}{N \cdot 256}$$

式中，变量 $N$ 代表预分频因子(1、8、32、64、128、256 或 1 024)

4）相位修正 PWM 模式

工作原理同定时器 0，但其 TOP 值由 OCR2A 定义，同时有关具体的寄存器使用不同。输出的 PWM 频率可以通过如下公式计算得到：

$$f_{\mathrm{OCnxPWM}} = \frac{f_{\mathrm{clk\_I/O}}}{N \cdot 510}$$

式中，变量 $N$ 代表预分频因子(1、8、32、64、128、256 或 1 024)

### 4. 输出比较单元

工作过程与的 timer0 完全相同，但是相应的控制寄存器则使用 timer2 的。

## 6.6 复位与中断

### 6.6.1 复　位

#### 1. 复位后的初始状态

AVR 复位时所有的 I/O 寄存器都被设置为初始值，程序从复位向量处开始执行。ATmega168 复位向量处的指令必须是绝对跳转 JMP 指令，以使程序跳转到复位处理例程。

ATmega48与 ATmega88 复位向量处的指令必须是相对跳转 RJMP 指令，以使程序跳转到复位处理例程。如果程序永远不利用中断功能，则中断向量可以由一般的程序代码覆盖。这个处理方法同样适用于复位向量位于应用程序区，中断向量位于 Boot 区，或者复位向量位于 Boot 区，而中断向量位于应用程序区只适用于 ATmega88/168。

复位源有效时 I/O 端口立即复位为初始值，此时不要求任何时钟处于正常运行状态。所有的复位信号消失之后，芯片内部的一个延时计数器 $t_{TOUT}$ 被激活，将内部复位的时间延长。这种处理方式使得在 MCU 正常工作之前有一定的时间让电源达到稳定的电平。这个延时（$t_{TOUT}$）由看门狗振荡器定时，而延时的周期数通过熔丝位 SUTx 与 CKSELx 来设定。

延时的主要目的是保证在系统能够提供符合应用要求的最小的 $V_{CC}$ 电压之前 AVR 处于复位状态。延时过程中 MCU 并不监控实际的电压。因此需要用户选择合适的、长于 $V_{CC}$ 上升时间的延时时间。如果无法做到这一点，就应该使用 BOD。BOD 电路可以保证在释放复位之前有足够高的 $V_{CC}$，使用 BOD 时可以禁止超时、延时。



## 2. 复位源

复位源 ATmega48/88/168 有 4 个复位源：

- 上电复位。当电源电压低于上电复位门限 $V_{POT}$ 时，MCU 复位。
- 外部复位。当引脚 RESET 的低电平持续时间大于最小脉冲宽度时，MCU 复位。
- 看门狗复位。当看门狗使能并且看门狗定时器溢出时复位发生。
- 掉电检测复位（BOD）。当掉电检测复位功能使能，且电源电压低于掉电检测复位门限 VBOT 时，MCU 即复位。

1）上电复位上电复位（POR）

脉冲由片内检测电路产生。只要 $V_{CC}$ 低于检测电平，POR 即发生。POR 电路可以用来触发启动复位或者检测电源故障，保证器件在上电时复位。$V_{CC}$ 达到上电门限电压后触发延时计数器，在计数器溢出之前器件一直保持为复位状态。当 $V_{CC}$ 下降时，只要低于检测门限，RESET 信号立即生效。

2）外部复位外部复位

由外加于 RESET 引脚的低电平产生。当复位低电平持续时间大于最小脉冲宽度 2.5 μs 时，触发复位过程，即使此时并没有时钟信号在运行。当外加信号达到复位门限电压 $V_{RST}$（上升沿）时，$t_{TOUT}$ 延时周期启动；延时结束后，MCU 启动。外部复位可由 RSTDISBL 熔丝位禁用。

3）掉电检测

ATmega48/88/168 具有片内 BOD（Brown-out Detection）电路，通过与固定触发电平的对比来检测工作过程中 $V_{CC}$ 的变化。此触发电平通过熔丝位 BODLEVEL 来设定，其编码见表 6－31。BOD 的触发电平具有迟滞回线，以消除电源尖峰的影响。

表 6-31　BODLEVEL 熔丝位编码

| BODLEVEL 2..0 熔丝位 | 典型 $V_{BOT}$/V |
|---|---|
| 111 | BOD 被禁用 |
| 110 | 1.8 |
| 101 | 2.7 |
| 100 | 4.3 |
| 其他 | 保留 |

BOD 使能后，一旦 $V_{CC}$ 下降到触发电平以下（$V_{BOT-}$），BOD 复位立即被激发。当 $V_{CC}$ 上升到触发电平以上时（$V_{BOT+}$），延时计数器开始计数；一旦超过溢出时间 $t_{TOUT}$，MCU 恢复工作。

4）看门狗复位

看门狗定时器溢出时将产生持续时间为 1 个 CK 周期的复位脉冲，在脉冲的下降沿，延时定时器开始对 $t_{TOUT}$ 记数，延时结束后 MCU 启动。



### 3. MCU 复位状态寄存器

| — | — | — | — | WDRF | BORF | EXTRF | PORF |
|---|---|---|---|---|---|---|---|

位 7..4：Res：保留位

位 3 - WDRF：看门狗复位标志

位 2 - BORF：掉电检测复位标志

位 1 - EXTRF：外部复位标志

位 0 - PORF：上电复位标志

## 6.6.2　中　断

AVR 有不同的中断源，每个中断和复位在程序空间都有独立的中断向量。所有中断事件都有自己的使能位，在使能位置位且状态寄存器的全局中断使能位 I 也置位的情况下，中断可以发生。

从根本上说有两种类型的中断。第一种由事件触发并置位中断标志。对于这些中断，程序计数器跳转到实际的中断向量以执行中断处理例程，同时硬件将清除相应的中断标志。中断标志也可以通过对其写 1 来清除。当中断发生后，如果相应的中断使能位为 0，则中断标志位置位，并一直保持到中断执行或者被软件清除。类似的，如果全局中断标志被清零，则所有已发生的中断都不会被执行，直到 I 置位，然后被挂起的各个中断按中断优先级依次执行。第二种类型的中断则是只要中断条件满足就会一直触发，这些中断不需要中断标志。若中断条件在中断使能之前就消失了，则中断不会被触发。

AVR 退出中断后总是回到主程序并至少执行一条指令才可以去执行其他被挂起的中

断。要注意的是，进入中断服务程序时状态寄存器不会自动保存，中断返回时也不会自动恢复，这些工作必须由用户通过软件来完成。

任一中断发生时全局中断使能位 I 被清零，所有其他中断都被禁止。用户软件可以通过置位 I 来实现中断嵌套，此时所有的中断都可以中断当前中断服务程序。执行 RETI 指令后全局中断使能位 I 自动置位。

使用 CLI 指令来禁止中断时，中断禁止立即生效。没有中断可以在执行 CLI 指令后发生，即使它是在执行 CLI 指令的同时发生的。在写 EEPROM 时使用这个指令来防止中断发生，以避免对 EEPROM 内容的可能破坏。

程序存储区的最低地址默认为复位向量和中断向量，向量所在的地址越低，优先级越高。RESET 具有最高的优先级。通过置位 MCU 控制寄存器 MCUCR 的 IVSEL，中断向量可以移至引导 Flash 的起始处。编程熔丝位 BOOTRST 可以将复位向量也移至引导 Flash 的起始处。

AVR 中断响应时间最少为 4 个时钟周期。4 个时钟周期后，程序跳转到实际的中断处理例程。在这 4 个时钟期间，PC 自动入栈。若中断发生时 MCU 处于休眠模式，则中断响应时间还需增加 4 个时钟周期；此外还要考虑到不同的休眠模式所需要的启动时间，这个时间不包括在前面提到的时钟周期里。中断返回需要 4 个时钟，在此期间 PC 将被弹出栈，堆栈指针加 2，状态寄存器 SREG 的 I 置位。



### 6.6.3　外部中断

外部中断通过引脚 INT0、INT1 或 PCINT23..0 触发。只要使能了中断，即使引脚 INT0、INT1 或 PCINT23..0 配置为输出，那么只要电平发生了合适的变化，中断也会触发，这个特点可以用来产生软件中断。PCINT23..16 引脚上的电平变化将触发外部中断 PCI2，PCINT14..8 引脚上的电平变化将触发外部中断 PCI1，PCINT7..0 将触发外部中断 PCI0。PCMSK2、PCMSK1 与 PCMSK0 寄存器用来检测是哪个引脚上的电平发生了变化。PCINT23..0 外部中断的检测是异步的。也就是说，和其他中断方式一样，这些中断也可以用来将器件从休眠模式唤醒。

INT0 与 INT1 中断可以由下降沿、上升沿或者是低电平触发。当 INT0 或 INT1 中断使能且设定为电平触发时，只要引脚电平被拉低，中断就会产生。若要求 INT0 或 INT1 在信号下降沿或上升沿触发中断，则 I/O 时钟必须工作。INT0 与 INT1 的低电平中断检测是异步的，也就是说，它可以用来将器件从休眠模式唤醒。在休眠过程（除了空闲模式）中，I/O 时钟是停止的。通过电平中断将 MCU 从掉电模式唤醒时，要保证低电平保持一定的时间，以使 MCU 完成唤醒过程并触发中断。如果触发电平在启动时间结束前就消失，则 MCU 被唤醒，但中断不会被触发。启动时间由熔丝位 SUT 与 CKSEL 决定。

1）外部中断控制寄存器 A—EICRA

| — | — | — | — | ISC11 | ISC10 | ISC01 | ISC00 |
|---|---|---|---|---|---|---|---|

位 7..4 -Res:保留位

位 3，2 -ISC11，ISC10:中断触发方式控制 1 的位 1 与位 0

位 1，0 -ISC01，ISC00:中断触发方式控制 0 的位 1 与位 0

外部中断 1 由引脚 INT1 激发。如果选择了边沿触发方式或电平变化触发方式,那么持续时间大于一个时钟周期的脉冲将触发中断,过短的脉冲则不能保证触发中断。如果选择低电平触发方式,那么低电平必须保持到当前指令执行完成。触发方式见表 6-32。

**表 6-32 中断 1/0 触发方式控制**

| ISC11/01 | ISC10/01 | 说 明 |
|---|---|---|
| 0 | 0 | INT1/0 为低电平时产生中断请求 |
| 0 | 1 | INT1/0 引脚上任意的逻辑电平变化都将引发中断 |
| 1 | 0 | INT1/0 的下降沿产生异步中断请求 |
| 1 | 1 | INT1/0 的上升沿产生异步中断请求 |



2）外部中断屏蔽寄存器—EIMSK

| — | — | — | — | — | — | INT1 | INT0 |
|---|---|---|---|---|---|---|---|

位 7..2 -Res:保留位

位 1 -INT1:外部中断请求 1 使能

位 0 -INT0:外部中断请求 0 使能

3）外部中断标志寄存器—EIFR

| — | — | — | — | — | — | INTF1 | INTF0 |
|---|---|---|---|---|---|---|---|

位 7..2 -Res:保留位

位 1 -INTF1:外部中断标志 1

位 0 -INTF0:外部中断标志 0

4）引脚电平变化中断控制寄存器—PCICR

| — | — | — | — | — | PCIE2 | PCIE1 | PCIE0 |
|---|---|---|---|---|---|---|---|

位 7..3 -Res:保留位

位 2 -PCIE2:引脚电平变化中断使能 2

当 PCIE2 位与 SREG 的位 I 置 1 时,电平变化触发中断。PCINT23..16 引脚上的任何电平变化都会引起中断,此中断请求由 PCI2 中断向量执行。

位 1 -PCIE1:引脚电平变化中断使能 1

当 PCIE1 位与 SREG 的位 I 置 1 时,电平变化触发中断。PCINT14..8 引脚上的任何电平变化都会引起中断,此中断请求由 PCI1 中断向量执行。

位0-PCIE0:引脚电平变化中断使能0

当PCIE0位与SREG的位I置1时,电平变化触发中断。PCINT7..0引脚上的任何电平变化都会引起中断,此中断请求由PCI0中断向量执行。

5) 引脚电平变化中断标志寄存器—PCIFR

| — | — | — | — | — | PCIF2 | PCIF1 | PCIF0 |
|---|---|---|---|---|---|---|---|

位7..3-Res:保留位

位2-PCIF2:引脚电平变化中断标志2

位1-PCIF1:引脚电平变化中断标志1

位0-PCIF0:引脚电平变化中断标志0

6) 引脚电平变化屏蔽寄存器2—PCMSK2

| PCINT23 | PCINT22 | PCINT21 | PCINT20 | PCINT19 | PCINT18 | PCINT17 | PCINT16 |
|---|---|---|---|---|---|---|---|

位7..0-PCINT23..16

PCINT23..16中的每一位决定相应的I/O引脚电平变化中断是否使能,如果置位,则相应的引脚电平变化中断使能,如果清零,相应的引脚电平变化中断禁用。

7) 引脚电平变化屏蔽寄存器1—PCMSK1

| — | PCINT14 | PCINT13 | PCINT12 | PCINT11 | PCINT10 | PCINT9 | PCINT8 |
|---|---|---|---|---|---|---|---|

位7-Res:保留位

位6..0-PCINT14..8:引脚电平变化使能屏蔽位14..8

使用方法同PCMSK2。

8) 引脚变化屏蔽寄存器0—PCMSK0

| PCINT7 | PCINT6 | PCINT5 | PCINT4 | PCINT3 | PCINT2 | PCINT1 | PCINT0 |
|---|---|---|---|---|---|---|---|

位7..0-PCINT7..0:引脚电平变化使能屏蔽位7..0

使用方法同PCMSK2。

### 6.6.4 ATmega48复位与中断向量

ATmega48、ATmega88与ATmega168的中断向量基本相同,差别如下:

① ATmega168的每个中断向量占据两个指令字,而ATmega48与ATmega88的只占一个指令字。

② ATmega48没有独立的Boot Loader区。在ATmega88与ATmega168中,复位向量由BOOTRST熔丝位决定,中断向量的起始地址由MCUCR寄存器的IVSEL决定。

详见表6-33。

表 6-33 ATmega48/88/168 的复位和中断向量

| 向量号 | 程序地址 | 中断源 | 中断定义 |
|---|---|---|---|
| 1 | 0x000 | RESET | 外部电平复位,上电复位,掉电检测复位,看门狗复位 |
| 2 | 0x001 | INT0 | 外部中断请求 0 |
| 3 | 0x002 | INT1 | 外部中断请求 1 |
| 4 | 0x003 | PCINT0 | 引脚电平变化中断请求 0 |
| 5 | 0x004 | PCINT1 | 引脚电平变化中断请求 1 |
| 6 | 0x005 | PCINT2 | 引脚电平变化中断请求 2 |
| 7 | 0x006 | WDT | 看门狗超时中断 |
| 8 | 0x007 | TIMER2 COMPA | 定时器/计数器 2 比较匹配 A |
| 9 | 0x008 | TIMER2 COMPB | 定时器/计数器 2 比较匹配 B |
| 10 | 0x009 | TIMER2 OVF | 定时器/计数器 2 溢出 |
| 11 | 0x00A | TIMER1 CAPT | 定时器/计数器 1 事件捕捉 |
| 12 | 0x00B | TIMER1 COMPA | 定时器/计数器 1 比较匹配 A |
| 13 | 0x00C | TIMER1 COMPB | 定时器/计数器 1 比较匹配 B |
| 14 | 0x00D | TIMER1 OVF | 定时器/计数器 1 溢出 |
| 15 | 0x00E | TIMER0 COMPA | 定时器/计数器 0 比较匹配 A |
| 16 | 0x00F | TIMER0 COMPB | 定时器/计数器 0 比较匹配 B |
| 17 | 0x010 | TIMER0 OVF | 定时器/计数器 0 溢出 |
| 18 | 0x011 | SPI, STC | SPI 串行传输结束 |
| 19 | 0x012 | USART、RX | USART、Rx 结束 |
| 20 | 0x013 | USART、UDRE | USART 数据寄存器空 |
| 21 | 0x014 | USART、TX | USART、Tx 结束 |
| 22 | 0x015 | ADC | ADC 转换结束 |
| 23 | 0x016 | EE READY | EEPROM 准备好 |
| 24 | 0x017 | ANALOG COMP | 模拟比较器 |
| 25 | 0x018 | TWI | 两线串行接口 |
| 26 | 0x019 | SPM READY | 保存程序存储器内容就绪 |

当寄存器 MCUCR 的 IVSEL 置位时,中断向量转移到 Boot 区的起始地址,此时各个中断向量的实际地址为表中地址与 Boot 区起始地址之和。对于 ATmega88/168 而言,熔丝位 BOOTRST 被编程时,MCU 复位后程序跳转到 Boot Loader。

### 6.6.5 ATmega88 复位与中断向量

Boot Flash Section 的大小与位置由熔丝位 BOOTSZ1、BOOTSZ2 决定。ATmega88 Boot 区大小配置见表 6－34。

表 6－34 ATmega88 Boot 区大小配置

| BOOTSZ1 | BOOTSZ0 | Boot 区大小 | 页 数 | 应用 Flash 区 | BootLoader Flash 区 | 应用区结束地址 | Boot 复位地址（BootLoader 起始地址） |
|---|---|---|---|---|---|---|---|
| 1 | 1 | 128 字 | 4 | 0x000～0xF7F | 0xF80 -0xFFF | 0xF7F | 0xF80 |
| 1 | 0 | 256 字 | 8 | 0x000～0xEFF | 0xF00 -0xFFF | 0xEFF | 0xF00 |
| 0 | 1 | 512 字 | 16 | 0x000～0xDFF | 0xE00 -0xFFF | 0xDFF | 0xE00 |
| 0 | 0 | 1 024 字 | 32 | 0x000～0xBFF | 0xC00 -0xFFF | 0xBFF | 0xC00 |



表 6－35 列出了不同的 BOOTRST/IVSEL 设置条件下的复位和中断向量的位置。如果程序没有使用中断，中断向量就没有意义。用户可以在此直接写程序；同样，如果复位向量位于应用区，而其他中断向量位于 Boot 区，则复位向量之后可以直接写程序。

表 6－35 ATmega88 复位与中断向量位置的确定

| BOOTRST | IVSEL | 复位地址 | 中断向量起始地址 |
|---|---|---|---|
| 1 | 0 | 0x000 | 0x001 |
| 1 | 1 | 0x000 | Boot 区复位地址＋ 0x001 |
| 0 | 0 | Boot 区复位地址 | 0x001 |
| 0 | 1 | Boot 区复位地址 | Boot 区复位地址 ＋ 0x001 |

注：对于熔丝位“1”表示未编程，“0”表示已编程。

BOOTRST 未编程，IVSEL 未置位时，ATmega88 典型的复位和中断设置如下：

```
地址    标号   代码           说明
0x000   rjmp   RESET          ;复位处理
0x001   rjmp   EXT_INT0       ;IRQ0 处理
0x002   rjmp   EXT_INT1       ;IRQ1 处理
0x003   rjmp   PCINT0         ;PCINT0 处理
0x004   rjmp   PCINT1         ;PCINT1 处理
0x005   rjmp   PCINT2         ;PCINT2 处理
0x006   rjmp   WDT            ;看门狗定时器处理
0x007   rjmp   TIM2_COMPA     ;定时器 2 比较 A 处理
0X008   rjmp   TIM2_COMPB     ;定时器 2 比较 B 处理
```

```
0x009   rjmp   TIM2_OVF          ;定时器 2 溢出处理
0x00A   rjmp   TIM1_CAPT         ;定时器 1 捕捉处理
0x00B   rjmp   TIM1_COMPA        ;定时器 1 比较 A 处理
0x00C   rjmp   TIM1_COMPB        ;定时器 1 比较 B 处理
0x00D   rjmp   TIM1_OVF          ;定时器 1 比较处理
0x00E   rjmp   TIM0_COMPA        ;定时器 0 比较 A 处理
0x00F   rjmp   TIM0_COMPB        ;定时器 0 比较 B 处理
0x010   rjmp   TIM0_OVF          ;定时器 0 溢出处理
0x011   rjmp   SPI_STC           ;SPI 传输结束处理
0x012   rjmp   USART_RXC         ;USART,RX 结束处理
0x013   rjmp   USART_UDRE        ;USART,UDR 空处理
0x014   rjmp   USART_TXC         ;USART,TX 结束处理
0x015   rjmp   ADC               ;ADC 转换结束处理
0x016   rjmp   EE_RDY            ;EEPROM 就绪处理
0x017   rjmp   ANA_COMP          ;模拟比较器处理
0x018   rjmp   TWI               ;两线串行接口处理
0x019   rjmp   SPM_RDY           ;SPM 就绪处理
;
0x01A   RESET:ldi r16, high(RAMEND)   ;主程序
0x01B   out SPH,r16                   ;设置堆栈指针为 RAM 的顶部
0x01C   ldi r16, low(RAMEND)
0x01D   out SPL,r16
0x01E   sei                           ;使能中断
0x01F   <instr> xxx
... ... ... ...
```

当熔丝位 BOOTRST 未编程，Boot 区为 2 KB，且寄存器 MCUCR 的 IVSEL 在使能任何中断之前置位时，ATmega88 典型的复位和中断设置如下：

```
地址    标号代码                      说明
0x000   RESET:ldi r16,high(RAMEND)    ;主程序
0x001   out SPH,r16                   ;设置堆栈指针为 RAM 的顶部
0x002   ldi r16,low(RAMEND)
0x003   out SPL,r16
0x004   sei                           ;使能中断
0x005   <instr> xxx
```

```
;
.org 0xC01
0xC01 rjmp EXT_INT0                          ; IRQ0 处理
0xC02 rjmp EXT_INT1                          ; IRQ1 处理
... ... ... ;
0xC19 rjmp SPM_RDY                           ; SPM 就绪处理
```

当熔丝位 BOOTRST 被编程，且 Boot 区为 2 KB 时，寄存器 MCUCR 的 IVSEL 未置位，ATmega88 典型的复位和中断设置如下：

```
地址    标号代码                              说明
.org 0x001
0x001 rjmp EXT_INT0                          ; IRQ0 处理
0x002 rjmp EXT_INT1                          ; IRQ1 处理
... ... ... ;
0x019 rjmp SPM_RDY                           ; SPM 就绪处理
;
.org 0xC00
0xC00 RESET:ldi r16,high(RAMEND)             ; 主程序
0xC01 out SPH,r16                            ; 设置堆栈指针为 RAM 的顶部
0xC02 ldi r16,low(RAMEND)
0xC03 out SPL,r16
0xC04 sei                                    ; 使能中断
0xC05 <instr> xxx
```

当熔丝位 BOOTRST 被编程，Boot 区为 2 KB，且寄存器 MCUCR 的 IVSEL 在使能任何中断之前被置位时，ATmega88 典型的复位和中断设置如下：

```
地址    标号代码                              说明
;
.org 0xC00
0xC00   rjmp RESET                           ; 复位处理
0xC01   rjmp EXT_INT0                        ; IRQ0 处理
0xC02   rjmp EXT_INT1                        ; IRQ1 处理
... ... ...                                  ;
0xC19   rjmp SPM_RDY                         ; SPM 就绪处理
;
0xC1A   RESET:ldi r16,high(RAMEND)           ; 主程序
```

```
0xC1B   out SPH,r16                        ;设置堆栈指针为 RAM 的顶部
0xC1C   ldi r16,low(RAMEND)
0xC1D   out SPL,r16
0xC1E   sei                                ;使能中断
0xC1F   <instr> xxx
```

## 6.6.6 ATmega168 复位与中断向量

ATmega168 Boot 区大小配置见表 6-36。

表 6-36　ATmega168 Boot 区大小配置

| BOOTSZ1 | BOOTSZ0 | Boot 区大小 | 页数 | 应用 Flash 区 | Boot Loader Flash 区 | 应用区结束地址 | Boot 复位地址（BootLoader 起始地址） |
|---|---|---|---|---|---|---|---|
| 1 | 1 | 128 字 | 4 | 0x0000～0x1F7F | 0x1F80～0x1FFF | 0x1F7F | 0x1F80 |
| 1 | 0 | 256 字 | 8 | 0x0000～0x1EFF | 0x1F00～0x1FFF | 0x1EFF | 0x1F00 |
| 0 | 1 | 512 字 | 16 | 0x0000～0x1DFF | 0x1E00～0x1FFF | 0x1DFF | 0x1E00 |
| 0 | 0 | 1 024 字 | 32 | 0x0000～0x1BFF | 0x1C00～0x1FFF | 0x1BFF | 0x1C00 |



ATmega168 复位和中断向量位置的确定如下：

| BOOTRST | IVSEL | 复位地址 | 中断向量起始地址 |
|---|---|---|---|
| 1 | 0 | 0x000 | 0x001 |
| 1 | 1 | 0x000 | Boot 区复位地址＋ 0x002 |
| 0 | 0 | Boot 区复位地址 | 0x001 |
| 0 | 1 | Boot 区复位地址 | Boot 区复位地址 ＋ 0x002 |

BOOTRST 未编程，IVSEL 未置位时，ATmega168 典型的复位和中断设置如下：

```
地址      标号代码                           说明
0x0000   jmp RESET                         ；复位处理
0x0002   jmp EXT_INT0                      ；IRQ0 处理
0x0004   jmp EXT_INT1                      ；IRQ1 处理
0x0006   jmp PCINT0                        ；PCINT0 处理
0x0008   jmp PCINT1                        ；PCINT1 处理
0x000A   jmp PCINT2                        ；PCINT2 处理
0x000C   jmp WDT                           ；看门狗定时器处理
0x000E   jmp TIM2_COMPA                    ；定时器 2 比较 A 处理
0x0010   jmp TIM2_COMPB                    ；定时器 2 比较 B 处理
```

```
0x0012  jmp TIM2_OVF                   ; 定时器 2 溢出处理
0x0014  jmp TIM1_CAPT                  ; 定时器 1 捕捉处理
0x0016  jmp TIM1_COMPA                 ; 定时器 1 比较 A 处理
0x0018  jmp TIM1_COMPB                 ; 定时器 1 比较 B 处理
0x001A  jmp TIM1_OVF                   ; 定时器 1 溢出处理
0x001C  jmp TIM0_COMPA                 ; 定时器 0 比较 A 处理
0x001E  jmp TIM0_COMPB                 ; 定时器 0 比较 B 处理
0x0020  jmp TIM0_OVF                   ; 定时器 0 溢出处理
0x0022  jmp SPI_STC                    ; SPI 传输结束处理
0x0024  jmp USART_RXC                  ; USART, RX 结束处理
0x0026  jmp USART_UDRE                 ; USART, UDR 空处理
0x0028  jmp USART_TXC                  ; USART, TX 结束处理
0x002A  jmp ADC                        ; ADC 转换结束处理
0x002C  jmp EE_RDY                     ; EEPROM 就绪处理
0x002E  jmp ANA_COMP                   ; 模拟比较器处理
0x0030  jmp TWI                        ; 两线串行处理
0x0032  jmp SPM_RDY                    ; SPM 就绪处理
;
0x0033  RESET:ldi r16, high(RAMEND)    ; 主程序
0x0034  out SPH,r16                    ; 设置堆栈指针为 RAM 的顶部
0x0035  ldi r16, low(RAMEND)
0x0036  out SPL,r16
0x0037  sei                            ; 使能中断
0x0038  <instr> xxx
... ... ... ...
```



当熔丝位 BOOTRST 未编程，Boot 区为 2 KB，且寄存器 MCUCR 的 IVSEL 在使能任何中断之前置位时，ATmega168 典型的复位和中断设置如下：

```
地址    标号代码                        说明
0x0000  RESET:ldi r16,high(RAMEND)     ; 主程序
0x0001  out SPH,r16                    ; 设置堆栈指针为 RAM 的顶部
0x0002  ldi r16,low(RAMEND)
0x0003  out SPL,r16
0x0004  sei                            ; 使能中断
0x0005  <instr> xxx
```

```
;
.org 0xC02
0x1C02  jmp EXT_INT0                    ; IRQ0 处理
0x1C04  jmp EXT_INT1                    ; IRQ1 处理
... ... ... ;
0x1C32  jmp SPM_RDY                     ; SPM 就绪处理
```

当熔丝位 BOOTRST 被编程，且 Boot 区为 2 KB 时，寄存器 MCUCR 的 IVSEL 未置位，ATmega168 典型的复位和中断设置如下：

```
地址     标号代码                          说明
.org 0x0002
0x0002  jmp EXT_INT0                    ; IRQ0 处理
0x0004  jmp EXT_INT1                    ; IRQ1 处理
... ... ... ;
0x0032  jmp SPM_RDY                     ; SPM 就绪处理
;
.org 0x1C00
0x1C00  RESET:ldi r16,high(RAMEND)      ; 主程序
0x1C01  out SPH,r16                     ; 设置堆栈指针为 RAM 的顶部
0x1C02  ldi r16,low(RAMEND)
0x1C03  out SPL,r16
0x1C04  sei                             ; 使能中断
0x1C05  <instr> xxx
```

当熔丝位 BOOTRST 被编程，Boot 区为 2 KB，且寄存器 MCUCR 的 IVSEL 在使能任何中断之前被置位时，ATmega88 典型的复位和中断设置如下：

```
地址     标号代码                          说明
;
.org 0x1C00
0x1C00  jmp RESET                       ; 复位处理
0x1C02  jmp EXT_INT0                    ; IRQ0 处理
0x1C04  jmp EXT_INT1                    ; IRQ1 处理
... ... ... ;
0x1C32  jmp SPM_RDY                     ; SPM 就绪处理
;
0x1C33  RESET:ldi r16,high(RAMEND)      ; 主程序
```

```
0x1C34  out SPH,r16                 ;设置堆栈指针为 RAM 的顶部
0x1C35  ldi r16,low(RAMEND)
0x1C36  out SPL,r16
0x1C37  sei                         ;使能中断
0x1C38  <instr> xxx
```

C 代码例程：

```
    void Move_interrupts(void)
{
/* 使能中断向量的修改 */
MCUCR = (1<<IVCE);
/* 将中断向量转移到 BOOT 区 */
MCUCR = (1<<IVSEL);
}
```

## 6.6.7 I/O 端口

### 1. 端口设置

作为通用数字 I/O 使用时，AVR 所有的 I/O 端口都具有真正的"读—修改—写"功能，能够对引脚进行单独操作，而不会改变其他引脚的属性。I/O 引脚等效原理图如图 6-21 所示。输出缓冲器具有对称的驱动能力，可以输出或吸收大电流，直接驱动 LED。所有的端口引脚都具有与电压无关的上拉电阻，并有保护二极管与 $V_{CC}$、地相连。

这里所有的寄存器和位以通用格式表示：小写的 x 表示端口的序号，而小写的 n 代表位的序号。

每个端口都有 3 个 I/O 存储器地址：

1）数据寄存器—PORTx

可读可写，当设置为输入时，若 PORTxn 为 1，则上拉电阻使能。如果需要关闭这个上拉电阻，则可以将 PORTxn 清零，或者将这个引脚配置为输出。当引脚配置为输出时，若 PORTxn 为 1，则引脚输出高电平；否则，输出低电平。复位时各引脚为高阻态。

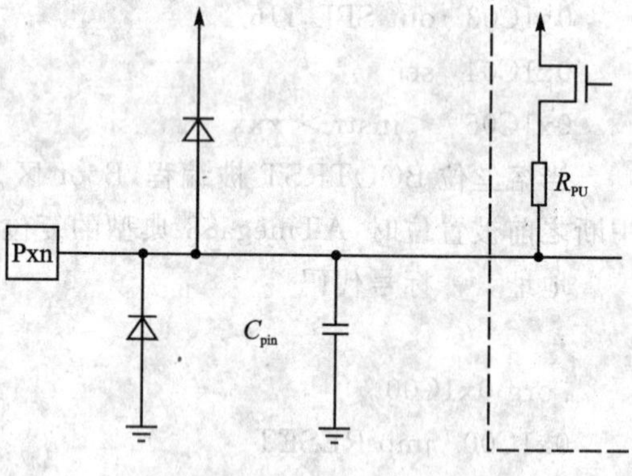

图 6-21 I/O 引脚等效原理图

2）数据方向寄存器—DDRx

用来选择引脚的方向。DDxn 为 1 时，Pxn 配置为输出；否则，为输入。

3）端口输入引脚—PINx

只读寄存器。需要注意的是，对 PINx 寄存器的某一位写入逻辑 1 将造成数据寄存器相应位的数据发生 0 与 1 的交替变化。不论 DDxn 是如何配置的，都可以通过读取 PINxn 寄存

器来获得引脚电平的信息。当寄存器 MCUCR 的上拉禁止位 PUD 置位时,所有端口全部引脚的上拉电阻都被禁止。引脚控制见表 6 - 37。

**表 6 - 37　引脚的控制信号**

| DDxn | PORTxn | PUD(位于 MCUCR) | I/O | 上拉电阻 | 说　明 |
|---|---|---|---|---|---|
| 0 | 0 | X | 输入 | No | 高阻态 (Hi-Z) |
| 0 | 1 | 0 | 输入 | Yes | 被外部电路拉低时输出电流 |
| 0 | 1 | 1 | 输入 | No | 高阻态 (Hi-Z) |
| 1 | 0 | X | 输出 | No | 输出低电平( 吸收电流) |
| 1 | 1 | X | 输出 | No | 输出高电平( 输出电流) |

注:X 代表 A～D 其中之一。

C 代码例程:

```
    unsigned char i;
...
/* 定义上拉电阻和设置高电平输出* /
/* 为端口引脚定义方向* /
PORTB =  (1< < PB7)|(1< < PB6)|(1< < PB1)|(1< < PB0);
DDRB =  (1< < DDB3)|(1< < DDB2)|(1< < DDB1)|(1< < DDB0);
/* 为了同步插入 NOP 指令* /
_NOP();
/*  读取端口引脚* /
i =  PINB;
...
```

## 2. 端口的第 2 功能设定

为了减少引脚,大量的 I/O 口被复用,定义有多个功能。

### (1)端口 B 的第 2 功能

见表 6 - 38。

**表 6 - 38　端口 B 的第 2 功能**

| 端口引脚 | 第 2 功能 |
|---|---|
| PB7 | XTAL2 (芯片时钟振荡器引脚 2)<br>TOSC2 (定时器振荡器引脚 2)<br>PCINT7 (引脚电平变化中断 7) |
| PB6 | XTAL1 (芯片时钟振荡器引脚 1 或外部时钟输入)<br>TOSC1 (定时电平器振荡器引脚 1)<br>PCINT6 (引脚变化中断 6) |

续表 6-38

| 端口引脚 | 第 2 功能 |
| --- | --- |
| PB5 | SCK（SPI 总线主时钟输入）<br>PCINT5（引脚变化中断 5） |
| PB4 | MISO（SPI 总线主机输入/从机输出）<br>PCINT4（引脚电平变化中断 4） |
| PB3 | MOSI（SPI 总线主输出/从输入）<br>OC2A（定时器/计数器 2 输出比较匹配 A 输出）<br>PCINT3（引脚电平变化中断 3） |
| PB2 | SS（SPI 总线主从选择）<br>OC1B（定时器/计数器 1 输出比较匹配 B 输出）<br>PCINT2（引脚电平变化中断 2） |
| PB1 | OC1A（定时器/计数器 1 输出比较匹配 A 输出）<br>PCINT1（引脚电平变化中断 1） |
| PB0 | ICP1（定时器/计数器 1 输入捕捉输入）<br>CLKO（系统时钟分频输出）<br>PCINT0（引脚电平变化中断 0） |

### （2）端口 C 的第 2 功能

见表 6-39。

表 6-39　端口 C 的第 2 功能

| 端口引脚 | 第 2 功能 |
| --- | --- |
| PC6 | （复位引脚）<br>PCINT14（引脚电平变化中断 14） |
| PC5 | ADC5（ADC 输入通道 5）<br>SCL（两线串行总线接口时钟线）<br>PCINT13（引脚电平变化中断 13） |
| PC4 | ADC4（ADC 输入通道 4）<br>SDA（两线串行总线接口数据输入/输出线）<br>PCINT12（引脚电平变化中断 12） |
| PC3 | ADC3（ADC 输入通道 3）<br>PCINT11（引脚电平变化中断 11） |

续表 6-39

| 端口引脚 | 第 2 功能 |
| --- | --- |
| PC2 | ADC2（ADC 输入通道 2）<br>PCINT10（引脚电平变化中断 10） |
| PC1 | ADC1（ADC 输入通道 1）<br>PCINT9（引脚电平变化中断 9） |
| PC0 | ADC0（ADC 输入通道 0）<br>PCINT8（引脚电平变化中断 8） |

### (3) 端口 D 的第 2 功能

见表 6-40。

表 6-40 端口 D 的第 2 功能

| 端口引脚 | 第 2 功能 |
| --- | --- |
| PD7 | AIN1（模拟比较器负输入）<br>PCINT23（引脚电平变化中断 23） |
| PD6 | AIN0（模拟比较器负输入）<br>OC0A（定时器/计数器 0 输出比较匹配 A 输出）<br>PCINT22（引脚电平变化中断 22） |
| PD5 | T1（定时器/计数器 1 外部计数器输入）<br>OC0B（定时器/计数器 0 输出比较匹配 B 输出）<br>PCINT21（引脚电平变化中断 21） |
| PD4 | XCK（USART 外部时钟输入/输出）<br>T0（定时器/计数器 0 外部计数器输入）<br>PCINT20（引脚电平变化中断 20） |
| PD3 | INT1（外部中断 1 输入）<br>OC2B（定时器/计数器 2 输出比较匹配 B 输出）<br>PCINT19（引脚电平变化中断 19） |
| PD2 | INT0（外部中断 0 输入）<br>PCINT18（引脚电平变化中断 18） |
| PD1 | TXD（USART 输出引脚）<br>PCINT17（引脚电平变化中断 17） |
| PD0 | RXD（USART 输入引脚）<br>PCINT16（引脚电平变化中断 16） |

### 3. I/O 端口寄存器

见表 6-41。

表 6-41　I/O 端口寄存器

| 名　称 | 缩　写 |
| --- | --- |
| 端口 B 数据寄存器 | PORTB |
| 端口 B 数据方向寄存器 | DDRB |
| 端口 B 输入引脚地址 | PINB |
| 端口 C 数据寄存器 | PORTC |
| 端口 C 数据方向寄存器 | DDRC |
| 端口 C 输入引脚地址 | PINC |
| 端口 D 数据寄存器 | PORTD |
| 端口 D 数据方向寄存器 | DDRD |
| 端口 D 输入引脚地址 | PIND |

# 6.8　串行通信接口

## 6.8.1　USART 串行通信

### 1. 概　述

通用同步、异步串行接收器和发送器(USART)是一个高度灵活的串行通信设备，主要特点有：

全双工操作(独立的串行接收和发送寄存器)

异步或同步操作

主机或从机提供时钟的同步操作

高精度的波特率发生器

支持 5、6、7、8 或 9 个数据位和 1 个或 2 个停止位

硬件支持的奇偶校验操作

数据溢出检测

帧错误检测

噪声滤波，包括错误的起始位检测以及数字低通滤波器

3 个独立的中断：发送结束中断、发送数据寄存器空中断以及接收结束中断

多处理器通信模式

倍速异步通信模式

## 2. 寄存器描述

1) USART I/O 数据寄存器—UDRn

| RXB[7:0] | UDRn（读） |
|---|---|
| TXB[7:0] | UDRn（写） |

USART 发送数据缓冲寄存器和 USART 接收数据缓冲寄存器共享相同的 I/O 地址，称为 USART 数据寄存器或 UDRn。将数据写入 UDRn 时，实际操作的是发送数据缓冲器存器(TXB)；读 UDRn 时，实际返回的是接收数据缓冲寄存器(RXB) 的内容。

2) USART 控制和状态寄存器 A—UCSRnA

| RXCn | TXCn | UDREn | Fen | DORn | UPEn | U2Xn | MPCMn |
|---|---|---|---|---|---|---|---|

位 7-RXCn：USART 接收结束

接收缓冲器中有未读出的数据时，RXCn 置位；否则，清零。RXCn 标志可用来产生接收结束中断。

位 6-TXCn：USART 发送结束

发送移位缓冲器中的数据被送出，且当发送缓冲器(UDRn) 为空时，TXCn 置位。执行发送结束中断时，TXCn 标志自动清零，也可以通过写 1 进行清除操作。TXCn 标志可用来产生发送结束中断。

位 5-UDREn：USART 数据寄存器空

UDREn 标志指出发送缓冲器(UDRn) 是否准备好接收新数据。UDREn 为 1，则说明缓冲器为空，已准备好接收数据。UDREn 标志可用来产生数据寄存器空中断。

位 4-FEn：帧错误

位 3-DORn：数据溢出

数据溢出时，DORn 置位。当接收缓冲器满(包含了两个数据)，接收移位寄存器又有数据时，若此时检测到一个新的起始位，数据溢出就产生了。这一位一直有效，直到接收缓冲器(UDRn) 被读取。

位 2-UPEn：USART 奇偶校验错误

位 1-U2Xn：倍速发送

这一位仅对异步操作有影响，使用同步操作时将此位清零。此位置 1 可将波特率分频因子从 16 降到 8，从而有效地将异步通信模式的传输速率加倍。

位 0-MPCMn：多处理器通信模式

MPCMn 置位后，USART 接收器接收到那些不包含地址信息的输入帧都将被忽略。发送器不受 MPCMn 设置的影响。

3) USART 控制和状态寄存器 B—UCSRnB

| RXCIEn | TXCIEn | UDRIEn | RXENn | TXENn | UCSZn2 | RXB8n | TXB8n |
|---|---|---|---|---|---|---|---|

位 7-RXCIEn:接收结束中断使能

位 6-TXCIEn:发送结束中断使能

位 5-UDRIEn:USART 数据寄存器空中断使能

位 4-RXENn:接收使能

位 3-TXENn:发送使能

位 2-UCSZn2:字符长度

UCSZn2 与 UCSRnC 寄存器的 UCSZn1：0 结合在一起,可以设置数据帧所包含的数据位数(字符长度)。

位 1-RXB8n:接收数据的第 9 位



当对 9 位串行帧进行操作时,RXB8n 是第 9 个数据位。读取 UDRn 包含的低位数据之前首先要读取 RXB8n。

位 0-TXB8n:发送数据的第 9 位

4) USART 控制和状态寄存器 nC—UCSRnC

| UMSELn1 | UMSELn0 | UPMn1 | UPMn0 | USBSn | UCSZn1 | UCSZn0 | UCPOLn |
|---|---|---|---|---|---|---|---|

位 7：6-UMSELn1：0 USART 模式选择,见表 6-42。

**表 6-42 USART 模式选择**

| UMSELn1 | UMSELn0 | 模　式 |
|---|---|---|
| 0 | 0 | 异步操作 |
| 0 | 1 | 同步操作 |
| 1 | 0 | (保留) |
| 1 | 1 | SPI 主机(MSPIM) |

位 5：4-UPMn1：0:奇偶校验模式,见表 6-43

**表 6-43 USART 奇偶校验模式**

| UPMn1 | UPMn0 | 校验模式 |
|---|---|---|
| 0 | 0 | 禁止 |
| 0 | 1 | 保留 |
| 1 | 0 | 偶校验 |
| 1 | 1 | 奇校验 |

位 3-USBSn:停止位选择

=0　　1位停止位

=1　　2位停止位

位 2∶1-UCSZn1∶0:字符长度

UCSZn1∶0与UCSRnB寄存器的UCSZn2一起设置数据帧包含的数据位数(字符长度),见表6-44。

表 6-44　定义字符长度

| UCSZn2 | UCSZn1 | UCSZn0 | 字符长度 |
|---|---|---|---|
| 0 | 0 | 0 | 5位 |
| 0 | 0 | 1 | 6位 |
| 0 | 1 | 0 | 7位 |
| 0 | 1 | 1 | 8位 |
| 1 | 1 | 1 | 9位 |
| 其他 | | | 保留 |

位 0-UCPOLn:时钟极性

这一位仅用于同步工作模式,使用异步模式时将这一位清零。UCPOLn设置了输出数据的改变和输入数据采样以及同步时钟XCKn之间的关系,见表6-45。

表 6-45　定义时钟极性

| UCPOLn | 发送数据的改变(TxDn引脚的输出) | 接收数据的采样(RxDn引脚的输入) |
|---|---|---|
| 0 | XCKn上升沿 | XCKn下降沿 |
| 1 | XCKn下降沿 | XCKn上升沿 |

5) USART波特率寄存器—UBRRL和UBRRH

UBRRnH:

| – | – | – | – | UBRRn[11∶8] |
|---|---|---|---|---|

UBRRnL:

| UBRRn[7∶0] |
|---|

位 15∶12-保留位

位 11∶0-UBRR11∶0:USART波特率寄存器

这个12位的寄存器包含了USART的波特率信息。其中,UBRRnH包含了USART波特率高4位,UBRRnL包含了低8位。写UBRRnL将立即更新波特率分频器。

### 3. USART 的 SPI 模式

USART 可设置成与 SPI 主机兼容的工作模式。SPI 主机模式（MSPIM）的主要特性是：

➢ 全双工，三线同步数据传输；
➢ 主机操作；
➢ 支持所有 4 种 SPI 工作模式（模式 0、1、2 与 3）；
➢ 可配置数据次序，首先传输 LSB 或 MSB；
➢ 队列操作（双缓冲）；
➢ 高分辨率的波特率发生器；
➢ 高速工作（$f_{XCKmax} = f_{CK/2}$）；
➢ 灵活的中断。

USART 控制和状态寄存器 UCSRnC 的 UMSELn1：0 都置 1 可以使 USART 工作在 SPI 主机模式下，在该工作模式下 SPI 主控逻辑直接控制 USART 资源。这些资源包括发送器与接收器的移位寄存器、缓冲器、波特率发生器。校验位发生器与检测器、数据与时钟恢复逻辑及 RX、TX 控制逻辑禁用。USART 的 RX 与 TX 控制逻辑由普通 SPI 传输控制逻辑所代替，而引脚控制与中断产生逻辑在两种工作模式下是相同的。在两种模式下 I/O 寄存器的位置是相同的，但在 SPI 主机模式下（MSPIM）某些控制寄存器的功能有所改变。SPI 主机模式的内部时钟的产生与 USART 同步主机模式是相同的。波特率或 UBRRn 可用相同的公式计算。下面描述 SPI 主机模式下的 USART 寄存器。

1）USART MSPIM 控制和状态寄存器 A—UCSRnA

| RXCn | TXCn | UDREn | — | — | — | — | — |
|---|---|---|---|---|---|---|---|

位 7 -RXCn：USART 接收结束

位 6 -TXCn：USART 发送结束

位 5 -UDREn：USART 发送数据寄存器空

位 4：0 -在 MSPI 模式下的保留位

2）USART MSPIM 控制和状态寄存器 B—UCSRnB

| RXCIEn | TXCIEn | UDRIE | RXENn | TXENn | — | — | — |
|---|---|---|---|---|---|---|---|

位 7 -RXCIEn：RX 结束中断使能

位 6 -TXCIEn：TX 结束中断使能

位 5 -UDRIE：USART 数据寄存器空中断使能

位 4 -RXENn：接收使能

位 3 -TXENn：发送使能

位 2：0 -MSPI 模式下的保留位

3) USART MSPIM 控制与状态寄存器 C—UCSRnC

| UMSELn1 | UMSELn0 | — | — | — | UDORDn | UCPHAn | UCPOLn |
|---|---|---|---|---|---|---|---|

位 7：6 -UMSELn1：0:USART 模式选择

见表 6－42。

位 5：3 -MSPI 模式下的保留位

位 2 -UDORDn:数据次序

UDORDn 置 1 时,先传送数据字的 LSB;否则,先传送数据字的 MSB。

位 1 -UCPHAn:时钟相位

UCPHAn 的设置决定数据在 XCKn 的前沿或后沿采样,见表 6－46。

位 0 -UCPOLn:时钟极性

见表 6－45。

**表 6－46 定义数据采集时刻**

| UCPOLn | UCPHAn | SPI 模式 | 前 沿 | 后 沿 |
|---|---|---|---|---|
| 0 | 0 | 0 | 采样(上升沿) | 启动(下降沿) |
| 0 | 1 | 1 | 启动(上升沿) | 采样(下降沿) |
| 1 | 0 | 2 | 采样(下降沿) | 启动(上升沿) |
| 1 | 1 | 3 | 启动(下降沿) | 采样(上升沿) |

## 4. USART 时钟

USART 支持 4 种模式的时钟:正常的异步模式、倍速的异步模式、主机同步模式,以及从机同步模式。波特率的计算见表 6－47。

同步从机操作模式由外部时钟驱动时,外部 XCK 的最大时钟频率由以下公式决定:

$$f_{XCK} < \frac{F_{osc}}{4}$$

**表 6－47 波特率及 UBRRn 的计算**

| 工作模式 | 波特率的计算公式 | UBRRn 值的计算公式 |
|---|---|---|
| 异步正常模式(U2Xn ＝0) | $BAUD=\frac{F_{osc}}{16(UBRRn+1)}$ | $UBRRn=\frac{F_{osc}}{16BAUD}-1$ |
| 异步倍速模式(U2Xn ＝1) | $BAUD=\frac{F_{osc}}{8(UBRRn+1)}$ | $UBRRn=\frac{F_{osc}}{8BAUD}-1$ |
| 同步主机模式 | $BAUD=\frac{F_{osc}}{8(UBRRn+1)}$ | $UBRRn=\frac{F_{osc}}{2BAUD}-1$ |

### 5. 帧格式

串行数据帧由数据字、同步位(开始位与停止位)以及用于纠错的奇偶校验位构成。USART 接受以下几种数据帧格式的组合:

➢ 1 个起始位;

➢ 5、6、7、8 或 9 个数据位;

➢ 无校验位、奇校验或偶校验位;

➢ 1 或 2 个停止位。

数据帧以起始位开始;紧接着是数据字的最低位,数据字最多可以有 9 个数据位;以数据的最高位结束。如果使用了校验位,校验位将紧接着数据位,最后是结束位。当一个完整的数据帧传输结束后,可以立即传输下一个新的数据帧或使传输线处于空闲状态,如图 6-22 所示。

St　起始位,总是为低电平。

(n)　数据位(0~8)。

P　校验位,可以为奇校验或偶校验。

Sp　停止位,总是为高电平。

IDLE　通信线上没有数据传输(RxDn 或 TxDn)、线路空闲时,必须为高电平。

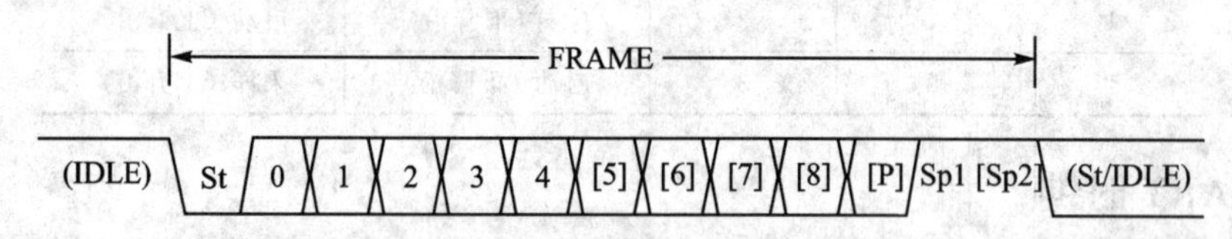


图 6-22　数据帧格式

### 6. 多处理器通信模式

置位 UCSRnA 的多处理器通信模式位 MPCMn 可以对 USART 接收器接收到的数据帧进行过滤。那些没有地址信息的帧将被忽略,也不会存入接收缓冲器。在一个多处理器系统中,处理器通过同样的串行总线进行通信,这种过滤有效地减少了需要 CPU 处理的数据帧的数量。MPCMn 位的设置不影响发送器的工作,但在使用多处理器通信模式的系统中,它的使用方法会有所不同。

如果接收器所接收的数据帧长度为 5~8 位,那么第 1 个停止位表示这一帧包含的是数据还是地址信息。如果接收器所接收的数据帧长度为 9 位,那么由第 9 位(RXB8n)来确定是数据还是地址信息。如果确定帧类型的位(第 1 个停止位或第 9 个数据位)为 1,那么这是地址帧;否则,为数据帧。

在多处理器通信模式下,多个从处理器可以从一个主处理器接收数据。首先要通过解码地址帧来确定所寻址的是哪一个处理器,如果寻址到某一个处理器,则它将正常接收后续的数据,而其他的从处理器会忽略这些帧直到接收到另一个地址帧。

对于作为主机的处理器来说,它可以使用 9 位数据帧格式（UCSZn = 7)。如果传输的是地址帧(TXB8n = 1)　就将第 9 位(TXB8n)置 1,如果是数据帧(TXBn = 0)就将它清零。在这种帧格式下,从处理器必须工作于 9 位数据帧格式。

下面是在多处理器通信模式下进行数据交换的步骤:

① 所有的从机都工作于多处理器通信模式(UCSRnA 寄存器的 MPCMn 置位)。

② 主机发送地址帧后,所有的从机都会接收并读取此帧。从机 UCSRnA 寄存器的 RX-Cn 正常置位。

③ 每一个从机都会读取 UDRn 寄存器的内容以确定自己是否被选中。如果选中,就清零 UCSRnA 的 MPCMn 位;否则,它将等待下一个地址字节的到来,并保持 MPCMn 为 1。

④ 被寻址的从机将接收所有的数据帧,直到收到一个新的地址帧;而那些保持 MPCMn 位为 1 的从机将忽略这些数据。

⑤ 被寻址的处理器接收到最后一个数据帧后将置位 MPCMn,并等待主机发送下一个地址帧,然后第②步之后的步骤重复进行。

## 6.8.2　SPI 串行通信

### 1. 概　述

串行外设接口 SPI 允许 ATmega48/88/168 和外设或其他 AVR 器件进行高速的同步数据传输。ATmega48/88/168 SPI 的特点如下:

- 全双工,3 线同步数据传输;
- 主机或从机操作;
- 可以设置 LSB 或 MSB 首先发送;
- 7 种可编程的比特率;
- 传输结束中断标志;
- 写碰撞标志检测;
- 可以从闲置模式唤醒;
- 作为主机时具有倍速模式(CK/2)。

系统包括两个移位寄存器和一个主机时钟发生器。通过将需要通信从机的 SS 引脚拉低,主机启动一次通信过程。主机和从机将需要发送的数据放入相应的移位寄存器。主机在 SCK 引脚上产生时钟脉冲以交换数据。主机的数据从主机的 MOSI 移出,从从机的 MOSI 移入;从机的数据从从机的 MISO 移出,从主机的 MISO 移入。SPI 主机接口不自动控制 SS 引脚,必须由用户软件在通信开始前处理。对 SPI 数据寄存器写入数据即启动 SPI 时钟,将 8 比特的数据移入从机。传输结束后 SPI 时钟停止,传输结束标志 SPIF 置位。如果此时 SPCR 寄存器的 SPI 中断使能 SPIE 置位,中断就会发生。主机可以继续往 SPDR 写入数据以移位到从机中去,或者是将从机的 SS 拉高以说明数据包发送完成,最后进来的数据将一直保存于缓冲寄存器里。

配置为 SPI 从机时,只要 SS 为高,SPI 接口将一直保持睡眠状态,并保持 MISO 为三态。在这个状态下软件可以更新 SPI 数据寄存器 SPDR 的内容。即使此时 SCK 引脚有输入时钟,SPDR 的数据也不会移出,直至 SS 被拉低。一个字节完全移出之后,传输结束标志 SPIF 置位。如果此时 SPCR 寄存器的 SPI 中断使能位 SPIE 置位,就会产生中断请求。在读取移入的数据之前从机可以继续往 SPDR 写入数据,最后进来的数据将一直保存于缓冲寄存器里。主机-从机的互连如图 6-23 所示。

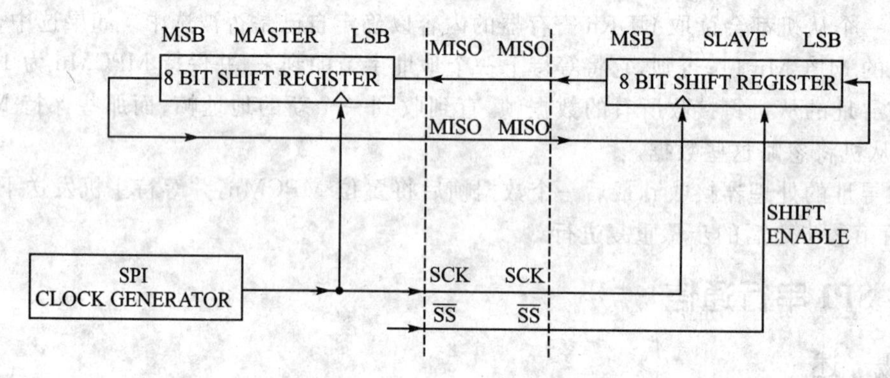


**图 6-23 SPI 主机-从机的互连**

SPI 系统的发送方向只有一个缓冲器,而在接收方向有两个缓冲器。也就是说,在发送时一定要等到移位过程全部结束后才能对 SPI 数据寄存器执行写操作;而在接收数据时,需要在下一个字符移位过程结束之前,通过访问 SPI 数据寄存器读取当前接收到的字符,否则第 1 个字节丢失。

工作于 SPI 从机模式时,控制逻辑对 SCK 引脚的输入信号进行采样。为了保证对时钟信号的正确采样,SPI 时钟不能超过 $f_{osc}/4$。

ATmega48/88/168 的 SPI 接口同时还用来实现程序和 EEPROM 的下载和上载。

## 2. SPI 寄存器

1) SPI 控制寄存器—SPCR

| SPIE | SPE | DORD | MSTR | CPOL | CPHA | SPR1 | SPR0 |
|---|---|---|---|---|---|---|---|

位 7-SPIE:SPI 中断使能

位 6-SPE:SPI 使能

位 5-DORD:数据次序

DORD 置位时,数据的 LSB 首先发送;否则,数据的 MSB 首先发送。

位 4-MSTR:主/从选择

MSTR 置位时选择主机模式,否则为从机。但是如果 MSTR 为 1,SS 配置为输入且被拉低,则 MSTR 被清零,寄存器 SPSR 的 SPIF 置位。用户必须重新设置 MSTR 进入主机模式。

位 3-CPOL:时钟极性

CPOL 置位表示空闲时 SCK 为高电平;否则,空闲时 SCK 为低电平。CPOL 功能如表 6－48所列。

位 2-CPHA:时钟相位

CPHA 决定数据是在 SCK 的起始沿采样还是在 SCK 的结束沿采样,如表 6－49 所列。

**表 6－48　CPOL 功能**

| CPOL | 起始沿 | 结束沿 |
|---|---|---|
| 0 | 上升沿 | 下降沿 |
| 1 | 下降沿 | 上升沿 |

**表 6－49　CPHA 功能**

| CPHA | 起始沿 | 结束沿 |
|---|---|---|
| 0 | 采样 | 设置 |
| 1 | 设置 | 采样 |



位 1, 0-SPR1, SPR0:SPI 时钟速率选择

确定主机的 SCK 速率,对从机没有影响。SCK 和振荡器的时钟频率 $f_{osc}$ 关系如表 6－50 所列。

**表 6－50　SCK 和振荡器频率的关系**

| SPI2X | SPR1 | SPR0 | SCK 频率 |
|---|---|---|---|
| 0 | 0 | 0 | $f_{osc}/4$ |
| 0 | 0 | 1 | $f_{osc}/16$ |
| 0 | 1 | 0 | $f_{osc}/64$ |
| 0 | 1 | 1 | $f_{osc}/128$ |
| 1 | 0 | 0 | $f_{osc}/2$ |
| 1 | 0 | 1 | $f_{osc}/8$ |
| 1 | 1 | 0 | $f_{osc}/32$ |
| 1 | 1 | 1 | $f_{osc}/64$ |

2) SPI 状态寄存器—SPSR

| SPIF | WCOL | - | - | - | - | - | SPI2X |
|---|---|---|---|---|---|---|---|

位 7-SPIF:SPI 中断标志

位 6-WCOL:写碰撞标志

在发送当中对 SPI 数据寄存器 SPDR 写数据将置位 WCOL。WCOL 可以通过先读 SPSR 紧接着访问 SPDR 来清零。

位 5..1-Res:保留位

位 0-SPI2X：SPI 倍速

置位后 SPI 的速度加倍见表 6-50。若为主机，则 SCK 频率可达 CPU 频率的一半。若为从机，必须保证此时钟不大于 $f_{osc}/4$，以保证正常工作。

3）SPI 数据寄存器—SPDR

SPI 数据寄存器为读/写寄存器，用来在寄存器文件和 SPI 移位寄存器之间传输数据。写寄存器则启动数据传输，读寄存器则读取寄存器的接收缓冲器。

### 3. 初始化代码

1）主模式

```
void SPI_MasterInit(void)
{
/* 设置 MOSI 和 SCK 为输出，其他为输入* /
DDR_SPI = (1< < DD_MOSI)|(1< < DD_SCK);
/* 使能 SPI 主机模式，设置时钟速率为 fck/
SPCR = (1< < SPE)|(1< < MSTR)|(1< < SPR0);
}
void SPI_MasterTransmit(char cData)
{
/* 启动数据传输* /
SPDR = cData;
/* 等待传输结束 * /
while(! (SPSR & (1< < SPIF)))
;
}
```

2）从模式

```
void SPI_SlaveInit(void)
{
/* 设置 MISO 为输出，其他为输入 * /
DDR_SPI = (1< < DD_MISO);
/* 使能 SPI * /
SPCR = (1< < SPE);
}
char SPI_SlaveReceive(void)
{
/* 等待接收结束* /
while(! (SPSR & (1< < SPIF)))
;
/* 返回数据* /
return SPDR;
}
```

### 6.8.3 两线串行通信

#### 1. 概 述

主要特点：

- 只需两根线、简单而功能强大、灵活的串行通信接口；
- 支持主机/从机操作模式；
- 器件可作为发送器或接收器；
- 7位地址空间，支持最大128个从机地址；
- 支持多主机模式；
- 高达400 kHz的数据传输率；
- 斜率受限的输出驱动器；
- 噪声监控电路防止总线上的毛刺；
- 可编程的从机地址，支持呼叫功能；
- 地址识别中断可以将AVR从休眠模式唤醒。

两线串行接口(TWI)是单片机应用的理想接口。它采用TWI协议，系统设计者可以通过两根双向的总线，一根为时钟线SCL，另一根为数据线SDA，连接128个从设备。实现这种总线连接时，唯一需要增加的外部器件是每个总线上的上拉电阻。所有与总线连接的设备都有各自的设备地址。

如图6-24所示，总线通过上拉电阻与电源正极相联。所有TWI兼容的器件的总线驱动都是漏极开路或集电极开路的，这样就实现了对接口操作非常关键的“线与”功能。TWI器件输出为0时，TWI总线会产生低电平。当所有的TWI器件输出为三态时，总线会输出高电平，允许上拉电阻将电压拉高。注意，为保证所有的总线操作，凡是与TWI总线连接的AVR器件必须上电。与总线连接的器件数目受如下条件限制：总线电容要低于400 pF，而且可以用7位从机地址进行寻址。

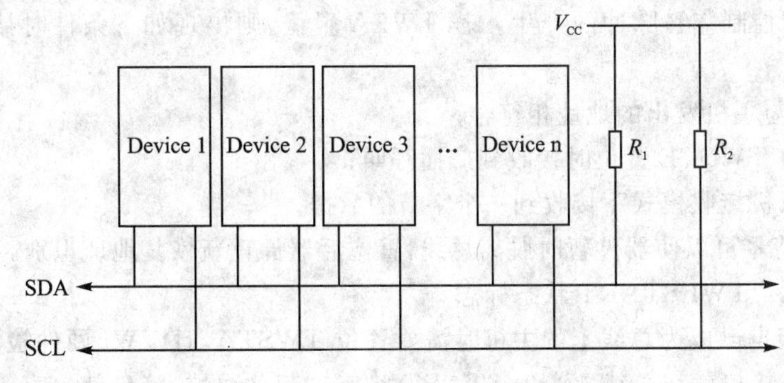


**图6-24 TWI总线配置**

## 2. 寄存器说明

1）TWI 比特率设置寄存器—TWBR

TWBR 为比特率发生器分频因子。比特率发生器是一个分频器，在主机模式下产生 SCL 时钟频率。比特率由以下公式计算：

$$F_{\mathrm{SCl}} = \frac{F_{\mathrm{cpu}}}{16 + 2(\mathrm{TWBR}) \times 4^{\mathrm{TWPS}}}$$

式中，TWPS 为 TWI 状态寄存器预分频的数值。当 TWI 工作在从机模式时，不需要对比特率或预分频进行设定，但从机的 CPU 时钟频率必须大于 TWI 时钟线 SCL 频率的 16 倍。另外，TWI 工作在主机模式时，TWBR 值应该不小于 10；否则，主机会在 SDA 与 SCL 产生错误输出作为提示信号。

2）TWI 控制寄存器—TWCR

| TWINT | TWEA | TWSTA | TWSTO | TWWC | TWEN | — | TWIE |
|---|---|---|---|---|---|---|---|

TWCR 用来控制 TWI 操作。它用来使能 TWI，通过施加 START 到总线上来启动主机访问，产生接收器应答，产生 STOP 状态，以及在写入数据到 TWDR 寄存器时控制总线的暂停等。这个寄存器还可以给出在 TWDR 无法访问期间，试图将数据写入到 WDR 而引起的写入冲突信息。

位 7-TWINT：TWI 中断标志

当 TWI 完成当前工作、希望应用程序介入时，TWINT 置位；当 TWINT 置位时，SCL 信号的低电平被延长。TWINT 标志的清零必须通过软件写 1 来完成，执行中断时硬件不会自动将其改写为 0。要注意的是，只要这一位被清零，TWI 立即开始工作。因此，在清零 TWINT 之前一定要首先完成对地址寄存器 TWAR、状态寄存器 TWSR 以及数据寄存器 TWDR 的访问。

位 6-TWEA：使能 TWI 应答

TWEA 标志控制应答脉冲的产生。若 TWEA 置位，则出现如下条件时接口发出 ACK 脉冲：

- 从机地址与主机发出的地址相符合；
- TWAR 的 TWGCE 置位时接收到广播呼叫；
- 在主机/从机接收模式下接收到一个字节的数据。

将 TWEA 清零可以使器件暂时脱离总线，置位后器件重新恢复地址识别。

位 5-TWSTA：TWI START 状态标志

当 CPU 希望自己成为总线上的主机时需要置位 TWSTA，且 TWI 硬件检测总线是否可用。若总线空闲，接口就在总线上产生 START 状态。若总线忙，接口就一直等待，直到检测到一个 STOP 状态，然后产生 START 以声明自己希望成为主机。发送 START 之后软件必

须清零 TWSTA。

位 4-TWSTO：TWI STOP 状态标志

在主机模式下，如果置位 TWSTO，则 TWI 接口将在总线上产生 STOP 状态，然后 TWSTO 自动清零。在从机模式下，置位 TWSTO 可以使接口从错误状态恢复到未被寻址的状态。此时，总线上不会有 STOP 状态产生，但 TWI 返回一个定义好的、未被寻址的从机模式且释放 SCL 与 SDA 为高阻态。

位 3-TWWC：TWI 写碰撞标志

当 TWINT 为低时，写数据寄存器 TWDR 置位 TWWC。每一次对 TWDR 的写访问都将更新此标志。

位 2-TWEN：TWI 使能

TWEN 位用于使能 TWI 操作与激活 TWI 接口。当 TWEN 位被写为 1 时，TWI 引脚将 I/O 引脚切换到 SCL 与 SDA 引脚，使能波形斜率限制器与尖峰滤波器。如果该位清零，TWI 接口模块将被关闭，所有 TWI 传输被终止。



位 1-Res：保留

位 0-TWIE：使能 TWI 中断

3）TWI 状态寄存器—TWSR

位 7..3-TWS：TWI 状态

见表 6－51。

位 2-Res：保留

位 1..0-TWPS：TWI 预分频位

这两位可读/写，用于控制比特率预分频因子。

**表 6－51　TWI 状态代码**

| 状态码(设预分频位为 0) | 状　态 | 应用软件的响应 |
|---|---|---|
| 0x08 | START 已发送 | 加载 SLA＋W |
| 0x10 | 重复 START 已发送 | 加载 SLA＋W 或加载 SLA＋R |
| 0x18 | SLA＋W 已发送或接收到 ACK | 加载数据(字节)或不操作 TWDR |
| 0x20 | SLA＋W 已发送或接收到 NOT ACK | 加载数据(字节)或不操作 TWDR |
| 0x28 | 数据已发送或接收到 ACK | 加载数据(字节)或不操作 TWDR |
| 0x30 | 数据已发送或接收到 NOT ACK | 加载数据(字节)或不操作 TWDR |
| 0x38 | SLA＋W 或数据的仲裁失败 | 不操作 TWDR |

4）TWI 数据寄存器—TWDR

在发送模式，TWDR 包含了要发送的字节；在接收模式，TWDR 包含了接收到的数据。当 TWI 接口没有进行移位工作（TWINT 置位）时，这个寄存器是可写的。在第 1 次中断发生之前用户不能初始化数据寄存器，只要 TWINT 置位，TWDR 的数据就是稳定的。在数据移出时，总线上的数据同时移入寄存器。TWDR 总是包含了总线上出现的最后一个字节。总线仲裁失败时，主机将切换为从机，但总线上出现的数据不会丢失。ACK 的处理由 TWI 逻辑自动管理，CPU 不能直接访问 ACK。

5）TWI 从机地址寄存器—TWAR

位 7..1-TWA：TWI 从机地址寄存器

位 0-TWGCE：使能 TWI 广播识别

置位后 MCU 可以识别 TWI 总线广播。

6）TWI 从机地址屏蔽寄存器—TWAMR

TWAMR 中装载 7 位从机地址屏蔽位，TWAMR 寄存器的每一位可禁止 TWI 地址寄存器 TWAR 中相应的地址位。如果屏蔽位置 1，则地址匹配逻辑忽略输入的地址位与 TWAR 相应位的比较结果。

### 3. 数据传输与帧格式

TWI 总线上数据位的传送与时钟脉冲同步，时钟线为高时，数据线电压必须保持稳定，除非在启动与停止的状态下。

1）START 与 STOP 状态

主机启动与停止数据传输。主机在总线上发出 START 信号以启动数据传输，在总线上发出 STOP 信号以停止数据传输。START 与 STOP 状态是在 SCL 线为高时，通过改变 SDA 电平来实现的；当电平由高变为低时，为 START 信号，低变成高时，为 STOP 信号，如图 6－25所示。START 与 STOP 状态之间可以发出一个新的 START 状态，这被称为 REPEATED START 状态。

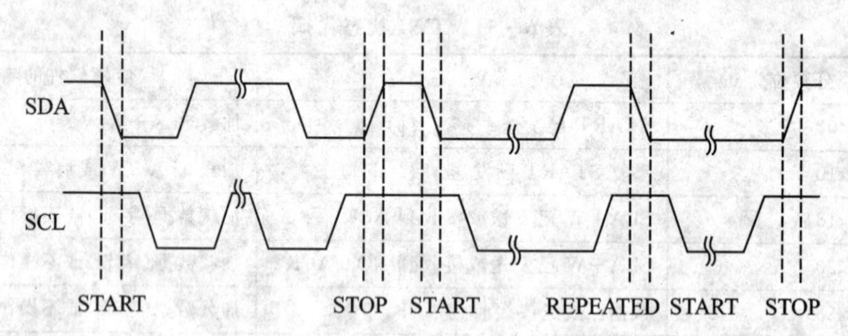


图 6－25　STOP 与 START 条件

2）地址包格式

所有在 TWI 总线上传送的地址包均为 9 位，包括 7 位地址位、1 位 READ/WRITE 控制位与 1 位应答位。如果 READ/WRITE 为 1，则执行读操作；否则，执行写操作。从机被寻址后，必须在第 9 个 SCL（ACK）周期通过拉低 SDA 作出应答。若该从机忙或有其他原因无法响应主机，则应该在 ACK 周期保持 SDA 为高，然后主机可以发出 STOP 状态或 REPEATED

START 状态重新开始发送。地址包包括从机地址与分别称为 SLA＋R 或 SLA＋W 的 READ 或 WRITE 位。地址字节的 MSB 首先被发送。从机地址由设计者自由分配,但需要保留地址 0000 000 作为广播地址。

3）数据包格式

所有在 TWI 总线上传送的数据包为 9 位长,包括 8 位数据位及 1 位应答位。在数据传送中,主机产生时钟及 START、STOP 状态,而接收器响应接收。应答是由从机在第 9 个 SCL 周期拉低 SDA 实现的。如果接收器使 SDA 为高,则发出 NACK 信号。接收器完成接收,或者由于某些原因无法接收更多的数据,则应该在收到最后的字节后发出 NACK 来告知发送器。数据的 MSB 首先发送。

4）地址与数据一起发送

发送主要由 START 状态、SLA＋R/W、至少一个数据包及 STOP 状态组成,只有 START 与 STOP 状态的空信息是非法的。可以利用 SCL 的“线与”功能来实现主机与从机的握手。从机可通过拉低 SCL 来延长 SCL 低电平的时间。当主机设定的时钟速度相对于从机太快,或从机需要额外的时间来处理数据时,这一特性是非常有用的。从机延长 SCL 低电平的时间不会影响 SCL 高电平的时间,因为 SCL 高电平的时间是由主机决定的。



## 4. 初始化代码

AVR 的 TWI 接口是面向字节和基于中断的,所有的总线事件,如接收到一个字节或发送了一个 START 信号等,都会产生一个 TWI 中断。由于 TWI 接口是基于中断的,因此 TWI 接口在字节发送和接收过程中,不需要应用程序的干预。TWINT 标志位置 1,表示 TWI 接口完成了当前的操作,等待应用程序的响应。在这种情况下,TWI 状态寄存器 TWSR 包含了表明当前 TWI 总线状态的值。应用程序可以读取 TWCR 的状态码,判别此时的状态是否正确,并通过设置 TWCR 与 TWDR 寄存器,决定在下一个 TWI 总线周期 TWI 接口应该如何工作。

常用 TWI C 代码:

```
TWCR = (1< < TWINT)|(1< < TWSTA)|(1< < TWEN);    //发出 START 信号
while (! (TWCR & (1< < TWINT)));
//等待 TWINT 置位,TWINT 置位表示 START 信号已发出
if ((TWSR & 0xF8) != START)
ERROR();
//检验 TWI 状态寄存器,屏蔽预分频位,如果状态字不是 START 转出错处理
TWDR = SLA_W;
TWCR = (1< < TWINT) | (1< < TWEN);
//装入 SLA_W 到 TWDR 寄存器,TWINT 位清零,启动发送地址
while (! (TWCR & (1< < TWINT)));
//等待 TWINT 置位,TWINT 置位表示总线命令 SLA+ W 已发出以及收到应答信号 ACK/NACK
if ((TWSR & 0xF8) != MT_SLA_ACK)
```

```
ERROR();
//检验 TWI 状态寄存器,屏蔽预分频位,如果状态字不是 MT_SLA_ACK 转出错处理
TWDR = DATA;
TWCR = (1< < TWINT) | (1< < TWEN);
//装入数据到 TWDR 寄存器,TWINT 清零,启动发送数据
while (! (TWCR & (1< < TWINT)));
//等待 TWINT 置位,TWINT 置位表示总线数据 DATA 已发送及收到应答信号 ACK/NACK
if ((TWSR & 0xF8) != MT_DATA_ACK)
ERROR();
//检验 TWI 状态寄存器,屏蔽预分频器,如果状态字不是 MT_DATA_ACK 转出错处理
TWCR = (1< < TWINT)|(1< < TWEN)|(1< < TWSTO);
//发送 STOP 信号
```

## 6.9　模拟比较器与模/数转换

### 6.9.1　模拟比较器

模拟比较器将正极 AIN0 的值与负极 AIN1 的值进行比较，当 AIN0 上的电压比负极 AIN1 上的电压要高时，模拟比较器的输出 ACO 即置位，且输出可用来触发定时器/计数器 1 的输入捕捉功能。此外，比较器还可触发自己专有的、独立的中断。用户可以选择比较器是以上升沿、下降沿还是交替变化的边沿来触发中断。

**1. 寄存器说明**

1) ADC 控制及状态寄存器 B—ADCSRB

| — | ACME | — | — | — | ADTS2 | ADTS1 | ADTS0 |
|---|---|---|---|---|---|---|---|

位 6-ACME：模拟比较器多路复用器使能

当此位为逻辑 1 且 ADC 处于关闭状态时，ADC 多路复用器为模拟比较器选择负极输入，见表 6-52；当此位为 0 时，AIN1 连接到比较器的负极输入端。

**表 6-52　ADC 启动条件定义**

| ADTS2 | ADTS1 | ADTS0 | 触发源 |
|---|---|---|---|
| 0 | 0 | 0 | 连续转换模式 |
| 0 | 0 | 1 | 模拟比较器 |
| 0 | 1 | 0 | 外部中断请求 0 |
| 0 | 1 | 1 | 定时器/计数器 0 比较匹配 |

续表 6-52

| ADTS2 | ADTS1 | ADTS0 | 触发源 |
| --- | --- | --- | --- |
| 1 | 0 | 0 | 定时器/计数器0溢出 |
| 1 | 0 | 1 | 定时器/计数器比较匹配B |
| 1 | 1 | 0 | 定时器/计数器1溢出 |
| 1 | 1 | 1 | 定时器/计数器1捕捉事件 |

2）模拟比较器控制及状态寄存器—ACSR

| ACD | ACBG | ACO | ACI | ACIE | ACIC | ACIS1 | ACIS0 |
| --- | --- | --- | --- | --- | --- | --- | --- |

位 7-ACD:模拟比较器禁用

ACD置位时,模拟比较器的电源被切断。可以在任何时候设置此位来关掉模拟比较器,这可以减少器件工作模式及空闲模式下的功耗。改变ACD位时,必须清零ACSR寄存器的ACIE位来禁止模拟比较器中断。否则,ACD改变时可能产生中断。



位 6-ACBG:选择模拟比较器的能隙基准源

ACBG置位后,模拟比较器的正极输入由能隙基准电压源所取代。否则，AIN0连接到模拟比较器的正极输入。

位 5-ACO:模拟比较器输出

模拟比较器的输出经过同步后直接连到ACO。同步机制引入了1～2个时钟周期的延时。

位 4-ACI:模拟比较器中断标志

位 3-ACIE:模拟比较器中断使能

位 2-ACIC:模拟比较器输入捕捉使能

ACIC置位后允许通过模拟比较器来触发T/C1的输入捕捉功能,为了使比较器可以触发T/C1的输入捕捉中断,定时器中断屏蔽寄存器TIMSK1的ICIE1必须置位。

位 1，0-ACIS1、ACIS0:模拟比较器中断模式选择

见表 6-53。

**表 6-53 ACIS1/ACIS0 设置**

| ACIS1 | ACIS0 | 中断模式 |
| --- | --- | --- |
| 0 | 0 | 比较器输出变化即可触发中断 |
| 0 | 1 | 保留 |
| 1 | 0 | 比较器输出的下降沿产生中断 |
| 1 | 1 | 比较器输出的上升沿产生中断 |

3）数字输入禁止寄存器1—DIDR1

| — | — | — | — | — | — | AIN1D | AIN0D |
|---|---|---|---|---|---|---|---|

位7..2-Res:保留位

位1，0-AIN1D、AIN0D:AIN1、AIN0数字输入禁止

AIN1D和AIN0D置1后，AIN1/0引脚的数字输入缓冲器被禁止，相应的PIN寄存器的读返回值为0。当AIN1/0引脚加载了模拟信号，且当前应用不需要AIN1/0引脚的数字输入缓冲器时，AIN1D和AIN0D应该置位，以降低数字输入缓冲的功耗。

### 2. 模拟比较器的多路输入

可以选择ADC7..0之中的任意一个来代替模拟比较器的负极输入端，ADC复用器可用来完成这个功能。当然为了使用这个功能首先必须关掉ADC。如果模拟比较器复用器使能位(ADCSRB中的ACME)被置位，且ADC也已经关掉(ADCSRA寄存器的ADEN为0)，则可以通过ADMUX寄存器的MUX2..0来选择替代模拟比较器负极输入的引脚，如表6-54所列。如果ACME清零或ADEN置位，则模拟比较器的负极输入为AIN1。ADC输入定义见表6-54。

表6-54 ADC输入定义

| ACME | ADEN | MUX2..0 | 模拟比较器负极输入 |
|---|---|---|---|
| 0 | X | XXX | AIN1 |
| 1 | 1 | XXX | AIN1 |
| 1 | 0 | 000 | ADC0 |
| 1 | 0 | 001 | ADC1 |
| 1 | 0 | 010 | ADC2 |
| 1 | 0 | 011 | ADC3 |
| 1 | 0 | 100 | ADC4 |
| 1 | 0 | 101 | ADC5 |
| 1 | 0 | 110 | ADC6 |
| 1 | 0 | 111 | ADC7 |

## 6.9.2 模/数转换器

### 1. 概 述

主要特点：

- 10位精度；
- 0.5 LSB的非线性度；

- ± 2 LSB 的绝对精度；
- 65～260 μs 的转换时间；
- 最高分辨率时采样率高达 15 kSPS；
- 6 路复用的单端输入通道；
- 2 路附加的复用单端输入通道（TQFP 与 MLF 封装）；
- 可选的向左调整 ADC 读数；
- 0～$V_{CC}$的 ADC 输入电压范围；
- 可选的 1.1 V 的 ADC 参考电压；
- 连续转换或单次转换模式；
- ADC 转换结束中断；
- 基于睡眠模式的噪声抑制器。

ATmega48/88/168 有一个 10 位的逐次逼近型 ADC。ADC 与一个 8 通道的模拟多路复用器连接，能对来自端口 A 的 8 路单端输入电压进行采样，单端电压输入以 0 V（GND）为基准。ADC 包括一个采样保持电路，以确保在转换过程中输入到 ADC 的电压保持恒定。ADC 由 AVCC 引脚单独提供电源。AVCC 与 $V_{CC}$之间的偏差不能超过±0.3 V。标称值为 1.1 V 的基准电压以及 AVCC 都位于器件之内；基准电压可以通过在 AREF 引脚加一个电容进行解耦，以更好地抑制噪声。



## 2. 模 /数转换相关寄存器

1）ADC 多路复用选择寄存器—ADMUX

| REFS1 | REFS0 | ADLAR | — | MUX3 | MUX2 | MUX1 | MUX0 |
|---|---|---|---|---|---|---|---|

位 7：6-REFS1：0：参考电压选择

见表 6－55。如果在 AREF 引脚上施加了外部参考电压，则内部参考电压就不能被选用了。

位 5-ADLAR：ADC 转换结果左对齐

ADLAR 影响 ADC 转换结果在 ADC 数据寄存器中的存放形式。ADLAR 置位时，转换结果为左对齐；否则，为右对齐。

位 4-Res：保留位

位 3：0-MUX3：0：模拟通道选择位

通过这几位的设置，可以对连接到 ADC 的模拟输入进行选择。

**表 6－55　ADC 参考电压选择**

| REFS1 | REFS0 | 参考电压选择 |
|---|---|---|
| 0 | 0 | AREF，内部 $V_{ref}$关闭 |
| 0 | 1 | AVCC、AREF 引脚外加滤波电容 |

续表 6-55

| REFS1 | REFS0 | 参考电压选择 |
|---|---|---|
| 1 | 0 | 保留 |
| 1 | 1 | 1.1 V 的片内基准电压源，AREF 引脚外加滤波电容 |

2）ADC 控制及状态寄存器 A—ADCSRA

| ADEN | ADSC | ADATE | ADIF | ADIE | ADPS2 | ADPS1 | ADPS0 |
|---|---|---|---|---|---|---|---|

位 7-ADEN：ADC 使能

位 6-ADSC：ADC 开始转换

在单次转换模式下，ADSC 置位将启动一次 ADC 转换；在连续转换模式下，ADSC 置位将启动首次转换；ADC 启动之后的第 1 次转换需要 25 个 ADC 时钟周期，而不是正常情况下的 13 个。在转换进行过程中读取 ADSC 的返回值为 1，直到转换结束。

位 5-ADATE：ADC 自动触发使能

ADATE 置位将启动 ADC 自动触发功能，触发信号的上跳沿启动 ADC 转换。触发信号源通过 ADCSRB 寄存器的 ADC 触发信号源选择位 ADTS 设置。

位 4-ADIF：ADC 中断标志

ADC 转换结束中断服务程序即得以执行，同时 ADIF 硬件清零；还可以通过向此标志写 1 来清 ADIF。

位 3-ADIE：ADC 中断使能

位 2：0-ADPS2：0：ADC 预分频器选择位

这几位确定了 XTAL 与 ADC 输入时钟之间的分频因子，见表 6-56。

**表 6-56　ADC 预分频选择**

| ADPS2 | ADPS1 | ADPS0 | 分频因子 |
|---|---|---|---|
| 0 | 0 | 0 | 2 |
| 0 | 0 | 1 | 2 |
| 0 | 1 | 0 | 4 |
| 0 | 1 | 1 | 8 |
| 1 | 0 | 0 | 16 |
| 1 | 0 | 1 | 32 |
| 1 | 1 | 0 | 64 |
| 1 | 1 | 1 | 128 |

3）ADC 数据寄存器—ADCL 及 ADCH

共 16 位，但 ADC 转换后的数据只有 10 位，因此这 16 位数据只有 10 位有效，可以由

ADLAR来设置这10位数据的格式为左对齐还是右对齐。

4) ADC 控制及状态寄存器 B—ADCSRB

| — | ACME | — | — | — | ADTS2 | ADTS1 | ADTS0 |
|---|---|---|---|---|---|---|---|

位 7,5:3-Res:保留位

位 2:0-ADTS2:0:ADC 自动触发源

若 ADCSRA 寄存器的 ADATE 置位,则 ADTS 的值将确定触发 ADC 转换的触发源,见表 6-52,被选中的中断标志在其上升沿触发 ADC 转换。

5) 数字输入禁止寄存器 0—DIDR0

| — | — | ADC5D | ADC4D | ADC3D | ADC2D | ADC1D | ADC0D |
|---|---|---|---|---|---|---|---|

位 7:6-Res:保留位

位 5:0-ADC5D:ADC0D:ADC5:0 数字输入禁止

如果这几位为1,那么对应 ADC 引脚的数字输入缓冲器被禁止,PIN 寄存器的对应位将为0,此设置可以降低功耗。注意,ADC 的引脚 ADC7 与 ADC6 没有数字输入缓冲器,因此不需要数字输入禁止位。

## 6.10 熔丝位以及功能

ATmega 具有众多熔丝位,可以完成加密、设置看门狗功能、时钟等一系列功能。

1) Boot Loader 相关熔丝位

对 ATmega88 与 ATmega168 而言,Boot Loader 为一段程序,驻留在一段被熔丝位保护的 Flash 中,为通过 MCU 本身来下载和上载程序代码提供了一个真正的同时读/写(Read-While-Write,简称 RWW)自编程机制。这一特点使得系统可以在 MCU 的控制下,通过驻留于程序 Flash 的 Boot Loader,灵活地进行应用软件升级。Boot Loader 可以把代码写入 Flash。Boot Loader 区的程序可以写整个 Flash,包括 Boot Loader 区本身,因而 Boot Loader 可以对其自身进行修改,甚至将自己擦除。Boot Loader 存储器空间的大小可以通过熔丝位进行配置。Boot Loader 具有两套程序加密位,可以各自独立设置,给用户提供了选择保护级的灵活性。

如果不需要 Boot Loader 功能,则整个 Flash 都可以为应用代码所用。Boot Loader 具有两套可以独立设置的 Boot 锁定位。用户可以灵活地选择不同的代码保护方式。

- 保护整个 Flash 区,不让 MCU 进行软件升级;
- 不允许 MCU 升级 Boot Loader Flash 区;
- 不允许 MCU 升级应用 Flash 区;
- 允许 MCU 升级整个 Flash 区。

Boot锁定位0保护模式(应用区)见表6-57,Boot锁定位1保护模式(Boot Loader区)见表6-58。

表6-57 Boot锁定位0保护模式(应用区)

| BLB0模式 | BLB02 | BLB01 | 保护类型 |
| --- | --- | --- | --- |
| 1 | 1 | 1 | 允许SPM/LPM指令访问应用区 |
| 2 | 1 | 0 | 不允许SPM指令对应用区进行写操作 |
| 3 | 0 | 0 | 不允许SPM指令对应用区进行写操作,也不允许运行于Boot Loader区的LPM指令从应用区读取数据。若中断向量位于Boot Loader区,那么执行应用区代码时中断是禁止的 |
| 4 | 0 | 1 | 不允许运行于Boot Loader区的LPM指令从应用区读取数据。若中断向量位于Boot Loader区,那么执行应用区代码时中断是禁止的 |

注:对所有的熔丝位,“1”表示未被编程,“0”表示已编程。



表6-58 Boot锁定位1保护模式(Boot Loader区)

| BLB1模式 | BLB12 | BLB11 | 保护类型 |
| --- | --- | --- | --- |
| 1 | 1 | 1 | 允许SPM/LPM指令访问Boot Loader区 |
| 2 | 1 | 0 | 不允许SPM指令对Boot Loader区进行写操作 |
| 3 | 0 | 0 | 不允许SPM指令对Boot Loader区进行写操作,也不允许运行于应用区的LPM指令从Boot Loader区读取数据。若中断向量位于应用区,那么执行Boot Loader区代码时中断是禁止的 |
| 4 | 0 | 1 | 不允许运行于应用区的LPM指令从Boot Loader区读取数据。若中断向量位于应用区,那么执行Boot Loader区代码时中断是禁止的 |

通过跳转指令或从应用区调用的方式可以进入Boot Loader,还可以通过编程Boot复位熔丝位使得复位向量指向Boot区的起始地址。这样复位后Boot Loader立即就启动了。Boot复位熔丝位见表6-59。

表6-59 Boot复位熔丝位

| BOOTRST | 复位地址 |
| --- | --- |
| 1 | 复位向量=应用区复位(地址0x0000) |
| 0 | 复位向量=Boot Loader |

ATmega48不支持BootLoad,因此不需要设置Boot区的大小。

2）与数据加密相关的熔丝位

见表 6-60。

**表 6-60 与数据加密相关的熔丝位**

| LB 模式 | LB2 | LB1 | 保护类型 |
|---|---|---|---|
| 1 | 1 | 1 | 没有使能存储器保护特性 |
| 2 | 1 | 0 | 在并行和串行编程模式中 Flash 和 EEPROM 的进一步编程被禁止，熔丝位被锁定 |
| 3 | 0 | 0 | 在并行和串行编程模式中 Flash 和 EEPROM 的进一步编程及验证被禁止，锁定位和熔丝位被锁 |

3）BOD 功能相关的熔丝位

见表 6-31。

4）时钟设置相关熔丝位

见表 6-3。

5）复位延迟时间相关熔丝位

见表 6-61。

**表 6-61 复位延时熔丝位**

| SUT10 | 电源状态 | 节电模式下的启动时间 | 复位时的额外延时($V_{CC}$ = 5.0 V) |
|---|---|---|---|
| 00 | BOD 使能 | 6 CK | 4 CK |
| 01 | 电源快速上升 | 6 CK | 14 CK + 4.1 ms |
| 10 | 电源缓慢上升 | 6 CK | 14 CK + 65 ms |
| 11 | 保留 | | |

6）其他熔丝位

见表 6-62。

**表 6-62 其他熔丝位**

| 熔丝位名称 | 功 能 |
|---|---|
| RSTDISBL | 外部复位禁用 |
| DWEN | 调试功能使能 |
| SPIEN | 使能串行程序和数据下载 |
| WDTON | 看门狗定时器一直启用 |
| EESAVE | 执行芯片擦除时 EEPROM 的内容保留 |
| CKDIV8 | 时钟 8 分频 |
| CKOUT | 时钟输出 |

# 第7章

# AVR - gcc 开发技术

## 7.1 Debian 中的 AVR 交叉工具包

### 7.1.1 AVR 交叉工具包的安装

Debian 4.0 中已经自带了 AVR 的交叉工具链软件包，使用命令 apt-cache search avr 可以得到以下与 AVR 交叉工具链相关的软件包：

gdb-avr -The GNU Debugger for avr
avrdude-doc -documentation for avrdude
avra -Assembler for Atmel AVR microcontrollers
avrp -Programmer for Atmel AVR microcontrollers
avrprog -Programmer for Atmel AVR microcontrollers
ava -Algebraical Virtual Assembler for Atmel's AVR MCUs
avarice -use GDB with Atmel's JTAG ICE for the AVR
binutils-avr -Binary utilities that support Atmel's AVR targets.
gcc-avr -The GNU C compiler (cross compiler for avr)
avr-libc -Standard C library for Atmel AVR development
avrdude -software for programming Atmel AVR microcontrollers
uisp -Micro In-System Programmer for Atmel's AVR MCUs
simulavr -Atmel AVR simulator

采用以下步骤便能安装完整的 AVR 交叉工具链：

1) apt-get install gcc-avr

binutils-avr、gcc-avr 这两个主要软件被安装。

2) apt-get install gcc-2.95-doc

安装 gcc 说明文档。

3) apt-get install gdb-avr

gdb-avr 调试工具被安装。

4) apt-get install avr-libc

AVR 标准 C 语言库被安装。

5) apt-get install simulavr

安装 AVR 软件仿真,这样可以在不需要硬件的情况下进行软件仿真调试。

6) apt-get install avra

安装 AVR 汇编语言。

7) apt-get install ava

ava 代数库以及 uispISP 下载软件被安装。

8) apt-get install avarice

安装 AVR 的 Atmel's JTAG ICE,可以与 GDB 联合调试软件。

9) apt-get install avrdude

另一个 AVR 的 ISP 编程软件。

10) apt-get install avrdude-doc

avrdude 的有关文档。

### 7.1.2 使用 Linux 平台的优势

对于广大的嵌入式系统开发人员而言,Windows 平台往往是首选,因为 Windows 下有熟悉的环境和各种应用软件,但却常常忽略了其中所存在的问题。首先就是开发工具参差不齐,要找全在 Windows 下不同芯片的开发工具不是一件容易的事情,而且往往价格不菲;各种开发工具之间的兼容性也不好。其次就是 Windows 平台本身的安全性和稳定性问题,容易受到死机和病毒的困扰,这一切都会影响到开发的效率。其实在 Linux 应用与开发方兴未艾的今天,Linux 本身就是一个更好的嵌入式系统开发平台,它功能齐备,资源丰富,开发工具与开发环境兼容性与一致性都很好,可以节省大量后继升级所花费的时间与开销;而且 gcc 也是业界公认优秀的编译器,完全可以使用 Linux 系统搭建一个功能强大的稳定的嵌入式系统开发平台。

### 7.1.3 准备工作

一下子从熟悉的 Windows 环境转到 Linux 中来工作,必须首先熟悉 Linux 的工作环境及有关命令,更重要的是要学会使用与编程开发有关的软件;对于开发者来说,熟练掌握一种编辑器的使用最为重要。在 Linux 下常用的编辑器有 vi、emacs 和 gedit 等,其中,vi 短小精悍,gedit 更符合 Windows 使用者的习惯。如果看过本书前面的章节就知道 emacs,因为它更适合于编程开发,功能更全面,更强大,提供了对源程序语法和括号匹配的加亮处理,自动缩进,对已输入的词汇和变量进行匹配输入,完成编译与调试等一系列与编程开发密切相关的功能。初学者需要注意的是,emacs 支持非常多字符集的显示和编辑功能,如中文、俄文、日文等,如果需要在 emacs 中使用中文,则必须要设置正确的系统字符集;否则,有可能不能正确地显示中文,且所编的文件也不能正确地在其他系统(如 Windows 中)正确显示。以 Chinese-iso-8bit-dos 字符集编辑和存盘的文件能在 Windows 系统中正确显示中文,可以使用命令 C-x<ret> c Chinese-iso-8bit-dos <ret>,然后再将文件存盘即可(其中 C-x 是指同时按下 Ctrl 与 x 键)。

有关能加快编程速度的命令如下:

① 迅速补全曾经输入的词汇。emacs 有一个功能强大的自动补全功能。为了加强程序的可读性,现在大部分的程序员都习惯将变量名定得比较长,这就增加了输入的工作量,使用 emacs 的命令 ESC-/可以只输入前几个字符便快速地从缓冲区中查找你曾经输入的词汇进行自动补全,极大地加快了使用长变量名的输入速度。

② 编译与调试功能。emacs 可以不离开其编辑环境就完成开发中的编译与调试工作。命令 ESC-x compile 可完成 make 功能,而且 emacs 提供了 4 种 debugger,分别为 gdb、dbx、xdb 与 sdb,用户可以根据需要分别使用以下命令来调用相应的 debugger:



* ESC-x gdb RET file RET
* ESC-x dbx RET file RET
* ESC-x xdb RET file RET
* ESC-x sdb RET file RET

例如,AVR 的调试工具为 avr-gdb,如果想与 emacs 中的 dbx 调试命令挂钩,可事先建一个 dbx 的文件链接指向 avr-gdb 即可在 emacs 中实现对 AVR 程序的调试功能。

### 7.1.4 AVR gcc 编译及 makefile 的编写

要开发嵌入式系统 gcc 编译器是必不可少的。gcc 除了能开发 PC 机中的程序之外,还提供了众多的交叉编译器,可以在 PC 机环境中开发基于各种不同 CPU 的程序。当在 Linux 下正确安装好 AVR-GCC 交叉编译工具包之后,就能在 gcc 下开发 AVR 的程序了;免费使用,让开发者能最大限度地发挥自己的能力。

有了编译器还必须编写 makefile 文件来指导 make 程序进行编译,这里提供一个简单实用的例子;此例对于大部分情况都是够用的了,这样的例子使初学者能够迅速上手,少走弯路。

makefile 实例:

```
#定义交叉编译器名
CC= avr-gcc
OBJCOPY= avr-objcopy
#定义目标文件名
TRG= filename
#定义编译参数
CFLAGS= -g -mmcu= atmega8 -gstabs
#生成软件模拟器调试用的 elf 目标程序
```

```
elf:$(TRG).c
                $(CC) $(CFLAGS) -c $(TRG).c -Wa,-ahls= $(TRG).lst
                $(CC) $(CFLAGS) -o $(TRG).elf -Wl $(TRG).o
#生成下载至芯片的HEX目标程序
hex:$(TRG).c
                $(CC) $(CFLAGS) -Os -c $(TRG).c   -Wa,-ahls= $(TRG).lst
                $(CC) $(CFLAGS) -o $(TRG).out -Wl,-Map,$(TRG).map $(TRG).o
                $(OBJCOPY) -R .eeprom -O ihex $(TRG).out $(TRG).hex
#清除编译生成文件
clean:
                rm -f * .o * .out * .map * .hex * .elf * .lst
```

此 makefile 文件可以使用 3 种不同的编译功能：

① make elf,生成 elf 目标文件供软件模拟器调试仿真用。

② make hex,生成 hex 目标文件供编程器下载至芯片中。

③ make clean,删除所有的由编译产生的文件。

### 7.1.5 软件模拟调试

程序编好之后需要进行调试查错,使用硬件仿真器是一个不错的方法,但 Linux 提供了软件摸拟仿真调试程序,不但节省了一笔不菲的费用,而且调试速度更快,对于大多数情况而言,使用软件模拟调试就已经足够了。

软件调试需要运行一个软件仿真程序,其在开发系统中的关系如图 7-1 所示。AVR 上有几种不同的仿真软件,常用的是 simulavr,它相当于在另一台机器中运行一个 AVR CPU 的模拟器,通过 TCP/IP 协议与 Linux 下的调试软件 gdb 进行数据交换与仿真。通常情况下,可以在同一台机器中的两个不同控制台中一个运行 gdb 调试程序,另一个运行 simulavr 仿真程序,然后再通过本地的 TCP/IP 协议进行联系。simulavr 有几种不同的工作方式,使用它作为一个后台模拟器,在命令行键入 simulavr -d atmega48 -g,其中,参数-d 表示对 ATmega48 CPU 进行模拟,-g 表示作为一个后台的服务运行。具体的调试工作由 gdb 通过 TCP/IP 与它通信来完成,进入 simulavr 后的提示信息为：

```
    MESSAGE:file ../../src/decoder.c:line 3872:generating opcode lookup_table
MESSAGE:file ../../src/main.c:line 413:Simulating clock frequency of 8000000 Hz
Waiting on port 1212 for gdb client to connect...
```

它告诉我们模拟的 ATmega48 时钟频率为 8 MHz,与 gdb 的连接端口号为 1212。在另一个控制台下运行 AVR 调试工具 avr-gdb,进入后依次键入命令：

file 调试程序名.elf　　　　(打开 elf 调试文件)

target remote:1212　　　　(与 simulavr 以端口号 1212 进行连接)

load　　　　(将 elf 调试文件下载至 simulavr 模拟器中)

这时,avr-gdb 通过 TCP/IP 协议将后缀为 elf 的文件下载到 simulavr 模拟器中进行调试。在程序中适当的位置设好断点再键入 continue 命令就能运行调试了,整个开发环境如图 7-1 所示。

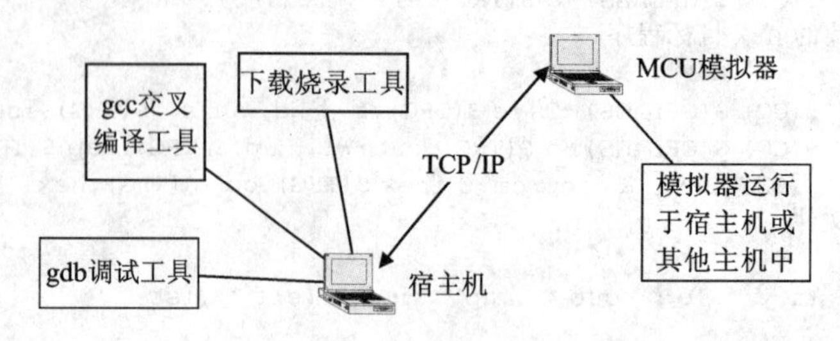


图 7-1 AVR GNU 开发模式

gdb 是一款公认的功能强大的调试工具,这里只需要注意与仿真 MCU 有关的指令,如 info registers 查看 MCU 中的寄存器、info io_registers 查看 I/O 口状态,其他命令与 PC 机中的 gdb 一致。注意,为了在调试时能正确地看到变量值的变化,不要使用编译优化开关-Os。



在仿真软件中调试通过以后,基本上就可以查出大部分的 bug,这时可以使用下载 isp 工具,或者是烧写器将编译好的程序下载到电路板的 CPU 中进行测试检验。对于 AVR 芯片的 isp 工具有多种形式可供选择,可以根据自己的需要选择合适的 isp 下载工具。

## 7.2 AVR 的 GNU 下载工具

### 7.2.1 PonyProg 下载工具

PonyProg 是一款非常优秀的、由个人开发的开源串行通用下载工具,它使用非常廉价的编程器进行编程。除了能对 AVR 单片机进行编程外,它还能对很多其他种类的芯片进行编程。它使用方便,具有图形操作界面,可以在 Windows 与 Linux 两个软件平台上工作,官方网站是 http://www.lancos.com/ppwin95.html,下面介绍它在 Linux 系统中的安装使用。

#### 1. PonyProg 的下载与安装

从 PonyProg 的官方主页下载其最新的 Linux 源码,如文件名为 Pony_Prog2000-2.07c.tar.gz,使用命令 tar vzxf Pony_Prog2000-2.07c.tar.gz,则所有的源码将被解开到目录 PonyProg2000-2.07c 中。

安装步骤如下:

① 编辑修改文件 v/Config.mk,使其中的变量 HOMEV 指向目录 v 的绝对路径。例如:

```
HOMEV    =    $(HOME)/temp/PonyProg2000-2.07c/v
```

② 安装 Xaw:

```
apt-get install libxaw6-dev
```

③ 执行 make 进行编译。如果编译时提示 X11 的头文件不合适，则加入一个类似链接 ln -s /usr/include/X11/ /usr/X11R6/include. 另外，编译时需要查找 g++3.4，因此应该安装合适版本的 g++。

④ 执行 bin/ponyprog2000，检查编辑是否成功。

⑤ 使用 sudo make install 进行安装。

**2. PonyProg 的使用**

PonyProg 安装成功后，运行 /usr/local/bin/ponyprog2000 主程序即可，如图 7-2 所示，这里以 STK200 并口下载线为例来说明其使用。

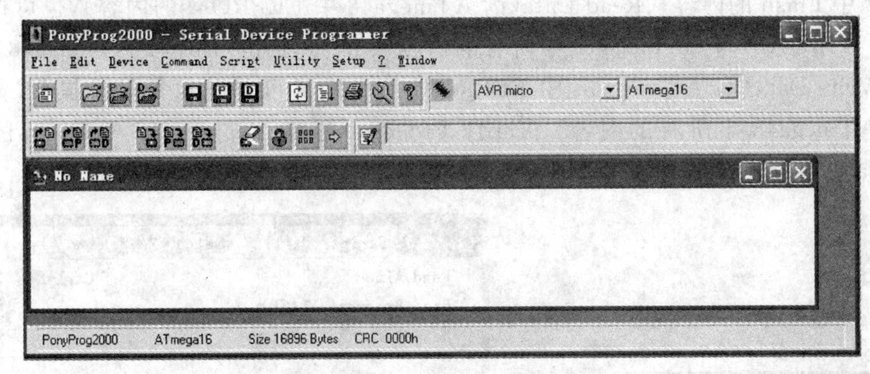


图 7-2　Pony Prog 主界面

初次运行 PronProg 必须对下载线进行设置，同时让 PonyProg 根据计算机的速度进行标定，以确保编程时序的正确。图 7-3 为 Setup 菜单。第一项 Interface Setup 对编程器参数进行设置，如图 7-4 所示。

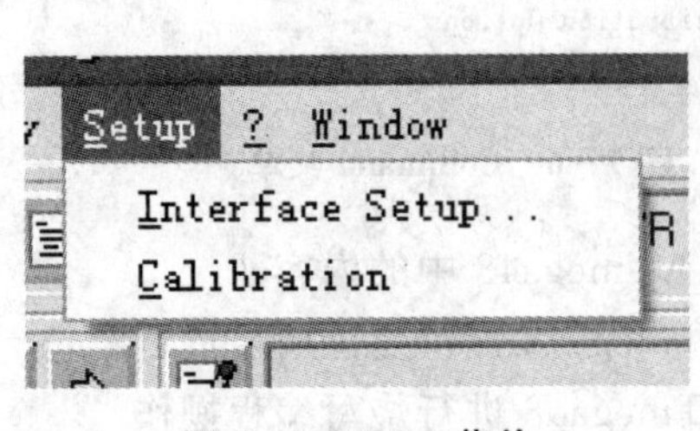


图 7-3　Setup 菜单

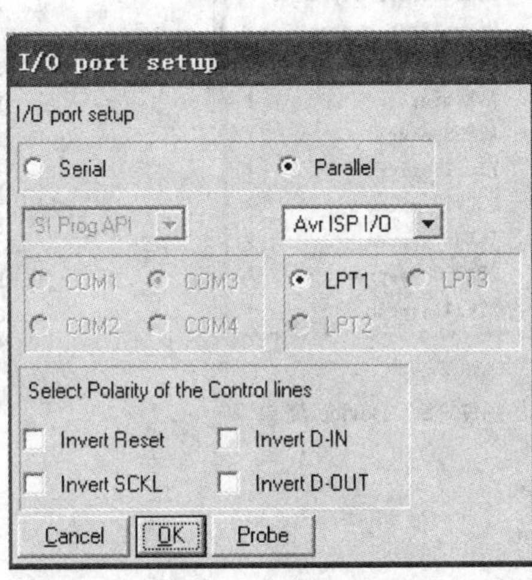


图 7-4　I/O 口设置

如果我们使用并口的stk200编程器，则这里应该选择Pararllel LPT1，类型为Avr ISP I/O。设置完成后，使用Probe按钮测试编程器工作是否正常，如果一切OK则可以进行下一步器件的选择了。Device菜单如图7-5所示。

Device菜单如图7-5所示，由该菜单可知PonyProg支持的器件类型非常多，要对ATmega48进行编程所以应该选择AVR micro子菜单。注意，老版本的PonyProg可能不支持ATmega48，所以应该下载安装最新的版本。

设置完器件之后便可以设置器件操作命令，选择command子菜单，如图7-6所示。在此菜单中可以执行单独的读操作，如Read All(读ATmega48中所有的内容)、Read Progarm(读ATmega48中Flash的内容)、Read Data(读ATmega48中EEPROM的内容)，也可单独执行写操作，如Write All(写ATmega48中所有的内容)、Write Progarm(写ATmega48中Flash的内容)、Write Data(写ATmega48中EEPROM的内容)，可单独执行校验操作，如Verify All(校验ATmega48中所有的内容)、Verify Progarm(校验ATmega48中Flash的内容)、Verify Data(校验ATmega48中EEPROM的内容)。

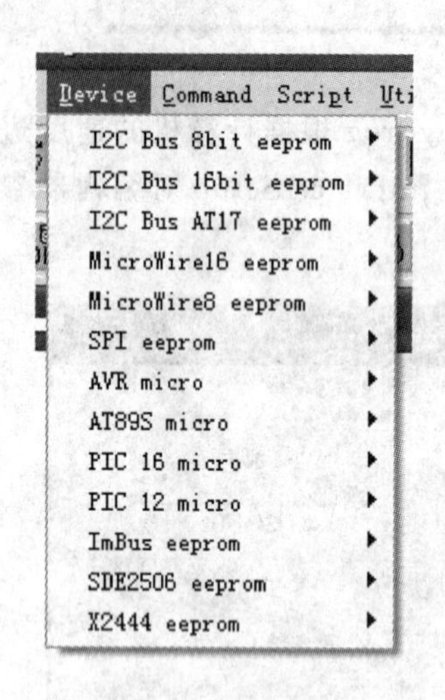


图7-5 Device菜单

Command Script Utility Setup ? Window
Read All Ctrl-R
Read Program (FLASH)
Read Data (EEPROM)
Write All Ctrl-W
Write Program (FLASH)
Write Data (EEPROM)
Verify All Ctrl-V
Verify Program (FLASH)
Verify Data (EEPROM)
Security and Configuration Bits... Ctrl-S
Erase Ctrl-E
Reset Ctrl-T
Program Ctrl-P
Program Options...
Read Osc.Calibration Byte Ctrl-O
Osc. Calibration Options...

图7-6 Command菜单

| | |
|---|---|
| Erase | 擦除ATmega48中的内容 |
| Reset | 向ATmega48提供复位信号进行复位 |
| Program | 对ATmega48进行烧写编程操作 |
| Read Osc. Calibration Byte | 读取ATmega48片内振荡标定的字节值 |

Osc. Calibration Options Mega48　　　片内振荡标定可选参数

Security and Configuration Bits 对 ATmega 48 熔丝位与配置进行读/写操作,如图 7-7 所示

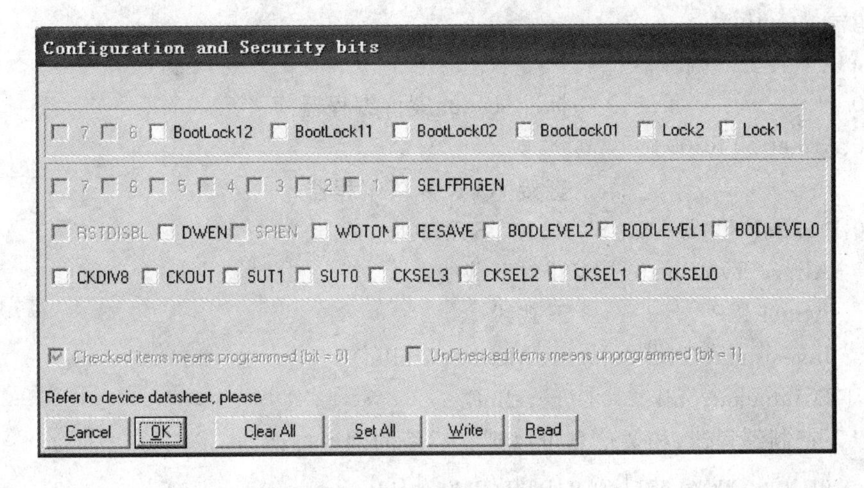


图 7-7　熔丝位设置

Program Options 对执行编程烧写操作的具体细节进行定义,如图 7-8 所示。

图 7-8 中 Reload 是指在每次编程前都自动加载目标文件,只要目标文件名没有改变,则这样可使被写入的目标文件总是最新的,其他选项功能与前面的描述相同。

一切设置好之后,只要选择 File 菜单打开目标文件名再执行 Program 命令,就能按照设置对目标芯片进行编烧写了。

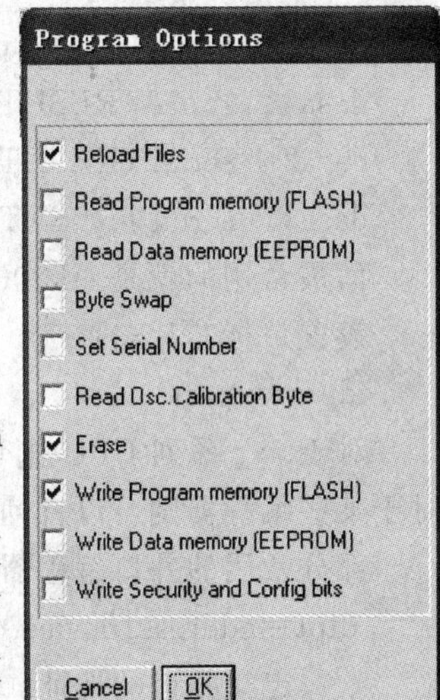


图 7-8　编程选项

## 7.2.2　uisp 下载工具

虽然 PonyProg 非常好用,但是目前它仍未被收录到 debian 软件包中,支持的编程器类型有限,因此使用时必须专门到其主页下载。而且因为 PonyProg 是个人产品,开发能力有限,后继的更新比较慢,因此这里再介绍一款在 GNU 软件包中常用的开源烧写编程工具 uisp,它功能强大,支持类型丰富的编程器,唯一不足在于只能使用字符操作方式。

### 1. uisp 命令

uisp 的全称为 Micro In-System Programmer for Atmel's AVR MCUs,只要按照前面介绍的方法安装了 gnu avr 开发工具,则 uisp 软件就已经正确地装到系统中了,可以直接在命令行使用,其命令格式为:

uisp [OPTION].. -dprog=TYPE -dpart=AT90XXX --FUNCTION.. [if=SOURCE]

[of=DEST]

常用的指明编程器类型的命令为：

-dprog=<method>

它支持以下类型的编程器：

avr910 标准 atmel 廉价编程器

stk500 Atmel STK500

dapa 直接 AVR 并口编程器

stk200 Parallel Starter Kit STK200，STK300

abb Altera ByteBlasterMV并口下载线

atdh Atmel-ISP 下载线

maxi Investment Technologies Maxi (parallel)

dm04 Datamekatronik 2004 (parallel)

以及以下特制编程器，相关信息可以到其后面的网址查询：

pavr http://www.avr1.org/pavr/pavr.html

bsd http://www.bsdhome.com/avrdude/ (parallel)

fbprg http://ln.com.ua/～real/avreal/adapters.html (parallel)

dt006 http://www.dontronics.com/dt006.html (parallel)

dasa serial (RESET=RTS SCK=DTR MOSI=TXD MISO=CTS)

dasa2 serial (RESET=! TXD SCK=RTS MOSI=DTR MISO=CTS)

dasa3 serial (RESET=! DTR SCK=RTS MOSI=TXD MISO=CTS)

而最常用的就是 stk200 编程器，因为它可以直接由一片 74LS244 做成，非常简便实用。

设置目标芯片名：

-dpart=part

对于 avr 系列 CPU 则可以设置为-dpart=atmega48、atmega8、atmega16、atmega169 等；对于某些编程器则可以自动侦测芯片型号，可以设置-dpart=auto。

部分常用的并口编程器参数设置如下：

-dlpt=address|device name

定义并口的地址(0x378、0x278、0x3BC)或设备名(ppdev、ppi 等)。

-dno-poll

程序不进行数据轮询，这样执行速度稍微慢一点。

-dvoltage=value

设置并口的供电电压(单位为 V)，默认为 3 V。

-dt_sck=time

设置 SCK 高低电平持续的最小时间，单位为 ms，默认为 5 ms。

-dt_wd_flash=time

设置flash的最大写延时,单位为ms。

-dt_wd_eeprom=time

设置eeprom的最大写延时,单位为ms。

-dt_reset=time

设置reset复位信号高电平的时间,单位为ms。

-d89

允许并口编程器对AT89S51和AT89S52进行编程。

Atmel串口编程器的有关设置:

-dserial=device name

设置串口号/dev/ttyS*(默认为/dev/avr)。

-dspeed=1200|2400|4800|9600|19200|38400|57600|115200

设置串口速度(默认为19 200)。

功能参数设置:

--upload

上传输入文件到AVR芯片。

--verify

校验输入文件,通常是在执行完--upload命令之后执行,以检查编程烧写是否正确。

--download

下载AVR芯片中内容到输出文件中。

--erase

删除芯片内容。

--segment=flash|eeprom|fuse

设置有效段。

熔丝锁定位设置参数:

--rd_fuses

读所有的熔丝位并显示。

--wr_fuse_l=byte

写熔丝位的低字节。

--wr_fuse_h=byte

写熔丝位的高字节。

--wr_fuse_e=byte

写熔丝位的扩展字节。

--wr_lock=byte

字锁定位，字节与位的对应关系如下：

Bit5 -> blb12

Bit4 -> blb11

Bit3 -> blb02

Bit2 -> blb01

Bit1 -> lb2

Bit0 -> lb1

与文件相关的参数：

if=filename

定义输入文件，一般与--upload 和--verify 参数组合使用；文件类型可以为 Motorola S-records 文件格式或 16 bit Intel 格式文件。

of=filename



定义输出文件，一般与--download 参数组合使用；如果不定义输出文件，则输出到标准输出设备。

### 2. 举 例

1）读取所有的熔丝数据

uisp -dprog=stk200 -dpart=atmega48 --rd fuses

结果可能为：

Fuse Low Byte = 0x14

Fuse High Byte = 0xdf

Fuse Extended Byte = 0xff

Calibration Byte = 0xae --Read Only

Lock Bits = 0xff

BLB12 -> 1

BLB11 -> 1

BLB02 -> 1

BLB01 -> 1

LB2 -> 1

LB1 -> 1

熔丝位低字节说明见表 7-1，高字节说明见表 7-2。

表7－1 熔丝位低字节描述

| 熔丝位低字节位定义 | 位序号 | 说 明 | 默认值 |
|---|---|---|---|
| CKDIV8 | 7 | 时钟8分频 | 0(编程) |
| CKOUT | 6 | 时钟输出 | 1(未编程) |
| SUT1 | 5 | 启动时间选择位1 | 1(未编程) |
| SUT0 | 4 | 启动时间选择位2 | 0(编程) |
| CKSEL3 | 3 | 时钟选择位3 | 0(编程) |
| CKSEL2 | 2 | 时钟选择位2 | 0(编程) |
| CKSEL1 | 1 | 时钟选择位1 | 1(未编程) |
| CKSEL0 | 0 | 时钟选择位0 | 0(编程) |

表7－2 熔丝位高字节描述

| 熔丝位高字节位定义 | 位序号 | 说 明 | 默认值 |
|---|---|---|---|
| RSTDISBL | 7 | 外部复位禁止 | 1(未编程) |
| DWEN | 6 | debugWIRE能够 | 1(未编程) |
| SPIEN | 5 | 能够串行编程与数据下载 | 0(编程) |
| WDTON | 4 | 看门狗功能加电后即生效 | 1(未编程) |
| EESAVE | 3 | 芯片被擦除时保护eeprom中的内容 | 1(未编程) |
| BODLEVEL2 | 2 | 电压跌落侦测选择位2 | 1(未编程) |
| BODLEVEL1 | 1 | 电压跌落侦测选择位1 | 1(未编程) |
| BODLEVEL0 | 0 | 电压跌落侦测选择位0 | 1(未编程) |

2）写熔丝位低字节

uisp -dprog＝stk200 -dpart＝atmega48 --wr_fuse_l＝0x14

3）写熔丝位高字节

uisp -dprog＝stk200 -dpart＝atmega48 --wr_fuse_h＝0xdf

4）写锁定位

uisp -dprog＝stk200 -dpart＝atmega48 --wr_lock＝0xff

5）删除整个芯片

uisp -dprog＝stk200 -dpart＝atmega48 --erase

6）对flash编程烧写

uisp -dprog＝stk200 -dpart＝atmega48 --upload if＝test-cam. hex

### 7.2.3 stk200 下载线电路图

stk200 是最简单、使用最为广泛的下载线之一，只需要一个单独的 74LS244 芯片，甚至不需要其他的分离元件就能自己组装成一条好用的 AVR 系列单片机下载线。对于一般初学者而言，再加上免费的 GNU 开发与下载软件，就是拥有了一个能够实践学习与使用 AVR 的环境了，因此，学习 AVR 单片机的硬件条件要求非常低，所需费用也是最少的，这无疑是个最大的福音。

图 7 - 9 为 stk200 原理图。由该图可知其核心是使用驱动与隔离作用的芯片 74LS244，芯片的供电由目标板通过二极管 1N4148 隔离后提供；C1 为 74LS244 的电源退耦电容，为保证芯片可靠工作，此电容不能省略；R1 为上拉电阻；ST1 为接到目标板上的十芯插座，其引脚顺序根据 Atmel 的定义来确定的，一般不要改变。另外，为了使并口具有双向数据交换的能力，应该在 CMOS 中设置并口的工作模式为 EPP 或 ECP。

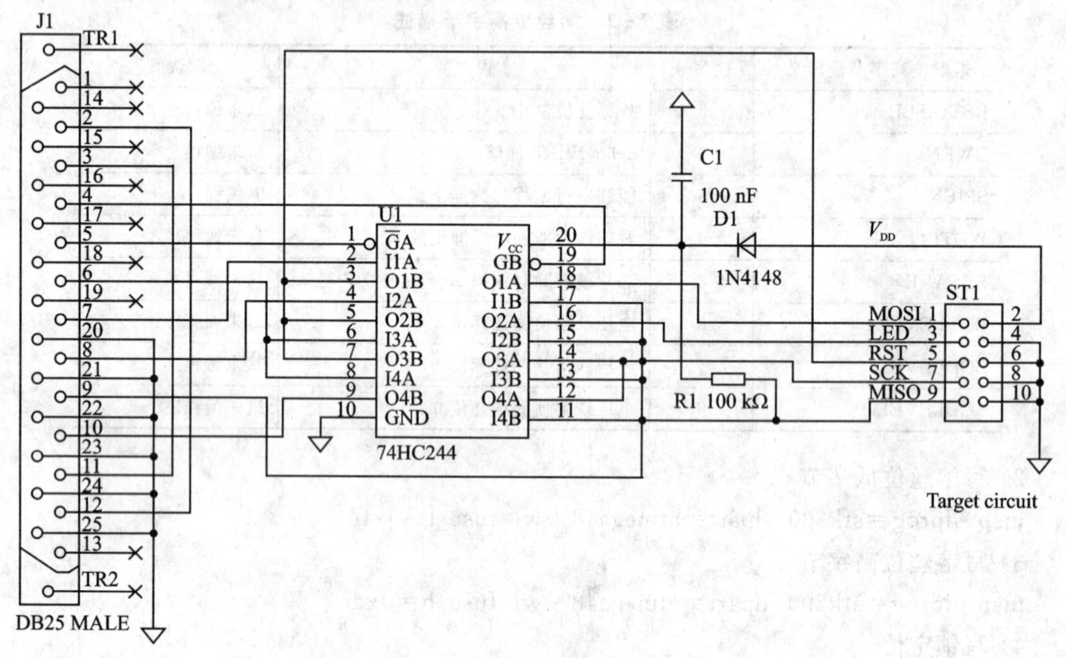


图 7 - 9 stk200 原理图

## 7.3 procyon AVRLib 的 C 语言库函数

### 7.3.1 AVRLib 的下载与安装

AVR 标准库函数的目的是让开发者节省时间，将主要注意力集中在需要解决的问题上，而不需要太多考虑对AVR芯片的操作。AVRLib库的可读性非常好，首先函数名就很长，可以直接从函数名想到可完成的功能；其次，C代码中也有很多注释以方便阅读。其源码可以从 http://hubbard.engr.scu.edu/embedded/avr/avrlib 上下载，并且该网站在不断地更新。

AVRLib是一个相当全面的、能够完成普通用户绝大多数一般操作的库，这里对其中最常用的部分加以分析与说明。因为这些库全部都是源码公开的，读者也可以在读懂源码的基础上将函数简化后再使用。它包含以下主要内容：

- 对AVR处理器硬件操作的接口函数，如定时器、串口、A/D转换等。
- 对AVR嵌入式系统中常用外设的接口函数，如LCD、硬盘、GPS等。
- 一些常用的软件模拟，如脉冲生成、软串口、软SPI、软I2C等。

要安装AVRLib，则必须首先安装avr-gcc。下载avrlib.zip后，将它解压到某一目录，注意保护zip压缩包中的内部目录结构不变，其内部目录结构说明如下：

```
Avrlib                    头文件与代码文件
avrlib\conf               模板配置文件
avrlib\docs               相关文档
avrlib\examples           应用例子
avrlib\make               makefile相关文件
```

接着建一个环境变量指向avrlib的源目录，如果文件解压在目录/opt/avrlib，则 export AVRLIB="/opt/avrlib"。只要设置了正确的环境变量，就意味着avrlib已经安装好了。使用以下的步骤测试是否已经正确安装：

① 进入avrlib目录，cd /opt/avrlib。

② 进入examples目录，cd examples。

③ 进入其中一个实例的目录，如 cd rprintf。

④ make clean 消除原来的目标文件。

⑤ make 生成新的目标文件，ls 可以看到新生成的rprintf.o的目标文件。

## 7.3.2 与AVR芯片内部设备相关函数

### 1. A/D转换函数

使用时包含头文件：

```
#include "a2d.h"
```

它具有以下函数：

```
void  a2dInit (void)                    //初始化ADC，准备使用
void  a2dOff (void)                     //关闭ADC
void  a2dSetPrescaler (unsigned char prescale)
```

```
//设置ADC转换时的分频数,此函数自动调用ad2Init()
具有以下分频数:
#define  ADC_PRESCALE_DIV2   0x00
//0x01,0x00 -> CPU clk/2
#define  ADC_PRESCALE_DIV4   0x02
  //0x02 -> CPU clk/4
#define  ADC_PRESCALE_DIV8   0x03
  //0x03 -> CPU clk/8
#define  ADC_PRESCALE_DIV16   0x04
  //0x04 -> CPU clk/16
#define  ADC_PRESCALE_DIV32   0x05
  //0x05 -> CPU clk/32
#define  ADC_PRESCALE_DIV64   0x06
  //0x06 -> CPU clk/64
#define  ADC_PRESCALE_DIV128   0x07
  //0x07 -> CPU clk/128
void  a2dSetReference (unsigned char ref)
//设置ADC使用哪一个参数电压值,此函数自动调用ad2Init()可以使用以下参考电压设置
#define  ADC_REFERENCE_AREF   0x00
//关闭内部的VREF,使用引脚AREF电压作为参考电压
#define  ADC_REFERENCE_AVCC   0x01
//关闭内部的VREF,使用引脚AVCC电压作为参考电压
#define  ADC_REFERENCE_RSVD   0x02    //Avrlib保留值
#define  ADC_REFERENCE_256V   0x03    //使用芯片内部2.56 V作为参考电压
void  a2dSetChannel (unsigned char ch)    //设置ADC输入通道
void  a2dStartConvert (void)              //开始ADC转换
u08  a2dIsComplete (void)                 //如果ADC转换完成将返回TRUE
unsigned short  a2dConvert10bit (unsigned char ch)
//开始10位ADC转换,返回为转换之后的值
unsigned char  a2dConvert8bit (unsigned char ch)
//开始8位ADC转换,返回为转换之后的值
```

**2. AVR定时器函数**

使用时必须包含头文件#include "timer.h",它提供了使用AVR内部定时器的函数,包含初始化、设置分频率,以ms为单位对定时器进行校正,挂接或取消用户定义的定时中断函

数,溢出计数等功能。

所有的AVR系列CPU至少包含一个硬件定时器,根据型号不同,有的具有2~3个定时器,这些定时器一般都使用CPU的时钟分频后作为定时的基准。定时器0为8位定时器,可以用作精确延时或通过定时器溢出中断作一些周期性的事情;定时器1为16位定时器,除了能完成定时器0的工作外还能产生PWM输出;定时器2可以作为实时时钟,在CPU进入睡眠状态时还能工作,能使用32.768 kHz的优化时钟源,提高计数的精度。

常用的常量定义如下:

```
#define PWM10 WGM10
#define PWM11   WGM11
#define   TIMER_CLK_STOP 0x00               //停止定时器
#define TIMER_CLK_DIV1    0x01              //使用CPU时钟频率,即不分频
#define TIMER_CLK_DIV8    0x02              //对CPU时钟进行8分频
#define   TIMER_CLK_DIV64 0x03              //对CPU时钟进行64分频
#define TIMER_CLK_DIV256 0x04               //对CPU时钟进行256分频
#define   TIMER_CLK_DIV1024    0x05         //对CPU时钟进行1 024分频
#define   TIMER_CLK_T_FALL    0x06          //设置以下降沿为基准
#define TIMER_CLK_T_RISE    0x07            //设置以上升沿为基准
#define   TIMER_PRESCALE_MASK    0x07       //时间器分频值设置位掩码
#define   TIMERRTC_CLK_STOP    0x00         //停止实时时钟
#define   TIMERRTC_CLK_DIV1    0x01         //实时时钟使用CPU时钟频率,即不分频
#define TIMERRTC_CLK_DIV8    0x02           //实时时钟对CPU时钟8分频
#define   TIMERRTC_CLK_DIV32 0x03           //实时时钟对CPU时钟32分频
#define   TIMERRTC_CLK_DIV64    0x04        //实时时钟对CPU时钟64分频
#define TIMERRTC_CLK_DIV128    0x05         //实时时钟对CPU时钟128分频
#define   TIMERRTC_CLK_DIV256    0x06       //实时时钟对CPU时钟256分频
#define TIMERRTC_CLK_DIV1024    0x07        //实时时钟对CPU时钟1 024分频
#define TIMERRTC_PRESCALE_MASK    0x07  //实时时钟分频值设置的位掩码
#define   TIMER0PRESCALE   TIMER_CLK_DIV8   //定时器0的默认分频值为8
#define   TIMER1PRESCALE   TIMER_CLK_DIV64   //定时器1的默认分频值为64
#define   TIMER2PRESCALE   TIMERRTC_CLK_DIV64   //定时器2的默认分频值为64
```

定义了以下函数:

```
void delay_us (unsigned short time_us)
//以μs为单位的延时。此函数的内部使用循环进行延时,每个循环需要5个时钟周期
//这样如果时钟频率低于5 MHz,则延时值大于1 μs
```

void timerInit (void) //使用默认设置初始化所有的时间器
void timer0Init (void) //使用默认设置定时器0
void timer1Init (void) //使用默认设置定时器1
void timer0SetPrescaler (u08 prescale) //设置定时器0的分频值
u16 timer0GetPrescaler (void) //获取定时器0的分频值
void timer1SetPrescaler (u08 prescale) //设置定时器1的分频值
u16 timer1GetPrescaler (void) //获取定时器1的分频值
void timerAttach (u08 interruptNum, void( * userFunc)(void))
//设置用户定义的定时器中断函数，参数1为中断号，参数2为中断函数地址
void timerDetach (u08 interruptNum)//取消用户定义的定时器中断函数，参数为中断号
void timerPause (unsigned short pause_ms) //执行以ms为单位的延时
void timer0ClearOverflowCount (void) //清除定时器0的计数值
long timer0GetOverflowCount (void) //获取定时器0的计数值

以下函数是控制基于定时器1的PWM：

void timer1PWMInit (u08 bitRes)
//设置标准的PWM模式

参数说明：

设置PWM的输出分辨率，只能为8、9、10，对应为定时器的256、512和1 024次计数。

void timer1PWMInitICR (u16 topcount) //使用参数所设置的顶值设置PWM模式
void timer1PWMOff (void)
//关闭定时器1的PWM输出，同时设置定时器1为普通模式
void timer1PWMAOn (void)
//开启定时器1的PWM输出，由定时器1的通道A(OC1A)输出PWM波形
void timer1PWMBOn (void)
//开启定时器1的PWM输出，由定时器1的通道B(OC1B)输出PWM波形
void timer1PWMAOff (void) //关闭定时器1通道A(OC1A)的PWM输出
void timer1PWMBOff (void) //关闭定时器1通道B(OC1B)的PWM输出
void timer1PWMASet (u16 pwmDuty)
//设置定时器1通道A(OC1A)PWM输出的占空比
void timer1PWMBSet (u16 pwmDuty)
//设置定时器1通道B(OC1B)PWM输出的占空比

### 3. 串口函数

使用时必须包含头文件#include "uart.h"。AVR芯片包含1～2个硬件串口，串口库函数提供带缓冲的和不带缓冲的串口传输函数，带缓冲的传输意味着可以在后台完成；还包含对

串口进行初始化,设置波特率和检测缓冲区状态的函数。

芯片可能使用不同的时钟频率,为了能正确地计算波特率,用户必须正确设置在 global. h 头文件中定义的芯片的主时钟频率 F_CPU。需要注意的是,某些特定的时钟频率可能不能得到很精确的波特率值,这时在高波特率传输数据时可能带来一些额外的差错。

定义了以下常数:

```
#define UART_DEFAULT_BAUD_RATE 9600
//使用串口初始化函数 uartInit()后的默认波特率值,可以使用函数 uartSetBaudRate()
//改变波特率的值
#define UART_TX_BUFFER_SIZE   0x0040   //发送缓冲区尺寸,一般不要改变此默认值
#define UART_RX_BUFFER_SIZE   0x0040   //接收缓冲区尺寸,一般不要改变此默认值
```

具有以下函数:

```
void uartInit (void)
//初始化串口,执行此函数后 RXD 与 TXD 不能再作为普通的 I/O 口使用
void uartInitBuffers (void)
//初始化接收与发送缓冲区,此函数被串口初始化函数 uartInit (void)自动调用
Void   uartSetRxHandler (void( * rx_func)(unsigned char c))
//设置用户自定义的接收函数
void uartSetBaudRate (u32 baudrate)        //设置新的波特率
cBuffer * uartGetRxBuffer (void)
//返回一个指向接收缓冲区的结构指针,其中,结构 cBuffer 在头文件 buffer. h 中被定义
typedef struct struct_cBuffer
{
    unsigned char * dataptr;                //指向缓冲区所在物理地址
    unsigned short size;                    //缓冲区大小
    unsigned short datalength;              //当前存于缓冲区内的数据大小
    unsigned short dataindex;               //指向数据开始存储时的缓冲区偏移
} cBuffer;
cBuffer * uartGetTxBuffer (void)
//返回一个指向发送缓冲区的结构指针,其中,结构 cBuffer 在头文件 buffer. h 中被定义
void   uartSendByte (u08 data)              //直接从串口中发出单个字节的数据
int uartGetByte (void)                      //直接从串口中接收一个字节的数据
u08 uartReceiveByte (u08 * data)
//从串口中接收一个字节的数据,用法如下
char myReceivedByte;
```

uartReceiveByte( &myReceivedByte );

u08 uartReceiveBufferIsEmpty (void)

//接收缓冲区是否为空,返回 TRUE 表示为空,FALSE 表示非空

void uartFlushReceiveBuffer (void) //清空接收缓冲区

u08 uartAddToTxBuffer (u08 data)

//增加一个字节的数据到发送缓冲区的末尾,如果成功而返回 TRUE,不成功而返回

//FALSE,表示发送缓冲区已满

void uartSendTxBuffer (void) //使用中断方式开始传输发送缓冲区中的数据

u08 uartSendBuffer (char * buffer, u16 nBytes)

//使用中断方式开始传输发送缓冲区中的一个数据块,其中 buffer 为发送缓冲区指针

//nBytes 是需要传输的字节数

有很多情况我们通过串口发送数据到 pc 来调试 AVR 程序,这时必须结合使用 rprintf 函数,这样输出的数据便可以使用 rprintf 进行格式处理,显示的数据比较清晰,如下所示:



```
uartInit();                         //初始化串口
uartSetBaudRate(9600);              //设置串口波特率为 9 600
rprintfInit(uartSendByte);          //配置 rprintf 函数使用串口作为输出
rprintf("Hello World\r\n");         //通过串口输出字符串 "hello world"
```

有些 AVR 的芯片有两个 uart,如 ATmega161、ATmega128,avrlib 也提供了对第 2 个串口进行操作的函数,使用应该包含头文件 #include "uart2.h"。串口 2 库函数也提供带缓冲的和不带缓冲的串口传输函数,带缓冲的传输意味着可以在后台完成。还包含对串口进行初始化,设置波特率和检测缓冲区状态的函数。

定义了以下常量

#define UART0_DEFAULT_BAUD_RATE 9600

串口 0 波特率的默认定义为 9 600

#define UART1_DEFAULT_BAUD_RATE 9600

串口 1 波特率的默认定义为 9 600

#define UART0_TX_BUFFER_SIZE 0x0010

串口 0 的发送缓冲区尺寸

#define UART0_RX_BUFFER_SIZE 0x0080

串口 0 的接收缓冲区尺寸

#define UART1_TX_BUFFER_SIZE 0x0010

串口 1 的发送缓冲区尺寸

#define UART1_RX_BUFFER_SIZE 0x0080

串口 1 的接收缓冲区尺寸

定义了以下函数：

```
void  uartInit (void)                          //初始化串口0与串口1
void  uart0Init (void)                         //初始化串口0
void  uart1Init (void)                         //初始化串口1
void  uart0InitBuffers (void)                  //初始化串口0接收与发送缓冲区
void  uart1InitBuffers (void)                  //初始化串口1接收与发送缓冲区
void  uartSetRxHandler (u08 nUart, void( * rx_func)(unsigned char c))
//设置用户自定义的接收函数
void  uartSetBaudRate (u08 nUart, u32 baudrate)  //设置新的波特率
cBuffer * uartGetRxBuffer (u08 nUart)          //返回一个指向接收缓冲区的结构指针
cBuffer * uartGetTxBuffer (u08 nUart)          //返回一个指向发送缓冲区的结构指针
void uartSendByte (u08 nUart, u08 data)        //直接从串口中发出单个字节的数据
void uart0SendByte (u08 data)                  //直接从串口0中发出单个字节的数据
void uart1SendByte (u08 data)                  //直接从串口1中发出单个字节的数据
int uart0GetByte (void)                        //直接从串口0中接收一个字节的数据
int uart1GetByte (void)                        //直接从串口1中接收一个字节的数据
u08 uartReceiveByte (u08 nUart, u08 * data)    //从串口中接收一个字节的数据
u08 uartReceiveBufferIsEmpty (u08 nUart)       //接收缓冲区是否为空
void uartFlushReceiveBuffer (u08 nUart)        //清空接收缓冲区
void uartAddToTxBuffer (u08 nUart, u08 data)
//增加一个字节的数据到发送缓冲区的末尾
void uart0AddToTxBuffer (u08 data)
//增加一个字节的数据到串口0发送缓冲区的末尾
void uart1AddToTxBuffer (u08 data)
//增加一个字节的数据到串口1发送缓冲区的末尾
void uartSendTxBuffer (u08 nUart)     //使用中断方式开始传输发送缓冲区中的数据
u08 uartSendBuffer (u08 nUart, char * buffer, u16 nBytes)
//使用中断方式开始传输发送缓冲区中的一个数据块
```

有很多情况我们通过串口发送数据到 pc 来调试 AVR 程序，这时必须结合使用 rprintf 函数，这样输出的数据便可以使用 rprintf 进行格式处理，显示的数据比较清晰，如下所示：

```
uartInit();                          //初始化串口0与串口1
uartSetBaudRate(0, 9600);            //设置串口0的波特率为9 600
uartSetBaudRate(1, 115200);          //设置串口1的波特率为115 200
rprintfInit(uart0SendByte);          //配置 rprintf 函数使用串口0作为输出
```

```
rprintf("Hello UART0\r\n");                 //通过串口0输出字符串"hello world"
rprintfInit(uart1SendByte);                  //配置rprintf函数使用串口1作为输出
rprintf("Hello UART1\r\n");                 //通过串口1输出字符串"hello world"
```

### 4. I2C函数

使用时必须包含头文件 #include "i2c.h"。使用avrlib提供的I2C函数,可以方便地使用AVR芯片内部提供的I2C硬件与成千上万的具有I2C接口的不同电子设备打交道,如Eeprom、Flash、mp3、AD、DC以及自动控制设备等。

I2C是一种只使用两根通信线(SDA、SCL)的双向数据传输网络,能够很方便地完成在不同的智能设备之间的数据传送。I2C使用7位地址来区别接在总线上的不同设备,所以在同一I2C总线上接入的设备不能超过127个。I2C总线标准要求在SDA与SCL上接一个4.7 kΩ的上拉电阻到电源,但大部分应用情况可以直接使用AVR芯片内部的上拉电阻也能达到要求。因为NXP已经将I2C注册为商标,所以很多公司将它们的I2C总线叫"Two-Wire Interface",二者其实是指同一种总线。



具有以下函数:

```
void i2cInit (void)                          //初始化I2C (TWI)
void i2cSetBitrate (u16 bitrateKHz)          //设置I2C传输速率,单位为kHz
void i2cSetLocalDeviceAddr (u08 deviceAddr, u08 genCallEn)
//设置AVR芯片I2C设备的地址
void i2cSetSlaveReceiveHandler (void( * i2cSlaveRx_func)(u08 receiveDataLength,
u08 * recieveData))
//设置作为I2C从设备时接收I2C数据的回调函数
void i2cSetSlaveTransmitHandler (u08( * i2cSlaveTx_func)(u08 transmitDataLength-
Max, u08 * transmitData))
//设置作为I2C从设备时发送I2C数据的回调函数
void i2cSendStart (void)                     //在主机模式下发送I2C的开始条件
void i2cSendStop (void)                      //在主机模式下发送I2C的停止条件
void i2cWaitForComplete (void)               //等待当前的I2C操作完成
void i2cSendByte (u08 data)                  //发送一个数据
void i2cReceiveByte (u08 ackFlag)            //接收一个数据
u08 i2cGetReceivedByte (void)                //得到由函数i2cReceiveByte()接收的数据
u08 i2cGetStatus (void)                      //得到当前I2C总线的状态(寄存器TWSR)
void i2cMasterSend (u08 deviceAddr, u08 length, u08 * data)
//主机发送数据给设备
void i2cMasterReceive (u08 deviceAddr, u08 length, u08 * data)
```

//主机从设备接收数据

u08 i2cMasterSendNI (u08 deviceAddr, u08 length, u08 * data)

//主机以非中断方式发送数据给设备

u08 i2cMasterReceiveNI (u08 deviceAddr, u08 length, u08 * data)

//主机以非中断方式从设备接收数据

eI2cStateType i2cGetState (void) //得到I2C接口的高级状态

类型eI2cStateType定义如下:

```
typedef enum
{
    I2C_IDLE = 0, I2C_BUSY = 1,
    I2C_MASTER_TX = 2, I2C_MASTER_RX = 3,
    I2C_SLAVE_TX = 4, I2C_SLAVE_RX = 5
} eI2cStateType;
```

使用高级状态比直接使用I2C状态寄存器更直观,程序的可读性更好。

**5. EEPROM函数**

使用头文件#include "param.h",只有两个函数实现对EEPROM的操作:

void paramStore (u08 * parameters, u08 * memaddr, u16 sizebytes)。

//将RAM中的数据写入EEPROM

参数说明:

parameters 一个指向SRAM的指针,数据写到EEPROM中。

memaddr 一个指向EEPROM的指针,数据将会被写入此地址。

sizebytes 以字节为单位的数据块大小。

u08 paramLoad (u08 * parameters, u08 * memaddr, u16 sizebytes)

//将eeprom中的数据块读到RAM中

参数说明:

parameters 一个指向SRAM的指针,eeprom中的数据将会被复制到此地址。

memaddr 一个指向EEPROM的指针,数据将会从此地址中被读出。

sizebytes 以字节为单位的数据块大小。

返回值:如果成功,则返回TRUE;否则,返回FALSE。

**6. PWM函数**

需要使用两种头文件:

#include "timer.h"

#include "pulse.h"

此类函数被用作输出由用户定义频率的方波，一般用于步进电机控制、音频产生或通信等。此类函数使用AVR芯片内部的定时器和输出比较器，因此要求其相关库函数时间库函数能正常工作。为了能让PWM函数正常工作，函数pluseInit()必须加到脉冲产生服务例程中。

具有以下函数：

```
void pulseInit (void)          //初始化PWM库函数
void pulseT1Init (void)        //初始化时间器1,在引脚OC1A与OC1B产生输出方波
void pulseT1Off (void)         //立即关闭PWM输出
void pulseT1ASetFreq (u16 freqHz)
//设置通道A的方波输出的频率,单位为Hz,频率值必须大于零
void pulseT1BSetFreq (u16 freqHz)
//设置通道B的方波输出的频率,单位为Hz,频率值必须大于零,注意通道A与B共用
//时间器1,使用相同的分频值
void pulseT1ARun (u16 nPulses)
//设置通道A输出的方波数量,取值范围0～32 767,如果输出连续的方波,设置值为0
void pulseT1BRun (u16 nPulses)
//设置通道B输出的方波数量,取值范围0～32 767,如果输出连续的方波,设置值为0
void pulseT1AStop (void)       //在下一个时钟周期停止通道A的方波输出
void pulseT1BStop (void)       //在下一个时钟周期停止通道B的方波输出
u16 pulseT1ARemaining (void)   //得到通道A还未输出的方波数目
u16 pulseT1BRemaining (void)   //得到通道B还未输出的方波数目
void pulseT1AService (void)    //中断服务程序输出通道A的方波,此函数不应直接调用
void pulseT1BService (void)    //中断服务程序输出通道B的方波,此函数不应直接调用
```

**7. SPI函数**

提供通过AVR SPI接口收发以字节或字为单位的数据，因为SPI接口的特性决定收发过程是同时发生的。目前，只支持SPI主模式。使用时必须包含头文件＃include“spi. h”。

具有以下函数：

```
void spiInit (void)            //SPI接口初始化
void spiSendByte (u08 data)    //通过SPI发送一个字节的数据,此函数不接收数据
u08 spiTransferByte (u08 data)
  //通过SPI发送一个字节的数据,此函数也返回接收到的数据
u16 spiTransferWord (u16 data)
  //通过SPI发送一个字的数据,此函数也返回接收到的数据
```

### 7.3.3 常用外部设备函数

#### 1. TI ADS7828 I2C 接口 AD

使用时包含头文件#include "ads7828.h",封装了对德州仪器 ADS7828 操作的高层函数。此款芯片具有12位的转换数据、8个输入通道、高达50 kHz的转换速率,可以使用外部或内部2.5 V的基准电压。

定义了以下常量:

```
#define ADS7828_I2C_ADDR   0x90        //AD7828 的 I2C 基地址
#define ADS7828_CMD_PD0   0x04         //ADS7828 低功耗位 0
#define ADS7828_CMD_PD1   0x08         //ADS7828 低功耗位 1
#define ADS7828_CMD_C0   0x10          //ADS7828 通道选择位 0
#define ADS7828_CMD_C1   0x20          //ADS7828 通道选择位 1
#define ADS7828_CMD_C2   0x40          //ADS7828 通道选择位 2
#define ADS7828_CMD_SD   0x80          //ADS7828 的单端与双端(差分)输入选择位
#define ADS7828_CMD_CH0   0x00         //ADS7828 作通道 0 的 ADC 转换
#define ADS7828_CMD_CH1   0x04         //ADS7828 作通道 1 的 ADC 转换
#define ADS7828_CMD_CH2   0x01         //ADS7828 作通道 2 的 ADC 转换
#define ADS7828_CMD_CH3   0x05         //ADS7828 作通道 3 的 ADC 转换
#define ADS7828_CMD_CH4   0x02         //ADS7828 作通道 4 的 ADC 转换
#define ADS7828_CMD_CH5   0x06         //ADS7828 作通道 5 的 ADC 转换
#define ADS7828_CMD_CH6   0x03         //ADS7828 作通道 6 的 ADC 转换
#define ADS7828_CMD_CH7   0x07         //ADS7828 作通道 7 的 ADC 转换
#define ADS7828_CMD_PDMODE0   0x00 //ADS7828 低功耗模式 0
#define ADS7828_CMD_PDMODE1   0x04 //ADS7828 低功耗模式 1
#define ADS7828_CMD_PDMODE2   0x08 //ADS7828 低功耗模式 2
#define ADS7828_CMD_PDMODE3   0x0C //ADS7828 低功耗模式 3
```

定义了以下函数:

```
u08   ads7828Init (u08 i2cAddr)              //初始化 ADS7828 芯片
void  ads7828SetReference (u08 ref)
//设置参考电压,ref=0,参考电压从外部 ref 输入;ref=1,使用内部 2.5 V 参考电压
u16 ads7828Convert (u08 i2cAddr, u08 channel)
```

i2cAddr　　i2c 地址。

channel　　通道号。

对指明的通道号执行单端输入的 AD 转换,返回转换之后的结果。

u16 ads7828ConvertDiff (u08 i2cAddr, u08 channel)

i2cAddr　　i2c 地址

channel　　通道号

对指明的通道号执行双端输入(差分输入)的 AD 转换,返回转换之后的结果。

**2. TI ADS7870 SPI 接口 AD**

使用时包含头文件#include "ads7870.h",封装了对德州仪器 ADS7870 操作的高层函数。此款芯片具有 12 位的转换数据,最高达 20 MHz 的快速 SPI 接口,8 个单端输入通道或 4 个双端输入通道,可编程调节增益(1、2、4、5、8、10、16、20x),可以选择使用软件或硬件触发转换,高达 50 kHz 的转换速率,可以使用外部或内部 2.5 V、2.048 V 和 1.15 V 的基准电压。

定义了以下常量:

```
//数据端口
#define ADS7870_CS_PORT  PORTB
#define ADS7870_CS_DDR  DDRB
#define ADS7870_CS_PIN  PB0
//命令定义
#define ADS7870_CONVERT  0x80
#define ADS7870_REG_READ  0x40
#define ADS7870_REG_WRITE  0x00
#define ADS7870_REG_16BIT  0x20
// ADS7870 寄存器地址
#define ADS7870_RESULTLO  0x00
#define ADS7870_RESULTHI  0x01
#define ADS7870_PGAVALID  0x02
#define ADS7870_ADCTRL  0x03
#define ADS7870_GAINMUX  0x04
#define ADS7870_DIGIOSTATE  0x05
#define ADS7870_DIGIOCTRL  0x06
#define ADS7870_REFOSC  0x07
#define ADS7870_SERIFCTRL  0x18
#define ADS7870_ID  0x1F
// ADS7870 寄存器位定义
#define ADS7870_RESULTLO_OVR  0x01
#define ADS7870_ADCTRL_BIN  0x20
#define ADS7870_ADCTRL_RMB1  0x08
```

```
#define ADS7870_ADCTRL_RMB0    0x04
#define ADS7870_ADCTRL_CFD1    0x02
#define ADS7870_ADCTRL_CFD0    0x01
#define ADS7870_GAINMUX_CNVBSY    0x80
#define ADS7870_REFOSC_OSCR    0x20
#define ADS7870_REFOSC_OSCE    0x10
#define ADS7870_REFOSC_REFE    0x08
#define ADS7870_REFOSC_BUFE    0x04
#define ADS7870_REFOSC_R2V    0x02
#define ADS7870_REFOSC_RBG    0x01
#define ADS7870_SERIFCTRL_LSB    0x01
#define ADS7870_SERIFCTRL_2W3W    0x02
#define ADS7870_SERIFCTRL_8051    0x04
#define ADS7870_ID_VALUE    0x01
//增益定义
#define ADS7870_GAIN_1X    0x00
#define ADS7870_GAIN_2X    0x10
#define ADS7870_GAIN_4X    0x20
#define ADS7870_GAIN_5X    0x30
#define ADS7870_GAIN_8X    0x40
#define ADS7870_GAIN_10X    0x50
#define ADS7870_GAIN_16X    0x60
#define ADS7870_GAIN_20X    0x70
//通道定义
#define ADS7870_CH_0_1_DIFF    0x00
#define ADS7870_CH_2_3_DIFF    0x01
#define ADS7870_CH_4_5_DIFF    0x02
#define ADS7870_CH_6_7_DIFF    0x03
#define ADS7870_CH_1_0_DIFF    0x04
#define ADS7870_CH_3_2_DIFF    0x05
#define ADS7870_CH_5_4_DIFF    0x06
#define ADS7870_CH_7_6_DIFF    0x07
#define ADS7870_CH_SINGLE_ENDED    0x08
#define ADS7870_CH_0    0x08
```

```
#define ADS7870_CH_1    0x09
#define ADS7870_CH_2    0x0A
#define ADS7870_CH_3    0x0B
#define ADS7870_CH_4    0x0C
#define ADS7870_CH_5    0x0D
#define ADS7870_CH_6    0x0E
#define ADS7870_CH_7    0x0F
```

定义了以下函数：

```
u08   ads7870Init (void)                          //初始化
s16   ads7870Convert (u08 channel)                //对指定的通道进行单端转换
s16   ads7870ConvertDiff (u08 channel)            //对指定的通道进行双端转换
u08   ads7870ReadReg (u08 reg)                    //读寄存器
void  ads7870WriteReg (u08 reg, u08 value)        //写寄存器
```



### 3. IDE 接口驱动

使用时包含头文件#include "ata.h"。在一个嵌入式系统中能使用大容量的存储设备是一件让人高兴的事情，它不但能极大地扩展系统的功能，还能很方便地与资料丰富的PC系统结合起来作更为复杂的应用。ata库函数提供了AVR单片机与IDE/ATA设备的接口函数，这些设备包括硬盘、CF内存卡、PCMCIA硬盘以及一些内存设备等。ata库函数支持设备自动识别扇区的读写操作等底层功能，在使用时几乎不需要硬件解码器。

定义了一个与硬盘相关的数据结构：

```
typedef struct
{
    unsigned int   cylinders;
    unsigned char heads;
    unsigned char sectors;
    unsigned long sizeinsectors;
    unsigned char LBAsupport;
    char model[41];
} typeDriveInfo;
```

定义了以下常量：

```
//常量定义
#define DRIVE0    0
#define STANDBY    0
#define SLEEP    1
#define IDLE    2
// ATA 状态寄存器位
```

```
#define ATA_SR_BSY    0x80
#define ATA_SR_DRDY    0x40
#define ATA_SR_DF    0x20
#define ATA_SR_DSC    0x10
#define ATA_SR_DRQ    0x08
#define ATA_SR_CORR    0x04
#define ATA_SR_IDX    0x02
#define ATA_SR_ERR    0x01
// ATA错误寄存器位
#define ATA_ER_UNC    0x40
#define  ATA_ER_MC    0x20
#define ATA_ER_IDNF    0x10
#define ATA_ER_MCR    0x08
#define ATA_ER_ABRT    0x04
#define ATA_ER_TK0NF    0x02
#define ATA_ER_AMNF    0x01
// ATA头寄存器位
#define ATA_HEAD_USE_LBA    0x40
// ATA命令
#define ATA_CMD_READ    0x20
#define ATA_CMD_READNR    0x21
#define ATA_CMD_WRITE    0x30
#define ATA_CMD_WRITENR    0x31
#define ATA_CMD_IDENTIFY    0xEC
#define ATA_CMD_RECALIBRATE    0x10
#define ATA_CMD_SPINDOWN    0xE0          //硬盘立即降低转速
#define ATA_CMD_SPINUP    0xE1            //硬盘立即增加转速
#define ATA_CMD_STANDBY_5SU    0xE2
//降低转速设置进入低功耗时间,以5 s为一个单位
#define ATA_CMD_IDLE_5SU    0xE3
//保持转速设置进入低功耗时间,以5 s为一个单位
#define ATA_CMD_SLEEP    0xE6  //进入睡眠状态,只有硬件或软件复位才能唤醒
#define ATA_CMD_STANDBY_01SU    0xF2
//降低转速设置进入低功耗时间,以0.1 s为一个单位
```

```
#define ATA_CMD_IDLE_01SU    0xF3
//保持转速设置进入低功耗时间,以 0.1 s 为一个单位
// ATA CHS 硬盘参数定义,可以使用自动侦测
#define ATA_DISKPARM_CLYS    0x03A6
#define ATA_DISKPARM_HEADS    0x10
#define ATA_DISKPARM_SECTORS    0x11
// ATA 识别域,字偏移
#define ATA_IDENT_DEVICETYPE    0        //是否可移动
#define ATA_IDENT_CYLINDERS    1         //逻辑柱面数
#define ATA_IDENT_HEADS    3             //逻辑头数
#define ATA_IDENT_SECTORS    6           //每道的扇区数
#define ATA_IDENT_SERIAL    10           //硬盘串号,20 个字符
#define ATA_IDENT_MODEL    27            //硬盘型号,40 个字符
#define ATA_IDENT_FIELDVALID    53       //高字有效域
#define ATA_IDENT_LBASECTORS    60       // LAB 模式的扇区数
//硬盘工作模式定义
#define ATA_DISKMODE_SPINDOWN    0
#define ATA_DISKMODE_SPINUP    1
#define ATA_DISKMODE_SETTIMEOUT    2
#define ATA_DISKMODE_SLEEP    3
```

有关 IDE 硬盘接口硬盘地址定义在头文件 ataconf.h 中：

```
//常数定义
#define SECTOR_BUFFER_ADDR    0x1E00
// ATA 寄存器基址定义
#define ATA_REG_BASE    0x8000
// ATA 寄存器偏移
#define ATA_REG_DATAL    0x00
#define ATA_REG_ERROR    0x01
#define ATA_REG_SECCOUNT    0x02
#define ATA_REG_STARTSEC    0x03
#define ATA_REG_CYLLO    0x04
#define ATA_REG_CYLHI    0x05
#define ATA_REG_HDDEVSEL    0x06
#define ATA_REG_CMDSTATUS1    0x07
```

```
#define ATA_REG_CMDSTATUS2   0x08
#define ATA_REG_ACTSTATUS    0x09
#define ATA_REG_DATAH        0x10
```

定义了以下函数：

```
void ataInit (void)
void ataDriveInit (void)
void ataDiskErr (void)
void ataSetDrivePowerMode (u08 DriveNo, u08 mode, u08 timeout)
void ataPrintSector (u08 *Buffer)
void ataReadDataBuffer (u08 *Buffer, u16 numBytes)
void ataWriteDataBuffer (u08 *Buffer, u16 numBytes)
u08 ataStatusWait (u08 mask, u08 waitStatus)
unsigned char ataReadSectorsCHS (unsigned char Drive, unsigned char Head, unsigned int Track, unsigned char Sector, unsigned int numsectors, unsigned char *Buffer)
unsigned char ataWriteSectorsCHS (unsigned char Drive, unsigned char Head, unsigned int Track, unsigned char Sector, unsigned int numsectors, unsigned char *Buffer)
unsigned char ataReadSectorsLBA (unsigned char Drive, unsigned long lba, unsigned int numsectors, unsigned char *Buffer)
unsigned char ataWriteSectorsLBA (unsigned char Drive, unsigned long lba, unsigned int numsectors, unsigned char *Buffer)
unsigned char ataReadSectors (unsigned char Drive, unsigned long lba, unsigned int numsectors, unsigned char *Buffer)
unsigned char ataWriteSectors (unsigned char Drive, unsigned long lba, unsigned int numsectors, unsigned char *Buffer)
void ataDriveSelect (u08 DriveNo)
u08 ataReadByte (u08 reg)
void ataWriteByte (u08 reg, u08 data)
void ataShowRegisters (unsigned char DriveNo)
unsigned char ataSWReset (void)
```

#### 4. Dallas DS1631 温度传感器

使用时应包含头文件#include "ds1632.h"，它提供对DS1631操作的高层函数。DS1631具有以下特征：在0～70℃内精度达±0.5℃，8～12位有符号输出。

定义了以下常量：

```
#define  DS1631_I2C_ADDR   0x90          // DS1631 的 I2C 基地址
```

```
#define  DS1631_CMD_STARTCONV    0x51  // DS1631开始转换命令
#define  DS1631_CMD_STOPCONV     0x22  // DS1631停止转换命令
#define  DS1631_CMD_READTEMP     0xAA  // DS1631读温度命令
#define  DS1631_CMD_ACCESSTH     0xA1  // DS1631温度上限读/写命令
#define  DS1631_CMD_ACCESSTL     0xA2  // DS1631温度下限读/写命令
#define  DS1631_CMD_ACCESSCONFIG 0xAC  // DS1631配置读/写命令
#define  DS1631_CMD_SWPOR        0x54  // DS1631软件复位命令
```

定义了以下函数:

```
u08   ds1631Init(u08 i2cAddr);                    //初始化
u08   ds1631Reset(u08 i2cAddr);                   //初始化ds1631到加电时的默认状态
void  ds1631SetConfig(u08 i2cAddr, u08 config);   //设置ds1631的配置字
u08   ds1631GetConfig(u08 i2cAddr);               //读取ds1631的配置字
void  ds1631StartConvert(u08 i2cAddr);            //开始温度转换
void  ds1631StopConvert(u08 i2cAddr);             //停止温度转换
s16   ds1631ReadTemp(u08 i2cAddr);                //读取温度值
void  ds1631SetTH(u08 i2cAddr, s16 value);        //设置温度上限阈值
void  ds1631SetTL(u08 i2cAddr, s16 value);        //设置温度下限阈值
s16   ds1631GetTH(u08 i2cAddr);                   //读取温度上限阈值
s16   ds1631GetTL(u08 i2cAddr);                   //读取温度下限阈值
```

### 5. 正交编码

使用时应包含头文件#include "encoder.h"。正交编码常用作位移与旋转运动的位置与速度传感器,在电机控制中有着广泛的用途。AVRLib提供了一种方便地使用正交编码器的简便方法,它使用AVR的中断来捕获和跟踪编码器的移动,能够同时处理与所使用的AVR芯片中断数相同的正交编码器。因为AVR外部中断的范围很广,所以库函数并没有提供自动适应不同AVR芯片的能力,很多相关的配置工作需要用户来设置,它被定义在头文件encoderconf.h中。

在默认情况下只有两个正交编码器被支持,因为大多数的AVR芯片只支持两个外部中断。为了增加或减少所支持的正交编码器,必须做以下步骤:

① 保证所使用的AVR芯片所拥用的外部中断与编码器数量相等。

② 设置NUM_ENCODERS等于所使用的编码器数。

③ 根据所使用的AVR芯片,注释或不注释encoderconf.h中的宏定义ENCx_SIGNAL。

④ 修改encoderconf.h中的其他部分,使之与使用的AVR芯片相匹配,它包括中断引脚定义等。

1) 正交编码器原理

编码器核心是一个中心有轴的光电码盘,其上有环形通、暗的刻线,当轴转动时,带动光电

码盘转动，对光信号进行遮挡编码。通过编码器的内部电路处理生成相差90°两路方波输出，分别叫A相与B相，有些编码器每转还能输出一个Z相脉冲以代表零位参考位。当编码器旋转时，A相与B相就能产生方波序列，每一个脉冲代表编码器旋转位移的一个片断。当编码器旋转时，每转动一圈或移动一段距离就产生数量一定的脉冲。根据型号的不同，额定脉冲数量有所不同，数量越大代表测量的精度就越高，这样通过对脉冲计数便可以知道编码器旋转的角度或移动的距离；如果除以时间，还能算得速度。如果还想知道移动的方向，这时就需要同时处理A相与B相的脉冲，因为A相与B相脉冲之间固定有90°的相差，其输出波形如图7-10所示。假设A相的上升沿表示编码器已经移动了一段单位距离或角度，当从左到右观察A、B两相波形时，A相的上升沿正好对应B相的低电平，这时如果假定移动方向为前，则当从右向左观察A、B两相波形时，A相的上升沿正好对应B相的高电平，这时的移动方向便与刚才的相反，为向后移动。所以，可以认为A相脉冲可以完成对距离的测量，B相脉冲可以完成对运动方向的测量，反之亦然，如图7-10所示。

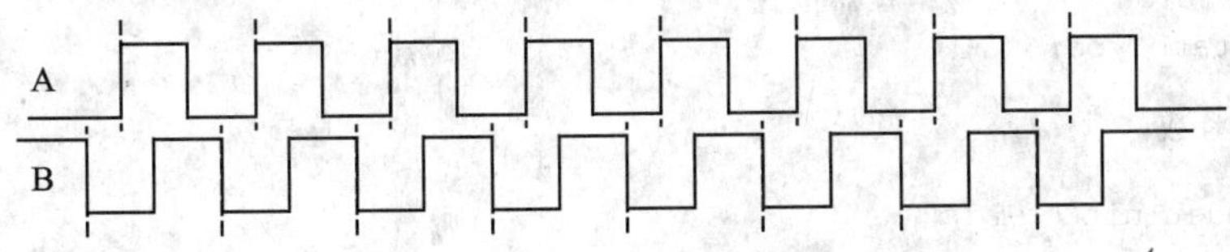


**图7-10　正交编码波形**

编码器码盘的材料有玻璃、金属、塑料。玻璃码盘是在玻璃上沉积很薄的刻线，其热稳定性好，精度高；金属码盘直接已通和不通刻线，不易碎，但由于金属有一定的厚度，精度就有限制，其热稳定性就要比玻璃的差一个数量级；塑料码盘是经济型的，其成本低，但精度、热稳定性、寿命均要差一些。分辨率是指编码器以每旋转360°提供多少的通或暗刻线称为分辨率，也称解析分度或直接称多少线，一般在每转分度5～10 000线。

增量型编码器存在零点累计误差，抗干扰较差，接收设备的停机需断电记忆，开机应找零或参考位等问题，这些问题如选用绝对型编码器则可以解决。增量型编码器一般应用在测速、测转动方向、测移动角度、测相对距离等。

绝对编码器光码盘上有许多道光通道刻线，每道刻线依次以2线、4线、8线、16线…编排，这样，在编码器的每一个位置，通过读取每道刻线的通、暗，获得一组$2^0$～$2^{n-1}$的唯一的2进制编码（格雷码），这就称为n位绝对编码器。这样的编码器是由光电码盘的机械位置决定的，它不受停电、干扰的影响。绝对编码器由机械位置决定的，每个位置是唯一的，它无需记忆，无需找参考点，而且不用一直计数，什么时候需要知道位置，什么时候就去读取它的位置。这样，编码器的抗干扰特性、数据的可靠性大大提高了。

旋转单圈绝对值编码器，在转动中测量光电码盘各道刻线，以获取唯一的编码。当转动超过360°时，编码又回到原点，这样就不符合绝对编码唯一的原则。这样的编码只能用于旋转范围 360°以内的测量,称为单圈绝对值编码器。如果要测量旋转超过 360°范围,就要用到多圈绝对值编码器。编码器生产厂家运用钟表齿轮机械的原理,当中心码盘旋转时,通过齿轮传动另一组码盘(多组齿轮或多组码盘),在单圈编码的基础上再增加圈数的编码,以扩大编码器的测量范围,这样的绝对编码器就称为多圈式绝对编码器;它同样是由机械位置确定编码,每个位置编码唯一不重复,且无需记忆。

对于每个编码器,AVRLib 将 A 相接入 AVR 芯片的外部中断,B 相接入普通的 I/O 引脚。函数设置外部中断为上升沿触发,当 A 相为上升沿时引发中断,在中断例程中快速地检查 B 相的电平,当电平为高时增加编码器的计数,电平为低时减少编码器的计数,这样可以在任何时候都读得编器的当前位置。

为了方便对编码器的操作,在头文件 encoder. h 中定义几个数据结构:

```
typedef struct struct_EncoderState
{
    s32 position;        //编程器位置
} EncoderStateType;
```

2）定义的函数

```
void  encoderInit (void)
//初始化硬件设置并设置初始位置,每个编码器在使用前只需要调用一次初始化函数
void  encoderOff (void)              //关闭编码器
s32   encoderGetPosition (u08 encoderNum)
//读编程器当前的位置信息,encoderNum 为编码器编号
void  encoderSetPosition (u08 encoderNum, s32 position)
//设置编号为 encoderNum 的编码器当前位置为 position
```

### 6. 图形 LCD 接口函数

使用时必须包括头文件 #include "glcd. h",这些函数提供在单色图形显示屏上完成画点、线、框、圆和显示字符的功能。一个可以方便扩展的字符文件 font5x7. h 提供了所有的 ASCII 码字符,一个可以方便扩展的图形字符文件 fontgr. h 可以让用户定制一些字符与图标,这些函数均为 LCD 高层显示函数。为了驱动不同的 LCD 驱动芯片,还需要提供不同芯片的驱动程序,AVRLib 软件包本身也提供了几款不同的 LCD 芯片的驱动,如 ks0108. c 就是一个常用的驱动程序源文件。

它定义了以下的高层 LCD 接口函数:

```
void  glcdSetDot (u08 x, u08 y)            //在坐标 x(0-127),y(0-63)处显示一个点
void  glcdClearDot (u08 x, u08 y)          //在坐标 x(0-127),y(0-63)处清除一个点
void  glcdLine (u08 x1, u08 y1, u08 x2, u08 y2)     //在坐标(x1,y1)与(x2,y2)间画条线
void  glcdRectangle (u08 x, u08 y, u08 a, u08 b)   //以(x,y)为左上角,(a,b)为右下
```

//角画一个矩形

void glcdCircle (u08 xcenter, u08 ycenter, u08 radius)

//以(xcenter,ycenter)为圆心,radius为半径画一个圆

void glcdWriteChar (unsigned char c) //在当前坐标处向屏幕写一个ASCII字符

void glcdWriteCharGr (u08 grCharIndex)//在当前坐标处向屏幕写一个图形字符

void glcdPutStr (u08 * data) //在当前坐标处向屏幕写一串字符

下面介绍图形字符文件fontgr.h的格式。

每个定制字符的数据占一行,第1个字节为数据的长度,后面为具体内容。数据位为1则画点,为0则无点,从0开始依次增加,每个字符都有一个编号,如下所示:

static unsigned char __attribute__ ((progmem)) FontGr[] =

{

0x0B,0x3E,0x41,0x41,0x41,0x41,0x42,0x42,0x42,0x42,0x3C,0x00,// 0.文件夹图标

0x06,0xFF,0xFF,0xFF,0xFF,0xFF,0xFF // 1.实心的6×8方块

};

下面介绍LCD芯片驱动程序的编写,这里以文件ks0108.c为例来说明。首先定义了一些数据结构:

```
typedef struct struct_GrLcdCtrlrStateType
{
unsigned char xAddr;
unsigned char yAddr;
} GrLcdCtrlrStateType;
typedef struct struct_GrLcdStateType
{
unsigned char lcdXAddr;
unsigned char lcdYAddr;
GrLcdCtrlrStateType ctrlr[GLCD_NUM_CONTROLLERS];
} GrLcdStateType;
```

接下来,定义了以下硬件抽象层函数:

void glcdInitHW (void) // LCD接口初始化

LCD可以通过总线与I/O口两种方式接入,通过I/O口方式接口的不需要任何其他的芯片,所有的硬件定义在头文件ks0108conf.h中。

void glcdControllerSelect (u08 controller) // LCD控制选择

void glcdBusyWait (u08 controller) // LCD忙等待

void glcdControlWrite (u08 controller, u08 data) // LCD控制命令写入

u08 glcdControlRead (u08 controller) // LCD读状态

void glcdDataWrite (u08 data) // LCD数据写入

u08 glcdDataRead (void) // LCD数据读出

```
void  glcdReset (u08 resetState)                      // LCD复位
void  glcdSetXAddress (u08 xAddr)                     // 设置X坐标
void  glcdSetYAddress (u08 yAddr)                     // 设置Y坐标
void  glcdInit ()                                     // LCD初始化并清屏
void  glcdHome (void)                                 // 将光标设置在左上角
void  glcdClearScreen (void)                          // 清屏
void  glcdStartLine (u08 start) // 将光标设置到第start行,假设每个字符大小为5×7
void  glcdSetAddress (u08 x, u08 y)                   // 设置当前光标到坐标(x,y)
void  glcdGotoChar (u08 line, u08 col)
//将当前光标设置到第line行,第col列,假设每个字符大小为5×7
```

### 7. MultiMedia与SD闪存卡操作函数



使用时应包含头文件#include "mmc.h",提供简单读/写MultiMedia与SD闪存卡的函数。MM与SD卡除了提供自己专用的访问模式之外,还提供了类似SPI总线接口的访问模式,这为这类卡在嵌入式系统中使用提供了条件。为了能使用库函数,SD卡必须接到AVR单片机的SPI接口上,见表7－3。

表7－3 SD卡引脚说明

| 引脚编号 | 引脚名称 | 引脚说明 | 接线说明 |
| --- | --- | --- | --- |
| 1 | CS | 片选 | 连到任一I/O口 |
| 2 | DIN | 数据输入,从主机到卡 | 接AVR SPI的MOSI引脚 |
| 3 | $V_{SS}$ | 电源地 | 接地 |
| 4 | $V_{DD}$ | 电源 | 接电源 |
| 5 | SCLK | 数据时钟 | 接AVR SPI的SCK引脚 |
| 6 | $V_{SS}$ | 电源地 | 接地 |
| 7 | DOUT | 数据输出,从卡到主机 | 接AVR SPI的MISO |

所有有关MM/SD卡的连线定义均在头文件mmcconf.h中。它定义了以下函数:

```
void  mmcInit (void)                          // 初始化MMC/SD卡硬件接口
u08   mmcReset (void)                         // 初始化MMC/SD卡,如果正确则返回零
u08   mmcSendCommand (u08 cmd, u32 arg)       // 发送MMC/SD卡内部命令
u08   mmcRead (u32 sector, u08 * buffer)      // 读指定扇区的512字节的数据到buffer中
u08   mmcWrite (u32 sector, u08 * buffer)     // 从buffer中写512字节的数据到指定扇
                                              //区中
```

**8. I2C EEPROM 操作函数**

使用时应包含头文件 #include "i2ceeprom.h",提供对 24Cxxx/24LCxxx I2C EEPROM 内存的操作函数,最大内存容量支持到 64 KB。具有以下函数:

void i2ceepromInit (void) //初始化 I2C EEPROM 内存接口

u08 i2ceepromReadByte (u08 i2cAddr, u32 memAddr)

//从地址 memAddr 中读取一字节的数据,其中 i2cAddr 为 I2C 节点地址

void i2ceepromWriteByte (u08 i2cAddr, u32 memAddr, u08 data)

//写入一字节的数据到地址 memAddr 中,其中 i2cAddr 为 I2C 节点地址

## 7.3.4 常见通用设备的软件模拟

为了增强单片机的适用性,增加所支持外部总线和设备的种类,现代的单片系统中往往采用软件的方法来模拟这些总线和设备所需要的时序与波形,AVRLib 也支持这种做法,能使用软件模拟一些常用的总线与外部设备。

**1. I2C 总线的模拟**

使用时应包含头文件 #include "i2csw.h",这些函数支持以 master 模式接收和发送单个字节数据。有关软件模拟 I2C 总线的硬件定义在头文件 i2cswconf.h 中。

有 3 个简单的函数:

void i2cInit (void) //初始化软件 I2C 的接口

void i2cSend (BYTE device, BYTE sub, BYTE length, BYTE *data)

//将字节数据流发到 I2C 总线

参数说明:

device　器件地址

sub　子地址

length　数据长度

*data　数据缓冲区首地址

void i2cReceive (BYTE device, BYTE sub, BYTE length, BYTE *data)

//从 i2c 总线上接收字节流

参数同上。

**2. UART 总线的模拟**

使用时应该包含头文件 #include "uartsw.h",这些串口的模拟函数需要用到 AVR 的硬件定时器与一些 I/O 端口。它使用定时器 1 的比较输出 A 用于发送定时,比较输出 B 用于接收定时,输入捕获用于接收触发。如果软件串口被使用,则除了定时器 1 的溢出中断可以被利用,但分频数不能改变外,以上硬件资源不能再做其他的用途。软件串口的数据输出可以被连

到任意的I/O端口，但数据输入被绑定到输入捕获引脚，有关软件串口的硬件定义在头文件uartswconf.h中。

定义了以下函数：

```
void   uartswInit (void)                    // 初始化软件串口
void   uartswInitBuffers (void)             // 初始化软件串口缓冲区
void   uartswOff (void)                     // 关闭软件串口
cBuffer *   uartswGetRxBuffer (void)        // 返回接口缓冲区地址
```

缓冲区的结构如下：

```
typedef struct struct_cBuffer
{
unsigned char * dataptr;                    // 缓冲区首地址
unsigned short size;                        // 缓冲区大小
unsigned short datalength;                  // 已经存储在缓冲区中数据的大小
unsigned short dataindex;                   // 缓冲区数据存储地址
} cBuffer;
void   uartswSetBaudRate (u32 baudrate)     // 设置软件串口波特率
void   uartswSendByte (u08 data)            // 发送单个字节数据
u08    uartswReceiveByte (u08 * rxData)     // 接收单个字节数据
```



avrlib还定义了第2个软件模拟串口，使用时应包含头文件uartsw2.h，它使用定时器2的输出捕获作为发送定时，定时器0的输出捕获作为接收定时，外部中断2作为接收触发。除了定时器0与定时器2的溢出中断可作其他用途，但不能更改其分频数外，其他硬件资源在使用第2个软件模拟串口时不能作其他用途。有关第2个软件串口的硬件定义在头文件uartsw2conf.h中。

## 7.3.5 通用库函数

这些函数提供了一些在软件编程中经常要用到的一些特性与功能，如环形队列、FAT32磁盘分区表、定点数学函数等，它们并不与任何硬件结构相关联，属于纯软件性质的库函数。

### 1. 通用位缓冲操作

使用时应该包含头文件bitbuf.h，它提供了一种位结构缓冲区，能方便而有效地存储与处理数据位。用户使用此结构可以自由地创建多个位缓冲区，而只受到系统总内存的限制；使用同一组位处理函数就能处理多个位缓冲区，这些函数的功能包括对数据位的顺序访问，类似数组属性的位数组操作等。

位缓冲结构定义如下：

```
typedef struct struct_BitBuf
{
unsigned char * dataptr;             // 缓冲区的物理地址
unsigned short  size;                // 所分配缓冲区的大小
unsigned short bytePos;              // 以字节为单位的当前存储位置
unsigned short bitPos;               // 以位为单位的当前存储位置
unsigned short datalength;           // 当前缓冲区中存储的位长度
unsigned short dataindex;            // 以位为单位的当前存储偏移
} BitBuf;
```

定义了以下函数：

void bitbufInit (BitBuf * bitBuffer, unsigned char * start, unsigned short bytesize)

根据所给的地址与大小初始化位缓冲，参数说明：

BitBuf * bitBuffer　　位缓冲地址

unsigned char * start　　分配的内存地址

unsigned short bytesize　　分配的内存大小

unsigned char bitbufGet (BitBuf * bitBuffer) //得到位缓冲区在当前位置所存储的位

unsigned char bitbufGetAtIndex (BitBuf * bitBuffer, unsigned short bitIndex)

//获得指定位置所存储的位

参数说明：

BitBuf * bitBuffer　　位缓冲地址

unsigned short bitIndex　　位存储的偏移地址

void bitbufStore (BitBuf * bitBuffer, unsigned char bit)// 存储位到位缓冲区的当前
// 位置

unsigned short bitbufGetDataLength (BitBuf * bitBuffer)// 返回在缓冲区中存储的位
// 的总数

void bitbufReset (BitBuf * bitBuffer) // 将位缓冲区的当前位置复位到首地址

void bitbufFlush (BitBuf * bitBuffer) // 消除位缓冲区中的内容

## 2. 环形队列操作

使用时应包含头文件 buffer.h，它提供了一种能方便地访问 FIFO 字节流的方法。用户可以生成多个环形队列缓冲区，而只受到系统内部内存容量的限制，并且可以使用同一组函数来访问每一个环形队列，这些函数的功能包括缓冲区初始化、从队列中读取数据、向队列中增加数据、检测队列是否已满、清空队列等。

定义了以下函数：

void bufferInit (cBuffer * buffer, unsigned char * start, unsigned short size)

//初始化环形队列

参数说明：

cBuffer * buffer　　　　环形队列地址
unsigned char * start　　分配的物理内存地址
unsigned short size　　　分配的队列大小
unsigned char　bufferGetFromFront (cBuffer * buffer) //从队列中读取一个字节的数据
void　bufferDumpFromFront (cBuffer * buffer, unsigned short numbytes)
//丢弃队列前 numbytes 个数据
unsigned char　bufferGetAtIndex (cBuffer * buffer, unsigned short index)
//读取队列第 index 个数据
unsigned char　bufferAddToEnd (cBuffer * buffer, unsigned char data)
//增加一个字节的数据到队列
unsigned short　bufferIsNotFull (cBuffer * buffer) //检测队列是否已满,返回 0 表示已满
void　bufferFlush (cBuffer * buffer)　　　　　　　//清空队列



### 3. FAT16/32 文件系统接口

在嵌入式系统中如果需要使用 SD 闪存卡、硬盘等大容量存储设备,则以 FAT16/32 格式来存储数据是一个好方法,既相对简便通用性又好,所存储的数据可以直接在 PC 中使用。AVRLib 也提供了对 FAT16/32 的支持,使用时必须包含头文件 fat.h,它所提供的函数能挂载 FAT16/32 的分区、浏览文件与目录、读取文件数据。在 AVRLib 内部,FAT16/32 是与它所提供的 IDE/ATA 硬盘接口组合使用的,用户也可以通过自己的需要在它所提供的源程序中自行修改,以便支持其他存储设备。为了有效地操作 FAT 文件系统,要求至少 512 字节的内存,因此这些函数就不太适合于内存容量小于 1 KB 的 AVR 芯片。

定义了以下函数:

```
unsigned char  fatInit (unsigned char device)                    // 对 FAT 文件系统进行初始化
unsigned int  fatClusterSize (void)                              // 读取磁盘每一簇的扇区数
unsigned char  fatGetDirEntry (unsigned short entry)             // 读取目录入口
unsigned char  fatChangeDirectory (unsigned short entry)         // 改变目录
void  fatPrintDirEntry (void)                                    // 从串口输出目录结果
FileInfoStruct *   fatGetFileInfo (void)                         // 读取最后一次访问文件的信息
```

文件信息定义:

```
struct FileInfoStruct
{
unsigned long StartCluster;                    //最后一次访问的文件开始簇
unsigned long Size;                            //最后一次访问的文件大小
unsigned char Attr;                            //最后一次访问的文件属性
unsigned short CreateTime;                     //最后一次访问的文件创建时间
unsigned short CreateDate;                     //最后一次访问的文件创建日期
};
unsigned long  fatGetFilesize (void)           //读取文件大小
```

```
char *   fatGetFilename (void)                          //读取文件名
char *   fatGetDirname (void)                           //读取目录名
void  fatLoadCluster (unsigned long cluster, unsigned char * buffer)
                                                        //读取整个簇的数据
unsigned long   fatNextCluster (unsigned long cluster)  //移到下一个簇
```

### 4. printf函数

使用时应包含头文件rprintf.h，它提供了一种简版的printf函数的功能，能够打印输出RAM、ROM中的字符串数据，能够以十六进制或用户定义的格式输出数据，也能输出浮点数据。所有输出的数据可以被重定向到任何可以接收字符的设备，如串口、LCD或显示屏幕上。

定义了以下常量：

#define RPRINTF_SIMPLE

编译生成一个相对精简、速度较快的rprintf函数。如果定义了RPRINTF_COMPLEX，则编译生成一个功能更强的但速度较慢的rprintf函数。

#define rprintfProgStrM(string)  (rprintfProgStr(PSTR(string)))

使用rprintfProgStrM函数，则显示的字符串自动存储中ROM中，以节省内存。

定义了以下函数：

```
void rprintfInit (void( * putchar_func)(unsigned char c))
//rprintfInit初始化函数，参数为字符流输出函数
void rprintfChar (unsigned char c)   //将单个字符输出
void rprintfStr (char str[])         //将一个存储在RAM中的、以null-terminated结
                                     //尾的字符串输出
void rprintfStrLen (char str[], unsigned int start, unsigned int len)
//打印输出存储在RAM中字符串的一部分，start指出开始位置，len指出输出字符的长度
void rprintfProgStr (const prog_char str[])   //打印输出存储在rom中的字符串
void rprintfCRLF (void)                       //输出换行回车符，在串口终端中有用
void rprintfu04 (unsigned char data)          //打印输出1位16进制数
void rprintfu08 (unsigned char data)          //打印输出2位16进制数
void rprintfu16 (unsigned short data)         //打印输出4位16进制数
void rprintfu32 (unsigned long data)          //打印输出8位16进制数
void rprintfNum (char base, char numDigits, char isSigned, char padchar, long n)
//一种灵活的输出整数的函数
```

参数说明：

char base　　所使用的进制

char numDigits　　一共输出多少位

char isSigned　　是否输出数据的符号，如果为TRUE，则在数据前面输出＋表示正

| | |
|---|---|
| | 数,一表示负数 |
| char padchar | 占位符定义,如果数字 n 的位置小于 numDigits 所指明的位数,则不够的位使用所定义的占位符填充 |
| long n | 输出的整数 |

举例:

```
uartPrintfNum(10, 6,  TRUE,'',  1234); //显示" +1234"
uartPrintfNum(10, 6, FALSE,'0',  1234); //显示"001234"
uartPrintfNum(16, 6, FALSE,'.', 0x5AA5); //显示"..5AA5"
int rprintf1RamRom (unsigned char stringInRom, const char *format,...)
//一种精简的 printf 函数,可以定义输出的数据类型也格式,%d -十进制,%x -十六进
//制,%c -字符
```

### 5. STX/ETX 协议库函数



使用时应包含头文件 stxetx.h。STX/ETX 是一种基于串行数据流的协议,能提供基于信息封包的、能使用标记、checksum 数据检查的串行数据包,可以用于在不可靠信道上传输数据,如无线、红外、长距离线缆等信道中使用;STX/ETX 也能有效地解决多路访问的问题,能提供目的地址与路由信息。如果要传送的数据本身为同一种类型的数据,则不需要告诉接收方数据的类型,可以直接使用 STX/ETX 包,如 AD 转换后的数据。如果需要告诉接收方数据的类型,则可以利用数据包的 TYPE 域进行定义。

STX/ETX 数据包结构定义:

[STX][status][type][length][user data...][checksum][ETX]

除了用户数据区之外,所有的域都是一个字节的,其中,大写字母的域为常量 STX=0x02, ETX=0x03,小写字母的域为变量;length 指出用户区中的数据长度;checksum 为所有数据(不包括 STX 与 ETX)的和,只保留最低 8 位。

定义了以下常数:

```
#define  STX  0x02                          //包开始
#define  ETX  0x03                          //包结束
#define  STXETX_HEADERLENGTH   4            //包头的长度
#define  STXETX_TRAILERLENGTH   2           //包尾的长度
#define  STXETX_STATUSOFFSET  1             //状态域的偏移
#define  STXETX_TYPEOFFSET   2              //类型域的偏移
#define  STXETX_LENGTHOFFSET   3            //长度域的偏移
#define  STXETX_DATAOFFSET   4              //数据域的偏移
#define  STXETX_CHECKSUMOFFSET   4          //校验和的偏移
#define  STXETX_NOETXSTXCHECKSUM   3        //STX,ETX,CHECKSUM 域
```

//所使用的字符数

定义了以下函数：

void stxetxInit (void( * dataout_func)(unsigned char data))

初始化STX/ETX库函数，所带参数为用户自定义的数据处理函数。此处理函数与一定的传输方式相关联，完全由用户根据实际情况来定义。

void stxetxSend (unsigned char status, unsigned char type, unsigned char datalength, unsigned char * dataptr) //发送STX/ETX数据包

unsigned char stxetxProcess (cBuffer * rxBuffer)

//判断rxBuffer中是否为一个完整的STX/ETX包，返回非零(TRUE)表示接收到完整的STX/ETX包

unsigned char stxetxGetRxPacketStatus (void) // 返回接收包的状态

unsigned char stxetxGetRxPacketType (void) // 返回接收包的类型

unsigned char stxetxGetRxPacketDatalength (void) // 返回接收包的数据长度

unsigned char * stxetxGetRxPacketData (void) // 返回一个指向接收包数据的指针

**6. Xmodem传输协议**

使用时应该包括头文件xmodem.h，此协议支持128字节或1 KB数据包，可以使用CRC校验也可以不使用CRC检验。Xmodem的初始化函数通过getbyte()、sendbyte()与某一特定传输方式联系。Xmodem一般使用函数指针来实现数据读/写的功能，且函数指针的类型也由用户自行定义，因为函数指针具有更好的适应性。

定义了以下常量：

```
// XModem控制字符的定义
#define    SOH    0x01
#define    STX    0x02
#define    EOT    0x04
#define    ACK    0x06
#define    NAK    0x15
#define    CAN    0x18
#define    CTRLZ    0x1A
// XModem超时与重试时间的定义
#define    XMODEM_TIMEOUT_DELAY    1000
#define    XMODEM_RETRY_LIMIT    16
// XModem错误代码的定义
#define    XMODEM_ERROR_REMOTECANCEL    -1
#define    XMODEM_ERROR_OUTOFSYNC    -2
```

```
#define    XMODEM_ERROR_RETRYEXCEED   -3
```

定义了以下函数：

```
void xmodemInit (void( * sendbyte_func)(unsigned char c), int( * getbyte_func)(void))
// xmodem协议IO流处理函数指针定义
long xmodemReceive (int( * write)(unsigned char * buffer, int size))
// xmodem数据接收,其中,size为buffer大小,根据xmodem协议标准有128与1 024两种
long xmodemTransmit (int( * read)(unsigned char * buffer, int size))
// xmodem数据发送,参数说明同xmodemReceive
int xmodemCrcCheck (int crcflag, const unsigned char * buffer, int size)
// 对buffer中的数据作CRC检验
```

参数说明：

int crcflag　=0　作检验和校验，=1　作crc校验

const unsigned char * buffer　数据区

int size　数据区长度

```
int xmodemInTime (unsigned short timeout)   //接收数据,参数timeout指明超时时间
void xmodemInFlush (void)                   //清除输入的字符流
```



### 7. VT100终端函数库

使用时应包含头文件vt100.h。这个库提供一些函数发送VT100代码来控制VT100或ANSI终端,这些函数包括设置光标位置、清屏、设置字符粗体、反白、闪烁、颜色等属性。它以后将会支持对VT100控制代码的接收。

定义了以下字符属性常量：

```
#define    VT100_ATTR_OFF   0
#define    VT100_BOLD   1
#define    VT100_USCORE   4
#define    VT100_BLINK   5
#define    VT100_REVERSE   7
#define    VT100_BOLD_OFF   21
#define    VT100_USCORE_OFF   24
#define    VT100_BLINK_OFF   25
#define    VT100_REVERSE_OFF   27
```

定义了以下函数：

```
void   vt100Init (void) // vt100库函数初始化,在使用vt100库函数之必须调用此函数
void   vt100ClearScreen (void)                  // 清除终端屏幕
```

```
void  vt100SetAttr (u08 attr)                    // 设置字符属性
void  vt100SetCursorMode (u08 visible)           // 设置光标可见或隐藏,visible=0为
                                                 // 隐藏,=1为可见
void  vt100SetCursorPos (u08 line, u08 col)      // 设置光标位置
```

**8. 定点数学函数**

由于单片机系统运算能力有限且没有硬件浮点运算单元,因此直接做浮点运算的速度是很慢的,AVRLib提供了定点数学函数来模拟浮点运算,比直接使用浮点运算的函数快10倍,而且可以充分利用AVR单片机上的硬件乘法器。使用时应该包含头文件fixedpt.h,对于大多数用户而言,可以利用其开放的源码将其他的函数嵌入到自己的程序中,这样具有最佳的运行效率。

定义了以下函数:

```
void  fixedptInit (u08 fixedPtBits)                  // 定点数学库初始化
s32   fixedptConvertFromInt (s32 int_number)         // 转换一个整数到一个定点数
s32   fixedptConvertToInt (s32 fp_number)            // 转换一个定点数到整数
s32   fixedptAdd (s32 a, s32 b)                      // 求定点数a与b的和
s32   fixedptSubtract (s32 a, s32 b)                 // 求定点数a与b的差
s32   fixedptMultiply (s32 a, s32 b)                 // 求定点数a与b的积
s32   fixedptDivide (s32 numer, s32 denom)           // 求定点数numer与denom的商
```

## 7.3.6 网络库函数

**1. ARP协议函数**

使用时应包含头文件net/arp.h。在网络上发送数据之后,必须要首先知道网络节点的物理地址即MAC地址,完成这一功能的叫ARP协议,因此ARP是在互联网上必须使用的一个协议,它完成由IP地址到MAC地址的映射,以便上层的IP数据能在下一层的数据链路层上正确传输。ARP协议是一个局域网内部的广播协议,主机通过向局域内部发送ARP广播帧从而得到其他主机IP号所对应的MAC地址,因此主机中会维持一张IP与MAC地址的映射表。这张表的内容可以通过主动发送ARP广播帧或侦听其他主机之间的通信来填写,随着时间的推移,主机将能够知道局域网内部所有机器IP与对应的MAC地址。

定义了以下函数:

```
void  arpInit (void)               //初始化ARP协议,消除ARP表格
void arpSetAddress (struct netEthAddr * myeth, uint32_t myip)
//设置本机的IP与MAC地址,作为对ARP广播帧的应答
```

参数说明：

```
struct netEthAddr                // MAC 地址
{
uint8_t addr[6];
} GNUC_PACKED;
uint32_t myip   本机的 IP
void  arpArpIn (unsigned int len, struct netEthArpHeader * packet)
//定义的一个回调函数。当接收到一个 ARP 包时,此函数将会被调用,如果这时是一个
//ARP 请求包,则生成一个 ARP 包并发送
void  arpIpIn (struct netEthIpHeader * packet)
//定义的一个回调函数。当一个 IP 包到达时,此函数将会被调用,通过对接收的 IP 包得
//到其他主机的 MAC 地址对应关系
void  arpIpOut (struct netEthIpHeader * packet, uint32_t phyDstIp)
//将输出 IP 包填入以太网头信息,此信息是 IP 包所必须的
void  arpTimer (void) //每秒钟此函数就会被调用,它将过期的 ARP 表项淘汰
int  arpMatchIp (uint32_t ipaddr)
//检测 IP 是否存在于 ARP 表中,如果不存在则返回-1,这是一个内部函数
void  arpPrintHeader (struct netArpHeader * packet)  //输出 ARP 包的信息
void  arpPrintTable (void)                            // 输出 ARP 缓冲信息
```



### 2. CS8900以太网接口芯片驱动

CS8900以太网接口芯片具有以下特点：

- 单芯片支持IEEE802.3以太网协议,使用ISA接口直接控制；
- 5 V供电,最大电流消耗55 mA；
- 工业级温度范围；
- 高效的封闭页结构可用于I/O和内存操作,可以作为DMA的从设备；
- 全双工操作；
- 芯片内部具有收发帧缓冲；
- 10BASE-T端口模拟滤波器,能自动检测信号极性并修正；
- 对于发送,可编程实现冲突自动重发、自动填充及CRC生成；
- 对于接收,可编程实现流接收以减轻CPU负载,在DMA与芯片内存间自动切换,帧预取,自动丢弃出错的帧；
- 使用EEPROM支持无跳线配置；
- BootRom支持无盘系统；
- LED驱动指示连接状态与网络活动情况；

➢ 支持待机与睡眠模式。

CS8900 的内部功能框图如图 7-11 所示。

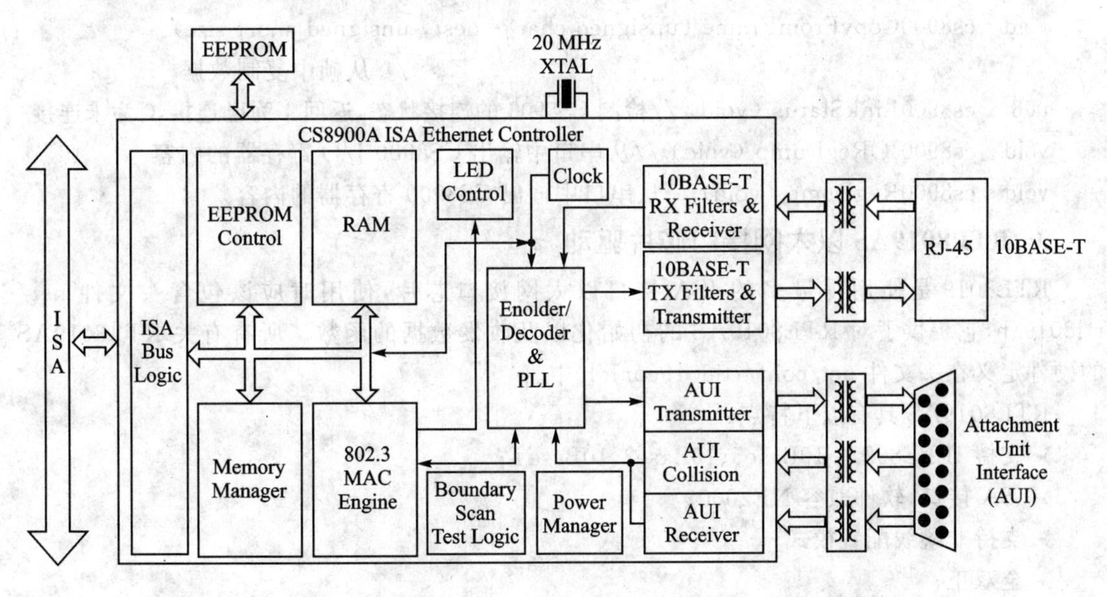


**图 7-11 CS8900 内部框图**

使用时应该包含头文件 net/cs8900.h。CS8900 芯片是目前在嵌入式系统中用得比较多的,因此 AVRLib 提供了支持的驱动、它提供了 CS8900 芯片初始化、接收与发送函数、并将所有的 CS8900 的硬件定义在头文件 net/conf/cs8900conf.h 中。它定义了以下函数:

```
void  cs8900Init (void)                                   // 初始化 CS8900 硬件接口
unsigned int  cs8900BeginPacketRetreive (void)            // 开始包接收
void  cs8900RetreivePacketData (u08 * packet, unsigned int packetLength)
                                                          // 接收数据包
void  cs8900EndPacketRetreive (void)                      // 结束包接收
void  cs8900Write (unsigned char address, unsigned char data)
//向 cs8900 写入一个字节的数据,address 芯片地址
unsigned char  cs8900Read (unsigned char address)  // 从 CS8900 读出一个字节的数据
void  cs8900Write16 (unsigned char address, unsigned short data)
//向 cs8900 写入一个字的数据
unsigned short  cs8900Read16 (unsigned char address) // 从 CS8900 读出一个字的数据
void  cs8900WriteReg (unsigned short address, unsigned short data)
//向 cs8900 寄存器写入数据
unsigned short  cs8900ReadReg (unsigned short address)   // 从 CS8900 寄存器读出数据
```

```
void   cs8900CopyToFrame (unsigned char * source, unsigned short size)
                                                          // 将数据复制到帧
void   cs8900CopyFromFrame (unsigned char * dest, unsigned short size)
                                                          // 从帧中复制数据
u08    cs8900LinkStatus (void) //检测 CS8900 的连接状态,返回 1 为已连接,0 为未连接
void   cs8900IORegDump (void) //从串口中输出 CS8900 I/O 寄存器的内容
void   cs8900RegDump (void) //从串口中输出 CS8900 寄存器的内容
```

**3. RTL8019AS 以太网接口芯片驱动**

RTL8019 是使用得最多的 ISA 接口以太网接口芯片,使用时应该包含头文件 net/rtl8019.h,它提供了对 RTL8019AS 的初始化以及收发数据的函数。所有有关 RTL8019AS 的硬件定义在头文件 net/conf/rtl8019conf.h 中。

RTL8019AS 具有以下特点:

- 支持 IEEE802.3 10Base5、10Base2、10BaseT;
- ISA 接口,软件兼容 NE2000;
- 支持非跳线配置模式;
- 全双工;
- 支持待机与睡眠模式;
- 内建数据预取模式提高数据传输率;
- 对于 10BaseT 支持自动极性修正;
- 支持 8 个 IRQ;
- 支持 BootRom;
- 内建 16 KB SRAM;
- 使用 EEPROM 9346 存储配置与 ID,并支持对 9346 的编程;
- 支持多达 4 个 LED 显示。

定义了以下函数:

```
void   rtl8019SetupPorts(void);                           // 初始化 I/O 口
unsigned char   rtl8019Read(unsigned char address);       // 读 ax88796 寄存器
void   rtl8019Write(unsigned char address, unsigned char data); // 写 ax88796 寄存器
void   rtl8019Init(void);                                 // 初始化 rtl8019 芯片
//帧发送函数
void rtl8019BeginPacketSend(unsigned int packetLength);
void rtl8019SendPacketData(unsigned char * localBuffer, unsigned int length);
void rtl8019EndPacketSend(void);
//帧接收函数
```

```
unsigned int rtl8019BeginPacketRetreive(void);
void rtl8019RetreivePacketData(unsigned char * localBuffer, unsigned int length);
void rtl8019EndPacketRetreive(void);
//输出 RTL8019 所有重要寄存器的内容
void rtl8019RegDump(void);
```

**4. DHCP 协议库函数**

使用时应包含头文件 net/dhcp.h。DHCP 是互联网中使用得比较多的一个协议,它能使网络设备自动从 DHCP 服务器中获得网络 IP 地址以及相关的网络配置,以方便网络使用简化 IP 分配。

定义了以下函数:

```
void  dhcpInit (void)       // dhcp 服务初始化
void  dhcpIn (unsigned int len, struct netDhcpHeader * packet)
//从 UDP 端口 68 处理到达的 DHCP 包,DHCP 包将会被分析处理并在需要时生成一个
//应答帧。当 DHCP 包处理完成后,ip 地址将会被自动修改
// DHCP 头结构定义
struct netDhcpHeader
{
struct netBootpHeader bootp;     //BOOTP 头定义
uint32_t    cookie;              //magic cookie 值
uint8_t     options[];           //DHCP 可选项
} GNUC_PACKED;
void  dhcpRequest (void)
//开始一个 DHCP 过程,请求 DHCP 服务器分配 IP 网络配置,接下来的操作在函数
//dhcpIn()中定义
void  dhcpRelease (void)
//释放一个已经分配的 IP 地址,DHCP 将回收这个已经分配的 IP 地址以便重新分配
void  dhcpTimer (void)
//此函数每一秒钟被调用一次,执行一些 DHCP 的周期性维护工作,如计算 IP 地址的租
//期是否过期等
uint8_t  dhcpGetOption (uint8_t * options, uint8_t optcode, uint8_t optlen, void * optvalptr)
//获取 DHCP 可选项
```

参数说明:

options　　一个指向 DHCP 包可选项域的指针

optcode　读取可选项的数目
optlen　最大数据长度
optvalptr　可选项数据保存的地址
返回值为实际读取的可选项数据长度。

uint8_t * 　dhcpSetOption (uint8_t * options, uint8_t optcode, uint8_t optlen, void * optvalptr)

//设置 DHCP 可选项数据
参数说明:
options　一个指向 DHCP 包可选项域的指针
optcode　写入可选项的数目
optlen　最大数据长度
optvalptr　一个指向读取可选项数据的地址
返回一个指针,指向下一个写入数据的位置。



void　dhcpPrintHeader (struct netDhcpHeader * packet) //输出 BOOTP/DHCP 包的 //诊断信息

**5. ICMP 协议库函数**

使用时应包含头文件 net/icmp. h。ICMP 英特网控制消息协议能实现很多英特网功能,如 ping、转播网络路由状态和连接状态消息等。AVRLib 库只支持 ping(echo request)功能,其他 ICMP 功能用户可以根据需要自行增加。

定义了以下函数:

void　icmpInit (void)　　// 初始化 ICMP 协议库
void　icmpIpIn (icmpip_hdr * packet)　　// 输入的 ICMP 包传递到此函数
void　icmpEchoRequest (icmpip_hdr * packet)　　// 生成并发送一个 ping 应答
void　icmpPrintHeader (icmpip_hdr * packet)　　// 输出 ICMP 包信息

**6. IP 协议库函数**

使用时应包含头文件 net/ip. h,ip 库提供发送 ip 包与 ip 相关包的函数。

定义了以下函数:

void　ipSetConfig (uint32_t myIp, uint32_t netmask, uint32_t gatewayIp)
// ip 设置,设置本地 ip 地址与路由信息,参数 myIp 将填充在 ip 包的源地址中
ipConfig * 　ipGetConfig (void)　　// 获取本地的 ip 设置

结构 ipConfig 在头文件 ip. h 中定义如下:

```
struct ipConfig
{
uint32_t ip;                                    // IP 地址
```

```
uint32_t netmask;                                        //子网掩码
uint32_t gateway;                                        //网关
};
void  ipPrintConfig (struct ipConfig * config)           //打印ip配置
void  ipSend (uint32_t dstIp, uint8_t protocol, uint16_t len, uint8_t * data)
```

//发送一个ip包,其中,参数protocol为ip包的协议类型,在头文件net/net.h中定义了

//3种ip协议包,分别是

```
#define IP_PROTO_ICMP   1
#define IP_PROTO_TCP     6
#define IP_PROTO_UDP      17
void  udpSend (uint32_t dstIp, uint16_t dstPort, uint16_t len, uint8_t * data)
```

//发送一个udp/ip包

参数说明:

| | |
|---|---|
| uint32_t dstIp | 目的ip地址 |
| uint16_t dstPort | 目的端口号 |
| uint16_t len | 数据长度 |
| uint8_t * data | 数据区指针 |

## 7. 网络支持库函数

使用时应包含头文件net/net.h,它包括了很多与网络相关的底层支持函数,为不同的网络封装定义了多个结构类型以及一些函数与宏等。

定义了以下结构类型,更为详细内容可以直接参阅头文件net/net.h。

```
struct  netEthAddr                       // 48位以太网MAC地址
struct  netEthHeader                     // 以太网头
struct  netArpHeader                     // ARP包头
struct  netIpHeader                      // IP包头
struct  netIcmpHeader                    // ICMP包头
struct  netUdpHeader                     // UDP包头
struct  netTcpHeader                     // TCP包头
struct  netEthArpHeader                  // 以太网ARP头
struct  netEthIpHeader                   // 以太网IP头
struct  tcpip_hdr                        // IP/TCP头
struct  icmpip_hdr                       // IP/ICMP头
struct  udpip_hdr                        // UDP/IP头
typedef struct netIpHeader ip_hdr;
```

定义了以下函数:

```
uint16_t  htons (uint16_t val)                               // 16位字的高低字节互换
uint32_t  htonl (uint32_t val)                               // 32位数据循环交换
uint16_t  netChecksum (void * data, uint16_t len)            // 计算ip包的检验和
void  netPrintEthAddr (struct netEthAddr * ethaddr)
//以XX:XX:XX:XX:XX:XX格式打印以太网的MAC地址
void  netPrintIPAddr (uint32_t ipaddr)                       // 打印输出IP地址
void  netPrintEthHeader (struct netEthHeader * eth_hdr)      // 打印输出以太网头信息
void  netPrintIpHeader (struct netIpHeader * ipheader)       // 打印输出IP头信息
void  netPrintTcpHeader (struct netTcpHeader * tcpheader)    // 打印输出TCP头信息
```

**8. 网络堆库函数**

使用时应包含头文件net/netstack.h,它将多个网络函数封装到一个库里面,可以同时处理ARP、ICMP、IP、UDP和TCP包。这个库可以认为是对上面所讲的多个库函数进行应用的一个实例库函数,但这并非是使用网络库函数的唯一方法,用户也可以直接调用网络库函数,而且也不是一个完整的TCP/IP堆函数库,它只是实现了一些底层的UDP与TCP功能。



定义了以下函数:

```
void  netstackInit (uint32_t ipaddress, uint32_t netmask, uint32_t gatewayip)
//网络堆函数初始化
u08 *  netstackGetBuffer (void)                              // 返回一个帧收发缓冲区指针
int netstackService (void)
//此函数在用户程序的主循环中调用,每调用一次它将试图接收一个网络数据包,返回值
//为接收的数据长度,如果没有数据被接收则返回零
void  netstackIPProcess (unsigned int len, ip_hdr * packet)// 处理接收数据包的ip分配
void  netstackUDPIPProcess (unsigned int len, udpip_hdr * packet) __attribute__
((weak))
//这是一个功能较弱的UDP/IP包接收处理函数,用户可以在自己的代码中定义一个与
//它名字和参数相同的新的包接收处理函数
void  netstackTCPIPProcess (unsigned int len, tcpip_hdr * packet) __attribute__
((weak))
//这是一个功能较弱的TCP/IP包接收处理函数,用户可以在自己的代码中定义一个与
//它名字和参数相同的新的包接收处理函数
```

**9. 网卡软件定义**

使用时应包含头文件net/nic.h,这个头文件定义的是被AVRLib使用的、针对网卡的软件接口定义。驱动程序必须支持这些接口函数以便上层的软件对底层的网卡硬件执行初始

化、收发数据等操作。

定义了以下函数：

```
void nicInit (void)//初始化网卡硬件，它将使网卡能处理 nicSend()与 nicPoll()请求
void nicSend (unsigned int len, unsigned char * packet)
//从网络上发送数据包，len 为数据长度，packet 指向数据首地址，数据的开头必须包含
//IEEE802.3 头信息，并且有数据包的寻址信息，这些均在头文件 net.h 中被定义
unsigned int nicPoll (unsigned int maxlen, unsigned char * packet)
//轮询网络接口，如果有数据到达则接收到达的数据包。参数 maxlen 为最大允许接收
//数据长度，指针 packet 指向接收的数据包，返回值为实际接收的数据长度，如果没有数
//据到达则返回零
void nicGetMacAddress (uint8_t * macaddr)
//返回网络接口的 48 位 MAC 地址，如果硬件不提供 MAC 地址，则返回软件定义的
//MAC 地址
void nicSetMacAddress (uint8_t * macaddr)      // 设置 48 位的 MAC 地址
void nicRegDump (void)                         // 输出网络接口硬件寄存器内容
```

# 第8章

# AVR纯固件USB协议

## 8.1 USB总线协议概述

USB总线是一个轮询的总线，每次数据传送都由主机发起，下面所描述的输入/输出方向都是相对于主机而言的。整个USB非常复杂，规范原文的书写组织与大多数人的习惯并不一致，使得在学习USB规范时常常感到迷惑，作者根据自己的体会，按照大部分人都非常熟悉的网络协议分层的方式来讲述USB协议的相关内容，本着通俗易懂的原则来介绍，以使大家对USB协议的整个轮廓有一个很好的认识与理解。

### 8.1.1 基本概念

**(1) 端　点**

端点(endpoint)是USB协议中经常遇到的一个名词，是USB通信中主机与设备之间的一个专业术语。每一个USB设备由一组端点组成，每一个USB设备在插入USB接口时通过枚举被分配一个唯一的7位设备地址，每一个端点在设计USB设备时就确定了端点编号与数据传送方向。端点编号为一个字节，其中低4位是端点的编号，最高位表示端点的方向，1为输入，0为输出。例如，端点编号0x81表示编号为1的输入端点，0x01表示编号为1的输出端点。这样，设备地址、端点编号与方向便能唯一确定一个端点。

端点分为4种不同的类型：

1）控制端点

在USB设备插入时用作对USB设备进行枚举操作，枚举成功后用于其他标准或USB设备自定义的控制操作；是USB设备都必须支持的端点，编号为0，也是唯一支持双向数据流的端点。

端点0是一个特殊的端点，在每个USB设备中都必须支持用于对USB设备的配置等基本操作，所有的控制操作都是通过端点0进行的。它也是唯一可以进行双向通信的端点，通常被称作信息管道，其他端点只能是单向通信。对于主机上的应用程序而言，端点0是透明的。

2）批量数据端点

用于传送相对大量的数据，在传送时不保证带宽与延时，但能保证数据传送的准确。

3）中断数据端点

用于传送少量的数据，能保证所使用的带宽且数据延时较短，能保证数据传送的可靠性。

4）同步数据端点

用于传送大量的实时性要求高但可靠性要求不高的数据，不能保证数据传送的可靠性，出错后并不重发。

**(2) 管　道**

管道(pipe)是 USB 协议中连接主机与设备通信的一种模型，具有两端，一端连接设备的端点，另一端与主机的一块内存缓冲区相关联。管道分为两种类型，流管道(stream)与信息管道(message)，流管道不包含 USB 定义的数据格式，而信息管道具有 USB 定义的数据格式。管道具有带宽、传输类型、端点方向与缓冲大小等属性，通过端点 0 的信息管道总是用于对 USB 设备的配置与控制。



低速设备最多运行 3 个管道，一个基于端点 0 的控制管道以及两个附加管道，全速设备最大运行 16 个管道。

**(3) 接　口**

接口(interface)可以认为是不同管道的组合。在一个 USB 设备中可以定义多个不同的接口，每个接口的定义规定了有哪些端点的组合，不同的端点组合就形成了不同的接口定义。

**(4) 配　置**

在一个 USB 设备中可以定义多个配置(configuration)，每个配置定义了不同的接口组合，这样 USB 设备可以根据需要灵活选择以适应不同的应用目的，但绝大部分 USB 设备只定义了一个配置。

**(5) 描述符**

上面所讲的端点、接口、配置的具体内容是通过描述符(descriptor)按照确定的格式来描述的。USB 总线标准共定义了 4 种不同的描述符：设备描述符、配置描述符、接口描述和端点描述符。

一个 USB 设备有一个设备描述符，设备描述符里面决定了该设备有多少种配置，每种配置对应着配置描述符；而在配置描述符中又定义了该配置里面有多少个接口，每个接口有对应的接口描述符；在接口描述符里面又定义了该接口有多少个端点，每个端点对应一个端点描述符；端点描述符定义了端点的大小、类型等。由此可以看出，USB 的描述符之间的关系是一层一层的，最上一层是设备描述符，下面是配置描述符，再下面是接口描述符，再下面是端点描述符。在获取描述符时，先获取设备描述符，然后再获取配置描述符，根据配置描述符中描述的配置集合长度，一次性地将配置描述符、接口描述符、端点描述符读出，然后主机再根据描述符中的内容设置 USB 设备工作在不同的配置下。

1）设备描述符

设备描述符定义USB设备的属性，是一个结构，见表8-1，具有以下内容：

表8-1　设备描述符定义

| 偏移 | 域 | Size | Value |
|---|---|---|---|
| 0 | bLength | 1 | Number |
| 1 | bDescriptorType | 1 | Constant |
| 2 | bcdUSB | 2 | BCD |
| 4 | bDeviceClass | 1 | Class |
| 5 | bDeviceSubClass | 1 | SubClass |
| 6 | bDeviceProtocol | 1 | Protocol |
| 7 | bMaxPacketSize0 | 1 | Number |
| 8 | idVendor | 2 | ID |
| 10 | idProduct | 2 | ID |
| 12 | bcdDevice | 2 | BCD |
| 14 | iManufacturer | 1 | Index |
| 15 | iProduct | 1 | Index |
| 16 | iSerialNumber | 1 | Index |
| 17 | bNumConfigurations | 1 | Number |

在实际应用时先对不同的描述符作以下宏定义：

```
# define DEVICE_DESCRIPTOR            0x01        //设备描述符
# define CONFIGURATION_DESCRIPTOR     0x02        //配置描述符
# define STRING_DESCRIPTOR            0x03        //字符串描述符
# define INTERFACE_DESCRIPTOR         0x04        //接口描述符
# define ENDPOINT_DESCRIPTOR          0x05        //端点描述符
```

然后定义设备描述符结构：

```
typedef struct _DEVICE_DCESCRIPTOR_STRUCT
{
BYTE blength;                          //设备描述符的字节数大小
BYTE bDescriptorType;                  //设备描述符类型编号
WORD bcdUSB;                           //USB版本号
BYTE bDeviceClass;                     //USB分配的设备类代码
BYTE bDeviceSubClass;                  //USB分配的子类代码
BYTE bDeviceProtocol;                  //USB分配的设备协议代码
BYTE bMaxPacketSize0;                  //端点0的最大包大小
WORD idVendor;                         //厂商编号
WORD idProduct;                        //产品编号
WORD bcdDevice;                        //设备出厂编号
```

```
BYTE iManufacturer;                  //设备厂商字符串的索引
BYTE iProduct;                       //描述产品字符串的索引
BYTE iSerialNumber;                  //描述设备序列号字符串的索引
BYTE bNumConfigurations;             //可能的配置数量
}DEVICE_DESCRIPTOR_STRUCT, *  pDEVICE_DESCRIPTOR_STRUCT;
```

最后定义设备描述符结构变量实例,一般定义在代码中,不需要更改:

```
code DEVICE_DESCRIPTOR_STRUCT device_descriptor=  //设备描述符
{
sizeof(DEVICE_DESCRIPTOR_STRUCT),          //设备描述符的字节数大小,这里是 18 字节
DEVICE_DESCRIPTOR,                          //设备描述符类型编号,设备描述符是 01
0x0110, //USB 版本号,这里是 USB01.10,即 USB1.1,需要注意所使用 CPU 的存储顺序问题
0x00,          //USB 分配的设备类代码,0 表示类型在接口描述符中定义
0x00,          //USB 分配的子类代码,上面一项为 0 时,本项也要设置为 0
0x00,          //USB 分配的设备协议代码,上面一项为 0 时,本项也要设置为 0
0x10,          //端点 0 的最大包大小,这里为 16 字节
0x7104,        //厂商编号,这个是需要跟 USB 组织申请的 ID 号,表示厂商代号
0xf0ff,        //该产品的编号,跟厂商编号配合使用,让主机注册该设备并加载相应的驱动程序
0x0100,        //设备出厂编号
0x01,          //设备厂商字符串的索引,在获取字符串描述符时,该索引号来识别不同的字符串
0x02,          //描述产品字符串的索引,同上
0x03,          //描述设备序列号字符串的索引,同上
0x01           //可能的配置数为 1,即该设备只有一个配置
};
```

2) 配置描述符

配置描述符定义见表 8-2。

**表 8-2　配置描述符定义**

| Offset | Field | Size | Value |
|---|---|---|---|
| 0 | bLength | 1 | Number |
| 1 | bDescriptorType | 1 | Constant |
| 2 | wTotalLength | 2 | Number |
| 4 | bNumInterfaces | 1 | Number |
| 5 | bConfigurationValue | 1 | Number |
| 6 | iConfiguration | 1 | Index |
| 7 | bmAttributes | 1 | Bitmap |
| 8 | MaxPower | 1 | mA |

定义配置描述符的结构如下:

```
typedef struct _CONFIGURATION_DESCRIPTOR_STRUCT
{
BYTE bLength;                        // 配置描述符的字节数大小
```

```
BYTE bDescriptorType;                    //配置描述符类型编号
WORD wTotalLength;                       //此配置返回的所有数据大小
BYTE bNumInterfaces;                     //此配置所支持的接口数量
BYTE bConfigurationValue;                //Set_Configuration命令所需要的参数值
BYTE iConfiguration;                     //描述该配置的字符串的索引值
BYTE bmAttributes;                       //供电模式的选择
BYTE MaxPower;                           //设备从总线提取的最大电流
}CONFIGURATION_DESCRIPTOR_STRUCT,
*  pCONFIGURATION_DESCRIPTOR_STRUCT;
```

3）接口描述符

接口描述符定义见表8-3。

**表8-3 接口描述符**

| Offset | Field | Size | Value |
|---|---|---|---|
| 0 | bLength | 1 | Number |
| 1 | bDescriptorType | 1 | Constant |
| 2 | bInterfaceNumber | 1 | Number |
| 3 | bAlternateSetting | 1 | Number |
| 4 | bNumEndpoints | 1 | Number |
| 5 | bInterfaceClass | 1 | Class |
| 6 | bInterfaceSubClass | 1 | SubClass |
| 7 | bInterfaceProtocol | 1 | Protocol |
| 8 | iInterface | 1 | Index |

定义接口结构：

```
typedef struct _INTERFACE_DESCRIPTOR_STRUCT
{
BYTE bLength;                          //接口描述符的字节数大小
BYTE bDescriptorType;                  //接口描述符的类型编号
BYTE bInterfaceNumber;                 //该接口的编号
BYTE bAlternateSetting;                //备用的接口描述符编号
BYTE bNumEndpoints;                    //该接口使用的端点数，不包括端点0
BYTE bInterfaceClass;                  //接口类型
BYTE bInterfaceSubClass;               //接口子类型
BYTE bInterfaceProtocol;               //接口遵循的协议
BYTE iInterface;                       //描述该接口的字符串索引值
}
```

INTERFACE _ DESCRIPTOR _ STRUCT， * pINTERFACE _ DESCRIPTOR _ STRUCT；

4）端点描述符

端点描述符见表8-4。

表8-4 端点描述符定义

| Offset | Field | Size | Value |
|---|---|---|---|
| 0 | bLength | 1 | Number |
| 1 | bDescriptorType | 1 | Constant |
| 2 | bEndpointAddress | 1 | Endpoint |
| 3 | bmAttributes | 1 | Bitmap |
| 4 | wMaxPacketSize | 2 | Number |
| 6 | bInterval | 1 | Number |

在定义端点结构时需要事先定义端点属性宏：

```
//定义的端点类型
# define ENDPOINT_TYPE_CONTROL          0x00          //控制传输
# define ENDPOINT_TYPE_ISOCHRONOUS      0x01          //同步传输
# define ENDPOINT_TYPE_BULK             0x02          //批量传输
# define ENDPOINT_TYPE_INTERRUPT        0x03          //中断传输
```

定义端点地址，例如：

```
# define MAIN_POINT_OUT       0x02          //2号输出端点
# define MAIN_POINT_IN        0x82          //2号输入端点
```

定义端点结构：

```
typedef struct _ENDPOINT_DESCRIPTOR_STRUCT
{
BYTE bLegth;                        //端点描述符字节数大小
BYTE bDescriptorType;               //端点描述符类型编号
BYTE bEndpointAddress;              //端点地址及输入输出属性
BYTE bmAttributes;                  //端点的传输类型属性
WORD wMaxPacketSize;                //端点收、发的最大包大小
BYTE bInterval;                     //主机查询端点的时间间隔
}
ENDPOINT_DESCRIPTOR_STRUCT, * pENDPOINT_DESCRIPTOR_STRUCT;
```

因为大部分的USB设备都只有一个配置与一个接口，所以在实际使用时通常是选择读取设备描述符，再读取配置描述符，然后再根据配置描述符中有关接口与端点描述的设置得到包括配置描述符、接口描述符以及端点描述符在内的所有这些描述符的长度，再一次性地读入所有这些描述符进行分析，因此编写USB设备固件程序时也可以将配置、接口、端点描述符一次性地组合起来应用。

首先，定义一个组合了3种描述符结构的大的结构：

```
typedef struct _CON_INT_ENDP_DESCRIPTOR_STRUCT
{
```

```
CONFIGURATION_DESCRIPTOR_STRUCT configuration_descriptor;
INTERFACE_DESCRIPTOR_STRUCT interface_descritor;
ENDPOINT_DESCRIPTOR_STRUCT endpoint_descriptor[ENDPOINT_NUMBER];
}CON_INT_ENDP_DESCRIPTOR_STRUCT;
```

其中,ENDPOINT_NUMBER的值在设计USB设备时就确定了。然后定义组合描述符的变量实例:

```
code CON_INT_ENDP_DESCRIPTOR_STRUCT con_int_endp_descriptor=  //配置描述符集合
{
{//configuration_descriptor                     //配置描述符
sizeof(CONFIGURATION_DESCRIPTOR_STRUCT),        //配置描述符的字节数大小,这里为9
CONFIGURATION_DESCRIPTOR,                       //配置描述符类型编号,配置描述符为2
(sizeof(CONFIGURATION_DESCRIPTOR_STRUCT)+
sizeof(INTERFACE_DESCRIPTOR_STRUCT)+
sizeof(ENDPOINT_DESCRIPTOR_STRUCT)* ENDPOINT_NUMBER)* 256+
(sizeof(CONFIGURATION_DESCRIPTOR_STRUCT)+
sizeof(INTERFACE_DESCRIPTOR_STRUCT)+
sizeof(ENDPOINT_DESCRIPTOR_STRUCT)* ENDPOINT_NUMBER)/256,
//配置描述符集合的总大小
0x01,                                           //只包含一个接口
0x01,                                           //该配置的编号
0x00,                                           //iConfiguration字段
0x80,                                           //采用总线供电,不支持远程唤醒
0xC8                                            //从总线获取最大电流400 mA
},                                              //配置描述符结束
//interface_descritor                           //接口描述符
{
sizeof(INTERFACE_DESCRIPTOR_STRUCT),            //接口描述符的字节数大小,这里为9
INTERFACE_DESCRIPTOR,                           //接口描述符类型编号,接口描述符为3
0x00,                                           //接口编号为4
0x00,                                           //该接口描述符的编号为0
ENDPOINT_NUMBER,                                //非0端点数量为2,只使用端点主端点输入和输出
0x08,                                           //定义为USB大容量存储设备
0x06,                                           //使用的子类,为简化块命令
0x50,                                           //使用的协议,这里使用单批量传输协议
0x00                                            //接口描述符字符串索引,为0,表示没有字符串
},                                              //接口描述符结束
//endpoint_descriptor[]
{                                               //端点描述符
{                                               //主端点输入描述
sizeof(ENDPOINT_DESCRIPTOR_STRUCT),             //端点描述符的字节数大小,这里为7
ENDPOINT_DESCRIPTOR,                            //端点描述符类型编号,端点描述符为5
MAIN_POINT_IN,                                  //端点号,主输入端点
ENDPOINT_TYPE_BULK,                             //使用的传输类型,批量传输
0x4000,                                         //该端点支持的最大包尺寸,64字节
0x00                                            //中断扫描时间,对批量传输无效
```

```
},                                          //主端点输入描述结束
{                                           //主端点输出描述
sizeof(ENDPOINT_DESCRIPTOR_STRUCT),         //端点描述符的字节数大小,这里为 7
ENDPOINT_DESCRIPTOR,                        //端点描述符类型编号,端点描述符为 5
MAIN_POINT_OUT,                             //端点号,主输出端点
ENDPOINT_TYPE_BULK,                         //使用的传输类型,批量传输
0x4000,                                     //该端点支持的最大包尺寸,64 字节
0x00                                        //中断扫描时间,对批量传输无效
}                                           //主端点输出描述结束
}                                           //端点描述符结束
};
```

这样就可以很方便地由主机一次性的将所有的描述符都读入了。

**(6) 包、交易、传输与帧**

包(packet)与另一个名词 package 含义相近,但又有一点差别,通常 packet 比 package 更小、更难分。包可以认为是 USB 协议中最基本的通信单位,通常包含 3 个部分,控制信息(如源地址、目标地址以及数据长度等)、被传送的数据以及差错检验。

交易(transaction)是 USB 协议中特有的名词,是 USB 完成数据传送的基本单位,通常由 2～3 个包组成:令牌包、数据包(可能没有)以及握手包。

传送(transfer)是指数据发送与接收的过程,是一个通用的概念,可能需要多个交易过程。

帧(frame)是指一个由 SOF 令牌帧开始的一个传送数据的过程,通常在一帧内传送的数据包之间有严格的顺序关系,这些顺序关系由帧编号(frame number)来记录。

**(7) USB 拓扑结构**

USB 拓扑结构如图 8-1 所示。

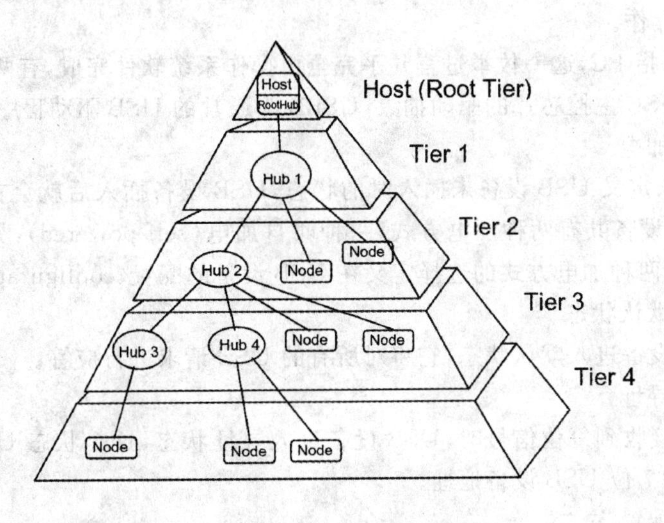


**图 8-1　USB 拓扑结构图**

由图可见，USB 拓扑结构图共分 5 层，包括 RootHub 在内共可以有 4 个层次的 Hub。Hub 的结构如图 8－2 所示。其中，UpStream Port 接到上一层 Hub，Port ＃n 接 USB 设备。

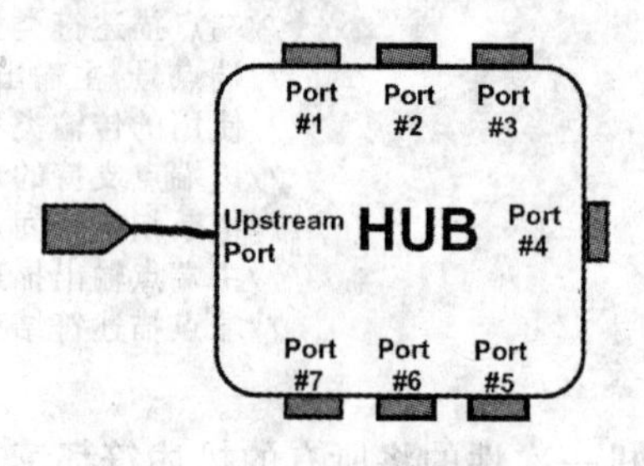


图 8－2　USB 的 Hub 结构图

## 8.1.2　USB 总线状态



USB 设备状态图如图 8－3 所示。一般来说，当 USB 设备插入后据不同的条件会经历以下过程：

1）连接枚举过程

USB 设备插入后会经历一个叫 USB 设备枚举的过程，直到分配给 USB 设备一个唯一的 7 位地址。枚举过程如下：

① 使能 USB 设备插入的端口，以设备地址 0（这是一个广播地址）向端点 0 发送控制信息。

② 查询是 Hub 还是 USB 设备，如果是 Hub 则继续搜索连到此 Hub 的设备。

③ 执行 USB 总线枚举操作，将一个唯一的地址分配给插入的设备。

④ 主机方的操作。

主机方通常是指 PC，这一枚举过程几乎完全由操作系统软件完成，有两个主要的 USB 系统程序，HDC 为 USB 主控芯片的驱动抽象，USBD 为通常的 USB 驱动程序。

2）USB 设备加电

USB 规范并未定义 USB 设备未插入时的状态，USB 设备插入后就会首先进入加电状态（powered）。USB 设备共有两种加电方式，一种叫自加电（self-powered），另一种叫总线加电（bus-powered），这两种加电方式的选择定义在 USB 设备的配置（configuration）描述符中。

3）USB 设备默认状态

加电后 USB 设备进入默认状态，它将对所有的 USB 请求进行应答。

4）USB 设备寻址

当 USB 设备接收到复位信号时，USB 设备进入寻址状态，这个状态 USB 设备将会由主机分配一个唯一的 7 位 USB 设备地址。

5）USB 设备配置

当 USB 设备寻址后，主机将依据新分配的地址对 USB 设备进行配置。

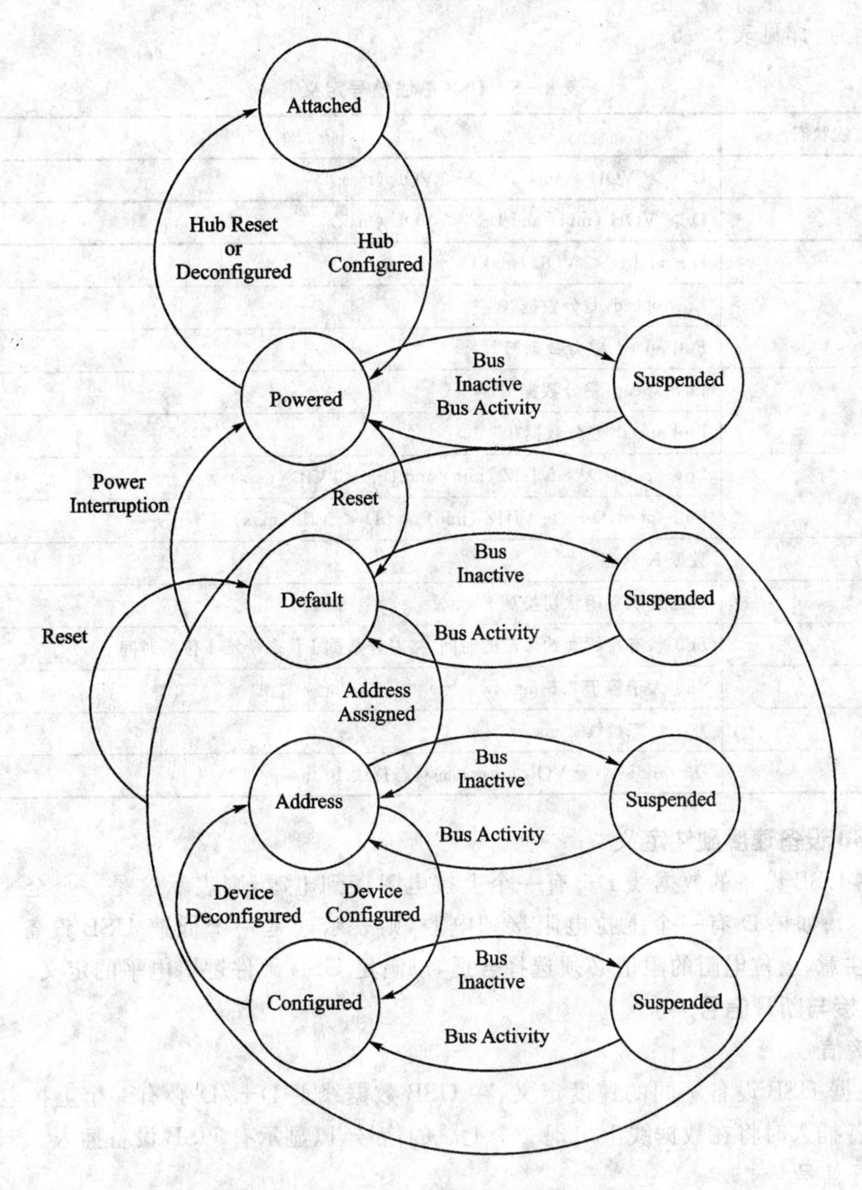




图 8-3　USB 设备状态图

## 8.1.3　USB 物理层定义

### (1) USB 硬件信号定义

为了保证正确的逻辑电平，当数据线负载 15 kΩ 电阻接地时，输出的高电平必须能大于 2.8 V；当数据线通过 1.5 kΩ 电阻接 3.6 V 时，输出的低电平必须小于 0.3 V。USB 数据信号为差分信号,详见表8-5。

表8-5 USB总线信号定义

| USB总线状态 | 条 件 |
| --- | --- |
| 差分数据"1" | D+ > VOH (min) and D-< VOL (max) |
| 差分数据"0" | D-> VOH (min) and D+ < VOL (max) |
| SE0 | D+ and D-< VOL (max) |
| 数据J状态 | Low-speed:差分数据"0" |
| | Full-speed:差分数据"1" |
| 数据K状态 | Low-speed:差分数据"1" |
| | Full-speed:差分数据"0" |
| 空闲 | Low-speed:D-> VIHZ (min) and D+ < VIL (max) |
| | Full-speed:D+ > VIHZ (min) and D-< VIL (max) |
| 恢复(resume) | 数据K状态 |
| SOP | 数据线从空闲状切换到K状态 |
| EOP | SE0状态持续大约2位的时间,接着是数据J状态持续1位的时间 |
| 断开 | SE0大于等于2.5 ms |
| 连接 | 空闲状态持续2 ms |
| 复位(reset) | D+ andD-小于VOL (max)的状态持续10 ms |



### (2) USB设备速度硬件定义

如果在USB设备的数据线D+有一个上拉电阻接到电源,则表示这是一个全速USB设备(12 Mbps);如果D-有一个上拉电阻接到电源,则表示这是一个低速USB设备(1.5 Mbps)。需要注意,上拉电阻的阻值必须选择合适,以满足USB硬件逻辑电平的定义。

### (3) 连接与断开信号

1) 连接信号

因为根据USB设备不同的速度定义,在USB数据线上D+/D-必有一个上拉电阻,因此当USB设备插入时将在数据线上出现一个上跳的信号,以显示有USB设备插入。

2) 断开信号

当USB设备断开时,数据线没有上拉电阻,则两根数据线均为低电平,此为SE0状态,此状态持续2.5 ms将表示USB设备已经断开。

### (4) 复位信号

由Hub驱动的SE0状态持续10 ms则表示对USB设备的一个复位信号,复位信号还能将USB设备从休眠状态唤醒。

**(5) 数据编码**

USB使用NRZI(非归零编码)。NRZI编码中,"1"表示电平没有变化,"0"表示电平有变化,如图8-4所示。

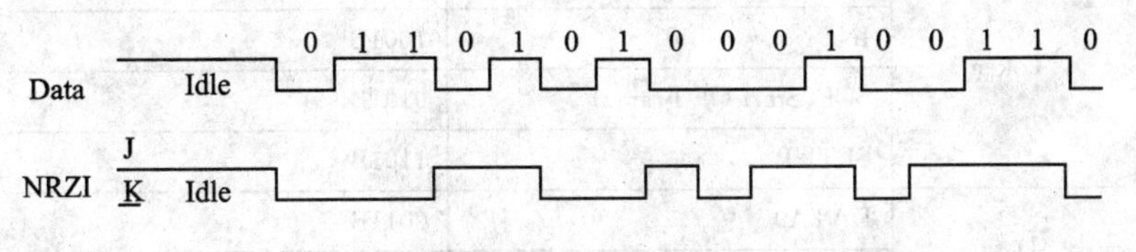


图8-4 NRZI编码

从图中可以看出,对于NRZI非归零编码,如果位数据流遇到连续为"1"的情况,则数据线上的电平将长时间没有变化,这对于收发双方时钟同步是非常不利的,很容易造成数据接收的错误。为了解决这一问题,USB协议中引入了位填充(bit stuffing)的概念,即在每6个连续"1"后面插入一个位数据"0",这样每7位数据中电平将至少发生一次变化,而接收方将依据协议自动将插入的填充位"0"删除后再接收。这一点与IBM的面向位的高级数据链路协议很相似,只不过所定义的连续"1"的位数不一样而已,原理完全相同。

**(6) 同步头**

在每一个包前面都有一个同步头。此同步头的编码特点使得接收的数据具有最大的电平变化,这样有利于收发双方的时钟同步,如图8-5所示。

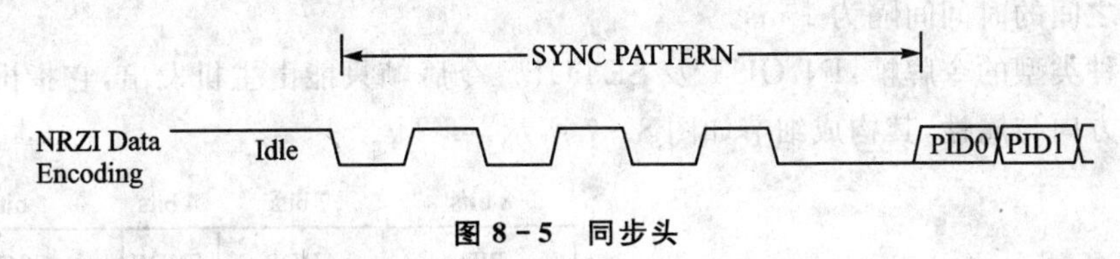


图8-5 同步头

## 8.1.4 USB数据链路层定义

### 1. 包格式

包的位顺序为LSB在前面。

共有3种类型的包:令牌包(Token Packet)、数据包(Data Packet)、握手包(Handshake Packet)。

包的一般格式:

- 包同步数据。所有的包都以包同步数据开头,包同步数据具有最大的电平变化,以便收发双方时钟同步,保证正确地接收数据。SOP是包同步数据的一部分。
- PID域。接下来的是4位PID数据,用于指明包的类型,然后再是4位PID数据的校验位,它是PID数据的补码,用于检查前面4位PID数据是否接收正确,因此PID数据是自己单独校验的。4位PID数据具有以下几种有效的组合,如表8-6所列。

表8-6 PID定义

| PID类型 | PID名称 | PID[3:0] |
|---|---|---|
| Token | OUT | 0001B |
| | IN | 1001B |
| | SOF(Start OF Frame) | 0101B |
| | SETUP | 1101B |
| Data | DATA0 | 0011B |
| | DATA1 | 1011B |
| Handshake | ACK | 0010B |
| | NAK | 1010B |
| | STALL | 1110B |
| Special | PRE | 1100B |

➢ 地址域。此地址为设备地址,格式如图8-6所示。

➢ 帧编号域。为11位由主机滚动增加的,它的初值由SOF令牌帧发送。

➢ 数据域。0~1 023字节。

➢ CRC校验(可选)。注意不包含对PID域的校验。

不同帧之间的时间间隔为1 ms。

共有3种类型的令牌帧:IN、OUT及SETUP。令牌帧只能由主机发出,它指出了接下来的数据帧的方向与属性,其构成细节如图8-7所示。

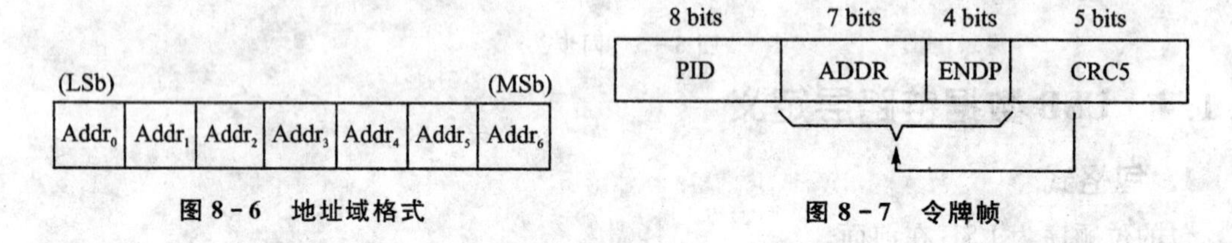


图8-6 地址域格式

图8-7 令牌帧

SOF帧由主机每隔1 ms发送一次,不需要USB设备作应答,因为主机并不知道哪个USB设备需要帧编号。只有需要帧编号的USB设备会记下来,但是并不需要应答主机,其详细结构如图8-8所示。

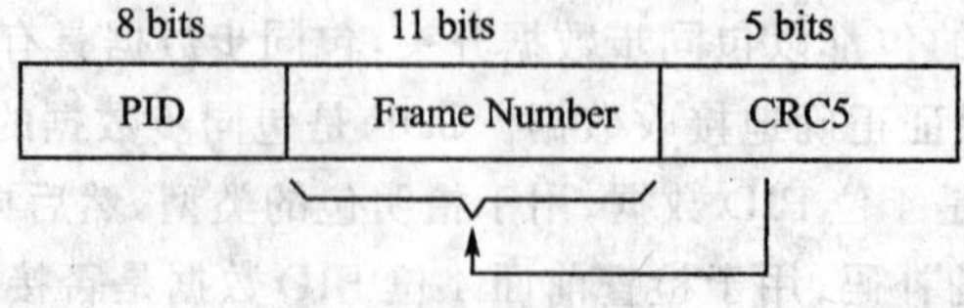


图8-8 SOF帧

数据帧细节。PID定义了两种类型的数据帧，即DATA0、DATA1，这两个数据帧编号用于对接收的数据顺序进行识别，其结构如图8－9所示。

握手帧。握手帧主要用于数据流量控制，其有3种类型：

ACK：传送数据已经被成功接收。

NAK：数据传输失败，需要重发。

STALL：只能由USB设备发出，表示USB设备已经停止工作。

其结构细节如图8－10所示。

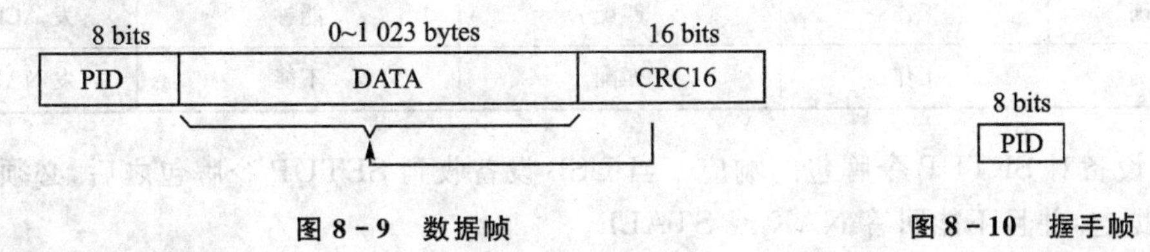


图8－9 数据帧　　　图8－10 握手帧



## 2. 数据交易过程

USB总线为轮询总线，所有的数据交易都由主机发起。每一次总线数据交易最多包含3种类型的数据包，首先是令牌包被发送，描述接下来参与传输的数据包的方向、类型、USB设备地址以及参与交易的端点号；与USB设备地址相符的USB设备被选中参与下面的数据交易。数据包被发送后，数据接收方发送握手包表示接收的结果。

USB设备对数据输入令牌的响应见表8－7。USB设备对数据输入的响应见表8－8。USB设备对数据输出的响应见表8－9。

表8－7 对数据输入令牌的响应

| 令牌包的接收 | USB设备端点 | USB设备能否发送数据 | 响应情况 |
|---|---|---|---|
| 不正确 | NA | NA | 不响应 |
| 正确 | 停止工作 | NA | 发送STALL |
| 正确 | 工作 | 不能发送数据 | 发送NAK |
| 正确 | 工作 | 能发送数据 | 发送数据包 |

表8－8 对数据输入的响应

| 数据包的接收 | 主机能否接收数据 | 响应情况 |
|---|---|---|
| 不正确 | NA | 忽略接收的数据不响应 |
| 正确 | 不能 | 忽略接收的数据不响应 |
| 正确 | 能够 | 接收数据，发ACK |

表 8-9 对数据输出的响应

| 数据包的接收 | 接收功能是否工作 | 数据序列号 DATA0/1 是否匹配 | USB 设备是否能接收数据 | 响应情况 |
|---|---|---|---|---|
| 不正确 | NA | NA | NA | 没有响应 |
| 正确 | 停止 | NA | NA | 发 STALL |
| 正确 | 工作 | 不匹配 | NA | 发 ACK |
| 正确 | 工作 | 匹配 | 能够 | 发 ACK |
| 正确 | 工作 | 匹配 | 不能 | 发 NAK |

USB 设备对 SETUP 令牌包的响应　当 USB 设备收到 SETUP 令牌包之后，必须接收接下来的数据包，并且不能回答 NAK 或 STALL。



### 3. USB 设备请求

所有的 USB 设备都可以通过 USB 标准设备请求进行设置，请求都为 8 字节的数据，且都通过 control 管道发送，共有 3 种可能的交易情况，如图 8-11 所示。

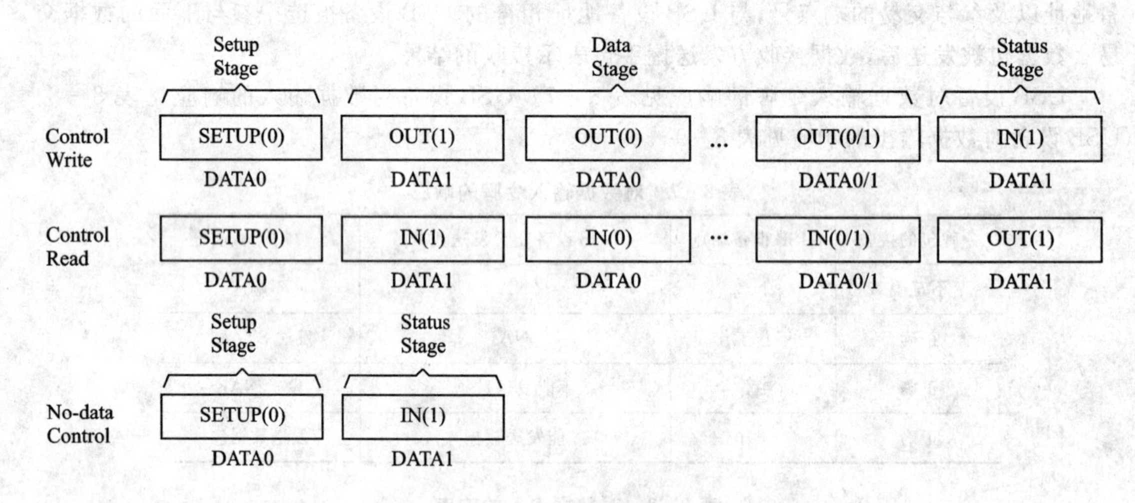


图 8-11　USB 设备请求过程

图中第 1 行为有多个数据输出的 USB 标准设备请求的包序列。首先是 SETUP 令牌包（图中没有列出），然后是标准设备请求（图中为 SETUP(0)，数据包位序列为 DATA0），接下来是根据标准设备请求的定义输出一系列数据，最后以一个传送方向改变的输入数据包结构结束。

第 2 行为有多个数据输入的 USB 标准设备请求的包序列。首先是 SETUP 令牌包（图中没有列出），然后是标准设备请求（图中为 SETUP(0)，数据包位序列为 DATA0），接下来是根据标准设备请求的定义输入一系列数据，最后以一个传送方向改变的输出数据包结构结束。

第 3 行为无数据的标准 USB 设备请求包序列。

USB 标准设备请求定义如表 8-10 所列。

**表 8-10 USB 标准设备请求定义**

| Offset | Field | Size | Value | Description |
|---|---|---|---|---|
| 0 | bmRequestType | 1 | Bitmap | 请求类型(位定义 Bitmap)<br>D7:数据传送方向<br>0 = 主机到设备<br>1 = 设备到主机<br>D6:5:请求类型<br>0 = 标准<br>1 = 类型<br>2 = 厂商定义<br>3 = 保留<br>D4:0:接收者<br>0 = 设备<br>1 = 接口<br>2 = 端点<br>3 = 其他<br>4:31 = 保留 |
| 1 | bRequest | 1 | Value | 见表 8-11 |
| 2 | wValue | 2 | Value | 根据不同的请求变化 |
| 4 | wIndex | 2 | Index | 常用于定义端点(如图 8-12 所示)或接口(如图 8-13 所示) |
| 6 | wLength | 2 | Count | 接着要传送数据的长度，以字节为单位 |

| D7 | D6 | D5 | D4 | D3 | D2 | D1 | D0 |
|---|---|---|---|---|---|---|---|
| Direction | Reserved(Reset to zero) | | | Endpoint Number | | | |
| D15 | D14 | D13 | D12 | D11 | D10 | D9 | D8 |
| Reserved(Reset to zero) | | | | | | | |

**图 8-12 端点定义**

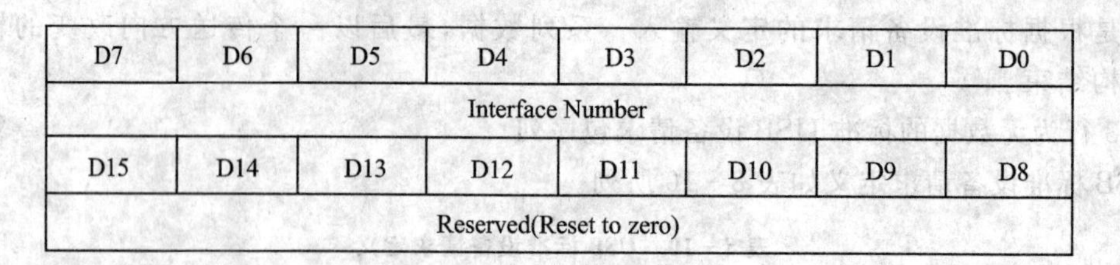


图 8-13　接口定义

表 8-11　USB 标准请求代码

| bRequest(USB 请求) | Value | bRequest(USB 请求) | Value |
|---|---|---|---|
| GET_STATUS | 0 | GET_DESCRIPTOR | 6 |
| CLEAR_FEATURE | 1 | SET_DESCRIPTOR | 7 |
| Reserved | NA | GET_CONFIGURATION | 8 |
| SET_FEATURE | 3 | SET_CONFIGURATION | 9 |
| Reserved | NA | GET_INTERFACE | 10 |
| SET_ADDRESS | 5 | SET_INTERFACE | 11 |
| | | SYNCH_FRAME | 12 |

### 4. 流量控制

USB 可以进行流量的控制，硬件层面上是通过设备缓冲区的大小来进行，或者使用 NAK 握手信号来减缓数据的发送。当收到 NAK 握手信号后，USB 总线在下一个有效的总线周期重新发送数据。

### 5. 带宽的分配

USB 总线可以根据不同的数据传送要求分配带宽，对于同步数据传送，可以分配到大约 90％的带宽；对于中断数据传送，可以确保一定的带宽，使得通过中断发送的数据延时不超过一个系统设置的最大值；对于批量数据传送，并不保证分配到的带宽，所以批量数据的发送延时是不确定的。

### 6. 数据序列同步

USB 的数据包负荷最大为 1 023 字节，一般通常为 8～64 字节，因此要发送的数据往往不得不分成多个数据包发送，这时不同的数据包之间就有顺序关系；一旦顺序关系被破坏，接收方将不能正确地重组数据，因此需要对发送的数据包的次序进行同步。对于普通的大量数据可以使用数据包的 PID 编号 DATA0/DATA1 来进行同步，当发送方成功发送一个数据包后将在DATA0/DATA1之间进行切换；而接收方成功接收到一个数据包后也会在DATA0/DATA1之间进行切换，二者必须确保同步，以保证接收的数据次序不发生混乱。如果更多的数据需要同步，则可以使用11位的帧编号(Frame Number)来进行同步。

**7. 数据传送结束条件**

有两种情况表示这一次的数据传送已经结束了：

➢ 发送的数据小于端点的最大负荷(wMaxPacketSize)；

➢ 发送的数据正好等于前面SETUP令牌定义的数据长度。

## 8.2 开源纯软件模拟USB总线协议

USB协议从本质上讲是一种串行协议，但是它比一般的串行协议(如RS-232C)更复杂，适应性更广。而RS-232早有软件模拟协议的方法，虽然速度慢点(一般不超过9 600 bps)，但从功能上讲却是完全一样的，还可以省去类似8251这样的协议解析芯片。Christian Starkjohann基于这个思路也对USB协议进行了软件化，利用性能卓越的AVR单片机在USB低速设备中完全去掉USB接口芯片，使用纯软件的方法完成对USB协议的解析。



### 8.2.1 纯软件USB协议功能特性

➢ 完全支持USB1.1协议标准，只是在有关电路特性(纯软件USB协议不使用差分数据线)以及纠错特性上有一点差别(因速度原因CRC查错不在协议中完成，而交由上层应用软件完成)。

➢ 运行多种主机操作系统Linux、Mac OS X和Windows。

➢ 完全开源。

➢ 支持多端点。

➢ 数据负荷最大为254字节。

➢ 对硬件没有特殊要求。

➢ 可以使用12 MHz、16 MHz以及内部倍频的16.5 MHz时钟。

➢ 使用C与汇编混合编程。

➢ 代码尺寸仅为1 150～1 400字节。

### 8.2.2 硬件电路

AVR USB的硬件部分非常简单，只需要将USB两根数据线按正确的方式接入AVR单片机就可以了，如图8-14所示。

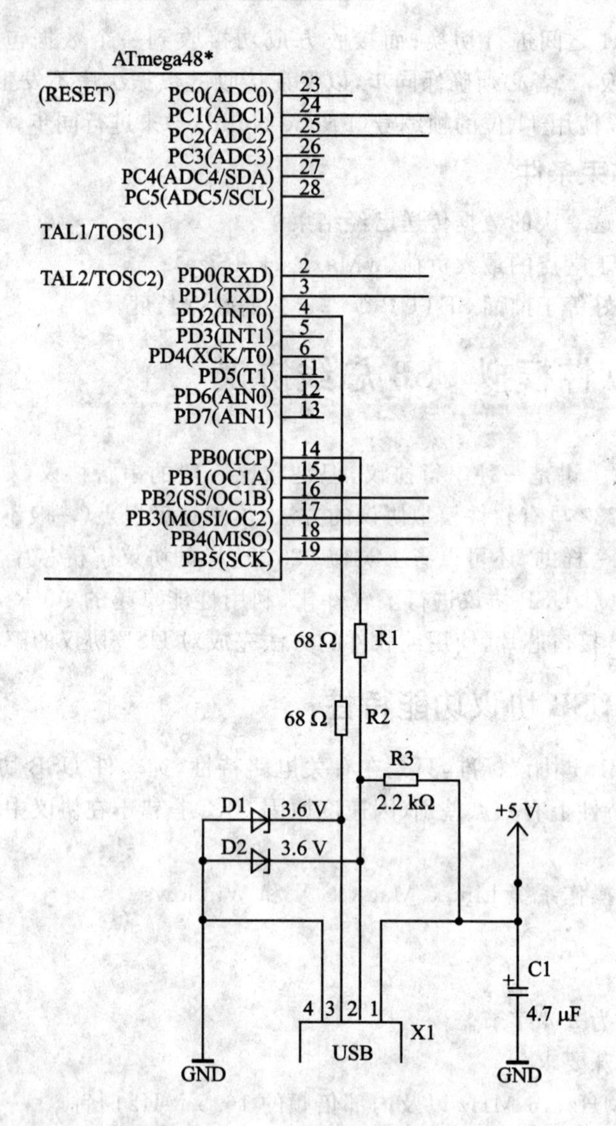


图 8-14　AVR USB 硬件定义

USB 数据线连接说明(以 ATmega8 为例):D+接到 PORTDB1 与外部中断 0,D-接 PORTB0 0,此硬件连线必须与文件 usbconfig.h 中的一致。D+与 D-必须接到同一个口的不同位上,同时将 INT0 并接到 D+上,D-没有什么限制。

USB 数据线 D-使用 1.5 kΩ 上拉电阻接到 $V_{CC}$,表示这是一个低速的 USB 设备;D+有一个 1 MΩ 的上拉电阻接到 $V_{CC}$以减少干扰。

### 8.2.3 软件系统结构

#### 1. 软件包文件列表

纯软件 USB 驱动源码的文件列表如下：

Readme. txt　　自述文件

Changelog. txt　　所有版本的更改记录

usbdrv. h　驱动接口定义与相关文档。pure firmware usb 没有单独的技术文档，但 usbdrv. h 中的注释非常详细，可看作是它的技术文档

* usbdrv. c　　驱动接口的 C 语言部分

* usbdrvasm. S　　驱动的汇编语言部分，它根据所使用的晶振不同而使用不同版本的汇编文件

usbdrvasm12. S　　晶振为 12 MHz 时的汇编版本。它由 usbdrvasm. S 引用，不需要直接调用

usbdrvasm16. S　　晶振为 16 MHz 时的汇编版本。它由 usbdrvasm. S 引用，不需要直接调用

usbdrvasm165. S　　晶振为 16.5 MHz 时的汇编版本。它由 usbdrvasm. S 引用，不需要直接调用

usbconfig-prototype. h　用户 usbdrv. h 的模板文件

* oddebug. c　　调试代码，只在 DEBUG_LEVEL＞0 时有效

oddebug. h　　调试代码的接口定义

iarcompat. h　　与 IAR C 编译器兼容的定义

usbdrvasm. asm　与 IAR C 编译器兼容的汇编代码，当使用 IAR C 编译器时使用这个文件代替 usbdrvasm. S

License. txt　　开源授权协议

CommercialLicense. txt　商用授权协议

USBID-License. txt　　USB ID 使用的内容与定义

注：前面标有（*）的文件必须链接到用户的项目中。

#### 2. USB 功能定义头文件 usbconfig. h

AVR USB 软件包中提供了一个用户 USB 设备头文件原型 usbconfig-prototype. h，用户在开发自己的 USB 设备时应该以此文件为蓝本生成自己的 USB 设备头文件 usbconfig. h。现对主要部分作一些介绍。

1）硬件配置

```
/* ---------------- Hardware Config ---------------- */
```

```
# define USB_CFG_IOPORTNAME      D
/* 定义USB数据线连接的IO口为D口 * /
# define USB_CFG_DMINUS_BIT      0
/* 定义USB数据线D－所接的位置,前面USB_CFG_IOPORTNAME定义为D,则D－接到PORTD 0 * /
# define USB_CFG_DPLUS_BIT      2
/* 定义USB数据线D＋所接的位置,前面USB_CFG_IOPORTNAME定义为D,则D＋接到PORTD 2,即外部中断0,注意必须是外部中断0,这不能改变 * /
/* # define USB_CFG_CLOCK_KHZ      (F_CPU/1000) * /
/* USB时钟定义,使用12 MHz时钟则不必定义USB_CFG_CLOCK_KHZ * /
```

2）可选的硬件配置

```
/* - - - - - - - - - - - - - - Optional Hardware Config - - - - - - - - - - - - - - - * /
/* # define USB_CFG_PULLUP_IOPORTNAME  D * /
/* 如果将D－的上拉电阻连接到USB_CFG_PULLUP_IOPORTNAME,这里定义的是PORTD,而不是上拉到Vcc,这时程序可以调用宏usbDeviceConnect()和usbDeviceDisconnect()来完成USB设备的连接与插出 * /
/* # define USB_CFG_PULLUP_BIT      4 * /
/* 定义D－的上拉电阻连接到USB_CFG_PULLUP_IOPORTNAME的哪位,结合前面的定义可以知道为PORTD 4 * /
```



3）功能定义

```
/* - - - - - - - - - - - - - - - - Functional Range - - - - - - - - - - - - - - - - - * /
# define USB_CFG_HAVE_INTRIN_ENDPOINT      1
/* 如果定义为1,则设备将拥有两个端点:控制端点0与中断输入端点1 * /
# define USB_CFG_HAVE_INTRIN_ENDPOINT3    0
/* 如果定义为1,则设备将拥有3个端点:控制端点0、中断输入端点1与中断输入端点3 * /
# define USB_CFG_IMPLEMENT_HALT      0
/* 定义为1将使设备具有ENDPOINT_HALT的特性,这是USB标准的要求 * /
# define USB_CFG_INTR_POLL_INTERVAL      20
/* 定义USB总线轮询间隔时间,单位是ms,对于低速USB设备而言不能小于10 ms* /
# define USB_CFG_IS_SELF_POWERED      0
/* 如果USB设备为自备电源供,则电定义为1;否则,定义为0。从USB总线取电 * /
# define USB_CFG_MAX_BUS_POWER      100
/* 定义USB设备从USB总线取电的总电流,单位为mA * /
# define USB_CFG_IMPLEMENT_FN_WRITE
/* 如果需要usbFunctionWrite()函数在control-out传输时被调用,则定义为1;否则,为0 * /
# define USB_CFG_IMPLEMENT_FN_READ      0
/* 当调用usbFunctionRead()时需要发送应答帧时设为1,如果设为0,则通过函数usbFunctionSetup()从静态缓冲区data中取得数据 * /
# define USB_CFG_IMPLEMENT_FN_WRITEOUT  0
/* 如果需要使用interrupt-out(或bulk out)端点则定义为1,在设备端执行usbFunctionWriteOut()接收所有的interrupt-out/bulk-out在端点1中的数据 * /
# define USB_CFG_HAVE_FLOWCONTROL      0
/* 如果需要USB进行流量控制则定义为1,这时可以使用usbDisableAllRequests()和usbEnableAllRequests()进行流量控制 * /
```

4）设备描述

```
/* ---------------- Device Description ------------------ */
#define  USB_CFG_VENDOR_ID         0xc0, 0x16
/* USB vendor ID低前节在前，如果购买了自己的 Vendor ID，则可以在这里定义；否则，使用 obdev
免费共享的ID，有关细节见文件 USBID-License.txt */
#define  USB_CFG_DEVICE_ID         0xdf, 0x05
/* USB Product ID低前节在前 */
#define USB_CFG_DEVICE_VERSION   0x00, 0x01
/* 设备版本号，Minor number在前，然后是 major number */
#define USB_CFG_VENDOR_NAME      'w','w','w','.','o','b','d','e','v','.','a','t'
#define USB_CFG_VENDOR_NAME_LEN 12
/* 这两个宏定义 vendor字符，字符必须以单引号括起 */
#define USB_CFG_DEVICE_NAME      'T','e','m','p','l','a','t','e'
#define USB_CFG_DEVICE_NAME_LEN 8
/* 设备名定义 */
/* #define USB_CFG_SERIAL_NUMBER 'N','o','n','e' */
/* #define USB_CFG_SERIAL_NUMBER_LEN   0 */
/* 序列号定义 USB序列号 */
#define USB_CFG_DEVICE_CLASS         0
#define USB_CFG_DEVICE_SUBCLASS      0
/* 定义USB设备类型 */
#define USB_CFG_INTERFACE_CLASS      3   /* HID */
#define USB_CFG_INTERFACE_SUBCLASS   0
#define USB_CFG_INTERFACE_PROTOCOL   0
/* 定义USB接口类型 */
#define USB_CFG_HID_REPORT_DESCRIPTOR_LENGTH      42
/* 定义HID报告(report)描述符长度，如果不是一个HID设备则可以不定义或定义为0 */
```

5）对usb描述符的精确控制

```
/* ------------ Fine Control over USB Descriptors ------------ */
/*  如果用户不打算使用默认的USB描述符，可以使用3种不同的方法提供自己的描述符：
① 以固定长度存在 Flash中。
② 在固定长度的静态数据存在 RAM中。
③ 由函数 usbFunctionDescriptor()动态提供，有关此函数的详见 usbdrv.h。
一系列宏被定义为用来设置USB描述符的方式，如果这些宏未被定义或定义为0，则表示使用默认的描
述符。
USB_PROP_IS_DYNAMIC   由函数 usbFunctionDescriptor()在运行时间动态提供描述符
USB_PROP_IS_RAM       描述符以固定长度存在RAM中
USB_PROP_LENGTH(len)  描述符的长度
```

描述符域名称：

```
char usbDescriptorDevice[];
char usbDescriptorConfiguration[];
char usbDescriptorHidReport[];
char usbDescriptorString0[];
int usbDescriptorStringVendor[];
int usbDescriptorStringDevice[];
```

```
int usbDescriptorStringSerialNumber[];
```

其他描述符域必须动态提供。有关需要用户自定义的宏列表如下：

```
USB_CFG_DESCR_PROPS_DEVICE
USB_CFG_DESCR_PROPS_CONFIGURATION
USB_CFG_DESCR_PROPS_STRINGS
USB_CFG_DESCR_PROPS_STRING_0
USB_CFG_DESCR_PROPS_STRING_VENDOR
USB_CFG_DESCR_PROPS_STRING_PRODUCT
USB_CFG_DESCR_PROPS_STRING_SERIAL_NUMBER
USB_CFG_DESCR_PROPS_HID
USB_CFG_DESCR_PROPS_HID_REPORT
USB_CFG_DESCR_PROPS_UNKNOWN (for all descriptors not handled by the driver)
* /
/* # define USB_PUBLIC static * /
/* 如果使用# include usbdrv.c 而不是用连接的方式,则需要定义 USB_PUBLIC * /
```



### 3. USB 功能函数定义

与USB协议定义相似,函数的输入/输出都是相对于主机而言,但软件变量中所包含的输入/输出却是针对于设备而言的。下面说明这些函数在使用时的限制如下：

假设通信过程是没有错误的,则它能使用CRC检测PID中的错误,但不检查位填充(bit stuffing)与SE0中存在的错误;而且因为时间限制的原因,CRC检查并不在发送数据时立即执行,这些错误的检测将上移到应用程序中进行。

因为没有使用USB协议中的差分数据线,而只是对MCU的一根I/O数据线(D-)进行采样,这对抗干扰不利,因此只能用于对干扰并不太敏感的低速设备。

最多支持4个端点:一个控制端点(端点0),两个中断输入端点(或是批量数据输入端点)(端点1与端点3),一个中断输出(或是批量数据输出端点)(端点1)。需要注意的是,USB协议禁止低速设备使用批量端点,但绝大部分操作系统允许低速设备使用批量端点,AVR将花费90%的CPU时间在USB中断中轮询批量数据的传送。最大数据载荷对于控制端点输入/输出数据载荷最高可达254字节,设备通过执行usbFunctionWrite()函数来接收数据。

USB待机模式电流:USB标准限制USB待机模式电流为500 μA,这对于总线驱动的设备来说,必须让CPU处于睡眠状态,这些函数不处理待机模式,而是让应用程序通过发送SE0来处理。

最大的中断时间:在中断例程中处理所有的USB通信过程,它只有在收到全部的USB信息并且发送完应答后中断才能返回;在12 MHz时最多需要100 μs。

1) 一般定义

```
# define USBDRV_VERSION   20070707
/* USBDRV 版本号,早于 2006-01-25 没有这一定义* /
# ifndef USB_PUBLIC
# define USB_PUBLIC
```

```
# endif
```

usbdrv自定义的符号,定义为static。

2) 接口函数

```
USB_PUBLIC void usbInit(void);
/* usb初始化,必须在中断使能与main函数主循环前被调用* /
USB_PUBLIC void usbPoll(void);
/* usb总线轮询,必须以一定的时间间隔调用,最大间隔大约为50 ms* /
extern uchar * usbMsgPtr;
/* 外部定义的全局变量。执行usbFunctionWrite()时,此缓冲用于向驱动传递接收的数据,也可用于标准控制请求数据的传递* /
USB_PUBLIC uchar usbFunctionSetup(uchar data[8]);
/* 当设备收到从主机发来的SETUP交易时此函数被调用,setup的数据放在函数参数data中
如果setup交易是control-in的,则用户可以使用以下两种方法提供所需的数据:① 设置全局指针'usbMsgPtr',然后在函数'usbFunctionSetup()'返回usbMsgPtr缓冲区数据的长度,驱动程序自行处理余下的部分。② 在函数'usbFunctionSetup()'中返回0xff,驱动程序将调用'usbFunctionRead()'得到所需要的数据。
如果setup显示的是control-out传输,则首先从usbFunctionSetup()返回0xff,然后再通过调用函数usbFunctionWrite()得到从主机传过来的数据;如果函数usbFunctionSetup()返回0,则忽略从主机传来的数据* /
USB_PUBLIC uchar usbFunctionDescriptor(struct usbRequest * rq);
/* 此函数只在需要在执行时刻动态提供USB描述符时才需要 * /
# if USB_CFG_HAVE_INTRIN_ENDPOINT
USB_PUBLIC void usbSetInterrupt(uchar * data, uchar len);
/* 如果宏USB_CFG_HAVE_INTRIN_ENDPOINT被定义,则表示除了默认的control端点外还有一个interrupt-in端点,此函数完成中断输入端点的数据传送 * /
extern volatile uchar usbTxLen1;/* 端点1的发送计数 * /
# define usbInterruptIsReady()   (usbTxLen1 & 0x10)
/* 这个宏显示上一条interrupt数据已经发送成功* /
# endif
# if USB_CFG_HAVE_INTRIN_ENDPOINT3
USB_PUBLIC void usbSetInterrupt3(uchar * data, uchar len);
extern volatile uchar usbTxLen3;
# define usbInterruptIsReady3()   (usbTxLen3 & 0x10)
/* 中断输入端点3的函数,功能与上面的中断输入端点1相同 * /
# endif
# endif /* USB_CFG_HAVE_INTRIN_ENDPOINT * /
# if USB_CFG_HID_REPORT_DESCRIPTOR_LENGTH
# define usbHidReportDescriptor  usbDescriptorHidReport
/* usbHidReportDescriptor[]应该定义在flash中。如果USB设备使用了HID特性,则应该提供HID描述符,HID描述符的书写有点复杂,应该使用HID工具来生成,参考http://www.usb.org/developers/hidpage/ * /
# endif  /* USB_CFG_HID_REPORT_DESCRIPTOR_LENGTH * /
# if USB_CFG_IMPLEMENT_FN_WRITE
USB_PUBLIC uchar usbFunctionWrite(uchar * data, uchar len);
/* 这个函数被用作提供control-out输出数据,最多为8个字符的数据量,数据的长度由参数len获得,如果发生错误,此函数返回0xff,同时USB进入STALL状态。如果设备成功地得到所有的数据则返回1,如果希望得到更多的数据则返回0。要定义此函数功能必须在usbconfig.h中定义宏USB_CFG_IMPLE-
```

MENT_FN_WRITE为1* /

```
# endif /* USB_CFG_IMPLEMENT_FN_WRITE * /
# if USB_CFG_IMPLEMENT_FN_READ
USB_PUBLIC uchar usbFunctionRead(uchar * data, uchar len);
```

/*  此函数执行 control-in 向主机传送数据，最多为8个字节。参数 data 为要传送的数据；len 为数据的长度，函数返回实际传送的数据长度，如果实际传送的数据长度小于所要求的长度，则 control-in 传输结束。如果函数返回 0xff，USB 进入 STALL。要定义此函数功能必须在 usbconfig.h 中定义宏 USB_CFG_IMPLEMENT_FN_READ 为 1* /

```
# endif /* USB_CFG_IMPLEMENT_FN_READ * /
# if USB_CFG_IMPLEMENT_FN_WRITEOUT
USB_PUBLIC void usbFunctionWriteOut(uchar * data, uchar len);
```

/* USB设备通过此函数接收 interrupt-out/ bulk-out 端点1的数据，要定义此函数功能必须在 usbconfig.h 中定义宏 USB_CFG_IMPLEMENT_FN_WRITEOUT 为 1* /

```
# endif /* USB_CFG_IMPLEMENT_FN_WRITEOUT * /
# ifdef USB_CFG_PULLUP_IOPORTNAME
# define usbDeviceConnect()      ((USB_PULLUP_DDR |=  (1<< USB_CFG_PULLUP_BIT)), \
                                 (USB_PULLUP_OUT |=  (1<< USB_CFG_PULLUP_BIT)))
# define usbDeviceDisconnect() ((USB_PULLUP_DDR &=  ~(1<< USB_CFG_PULLUP_BIT)), \
                                 (USB_PULLUP_OUT &=  ~(1<< USB_CFG_PULLUP_BIT)))
```

/* 当定义了宏 USB_CFG_PULLUP_IOPORTNAME 时，意味着 USB 数据线上的上拉电阻不是直接接到 Vcc 上，而是接到某个IO口上，这时可以通过调用宏 usbDeviceConnect()来完成 USB 设备的加载，调用宏 usbDeviceDisconnect()来完成 USB 设备的卸载 * /

```
# endif /* USB_CFG_PULLUP_IOPORT * /
extern unsigned usbCrc16(unsigned data, uchar len);/* 由汇编程序执行的函数 * /
# define usbCrc16(data, len) usbCrc16((unsigned)(data), len)
/* 执行数据包中的 CRC16 校验* /
extern unsigned usbCrc16Append(unsigned data, uchar len);
# define usbCrc16Append(data, len)    usbCrc16Append((unsigned)(data), len)
/* 功能与 usbCrc16()同，但在 data 缓冲区中增加2字节的 CRC(低字节在前)* /
# define USB_STRING_DESCRIPTOR_HEADER(stringLength) ((2* (stringLength)+ 2) | (3<< 8))
/* 定义字符串描述符头的长度* /
# if USB_CFG_HAVE_FLOWCONTROL
extern volatile schar  usbRxLen;/* 设备接收字符长度* /
# define usbDisableAllRequests()     usbRxLen = -1
/* 如果定义了 USB 的流控制，此宏必须在函数 usbFunctionWrite()中调用，停止向主机发送数据* /
# define usbEnableAllRequests()      usbRxLen =  0
/* 如果定义了 USB 的流控制，此宏必须允许向主机发送数据* /
# define usbAllRequestsAreDisabled() (usbRxLen <  0)
/* 用于查询 usbEnableAllRequests()调用是否成功* /
# endif
# define USB_SET_DATATOKEN1(token)  usbTxBuf1[0] =  token
# define USB_SET_DATATOKEN3(token)  usbTxBuf3[0] =  token
/* 此宏被用于对 interrupt-in 端点1与端点3的数据进行锁定* /
```

3）描述符内容定义

```
# define USB_PROP_IS_DYNAMIC     (1 <<  8)
/* 使用函数 usbFunctionDescriptor()获得动态的描述符* /
# define USB_PROP_IS_RAM          (1 <<  9)
/* 描述符定义在 RAM 中* /
```

```
# define USB_PROP_LENGTH(len)     ((len) & 0xff)
/* 描述符的总长度* /
/* 下面是默认的 VID 与 PID 定义* /
# ifndef USB_CFG_VENDOR_ID
# define  USB_CFG_VENDOR_ID   0xc0, 0x16   /*  5824 in dec, stands for VOTI * /
# endif
# ifndef USB_CFG_DEVICE_ID
# if USB_CFG_HID_REPORT_DESCRIPTOR_LENGTH
# define USB_CFG_DEVICE_ID   0xdf, 0x05   /*  1503 in dec, shared PID for HIDs * /
#  elif USB_CFG_INTERFACE_CLASS ==  2
# define USB_CFG_DEVICE_ID   0xe1, 0x05   /*  1505 in dec, shared PID for CDC Modems * /
#  else
#  define USB_CFG_DEVICE_ID     0xdc, 0x05   /*  1500 in dec, obdev's free PID * /
#  endif
# endif
```

4）USB 规范常数与类型定义

```
/*  USB 令牌 * /
# define USBPID_SETUP      0x2d
# define USBPID_OUT        0xe1
# define USBPID_IN         0x69
# define USBPID_DATA0      0xc3
# define USBPID_DATA1      0x4b
# define USBPID_ACK        0xd2
# define USBPID_NAK        0x5a
# define USBPID_STALL      0x1e
/*  usb 标准设备请求定义 * /
typedef struct usbRequest{
uchar      bmRequestType;
uchar      bRequest;
usbWord_t  wValue;
usbWord_t  wIndex;
usbWord_t  wLength;
}usbRequest_t;
/*  USB setup 接收值 * /
# define USBRQ_RCPT_MASK            0x1f
# define USBRQ_RCPT_DEVICE          0
# define USBRQ_RCPT_INTERFACE       1
# define USBRQ_RCPT_ENDPOINT        2
/*  USB 请求类型值 * /
# define USBRQ_TYPE_MASK            0x60
# define USBRQ_TYPE_STANDARD        (0<< 5)
# define USBRQ_TYPE_CLASS           (1<< 5)
# define USBRQ_TYPE_VENDOR          (2<< 5)
/*  USB 传送方向值 * /
# define USBRQ_DIR_MASK                  0x80
# define USBRQ_DIR_HOST_TO_DEVICE        (0<< 7)
# define USBRQ_DIR_DEVICE_TO_HOST        (1<< 7)
/*  USB 标准请求值 * /
```

```
# define USBRQ_GET_STATUS              0
# define USBRQ_CLEAR_FEATURE           1
# define USBRQ_SET_FEATURE             3
# define USBRQ_SET_ADDRESS             5
# define USBRQ_GET_DESCRIPTOR          6
# define USBRQ_SET_DESCRIPTOR          7
# define USBRQ_GET_CONFIGURATION       8
# define USBRQ_SET_CONFIGURATION       9
# define USBRQ_GET_INTERFACE           10
# define USBRQ_SET_INTERFACE           11
# define USBRQ_SYNCH_FRAME             12
/*  USB描述符常量 * /
# define USBDESCR_DEVICE               1
# define USBDESCR_CONFIG               2
# define USBDESCR_STRING               3
# define USBDESCR_INTERFACE            4
# define USBDESCR_ENDPOINT             5
# define USBDESCR_HID                  0x21
# define USBDESCR_HID_REPORT           0x22
# define USBDESCR_HID_PHYS             0x23
/*  USB HID请求 * /
# define USBRQ_HID_GET_REPORT          0x01
# define USBRQ_HID_GET_IDLE            0x02
# define USBRQ_HID_GET_PROTOCOL        0x03
# define USBRQ_HID_SET_REPORT          0x09
# define USBRQ_HID_SET_IDLE            0x0a
# define USBRQ_HID_SET_PROTOCOL        0x0b
/*  USB设备供电定义 * /
# define USBATTR_BUSPOWER              0x80
# define USBATTR_SELFPOWER             0x40
# define USBATTR_REMOTEWAKE            0x20
```

## 4. 用户可以修改的部分

```
/*  usb设备描述符定义 * /
# if USB_CFG_DESCR_PROPS_DEVICE ==  0
# undef USB_CFG_DESCR_PROPS_DEVICE
# define USB_CFG_DESCR_PROPS_DEVICE  sizeof(usbDescriptorDevice)
PROGMEM char usbDescriptorDevice[] =  {                  /*  USB设备描述符 * /
18,                                                      /* 设备描述符长度 * /
USBDESCR_DEVICE,                                         /* 设备描述符类型 * /
0x10, 0x01,                                              /*  USB版本 * /
USB_CFG_DEVICE_CLASS,
USB_CFG_DEVICE_SUBCLASS,
0,                                                       /* 协议 * /
8,                                                       /* 最大包尺寸 * /
USB_CFG_VENDOR_ID,                                       /*  2字节的vendor id * /
USB_CFG_DEVICE_ID,                                       /*  2字节的device id * /
USB_CFG_DEVICE_VERSION, /*  2字节的设备版本号 * /
```

```
USB_CFG_DESCR_PROPS_STRING_VENDOR != 0 ? 1:0,          /* 厂商字符索引 * /
USB_CFG_DESCR_PROPS_STRING_PRODUCT != 0 ? 2:0,         /* 产品字符索引 * /
USB_CFG_DESCR_PROPS_STRING_SERIAL_NUMBER != 0 ? 3:0,
/* 序列数字符索引 * /
1,                                                     /* 配置数目 * /
};
# endif
/* usb 配置描述符定义 * /
# if USB_CFG_DESCR_PROPS_CONFIGURATION == 0
# undef USB_CFG_DESCR_PROPS_CONFIGURATION
# define USB_CFG_DESCR_PROPS_CONFIGURATION  sizeof(usbDescriptorConfiguration)
PROGMEM char usbDescriptorConfiguration[] = {  /* USB 配置描述符 * /
9,                                             /* USB 配置描述符的长度 * /
USBDESCR_CONFIG,                               /* 描述符类型 * /
18 + 7 * USB_CFG_HAVE_INTRIN_ENDPOINT + (USB_CFG_DESCR_PROPS_HID & 0xff), 0,
                                               /* 包括内嵌描述符在内的数据总长度 * /
1,                                             /* 配置中接口(interfaces)数目 * /
1,                                             /* 此描述符索引 * /
0,                                             /* 配置名字符串索引 * /
# if USB_CFG_IS_SELF_POWERED
   USBATTR_SELFPOWER,                          /* 自供电属性 * /
# else
   USBATTR_BUSPOWER,                           /* 总线供电属性 * /
# endif
   USB_CFG_MAX_BUS_POWER/2,                    /* 最大 USB 提供电流,以 2mA 为单位 * /
/* 内嵌的接口(interface)描述符 * /
9,                                     /* 接口(interface)描述符长度以字节为单位 * /
USBDESCR_INTERFACE,                            /* 描述符类型 * /
0,                                             /* 接口(interface)索引 * /
0,                                             /* 此接口(interface)的另一个设置 * /
USB_CFG_HAVE_INTRIN_ENDPOINT,             /* 接口(interface)描述符所包含的端点数 * /
USB_CFG_INTERFACE_CLASS,
USB_CFG_INTERFACE_SUBCLASS,
USB_CFG_INTERFACE_PROTOCOL,
0,                                             /* 接口(interface)字符索引 * /
# if (USB_CFG_DESCR_PROPS_HID & 0xff)          /* 定义有 HID 描述符 * /
9,                                             /* HID 描述符长度,以字节为单位 * /
USBDESCR_HID,                                  /* 描述符类型:HID * /
0x01, 0x01,                                    /* 以 BCD 码表示的 HID 版本号 * /
0x00,                                          /* 目标国家代码 * /
0x01,                                          /* HID 所包含的报告数 * /
0x22,                                          /* 描述符类型:report * /
USB_CFG_HID_REPORT_DESCRIPTOR_LENGTH, 0,       /* 报告描述符的总长度 * /
# endif
# if USB_CFG_HAVE_INTRIN_ENDPOINT              /* 端点 1 描述符 * /
7,                                             /* 端点描述符长度 * /
USBDESCR_ENDPOINT,                             /* 描述符类型:endpoint * /
0x81,                                          /* 输入端点 1 * /
0x03,                                          /* 端点类型为中断端点 * /
```

```
    8, 0,                                          /* 最大包大小 * /
    USB_CFG_INTR_POLL_INTERVAL,                    /* usb 总线轮询间隔,单位为毫秒 * /
  # endif
  };
  # endif
```

## 5. 与汇编程序的接口部分

```
  /* 与汇编指令接口的缓冲区定义 * /
  uchar usbRxBuf[2* USB_BUFSIZE];              /* 接收缓冲区:PID, 8 bytes data, 2 bytes CRC* /
  uchar      usbInputBufOffset;                /* 接收缓冲区 usbRxBuf 的偏移 * /
  uchar      usbDeviceAddr;                    /*  usb 设备地址,默认为 0 * /
  uchar      usbNewDeviceAddr;                 /* 设备 ID 应该在状态字后设置 * /
  uchar      usbConfiguration;                 /* 当前选择的配置 * /
  volatile schar usbRxLen;  /* 缓冲区 usbRxBuf 数据的字节数,=  0;表示当前缓冲区为空,-1 表
示流控制 * /
  uchar      usbCurrentTok;                    /* 上一个令牌被接收 * /
  uchar      usbRxToken;                       /* 数据令牌被接收 * /
  uchar      usbMsgLen =  0xff;  /* 缓冲 usbMsgPtr 中剩余的字节数,如果为-1,表示没有数据要
发送 * /
  volatile uchar usbTxLen =  USBPID_NAK;  /* 将要在下一个 IN 令牌或握手令牌中传送的数据字
节数 * /
  uchar      usbTxBuf[USB_BUFSIZE];  /* 将要在下一个 IN 令牌传送的数据,如果 usbTxLen 包含
的是握手令牌则数据将会被释放 * /
  # if USB_CFG_HAVE_INTRIN_ENDPOINT
  volatile uchar usbTxLen1 =  USBPID_NAK;    /* 端点 1 的发送计数 * /
  uchar      usbTxBuf1[USB_BUFSIZE];          /* 端点 1 的发送缓冲区 * /
  # if USB_CFG_HAVE_INTRIN_ENDPOINT3
  volatile uchar usbTxLen3 =  USBPID_NAK;    /* 端点 3 的发送计数 * /
  uchar      usbTxBuf3[USB_BUFSIZE];          /* 端点 3 的发送缓冲区 * /
  # endif
  # endif
```



## 6. 汇编代码

为了提高代码效率,一些关键的部分均使用汇编代码完成,主要包含两个内容,一是对USB 数据线上的数据位流进行解码,将正确的数据接收下来放到指定的缓冲区供上层的 C 代码使用;二是使用汇编代码来完成 CRC16 的计算,以便在收发数据的同时就完成校验码的计算。

汇编代码程序共有 4 个文件,其中,共同部分放在文件 usbdrvasm. S 中。当晶振为 12 MHz时使用文件 usbdrvasm12. S,当晶振为 16 MHz 时使用文件 usbdrvasm16. S,当使用内部 RC 振荡倍频到 16 MHz 时使用文件 usbdrvasm165. S。使用时只连接文件 usbdrvasm. S 即可,时钟所对应的文件会根据定义的宏自动连接,对于绝大部分用户而言使用默认的 12 MHz的时钟就行了。此文件中的代码对定时要求非常严格,因此除非真正理解,否则不要

改动其中的代码,源码后面注释中方括号内为从第1个同步字符中点开始后精确的时钟数。当中断允许时,AVR中断响应延时为7个周期,代码允许最大的中断响应延时为34个周期;当中断禁止时此值为25个周期。可以使用的堆栈最大为11个字节,包含函数返回值2个字节,以及YL、SREG、YH、shift、x1、x2、x3、cnt、x4。

对汇编代码中使用的寄存器作了以下宏定义:

```
# define x1       r16
# define x2       r17
# define shift   r18
# define cnt    r19
# define x3      r20
# define x4      r21
# define bitcnt  r22
# define phase  x4
# define leap   x4
```

数据接收过程如下:

当中断0发生后等待数据线D－为1,即等待packet前面的同步头;接着设置usbRxBuf(usbInputBufOffset),从D－采样前两位数据到shift,采样第3位数据,判断是否为位填充,如果是位填充则跳过这一位继续采样,否则马上采校下一位。在收一个字节的数据过程中,每位之间有以下的事件需要进行额外判断:

```
; extra jobs done during bit interval:
; bit 0:    存储
; bit 1:    SE0 检查
; bit 2:    溢出检查
; bit 3:    定时恢复调整,修正 bit0 所占用的较长时间
; bit 4:    none
; bit 5:    none
; bit 6:    none
; bit 7:    转跳,或错误处理
```

如果发生溢出则做以下工作:

如果地址不同,则将收到的包丢掉。否则,判断包类型,分为输入、输出与setup 3种,分别处理。

## 7. 功能函数之间的关联

USB总线是一个轮循总线,而AVR USB也采用轮询的方式来接收数据,为此专门定义了一个函数usbPoll。所有的USB功能都是由此轮询函数引起的,只要此函数能在50 ms的时间内被调用一次就行了。usbPoll通常是在程序的主循环中被反复调用的,因此在使用时必须注意这个问题。主循环中其他任务所占用的时间不能太长,如果有必要,较长的任务应该分散到不同的时间片中来完成。

1）通过control pipe的通信

控制管是基于端点0的，这是一个唯一的双向端点，因此可以通过它来完成双向数据收发。通过此管道发送的数据通常为USB标准设备请求，包的大小为8字节。共有3个函数与控制管道数据收发相关，USB_PUBLIC uchar usbFunctionSetup(uchar data[8])、USB_PUBLIC uchar usbFunctionWrite(uchar * data, uchar len)及USB_PUBLIC uchar usbFunctionRead(uchar * data, uchar len)。这3个函数的实现代码都必须由用户根据需要自行书写。

当处理control-in时，用户在usbFunctionSetup函数中设置全局指针'usbMsgPtr'，然后在函数中返回usbMsgPtr缓冲区数据的长度，这时主机能够得到usbMsgPtr中的数据，不再需要函数usbFunctionRead；如果在函数中返回0xff，则usbFunctionRead自动被调用，这时向主机传送数据的任务由这个函数完成。

当处理control-out时，用户首先必须在函数usbFunctionSetup中返回0xff，然后函数usbFunctionWrite被自动调用，用户在函数usbFunctionWrite得到主机发来的数据；如果在usbFunctionSetup中返回0，则函数usbFunctionWrite()不调用，忽略从主机发来的数据。



2）通过端点1的通信

如果定义了宏#define USB_CFG_HAVE_INTRIN_ENDPOINT 1，则输入端点1就存在了；如果定义了宏#define USB_CFG_IMPLEMENT_FN_WRITEOUT 1，则输出端点1就存在了。因此端点1有两个，一个为输入端点1，一个为输出端点1，根据USB协议的规定分别对应端点地址0x81与0x01，因为除端点0外其他端点都只能单向数据通信，每个端点就只对应一个参数函数。函数USB_PUBLIC void usbSetInterrupt(uchar * data, uchar len)完成输入端点1的工作，如果想通过输入端点3向主机发送数据，则只需要调用此函数就行了。另外，宏usbInterruptIsReady可以判断usbSetInterrupt发送的数据是否成功。函数usbSetInterrupt的实现代码由usbdrv驱动完成。函数USB_PUBLIC void usbFunctionWriteOut(uchar * data, uchar len)完成输出端点1的工作，且完成接收从主机发来的数据，实现代码由用户完成。

3）通过端点3的通信

如果定义了宏USB_CFG_HAVE_INTRIN_ENDPOINT3，则输入端点3就存在了，根据USB协议的规定对应端点地址0x83。函数USB_PUBLIC void usbSetInterrupt3(uchar * data, uchar len)完成输入端点3的工作，如果想通过输入端点3向主机发送数据，则只需要调用此函数就行了。另外宏usbInterruptIsReady3可以判断usbSetInterrupt3发送的数据是否成功。函数usbSetInterrupt3的实现代码由usbdrv驱动完成。

## 8.3 纯软件 USB 应用—USBASP 下载线

### 8.3.1 USBASP 功能概述

AVR 单片机功能强大，使用简便，成本低廉，对于一般的用户而言只需要有根 ISP 下载线就能从事开发工作了，而且下载线的种类非常多；但很大一部分是基于 EPP 并口的，而现在 PC 机上带并口的越来越少了，而且笔记本电脑上几乎是清一色没有并口了，但 USB 接口的设备随着这几年的发展已经大有统一 PC 外设接口的趋势，所有很多用户都有放弃并口 ISP 下载线而使用 USB 下载的愿望。Thomas Fischl 贡献了基于 AVR-USB 纯固件 USB 的 AVR USB 下载线项目的全部软硬件资料，并命名为 USBASP 下载线。具有以下特点：

- 使用 ATmega8/48 芯片，结构简单，价格低廉；
- 不需要硬件 USB 协议接口芯片；
- 能工作在多个操作系统上，Linux、Mac OS X 和 Windows；
- 可以全部使用直插元件，方便手工制作；
- 编程最高速度达 5 kbps；
- 可以使用低速时钟，软件模拟 SPI 总线；
- 完全开源。

### 8.3.2 USBASP 硬件电路

USBASP 硬件电路如图 8-15 所示。首先 USB 的两根数据线必须接在同一个 PORT 上的不同位，与头文件 usbconfig.h 中的定义一致，同时 D+还必须并接到 INT0，这样才能正确地接收数据。有两个 LED 灯，LED2 为红灯，亮时表示 USBASP 已经加电工作正常；LED1 为绿灯，亮时表示正在与 USB 进行通信。X2 为 ISP 插座，用于对其他 AVR 芯片编程。JP1 短线表示由 USB 对外部被编程 AVR 芯片进行供电，这样被下载的 AVR 电路不用其他供电；JP2 短线表示通过 X2 插座对 USBASP 自身的固件进行编程升级，这时红灯不亮，正常工作时开路，JP3 短接表示使用软件模拟 ISP。

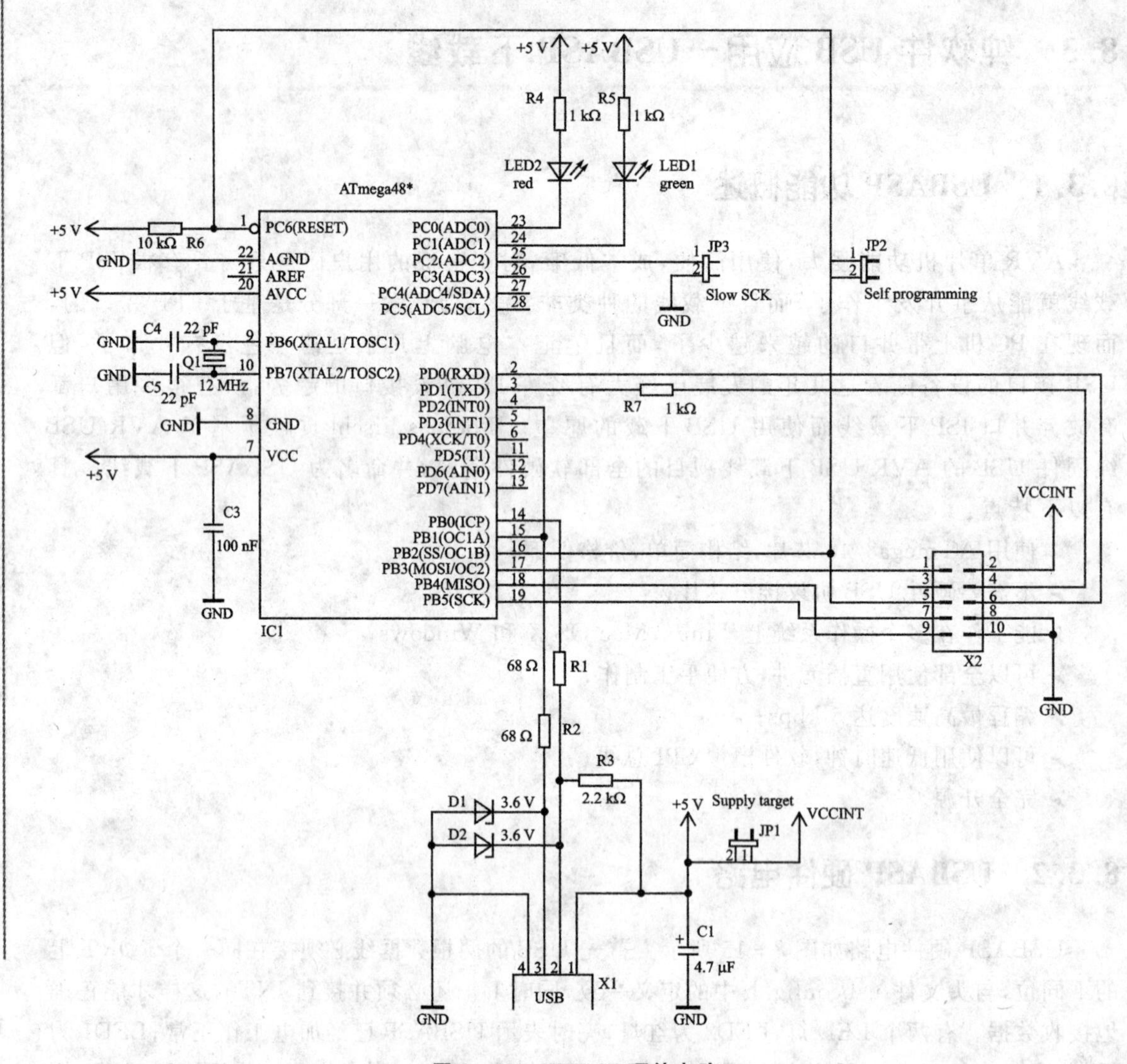


图 8-15　USBASP 硬件电路

## 8.3.3　USBASP 固件程序分析

除了在项目中包含 usbdrv 的代码之外(位于目录 usbdrv),USBASP 还有自己扩展一些源文件:

clock. h　　　时钟相关定义

clock. c　　　时钟相关实现

isp. c　　　　ISP 编程下载相关定义

isp. h　　　　　ISP 编程下载相关实现
usbconfig. h　　USB 协议相关定义
main. c　　　　USB 主功能函数

USBASP 只有一个控制端点，所有数据的输入/输出都是通过端点 0 来进行的。从前面对 AVR USB 的分析可知，有 3 个函数 usbFunctionSetup( uchar data[8])、usbFunctionWrite( uchar * data, uchar len)、usbFunctionRead( uchar * data, uchar len)与之相关，需要用户自己来编写处理代码。USBASP 在文件 main. c 中定义了这 3 个函数的实现代码，且根据其协议定义完成对 AVR 芯片的 ISP 编程操作，有兴趣的读者可以自行阅读源文件进行分析。

### 8.3.4 USBASP 制作过程

制作过程非常简单，首先按电路要求买来元件(可以买到全部是直插的元件)，这样就可以直接使用万用板来手工搭建电路了。需要注意电阻值的大小，保证能够按照 USB 协议的要求输出"0""1"电平。电路搭建完成之后，短接 JP2，将 USBASP 插入 PC 机 USB 口，这时系统提示插入了不能识别的 USB 设备，使用其他的 ISP 下载线，如并口的 STK200 配合 PonyProg 软件将 USBASP 自带的 HEX 固件文件下载，共有两个固件文件，分别适应于 ATmega8 与 ATmega48 芯片，文件分别为 usbasp. atmega48. 2007-10-23. hex 和 usbasp. atmega8. 2007-10-23. hex。如果有 Debian Linux 系统且装有 avr-gcc 便可以自行编译，执行命令 make main. hex 将生成 main. hex 目标文件，将生成的 main. hex 文件下载也可以。如果使用 PonyProg 下载，芯片的熔丝位应该如图 8 - 16 所示设置(以 ATmega8 为例)。

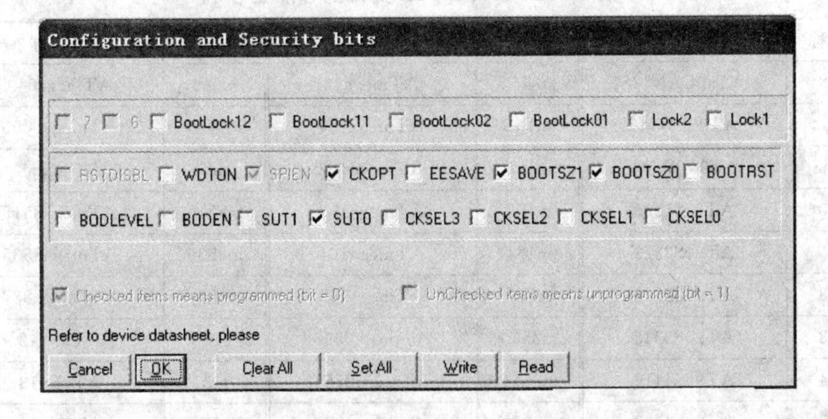


图 8 - 16　USBASP 的熔丝位设置

### 8.3.5　USBASP使用方法

#### 1. 驱动程序的安装

硬件电路焊好，固件下载成功后，就可插入USB端口，主机一般使用Linux或Winodws系统。

1）Linux

因为使用libusb驱动，而libusb现在已经成为Linux系统的标准驱动，因此在Linux系统中使用USBASP不需要安装驱动。

2）Windows

必须安装windows版的libusb驱动，USBASP软件包中包含了windows驱动，当USBASP第一次插到系统，系统提示找到新硬件后，搜索inf文件，转到目录bin\win-driver即可。

#### 2. AVRDUDE ISP应用程序

AVRDUDE是一个功能很强的AVR ISP程序，支持多种ISP下载线，其中就支持USBASP下载线，同时支持几乎所有型号的AVR芯片；但AVRDUDE为命令行程序，使用起来相对麻烦，需要了解有关命令行参数，但AVRDUDE也有Windows版本的，可以在Windows下直接使用。

AVRDUDE常用参数如下：

-p partno

定义所编程AVR芯片的型号，它支持以下多种型号，如表8-12所列。

表8-12　AVRDUDE支持的芯片型号

| 简　称 | 全　称 | 简　称 | 全　称 | 简　称 | 全　称 |
|---|---|---|---|---|---|
| c128 | AT90CAN128 | m16 | ATmega16 | m649 | ATmega649 |
| pwm2 | AT90PWM2 | m161 | ATmega161 | m6490 | ATmega6490 |
| pwm3 | AT90PWM3 | m162 | ATmega162 | m8 | ATmega8 |
| 1200 | AT90S1200 | m163 | ATmega163 | m8515 | ATmega8515 |
| 2313 | AT90S2313 | m164 | ATmega164 | m8535 | ATmega8535 |
| 2333 | AT90S2333 | m169 | ATmega169 | m88 | ATmega88 |
| 2343 | AT90S2343 | m2560 | ATmega2560 | t12 | ATtiny12 |
| 4414 | AT90S4414 | m2561 | ATmega2561 | t13 | ATtiny13 |
| 4433 | AT90S4433 | m32 | ATmega32 | t15 | ATtiny15 |

续表 8-12

| 简 称 | 全 称 | 简 称 | 全 称 | 简 称 | 全 称 |
|---|---|---|---|---|---|
| 4434 | AT90S4434 | m324 | ATmega324 | t2313 | ATtiny2313 |
| 8515 | AT90S8515 | m329 | ATmega329 | t25 | ATtiny25 |
| 8535 | AT90S8535 | m3290 | ATmega3290 | t26 | ATtiny26 |
| m103 | ATmega103 | m48 | ATmega48 | t45 | ATtiny45 |
| m128 | ATmega128 | m64 | ATmega64 | t85 | ATtiny85 |
| m1280 | ATmega1280 | m640 | ATmega640 | | |
| m1281 | ATmega1281 | m644 | ATmega644 | | |

-c programmer-id

定义使用的ISP编程器，ISP编程器名必须定义在配置文件/etc/avrdude.conf中。支持以下编程器(部分)：STK200、stk500、stk500v2、stk500pp、stk500hvsp、avr910、usbasp、butterfly、jtagmki及jtagmkii。

-e

删除芯片Flash与EEPROM中的内容，均以0xff填充。

-P port

定义ISP端点，默认为并口；使用/dev/ppi0，也可定义为使用串口；使用/dev/cuaa0，可以定义为使用usb端点。

-U memtype:op:filename[:format]

执行编程操作，可以对不同类型的存储器进行编程。存储器类型(memtype)可以为：

| | |
|---|---|
| calibration | 内部RC振荡的标定内容 |
| eeprom | AVR的EEPROM |
| efuse | 扩展熔丝位 |
| flash | AVR的FLASH |
| fuse | 熔丝位，只针对于只有一个字节熔丝位的设备 |
| hfuse | 熔丝位高字节 |
| lfuse | 熔丝位低字节 |
| lock | 锁定位 |
| signature | AVR芯片中包含的3字节的签字，表明AVR芯片的类型 |

可以执行以下操作(op)：

| | |
|---|---|
| r | 读出指定存储器内容到指定的文件 |
| w | 将指定文件的内容编程写到存储器中 |
| v | 做校验操作 |

filename为指定的文件名，支持的格式(format)有：

| | |
|---|---|
| i | intel hex格式 |
| s | Motorola S-record格式 |
| r | 二进制格式 |
| m | 立即数格式，从命令行输入要写入字节的内容，以逗号或空格分隔。适用于对熔丝位或锁定位的操作 |
| a | 自动侦测格式 |
| d | 十进制，针对于输出文件，不同数之间使用逗号分隔 |
| h | 十六进制，针对于输出文件，不同制数之间使用逗号分隔 |
| o | 八进制，针对于输出文件，不同制数之间使用逗号分隔 |
| b | 二进制，针对于输出文件，不同制数之间使用逗号分隔 |

### 3. AVRDUDE应用举例



① 读出ATmega48熔丝位的低字节，以十六进制存入文件abc.txt中：

```
avrdude -v -P usb -c usbasp -p atmega48 -U lfuse:r:abc.txt:h
```

或者使用以下的命令，效果完全一样：

```
avrdude -v -P usb -c usbasp -p m48 -U lfuse:r:abc.txt:h
```

② 读出ATmega48熔丝位的低字节，以HEX格式存入文件abc.txt中：

```
avrdude -v -P usb -c usbasp -p atmega48 -U lfuse:r:abc.txt:i
```

③ 将文件abc.txt以HEX格式存放的ATmega48的熔丝位的低字节写入：

```
avrdude -v -P usb -c usbasp -p atmega48 -U lfuse:w:abc.txt:i
```

④ 将main.hex编程到Flash中：

```
avrdude -v -P usb -c usbasp -p atmega48 -U flash:w:main.hex:i
```

# 第9章

# ARM - gcc 开发包 Procyon ARMLib

## 9.1 Atmel AT91SAM7S 系列芯片概述

### 9.1.1 AT91SAM7S 的基本特点

AT91SAM7S 是 Atmel 公司生产的高性能 ARM7 CPU,这一系列芯片中最有代表性的是 AT91SAM7S64。下面以此为例介绍此系列芯片的特点。

AT91SAM7S64 是 Atmel 32 位 ARM RISC 处理器小引脚数 Flash 微处理器家族的一员。它拥有 64 KB 的高速 Flash 和 16 KB 的 SRAM,丰富的外设资源,包括一个 USB 2.0 设备,是能使外部器件数目减至最低的完整系统功能集,是那些正在寻求额外处理能力和更大存储器的 8 位处理器用户的理想选择。Flash 存储器可以通过 JTAG-ICE 进行编程,或者是在贴装之前利用编程器的并行接口进行编程。锁定位可以防止固件程序不小心被改写,而安全锁定位则可以保护固件的安全。AT91SAM7S64 的复位控制器可以管理芯片的上电顺序以及整个系统。BOD 和看门狗则可以监控器件是否正确工作。AT91SAM7S64 是一个通用处理器。它集成了 USB 设备端口,从而成为连接 PC 或手机外设应用的理想芯片。极具竞争力的性价比进一步拓展了它在低成本、大产量的消费类产品中的应用。主要特点如下:

➢ 集成了 ARM7TDMI ARM Thumb 处理器
  - 高性能的 32 位 RISC 架构
  - 高密度的 16 位指令集
  - 性能/功耗 (MIPS/Watt)的领先者
  - 嵌入式 ICE 电路仿真,支持调试通信

➢ 64 KB 的片内高速 Flash 存储器,共 512 页,每页 128 字节
  - 在最坏的条件下可以以 30 MHz 的速度进行单时钟周期访问。预取(prefetch)缓冲器可以实现 Thumb 指令的优化,使处理器以最快的速度执行指令
  - 页编程时间为 4 ms,包括页自动擦除;全片擦除时间为 10 ms
  - 10 000 次的写寿命, 10 年数据保持能力,扇区锁定功能,Flash 安全锁定位

-适合量产的快速 Flash 编程接口

➢ 16 KB 的片内高速 SRAM,可以在最高时钟速度下进行单时钟周期访问操作

➢ 存储器控制器(MC)

-嵌入式 Flash 控制器,异常中断(abort)状态及未对齐 (misalignment)检测器

➢ 复位控制器 (RSTC)

-上电复位和经过工厂标定的掉电检测

-提供复位源信息以及给外部电路使用的复位信号

➢ 时钟发生器(CKGR)

-低供耗 RC 振荡器,3～20 MHz 的片上振荡器和一个 PLL

➢ 电源管理控制器(PMC)

-可以通过软件进行电源优化,包括慢速时钟模式(低至 500 Hz)和空闲 (Idle)模式

-3 个可编程的外部时钟信号



➢ 先进的中断控制器(AIC)

-可以单独屏蔽的、具有 8 个优先级的向量式中断源

-两个外部中断源和一个快速中断源,可以防止虚假(spurious)中断

➢ 调试单元(DBGU)

-2 线 UART,支持调试通信通道中断;可通过程序来禁止通过 ICE 进行访问

➢ 周期性间隔定时器(PIT)

-20 位可编程的计数器,加上 12 位的间隔计数器

➢ 看门狗(WDT)

-12 位受预设值(key)保护的可编程计数器

-为系统提供复位或中断信号

-当处理器处于调试状态或空闲模式时可以停止计数器

➢ 实时定时器(RTT)

-32 位自由运行的具有报警功能的计数器

-时钟来源于片内 RC 振荡器

➢ 一个并行输入/输出控制器 (PIOA)

-32 个可编程的复用 I/O,每个 I/O 最多可以支持两个外设功能

-输入电平改变时,每个 I/O 都可以产生中断

-可以独立编程为开漏输出、使能上拉电阻以及同步输出

➢ 11 个外设数据控制器(PDC)通道

➢ 一个 USB 2.0 全速(12 Mbps)设备端口

-片上收发器,328 字节可编程的 FIFO

➢ 一个同步串行控制器(SSC)

-每个接收器和发送器都具有独立的时钟和帧同步信号
-支持 I2S,支持时分多址
-支持32位数据传输的高速连续数据流功能

➢ 两个通用的同步/异步收发器(USART)
-独立的波特率发生器,IrDA 红外调制/解调
-支持 ISO7816 T0/T1 智能卡,硬件握手信号,支持 RS485
-USART1 支持全功能的调制解调器信号

➢ 主/从串行外设接口(SPI)
-8~16位可编程的数据长度,4个片选线

➢ 一个3通道的16位定时器/计数器(TC)
-3个外部时钟输入端,每个通道有两个多功能I/O引脚
-倍速 PWM 发生功能,捕捉/波形模式,递增/递减计数

➢ 一个4通道的16位 PWM 控制器(PWMC)

➢ 一个两线接口(TWI)
-只支持主机模式,支持所有的 Atmel 两线 EEPROM

➢ 一个8通道的10位模数转换器,其中4个通道与数字I/O复用

➢ IEEE 1149.1 JTAG 边界扫描支持所有的数字引脚

➢ 5 V 兼容的I/O,包括4个高达16 mA 的大电流驱动I/O

➢ 电源
-片上1.8 V 电压调节器,可以为内核及外部元件提供高达100 mA 的电流
-为I/O口线提供电源的3.3 V VDDIO,以及独立的,为 Flash 供电的3.3 V VDDFLASH
-内核电源为1.8 V VDDCORE,并具有掉电检测(BoD)功能

➢ 全静态操作:极限条件下(1.65 V,85 ℃)高达55 MHz

➢ 封装为64脚的 LQFP



### 9.1.2 AT91SAM7S 的基本结构

➢ ARM7TDMI 处理器,基于 ARMv4T 冯-诺依曼结构的 RISC 处理器
-运行速度可达55 MHz,0.9 MIPS/MHz 的性能

➢ 两个指令集
-ARM 高性能32位指令集
-Thumb 高代码密度16位指令集

➢ 3级流水线结构
-指令获取
-指令解码

-执行

➢ 调试和测试特点

1）集成的片上仿真器

-两个观察点（watchpoint)单元

-通过 JTAG 协议访问测试访问端口 TAP

-调试通信通道

2）调试单元

-两线 UART

-可以处理调试通信通道中断

-芯片 ID 寄存器

3）IEEE1149.1 JTAG 边界扫描支持所有的数字引脚

➢ 存储器控制器



1）总线仲裁

-处理来自 ARM7TDMI 和外设数据控制器的请求

2）地址译码器可以提供如下片选信号

-3 个 1 MB 的片内存储区

-1 个 256 MB 的片内外设区

3）仲裁状态寄存器

-保存了引发仲裁的来源、类型以及其他所有参数

-通过检测被破坏的指针以方便调试

4）对齐（alignment)检测

-访问数据时的对齐检查

-发生未对齐情况时产生异常中断

5）重映射(remap)命令

-将 SRAM 映射到片内非易失性存储器（NVM)的位置

-允许例外向量的动态处理

6）嵌入式 Flash 控制器

-嵌入式 Flash 接口，最多可有 3 个可编程的等待周期

-预取缓冲器，用于缓冲及预留 16 位请求，从而减少等待周期

-受预设值保护的编程、擦除和锁定/解锁定序器

-存储器擦除、编程和锁定操作都只需要一个命令

- 执行被禁止的操作将引发中断

➢ 外设数据控制器

1）处理外设与存储器之间的数据传输

2）有 11 个通道

-每个 USART 有 2 个

-调试单元有 1 个

-串行同步控制器（SSC)有 2 个

-SPI 有 2 个

-模/数转换器有 1 个

3）低的总线仲裁开销

-从存储器到外设的传输只需要 1 个主时钟周期

-从外设到存储器的传输只需要 2 个主时钟周期

### 9.1.3　ARM7TDMI 处理器概述

ARM7TDMI 内核既可以执行 32 位的 ARM 指令集，也可以执行 16 位的 Thumb 指令集，从而使用户在高性能和高代码密度之间进行平衡。ARM7TDMI 处理器为冯－诺依曼结构，具有 3 级流水线，即指令获取、解码和执行 3 个阶段。ARM7TDMI 支持字节(8 位)，半字(16 位)以及字(32 位)这 3 种数据类型。字必须与 4 字节的边界对齐，半字必须与 2 字节的边界对齐。未对齐的数据访问行为取决于指令类型。



ARM7TDMI 基于 ARM 结构 v4T，支持如下 7 种处理器模式：

User　　　　一般的 ARM 程序执行状态；

FIQ　　　　 设计为高速数据传输或通道处理；

IRQ　　　　 用于通常的中断处理；

Supervisor　用于操作系统的保护模式；

Abort mode　实现虚拟内存或内存保护；

System　　　操作系统的特权用户模式；

Undefined　 支持硬件协处理器的软件仿真。

模式之间的转换可以通过软件进行控制，也可能由中断或异常处理引起。大多数应用程序运行于 User 模式，而对于特权用户模式，则中断、异常可以访问受保护的资源。

ARM7TDMI 处理器总共有 37 个寄存器，即 31 个通用 32 位寄存器、6 个状态寄存器。在任意时刻有 16 个寄存器是可访问的，其他的则与这 16 个寄存器拥有相同的名字，并用于加速例外的处理。

ARM7TDMI 支持 5 种类型的例外，每一种都有对应的特权处理模式。这些例外类型是：

快速中断（FIQ）；

普通中断（IRQ）；

内存异常中断（用来实现内存保护或虚拟内存）；

尝试执行未定义的指令；

软件中断（SWI）。

例外由片内外的中断源产生，在同一时间可以有多个例外发生，例外发生时，此例外对应分区的 R14 和 SPSR 将当前状态保存下来。

ARM 指令集分为：

➢ 分支跳转指令；

➢ 数据处理指令；

➢ 状态寄存器传输指令；

➢ 加载和保存指令；

➢ 协处理器指令；

➢ 例外产生指令。

### 9.1.4　存储器

➢ 64 KB Flash

-512 页，每页 128 字节

-快速的访问时间，在最坏的条件下访问周期可达到 30 MHz

-页编程时间：4 ms，包括页自动擦除时间

-没有自动擦除操作的页编程时间：2 ms

-全片擦除时间：10 ms

-10 000 次写寿命，10 年数据保存时间

-16 个锁定位，每个保护一个扇区（每个扇区包含 32 页）

-保护 Flash 内容安全的保护模式

➢ 16 KB 的快速 SRAM

-在全速工作时仍然可以单时钟进行访问

➢ 存储器映射

1）片内 SRAM

AT91SAM7S64 有 16 KB 的高速 SRAM。芯片复位后，直到执行 Remap 命令，SRAM 的访问地址为 0x0020 0000。重映射之后，SRAM 的访问地址变为 0x0。

2）片内 Flash

AT91SAM7S64 有 64 KB 的 Flash。在任何时候它的访问地址都是 0x0010 0000。此外，在芯片复位之后，Remap 之前，也可以从 0x0 进行访问。片内存储器映射如图 9 - 1 所示。

➢ 系统控制器映射

系统控制器外设映射到 4 KB 的最高地址空间，界于 0xFFFFF000～0xFFFFFFFF。图 9 - 2给出了系统控制器的映射情况。要注意的是，存储器控制器配置用户接口也映射于这一地址区间。

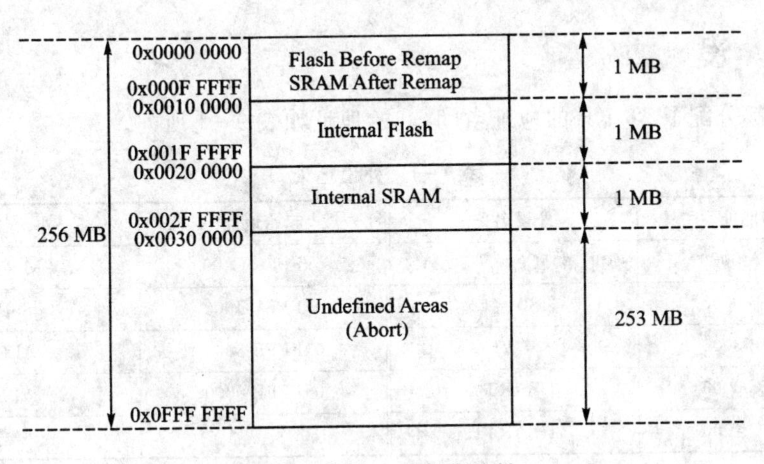


图 9－1 片内存储器映射

| Address | Peripheral | Peripheral Name |
|---|---|---|
| 0xFFFF F000<br>0xFFFF F1FF | AIC | Advanced Interrupt Controller<br>512 Bytes/128 registers |
| 0xFFFF F200<br>0xFFFF F3FF | DBGU | Debug Unit<br>512 Bytes/128 registers |
| 0xFFFF F400<br>0xFFFF F5FF | PIOA | PIO Controller A<br>512 Bytes/128 registers |
| 0xFFFF F600<br>0xFFFF FBFF | Reserved | |
| 0xFFFF FC00<br>0xFFFF FCFF | PMC | Power Management Controller<br>256 Bytes/64 registers |
| 0xFFFF FD00<br>0xFFFF FD0F | RSTC | Reset Controller 16 Bytes/4 registers |
| | Reserved | |
| 0xFFFF FD20<br>0xFFFF FC2F | RTT | Real-time Timer 16 Bytes/4 registers |
| 0xFFFF FD30<br>0xFFFF FC3F | PIT | Periodic Interval Timer 16 Bytes/4 registers |
| 0xFFFF FD40<br>0xFFFF FD4F | WDT | Watchdog Timer 16 Bytes/4 registers |
| | Reserved | |
| 0xFFFF FD60<br>0xFFFF FC6F | VREG | Voltage Regulator Mode Controller<br>4 Bytes/1 register |
| 0xFFFF FD70<br>0xFFFF FEFF | Reserved | |
| 0xFFFF FF00<br>0xFFFF FFFF | MC | Memory Controller<br>256 Bytes/64 registers |

图 9－2 系统控制器映射

## 9.1.5 外 设

每个外设都分配了16 KB的地址空间,起始地址如表9-1所列。

表9-1 外设地址

| 起始地址 | 外设名称 | 起始地址 | 外设名称 |
|---|---|---|---|
| 0xFFFA 0000 | 定时器TC0,TC1,TC2 | 0xFFFC C000 | PWM控制器 |
| 0xFFFB 0000 | USB接口 | 0xFFFD 4000 | SSC |
| 0xFFFB 8000 | TWI | 0xFFFD 8000 | ADC |
| 0xFFFC 0000 | USART0 | 0xFFFE 0000 | SPI |
| 0xFFFC 4000 | USART1 | | |

## 9.1.6 定时器

在AT91SAM7S中有多种不同的定时器,分别完成不同的功能,在使用时应加以区别对待。

**(1) 实时定时器**

实时定时器(RTT)基于一个32位的计数器,用来记录经过的秒数,可以产生周期性的中断或基于一个预选编好程的数值触发闹铃。但这个计数器的时钟来源为慢速时钟,并经过16位数值的预分频,这个数值要写入实时模式寄存器RTT_MR的RTPRES域。将RTPRES设置为0x00008000相当于给实时计数器提供1 Hz的时钟信号(当慢速时钟为32.768 Hz时)。32位的计数器可以计$2^{32}$ s,相当于136年,然后计数器数值恢复为0。

**(2) 周期性间隔定时器**

周期性间隔定时器(PIT)为操作系统的调度程序提供时间间隔中断。这个定时器设计的目的是提供最大的精确度和高效率的管理,即使对要求长响应时间的系统也是如此。周期性间隔定时器的目的是为操作系统提供周期性的中断。PIT有一个可编程的溢出计数器和读后即复位的特性,它基于两个计数器:一个20位的CPIV计数器和一个12位的PICNT计数器。两个计数器的时钟都是主时钟的1/16。20位的CPIV计数器从0开始计数,直到模式寄存器PIT_MR的PIV域定义的溢出数值为止。CPIV计到这个数值即复位为0,同时周期性间隔计数器PICNT加1。然后状态寄存器PIT_SR的位PITS置位,如果此时中断是使能的,则触发中断。将新的数值赋予寄存器PIT_MR的PIV域,则不会复位/重启动计数器。

通过读取周期性间隔数值寄存器PIT_PIVR获得CPIV和PICNT的数值之后,溢出计数器(PICNT)复位,PITS清零,从而确认中断。PICNT的数值表示自上一次读取PIT_PIVR之后发生的周期性间隔次数。在内核进入调试状态时PIT停止。

**(3) 看门狗定时器**

看门狗定时器(WDT)可以用来防止由于软件陷于死循环而导致的系统死锁。它具有一个12位的向下计数器,使得看门狗周期在使用慢速时钟32.768 kHz做128分频可以达到16 s。它可以产生通常的复位,或者仅仅是处理器复位。此外,当处理器处于调试模式或空闲模式时,看门狗可以被禁止。

看门狗定时器的电源是VDDCORE,处理器复位后它从初始值重新开始启动,加载的数据可以通过模式寄存器WDT_MR的WV域来定义;处理器复位之后,WV的数值为0xFFF,对应于计数器的最大值;如果WDRSTEN为1,复位之后看门狗就运行了。如果用户程序没有使用看门狗,可以禁止它。看门狗模式寄存器(WDT_MR)只能写一次,只有处理器复位才可以复位它;对WDT_MR执行写操作可以把最后编程的模式参数加载到定时器。在普通的操作中,用户需要通过置位控制寄存器WDT_CR的WDRSTT位来定时重新加载看门狗,以防止定时器溢出;这时计数器将立即由WDT_MR重新加载并重新启动,慢速时钟的128分频器也被复位及重新启动。



**(4) 定时器/计数器**

定时器/计数器(TC)包括3个相同的16位定时器/计数器通道,每个通道可独立编程以完成不同功能,包括:频率测量、事件计数、间隔测量、脉冲产生、延迟时间及脉宽调制。每个通道有3个外部时钟输入,5个内部时钟输入及两个可由用户配置的多功能输入/输出信号。每个通道驱动一个可编程的内部中断信号来产生处理器中断。定时器/计数器有两个作用于这3个TC通道的全局寄存器。块控制寄存器允许使用同样的指令同时启动3个通道,为每个通道定义外部时钟输入,允许将它们链接。TC的3个通道相互独立,但操作相同并可完成捕获功能。

## 9.1.7 外设数据传输控制器

外设数据控制器(PDC)用在如UART、USART、SSC、SPI、MCI等片上外设与片内或片外存储器间传输数据时,使用外设数据控制器可避免处理器干涉并减少了处理器中断处理开销,能显著减少数据传输所需时钟周期数并提高了微控制器性能,使其更加高效。PDC通道是成对的,每一对对应一个指定的外设,其中一条通道负责接收数据,另一条通道负责发送数据。

PDC通道的用户接口集成在每个外设的存储器空间中,它包括:

- 32位存储器指针寄存器;
- 16位传输计数寄存器;
- 32位下一存储器指针寄存器;
- 16位下一传输计数寄存器。

外设通过发送与接收信号触发PDC传输,当传输数据完成时,相应的外设产生传输中断结束传输。内部 16 位传输计数寄存器配置缓冲器大小,且可在任意时刻读取通道剩余传输数据数目。存储器基地址定义为一个 32 位存储器指针指向内存地址的开始处,可在任意时刻读取下一个传输的地址及等待传输数据的数量。PDC 有专用状态寄存器来指示每个通道传输是否使能,每个通道状态位于外设状态寄存器中,通过设置 PDC 传输控制寄存器的 TXTEN/TXTDIS 与 RXTEN/RXTDIS 能够使能与禁用传输。

当外设收到外部信号时,它向 PDC 发送接收就绪信号。如果访问被允许,PDC 开始读取外设接收保持寄存器 (RHR)并触发存储器写操作。每次传输完成后,相关 PDC 存储器指针自加,传输剩余数目自减。当整个传输完成,向外设发送信号并停止传输。优先级由外设序号确定。若请求不是同时出现,则按照出现次序处理,先处理接收请求然后处理发送请求。

### 9.1.8　高级中断控制器

高级中断控制器 (AIC)具有 8 个优先级,可独立屏蔽的向量中断控制器,最多可处理 32 个中断源。8 优先级控制器允许用户对每个中断源定义其优先级,并允许高优先级中断打断低优先级中断;它的设计充分减少了处理内部与外部中断中的软件开销,增强了系统的实时性。AIC 驱动 ARM 处理器的 nFIQ (快速中断请求)与 nIRQ (标准中断请求)输入,AIC 输入即可为内部外设中断也可是来自引脚的外部中断,内部中断源可编程为电压敏感或边沿触发,外部中断源可编程为正边沿、负边沿触发、高电平或低电平触发。



优先级控制器使用中断嵌套,以使得在较低优先级中断服务期间可处理高优先级中断服务,这就需要较低优先级中断服务程序在处理器级别重新使能中断处理。当处理中断服务期间出现一个中断优先级更高的中断时,若中断在内核级使能,则打断当前中断执行,新的中断服务应读取 AIC_IVR,这时当前中断序号及其优先级推入内置硬件堆栈,使它们得以保存并在高优先级中断服务结束时,对 AIC_EOICR 写入后重新加载。AIC 有 8 级硬件堆栈,以便支持有 8 级优先级的中断嵌套。

除非使用快速强制特性可以将内部或外部中断源改变为一个快速中断,否则默认情况下中断源 0 是唯一能使处理器发出一个快速中断请求的源。中断源 0 可直接或通过 PIO 控制器与 FIQ 引脚连接,高级中断控制器提供的强制快速中断的特性,可以将任意普通中断源在快速中断控制器改变成快速中断。快速强制的使能与禁用是通过对快速强制使能寄存器(AIC_FFER)及快速强制禁用寄存器(AIC_FFDR)的写入来实现的。对这些寄存器的写操作将更新每个内部或外部中断源特性的快速强制状态寄存器 (AIC_FFSR)。

高级中断控制器特性能防止伪中断。伪中断是指中断源在相应的 nIRQ 上出现足够长的时间,但此时读 AIC_IVR 寄存器中断却不存在,最有可能的原因是:

- 外部中断源被编程在电平敏感模式下但有效电平仅出现极短的时间。
- 内部中断源被编程在电平敏感模式下但内置外设相应的输出信号仅激活极短的时间。
- 中断源有效只在软件屏蔽前的几个周期内出现,因此导致在中断源出现一个脉冲。

## 9.1.9　并行输入/输出控制器

并行输入/输出控制器(PIO)管理高达 32 位可编程输入/输出线,每个 I/O 线可作为通用功能 I/O 或分配给一个内置外设,因此每个引脚具有多个功能。每个 I/O 线都对应一个 32 位寄存器的某一位,并具有如下特性:

- 如果将任意 I/O 线上的输入改变中断使能则能够对电平的变化进行检测。
- 毛刺滤波器可拒绝低于 1.5 时钟周期的脉冲。
- 类似于漏级开路 I/O 线的多驱动能力。
- 能控制 I/O 线内置上拉电阻。

PIO 控制器还有同步输出特性,可在一个写操作中提供高达 32 位的数据输出。

每个 I/O 线都有一个内置上拉电阻,阻值约为 100 kΩ。通过对 PIO_PUER(使能上拉电阻)及 PIO_PUDR(禁用上拉电阻)写入,可使能或禁用上拉电阻。对这些寄存器写入的结果是置位或清零 PIO_PUSR(上拉状态寄存器)中的相应位,PIO_PUSR 读出值为 1 表示上拉禁用,读出值为 0 则表示上拉使能。



PIO 控制器可在单引脚上提供两个外设功能复用,通过对 PIO_ASR(A 选择寄存器)与 PIO_BSR(B 选择寄存器)写入来选择。PIO_ABSR 指出当前选择的外设线。对于每个引脚,相应位为 0 表示选择外设 A,相应位为 1 表示选择外设 B。外设线 A 与 B 复用仅对输出线有影响。外设输入线只与引脚输入连接。

当 PIO 控制器检测到 I/O 线上输入变化时,可事先使用电平变化检测中断而使它触发对应的中断。输入变化中断由 PIO_IER(中断使能寄存器)与 PIO_IDR (中断禁用寄存器)的写入来控制,两个寄存器分别通过置位与清零 PIO_IMR(中断屏蔽寄存器)中的相应位来使能或禁用输入变化中断。由于输入变化检测只能通过比较连续两个输入采样值得到,因此 PIO 控制器时钟必须使能。

## 9.1.10　通信总线

### 1. 串行外设接口

串行外设接口(SPI)电路是同步串行数据链接,实质上是一个将串行传输数据位发送到其他 SPI 的移位寄存器。数据传输时,一个 SPI 系统作为主机控制数据流,其他 SPI 作为从机,主机控制数据的移入与移出。不同的 CPU 可轮流作为主机,多主机协议与单主机协议不同,单主机协议中只有一个 CPU 始终作为主机,其他 CPU 始终作为从机,且一个主机可同时将数据移入多从机,但只允许单从机将其数据写入主机。

当主机发出 NSS 信号时,选定一个从机。若有多从机存在,则主机对每个从机产生一个独立的从机选择信号 (NPCS)。SPI 系统包括两条数据线及两条控制线:

- 主机输出从机输入 (MOSI):该数据线将主机输出数据作为从机输入移入。

➢ 主机输入从机输出（MISO）：该数据线将从机输出作为主机输入。传输时，只有单从机传输数据。

➢ 串行时钟（SPCK）：该控制线由主机驱动，用来调节数据流。主机传输数据波特率可变，每传输一位，产生一个 SPCK 周期。

➢ 从机选择（NSS）：该控制线允许硬件开关从机。

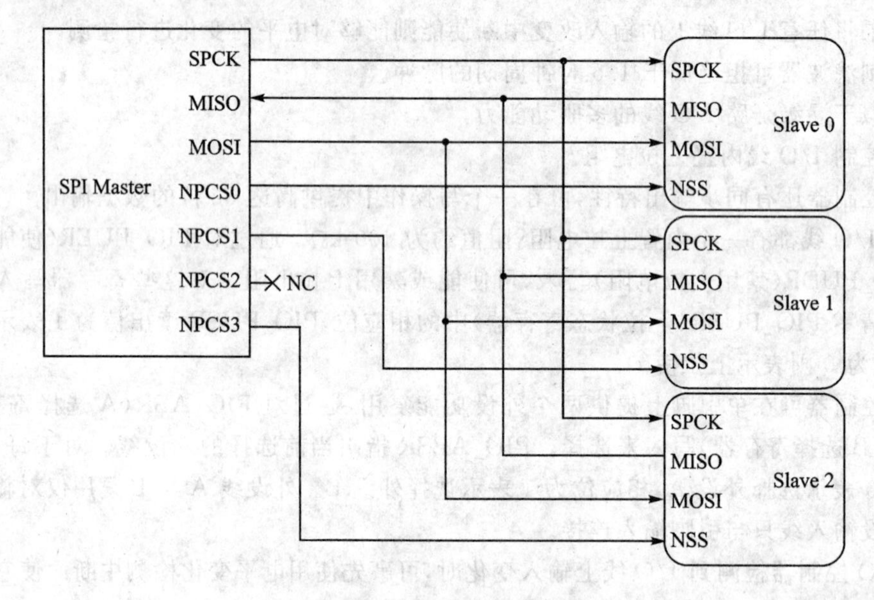


**图 9-3 SPI 单主机/多从机**

用户可通过对片选线 NPCS0～NPCS3 解码，实现 SPI 对高达 15 个外设的操作。

数据传输有 4 种极性与相位。时钟极性由片选寄存器 CPOL 位编程得到，时钟相位由 NCPHA 位编程得到。这两个参数确定数据在哪个时钟边沿驱动与采样。每个参数有两种状态，组合后有 4 种可能。因此，一对主机/从机必须使用相同的参数值来进行通信，若使用多从机，且固定为不同的配置，则主机与不同从机通信时必须重新配置。

### 2. 两线接口

两线接口（TWI）由一根时钟线及一根传输速度达到 400 kbps 的数据线组成，以字节为单位进行传输，适用于任何的 Atmel 两线总线串行 EEPROM 中。TWI 可编程作为主机，可进行连续或单字节访问。可配置波特率发生器允许输出数据速率在内核时钟频率的一个较宽范围内进行调整。TWI 应用如图 9-4 所示。其中，TWD（数据线）与 TWCK（时钟线）为双向线，均通过上拉电阻连接电源；当总线空闲时，两线均为高。连接到总线上的器件必须是集电极开路输出，以便实现“线与”功能。

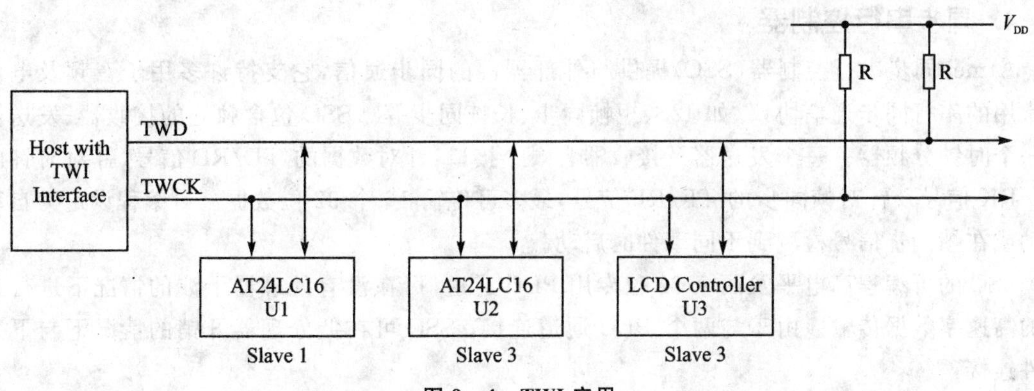


图 9-4 TWI应用

### 3. 通用同步/异步收发器

通用同步/异步收发器（USART）提供一个全双工通用同步/异步串行连接，数据帧格式可编程（数据长度，奇偶校验位，停止位数）以支持尽可能多的标准。接收器执行奇偶错误、帧错误及溢出错误检测；接收器超时功能使它能处理可变长帧的接收，发送器能方便地与远程慢速器件通信，接收与发送地址位功能可以支持多点通信。



USART 支持 RS485 总线提供的特殊操作模式，通过 ISO7816 T = 0 或 T = 1 智能卡插槽、红外收发器与调制解调器连接，硬件握手信号通过 RTS 与 CTS 引脚进行流量控制。USART 支持并能控制通过外设 DMA 控制器处理发送器到接收器之间数据传输。PDC 提供缓冲区链管理，不需要处理器干涉，以提高数据传送的效率。

USART 有 3 种测试模式：远程回环、本地回环及自动回应，这能方便对串行通信程序的调试。

1）普通模式

在 USART 正常使用时的模式，将 RXD 引脚与接收器输入连接，而发送器输出与 TXD 引脚连接，如图 9-5 所示。

2）自动回应模式

自动回应模式允许位重发。RXD 引脚同时与接收器、TXD 引脚相连，当收到一位时，它除了将数据送到接收器外还发送到 TXD 引脚。

3）远程回环模式

远程回环模式下，直接将 RXD 引脚与 TXD 引脚连接，如图 9-7 所示。

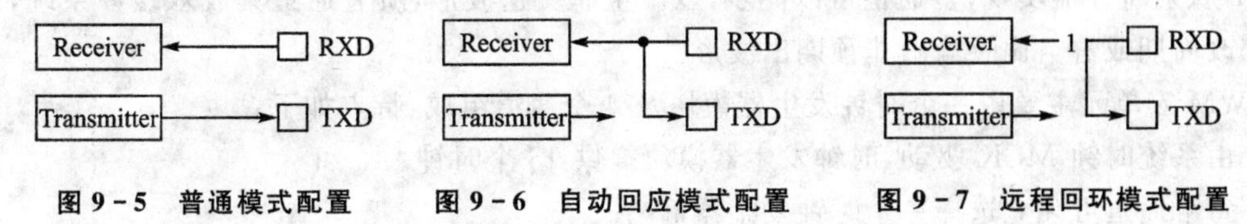


图 9-5 普通模式配置　　图 9-6 自动回应模式配置　　图 9-7 远程回环模式配置

### 4. 同步串行控制器

Atmel同步串行控制器(SSC)提供与外部器件的同步通信,它支持许多用于音频及电信中常用的串行同步通信协议,如I2S、短帧同步、长帧同步等。SSC包含独立的接收器、发送器及一个时钟分频器。每个发送器及接收器有3个接口:针对数据的TD/RD信号、针对时钟的TK/RK信号及针对帧同步的TF/RF信号,最多可传输16个32位数据。可编程设定为自动启动或在帧同步信号检测到不同事件时启动。

SSC的可编程高电平及两个32位专用PDC通道,可在没有处理器干涉的情况下进行连续的高速率数据传输。由于与两个PDC通道连接,SSC可在低处理器开销的情况下与下列器件连接:

➤ 主机或从机模式下的CODEC;

➤ 专用串行接口的DAC,特别是I2S;

➤ 磁卡阅读器。

发送器与接收器的数据帧格式基本上由发送器帧模式寄存器(SSC_TFMR)及接收器帧模式寄存器(SSC_RFMR)编程设定,任一情况下,用户可分别选择:

➤ 启动数据传输事件(START)。

➤ 第1位数据与启动事件之间的延时数,以数据位时间为单位(STTDLY)。

➤ 数据长度(DATLEN)。

➤ 每次启动事件传输的数据数量(DATNB)。

➤ 每次启动事件同步传输长度(FSLEN)。

➤ 高位或低位在先(MSBF)。

此外,在没有进行数据传输时,发送器可用来发送同步并选择TD引脚为电平驱动,分别由SSC_TFMR中帧同步数据使能(FSDEN)位及数据默认值(DATDEF)位来实现。

## 9.1.11 脉宽调制控制器

脉宽调制控制器(PWM)宏单元独立控制几个通道,每个通道控制一个输出方波,用户可配置输出波形的周期、占空比及极性。每个通道选择并使用一个由时钟发生器提供的时钟,时钟发生器提供几个由PWM宏单元分频主时钟后得到的时钟。对所有PWM宏单元访问通过APB映射寄存器实现,多通道可以同步,以产生非交迭波形,所有通道集成双缓冲系统,以防止修改周期或占空比时输出非预期出波形。

PWM宏单元主要由一个时钟发生器模块及4个通道组成,特点如下:

➤ 由系统时钟MCK驱动,时钟发生器模块提供13个时钟。

➤ 每个通道可独立选择一个时钟发生器输出。

➤ 每个通道产生的输出波形可由对应通道的接口寄存器独立定义。

### 9.1.12　USB器件端口

USB器件端口(UDP)适用于通用串行总线(USB)V2.0全速器件规范。每个端点可配置为几种USB传输类型中的一种,可与双口RAM的一段或两段联合,用来存储当前数据。若使用两段,一个DPR段由处理器读/写,另外一个DPR段则由USB器件读/写,对于同步端点则强制使用该特性。因此器件工作于有两个DPR段端点时,能保持最大带宽(1 MB/s)。有关USB端点的说明见表9-2。

表9-2　USB端点说明

| 端点序号 | 助记符 | 支持双口RAM | 最大端点尺寸 | 端点类型 |
|---|---|---|---|---|
| 0 | EP0 | 非 | 8 | 控制/批量/中断 |
| 1 | EP1 | 是 | 64 | 批量/同步/中断 |
| 2 | EP2 | 是 | 64 | 批量/同步/中断 |
| 3 | EP3 | 非 | 64 | 控制/批量/中断 |

处理器通过APB总线接口访问UDP,通过对APB的8位寄存器值来读/写数据FIFO。UDP外设需要两个时钟:一个由MCK时钟产生的时钟用于外设,另一个为12 MHz时钟,由片内PLL 48 MHz时钟产生。

AT91SAM7S作USB连接时的电路图如图9-8所示。

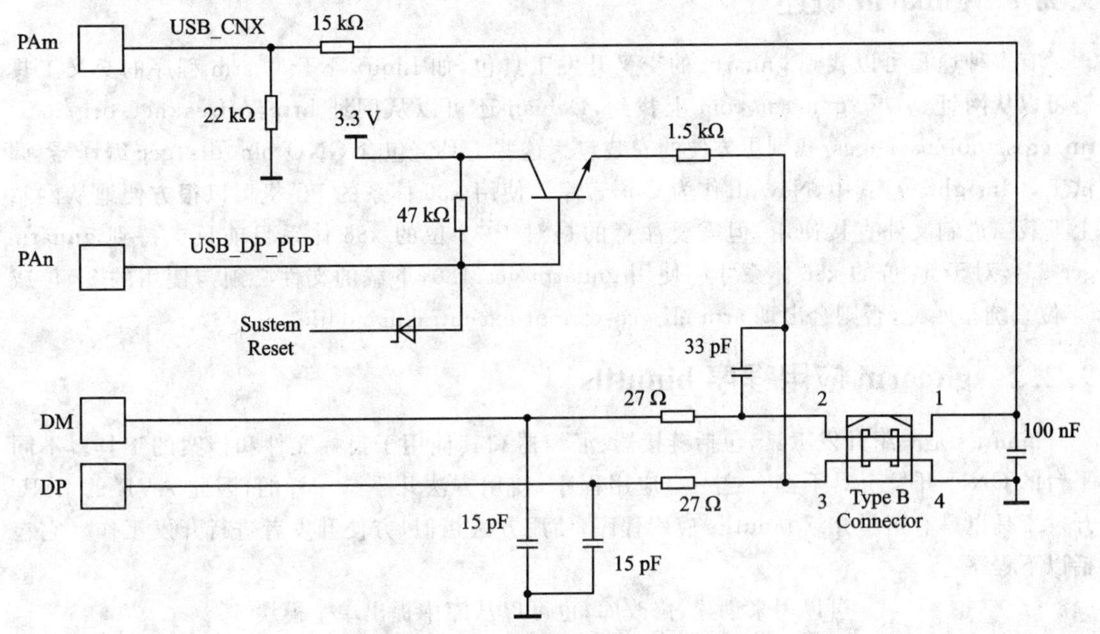


图9-8　与USB设备的连接示意图

DM、DP为USB的两根数据线，USB的B类插座的1、4脚为USB电源，其中，1脚为5 V，它通过15 kΩ与22 kΩ电阻分压后送入PAm。当设备插入USB口时，PAm将检测到一个高电压，这时设备就知道已经插入USB插口；处理器通过使PAn为高电压，三极管导通，DP通过1.5 kΩ电阻上拉到3.3 V，使主机知道有USB设备插入了，从而开启USB设备的枚举过程。系统复位时，三极管截止，USB设备脱离，接在DM、DP两根数据线上的27 Ω电阻用于数据传输时防振。

### 9.1.13 模/数转换器

模/数转换器(ADC)是基于逐次逼近的10位模/数转换器。它还集成了一个8路模拟多路复用器，可实现8条模拟线的模/数转换。转换的范围为0～ADVREF。ADC支持8位或10位分辨率模式，转换结果存入一个通用寄存器中。可配置为软件触发、ADTRG引脚上升沿的外部触发或由内部定时计数器输出触发。ADC还集成休眠模式与转换序列发生器，并与PDC通道连接。这些特性可降低功耗减轻处理器负担。用户还能设置ADC启动时间及采样与保持时间。



## 9.2 ARM交叉工具软件包

### 9.2.1 gnuarm概述

有多种途径可以找到gnuarm的交叉开发工具包，如Linux下开发arm程序的交叉工具链可以从网址www.gnuarm.com上找到，Debian还可以从网址http://freaknet.org/martin/crosstool/packages/找到更方便的安装包。这些工具链包含GNU binutils、gcc编译器、调试工具Insight等，其中，Newlib作为C语言库。使用x86体系的PC机可以很方便地从网站上下载二进制文件直接使用，但需要注意的是对于32位的x86体系目前只支持到gnuarm gcc 3.4，对于64位的x86体系才能使用gnuarm gcc 4.0，下载的文件必须与使用的32位或64位系统相匹配，否则会出现arm-elf-gcc：cannot execute binary file。

### 9.2.2 gnuarm应用程序binutils

binutils是一组开发工具，包括链接器、汇编器和其他用于目标文件和档案的工具。不同平台的GNU开发工具下都有这一组应用程序，使用方法几乎是一样的，因此AVR的GNU开发工具也具有这里介绍binutils应用程序，使用方法相似，方便开发者进行开发工作。它包括以下程序：

| | |
|---|---|
| ar | 可以用来创建、修改库，也可以从库中提出单个模块 |
| nm | 列表一个目标文件中的符号 |

objcopy　　复制并对目标文件进行格式转换
objdump　　显示目标文件信息
ranlib　　创建一个压缩文档内容的索引
readelf　　显示 ELF 格式文件的内容
size　　列表文件各部分的大小和总的大小
strings　　列表文件中可打印字符串
strip　　忽略文件中的符号
c++filt　　显示完整的 C++编码符号
addr2line　　将地址转换成源文件中的行号
nlmconv　　转换目标代码为网络可加载的模块

**1. nm 应用程序**

nm 用来列出目标文件中的符号,可以帮助程序员定位、分析执行程序和目标文件中的符号信息及其属性。在一些软件方面的逆向工程中,这个命令很有用处,它可以清楚地看到程序代码到底是怎么执行的,以及编译后的文件到底是什么布局的。nm 能输出 object 文件的符号信息,并且显示属于什么 section 的。如果没有目标文件作为参数传递给 nm,则 nm 假定目标文件为 a. out。

nm 能将一个目标文件中的符号列表显示出来,语法如下:

```
nm ['-a'|'--debug-syms'] ['-g'|'--extern-only']
['-B'] ['-C'|'--demangle'[= style]] ['-D'|'--dynamic']
['-S'|'--print-size'] ['-s'|'--print-armap']
['-A'|'-o'|'--print-file-name']
['-n'|'-v'|'--numeric-sort'] ['-p'|'--no-sort']
['-r'|'--reverse-sort'] [--size-sort'] [-u'|--undefined-only']
[-t' radix|--radix='radix] [-P'|--portability']
[--target='bfdname] [-f'format|--format='format]
[--defined-only'] [-l'|--line-numbers'] [--no-demangle']
[-V'|--version'] [-X 32_64'] [--help'] [objfile...]
```

主要参数说明:

如果没有为 nm 命令指出目标文件,则 nm 假定目标文件是 a. out。下面列出该命令的任选项,大部分支持"-"开头的短格式和"--"开头的长格式。

- -A、-o 或--print-file-name:在找到的各个符号的名字前加上文件名,而不是在此文件的所有符号前只出现文件名一次。
- -a 或--debug-syms:显示调试符号。
- -B:等同于--format=bsd,用来兼容 MIPS 的 nm。
- -C 或--demangle:将低级符号名解码(demangle)成用户级名字,使得 C++函数名具有可读性。

- -D 或--dynamic：显示动态符号。该任选项仅对于动态目标(例如特定类型的共享库)有意义。
- -f format：使用 format 格式输出。format 可以选取 bsd、sysv 或 posix，该选项在 GNU 的 nm 中有用，默认为 bsd。
- -g 或--extern-only：仅显示外部符号。
- -n、-v 或--numeric-sort：按符号对应地址的顺序排序，而非按符号名的字符顺序。
- -p 或--no-sort：按目标文件中遇到的符号顺序显示，不排序。
- -P 或--portability：使用 POSIX.2 标准输出格式代替默认的输出格式。等同于使用任选项-f posix。
- -s 或--print-armap：列出库中成员的符号时，包含索引。索引的内容包含：哪些模块、哪些名字的映射。
- -r 或--reverse-sort：反转排序的顺序(例如，升序变为降序)。
- --size-sort：按大小排列符号顺序。这里的大小是按照一个符号的值与它下一个符号的值计算的。
- -t radix 或--radix＝radix：使用 radix 进制显示符号值。radix 只能为"d"表示十进制、"o"表示八进制或"x"表示十六进制。
- --target＝bfdname：指定一个目标代码的格式，而非使用系统的默认格式。
- -u 或--undefined-only：仅显示没有定义的符号(那些外部符号)。
- -l 或--line-numbers：对每个符号，使用调试信息来试图找到文件名和行号。对于已定义的符号，查找符号地址的行号。对于未定义符号，查找指向符号重定位入口的行号。如果可以找到行号信息，显示在符号信息之后。
- -V 或--version：显示 nm 的版本号。
- --help：显示 nm 的任选项。

例如，nm usb-test 命令执行后，节选部分内容如下：

```
08048524 T Usage
0804a064 d _DYNAMIC
08048e34 R _IO_stdin_used
         w _Jv_RegisterClasses
0804904c r __FRAME_END__
0804a178 A __bss_start
```

其中，在地址和符号字符串之间的符号表示符号字符串的类型，大写表示全局，小写表示局部。B 表示未初始化数据字段 bss，D 表示初始化数据字段，R 表示只读数据段，T 表示 text 段，U 表示未定义的。下面再结合源程序来说明 nm 的用法：

```
main.c:
int main(int argc, char * argv[])
```

```
{
  hello();
  bye();
  return 0;
}
hello.c:
void hello(void)
{
  printf("hello! \n");
}
bye.c:
void bye(void)
{
  printf("good bye! \n");
}
```

运行下列命令：

```
$ gcc -Wall -c main.c hello.c bye.c
```



则 gcc 生成 main. o、hello. o、bye. o 这 3 个目标文件，因为在源程序中并没有声明函数原型；加了-Wall，gcc 会给出警告。

$ nm main. o hello. o bye. o

结果显示如下：

```
main.o:
U bye
U hello
00000000 T main
hello.o:
00000000 T hello
U puts
bye.o:
00000000 T bye
U puts
```

结合这些输出结果以及程序代码，可以知道：

对于 main. o，bye 和 hello 未被定义，main 被定义了；

对于 hello. o，hello 被定义了，puts 未被定义；

对于 bye. o，bye 被定义了，puts 未被定义。

### 2. ar 应用程序

将一组编译过的文件合并为一个文件，最常见的用法就是建立并更新由装载器(loader--ld)使用的库文件。ar 用于建立、修改、提取档案文件(archive)，也被称为库文件。archive 是一个包含多个被包含文件的单一文件，其结构保证了可以从中检索并得到原始的被包含文件(称之为 archive 中的 member)。member 的原始文件内容、模式(权限)、时间戳、所有者和组等属性都被保存在 archive 中。member 被提取后，其属性能被恢复到初始状态。

下面是 ar 命令的格式：

ar [-]{dmpqrtx}[abcfilNoPsSuvV] [membername] [count] archive files...

其中，{dmpqrtx}中的操作选项在命令中只能并且必须使用其中一个，它们的含义如下：

- d：从库中删除模块。按模块原来的文件名指定要删除的模块。如果使用了任选项 v，则列出被删除的每个模块。
- m：该操作是在一个库中移动成员。库中如果有若干模块及相同的符号定义（如函数定义），则成员的位置顺序很重要。如果没有指定任选项，则任何指定的成员将移到库的最后。也可以使用 a、b 或 i 任选项移动到指定的位置。
- p：显示库中指定的成员到标准输出。如果指定任选项 v，则在输出成员的内容前显示成员的名字。如果没有指定成员的名字，则显示所有库中的文件。
- q：快速追加。增加新模块到库的结尾处，并不检查是否需要替换。a、b 或 i 任选项对此操作没有影响，模块总是追加的库的结尾处。如果使用了任选项 v，则列出每个模块。这时，库的符号表没有更新，可以用"ar s"或 ranlib 来更新库的符号表索引。
- r：在库中插入模块（替换）。当插入的模块名已经在库中存在时，替换同名的模块。如果若干模块中有一个模块在库中不存在，则 ar 显示一个错误消息，并不替换其他同名模块。默认的情况下，新的成员增加在库的结尾处，可以使用其他任选项 a、b、i 来改变增加的位置。
- t：显示库的模块表清单。一般只显示模块名。
- x：从库中提取一个成员。如果不指定要提取的模块，则提取库中所有的模块。

可与操作选项结合使用的任选项：

- a：在库的一个已经存在的成员后面增加一个新的文件。如果使用任选项 a，则应该为命令行中 membername 参数指定一个已经存在的成员名。
- b：在库的一个已经存在的成员前面增加一个新的文件。如果使用任选项 b，则应该为命令行中 membername 参数指定一个已经存在的成员名。
- c：创建一个库。不管库是否存在，都将创建。
- f：在库中截短指定的名字。默认情况下，文件名的长度是不受限制的，可以使用此参数将文件名截短，以保证与其他系统的兼容。
- i：在库的一个已经存在的成员前面增加一个新的文件。如果使用任选项 i，则应该为命令行中 membername 参数指定一个已经存在的成员名（类似任选项 b）。
- N：与 count 参数一起使用，在库中有多个相同的文件名时指定提取或输出的个数。
- o：当提取成员时，保留成员的原始数据。如果不指定该任选项，则提取出的模块的时间将标为提取出的时间。
- P：进行文件名匹配时使用全路径名。ar 在创建库时不能使用全路径名（这样的库文件不符合 POSIX 标准),但是有些工具可以。

- s:写入一个目标文件索引到库中,或者更新一个存在的目标文件索引。甚至对于没有任何变化的库也作该动作。对一个库做 ar s 等同于对该库做 ranlib。
- S:不创建目标文件索引,这在创建较大的库时能加快时间。
- u:一般说来,命令 ar r 插入所有列出的文件到库中。如果只想插入列出文件中那些比库中同名文件新的文件,就可以使用该任选项。该任选项只用于 r 操作选项。
- v:该选项用来显示执行操作选项的详细信息。
- V:显示 ar 的版本。

例如,可以用 ar rv test. a hello. o hello1. o 来生成一个库,库名字是 test,链接时可以用 -ltest链接。该库中存放了两个模块 hello. o 和 hello1. o。选项前可以有 '-'字符,也可以没有。例如,使用 ar 生成 C 语言静态库:

① 生成目标文件:

$ gcc -Wall -c file1. c file2. c file3. c

若不指定生成. o 文件名,则默认生成 file1. o, file2. o, file3. o。

② 从. o 目标文件创建静态连接库:

$ ar rv libNAME. a file1. o file2. o file3. o

这样 ar 生成了 libNAME. a 库,并在生成时列出库中的文件。

### 3. objcopy 应用程序

```
objcopy [ -F bfdname | --target= bfdname ]
 [ -I bfdname | --input-target= bfdname ]
 [ -O bfdname | --output-target= bfdname ]
 [ -S | --strip-all ] [ -g | --strip-debug ]
 [ -K symbolname | --keep-symbol= symbolname ]
 [ -N symbolname | --strip-symbol= symbolname ]
 [ -L symbolname | --localize-symbol= symbolname ]
 [ -W symbolname | --weaken-symbol= symbolname ]
 [ -x | --discard-all ] [ -X | --discard-locals ]
 [ -b byte | --byte= byte ]
 [ -i interleave | --interleave= interleave ]
 [ -R sectionname | --remove-section= sectionname ]
 [ -p | --preserve-dates ] [ --debugging ]
 [ --gap-fill= val ] [ --pad-to= address ]
 [ --set-start= val ] [ --adjust-start= incr ]
 [ --change-address= incr ]
 [ --change-section-address= section{= ,+ ,-} val ]
 [ --change-warnings ] [ --no-change-warnings ]
 [ --set-section-flags= section= flags ]
 [ --add-section= sectionname= filename ]
 [ --change-leading char ] [--remove-leading-char ]
 [ --weaken ]
```

```
[ -v | --verbose ] [ -V | --version ] [ --help ]
input-file [ outfile ]
```

objcopy的作用是复制一个目标文件的内容到另一个目标文件中。objcopy使用GNU BFD库去读或写目标文件。objcopy可以使用不同于源目标文件的格式来写目的目标文件，即可以将一种格式的目标文件转换成另一种格式的目标文件。通过以上命令行选项可以控制objcopy的具体操作。objcopy在进行目标文件的转换时，将生成一个临时文件，转换完成后就将这个临时文件删掉。objcopy使用BFD做转换工作。如果没有明确的格式要求，则objcopy将访问所有在BFD库中已经描述了、并且可以识别的格式。例如，使用srec作为输出目标(使用命令行选项-o srec)，objcopy可以产生S记录格式文件。使用binary作为输出目标(使用命令行选项-o binary)，objcopy可以产生原始的二进制文件；使用objcopy产生一个原始的二进制文件，实质上是进行了一次输入目标文件内容的内存重定位。所有的符号和重定位信息都被丢弃。内存定位起始于输入目标文件中那些将被复制到输出目标文件中去的内容的最小虚地址。使用objcopy生成S记录格式文件或者原始的二进制文件的过程中，-S选项和-R选项比较有用。-S选项是用来删掉包含调试信息的部分，-R选项是用来删掉包含了二进制文件不需要的内容的那些部分。



常用参数说明如下：

input-file

outfile

参数input-file和outfile分别表示输入目标文件(源目标文件)和输出目标文件(目的目标文件)。如果在命令行中没有明确地指定outfile，那么objcopy将创建一个临时文件来存放目标结果，然后使用input-file的名字来重命名这个临时文件，这时原来的input-file将被覆盖。

-I bfdname

--input-target＝bfdname

明确告诉objcopy，源文件的格式是什么，bfdname是BFD库中描述的标准格式名。这样做要比让objcopy自己去分析源文件的格式，然后去和BFD中描述的各种格式比较，从而得知源文件的目标格式名的方法要高效得多。

-O bfdname

--output-target＝ bfdname

使用指定的格式来写输出文件(即目标文件)，bfdname是BFD库中描述的标准格式名。

-F bfdname

--target＝ bfdname

明确告诉objcopy，源文件的格式是什么，同时也使用这个格式来写输出文件(即目标文件)。也就是说，将源目标文件中的内容复制到目的目标文件的过程中，只进行复制不做格式转换,源目标文件是什么格式,目的目标文件就是什么格式。

-R sectionname

--remove-section= sectionname

从输出文件中删掉所有名为 sectionname 的段。这个选项可以多次使用,不恰当地使用这个选项可能导致输出文件不可用。

-S

--strip-all

不从源文件中复制重定位信息和符号信息到输出文件去。

-g

--strip-debug

不从源文件中复制调试符号到输出文件去。

--strip-undeeded

去掉所有在重定位处理时不需要的符号。

-K symbolname

--keep-symbol= symbolname

仅从源文件中复制名为 symbolname 的符号。这个选项可以多次使用。

-N symbolname

--strip-symbol= symbolname

不从源文件中复制名为 symbolname 的符号。这个选项可以多次使用,也可以和其他的 strip 选项联合起来使用(除了-K symbolname | --keep-symbol= symbolname 外)。

-L symbolname

--localize-symbol= symbolname

使名为 symbolname 的符号在文件内局部化,以便该符号在该文件外部是不可见的。这个选项可以多次使用。

-W symbolname

-weaken-symbol= symbolname

弱化名为 symbolname 的符号。这个选项可以多次使用。

-x

--discard-all

不从源文件中复制非全局符号。

-X

--discard-locals

不从源文件中复制由编译器生成的局部符号,这些符号通常是 L 或 . 开头的。

-b byte

--byte= byte

保存输入文件中每一个"字节"(文件头数据不受影响),这里"字节"的范围是指0～interleave-1。interleave参数由可选项-i或--interleave指定,默认为4。这一选项对于创建一个可烧写的ROM文件有作用,通常与srec输出文件选项联合使用。

-i interleave

--interleave= interleave

设置为只复制interleave个字节中的一个,通过参数-b或--byte设置复制interleave字节中的第几个字节,默认值为4。如果没有定义-b或--byte参数,objcopy忽略-i或--interleave参数。

-p

--preserve-dates (preserve保存、保持)

设置输出文件的访问、修改日期和输入文件相同。



--set-start= val

设置新文件的起始地址为val,但不是所有的目标文件格式都支持设置起始地址。

--change-start = incr

--adjust-start= incr

通过增加值incr来改变起始地址,但不是所有的目标文件格式都支持设置起始地址。

--change-addresses incr

--adjust-vma incr

通过加上一个值incr,改变所有段的VMA(Virtual Memory Address,运行时地址)、LMA(Load Memory Address,装载地址)以及起始地址。但某些目标文件格式不允许随便更改段的地址。

--change-section-address section{=,+,-} val

--adjust-section-vma section{=,+,-} val

设置或者改变名为section的段的VMA和LMA。如果这个选项中使用的是"=",那么名为section的段的VMA和LMA将被设置成val;如果这个选项中使用的是"-"或者"+",那么上述两个地址将被设置或者改变成这两个地址的当前值减去或加上val后的值。如果在输入文件中名为section的段不存在,那么objcopy发出一个警告,除非--no-change-warnings选项被使用。这里的段地址设置和改变都是输出文件中的段相对于输入文件中的段而言的,例如:

--change-section-address .text = 10000

这里是指将输入文件(即源文件)中名为.text的段复制到输出文件后,输出文件中.text段的VMA和LMA都被设置成10000。

--change-section-address .text + 100

这里是指将输入文件(即源文件)中名为.text的段复制到输出文件中后,输出文件中.text段的VMA和LMA将都被设置成以前输入文件中.text段的地址(当前地址)加上100后的值。

--change-section-lma section{=,+,-} val

仅设置或者改变名为section的段的LMA。一个段的LMA是程序被加载时,该段将被加载到的一段内存空间的首地址。通常LMA和VMA是相同的,但是在某些系统中,特别是在那些程序放在ROM的系统中时,加载进入RAM后,其LMA和VMA是不相同的。如果这个选项中使用的是"=",那么名为section的段的LMA将被设置成val;如果这个选项中使用的是"-"或者"+",那么LMA将被设置或者改变成这两个地址的当前值减去或加上val后的值。如果在输入文件中名为section的段不存在,那么objcopy将发出一个警告,除非--no-change-warnings选项被使用。

--change-section-vma section{=,+,-} val

仅设置或者改变名为section的段的VMA。一个段的VMA是程序运行时,该段的定位地址。如果这个选项中使用的是"=",那么名为section段的VMA将被设置成val;如果这个选项中使用的是"-"或者"+",那么VMA将被设置或者改变成这两个地址的当前值减去或加上val后的值。如果在输入文件中名为section的段不存在,那么objcopy将发出一个警告,除非--no-change-warnings选项被使用。

--change-warnings

--adjust-warnings

如果命令行中使用了--change-section-address section{=,+,-} val或者--adjust-section-vma section{=,+,-} val,又或者--change-section-lma section{=,+,-} val,又或者--change-section-vma section{=,+,-} val,并且输入文件中名为section的段不存在,则objcopy发出警告。这是默认的选项。

--no-chagne-warnings

--no-adjust-warnings

如果命令行中使用了--change-section-address section{=,+,-} val或者--adjust-section-vma section{=,+,-} val,又或者--change-section-lma section{=,+,-} val,又或者--change-section-vma section{=,+,-} val,则即使输入文件中名为section的段不存在,objcopy也不会发出警告。

--set-section-flags section=flags

为section段设置一个标识。如果flags变量有多个标识名(这些标识名字符串是能够被objcopy程序所识别的),则应使用逗号分隔,合法的标识名有alloc、load、readonly、code、data和rom。

--add-section sectionname=filename

进行目标文件复制的过程中,在输出文件中增加一个名为 sectionname 的新段。这个新增加的段的内容从文件 filename 得到,其大小就是这个文件 filename 的大小。只要输出文件的格式允许该文件的段可以有任意的段名,这个选项就能使用。

--change-leading-char

改变前导字符,通常编译器在每个符号前面加上下划线作为前导字符;但如果输出的目标文件需要其他的前导字符,则必须使用此可选项。

--remove-leading-char

删除符号的前导字符。

-V

--version

显示版本信息。

-v

--verbose

输出详细信息。

--help

显示帮助信息。

例如:

首先使用 file 命令得到原始文件的类型:

```
$ file usbdog-test
usbdog-test:ELF 32-bit LSB executable, Intel 80386, version 1 (SYSV), for GNU/Linux 2.
2.5, dynamically linked (uses shared libs), for GNU/Linux 2.2.5, not stripped
```

再运行 objcopy 来改变 hello 的文件类型:原先是 ELF 格式的可执行程序,现将它转换为 srec 格式。srec 格式文件是 Motolora S-Record 格式的文件,主要用来在主机和目标机之间传输数据。

$ objcopy -O srec usbdog-test usbdog-test. srec

再使用 file 命令查看新生成的文件类型:

$ file usbdog-test. srec

usbdog-test. srec: Motorola S-Record; binary data in text format

注意 objcopy 的格式,"-O"指定输出文件类型;输入文件名和输出文件名位于命令末尾。

**4. objdump 应用程序**

objdump 用来显示目标文件的信息;可以通过选项控制显示那些特定信息,相当于文件查看工具,以一种可阅读的格式让你更多地了解二进制文件可能带有的附加信息。objdump 一般用于将 C 代码反汇编,在嵌入式软件开发过程中,也可以用它查看执行文件或库文件的信息。一般格式为:

```
objdump
      [-a] [-b bfdname |
      --target= bfdname] [-C] [--debugging]
      [-d] [-D]
      [--disassemble-zeroes]
      [-EB|-EL|--endian= {big|little}] [-f]
      [-h] [-i|--info]
      [-j section | --section= section]
      [-l] [-m machine ] [--prefix-addresses]
      [-r] [-R]
      [-s|--full-contents] [-S|--source]
      [--[no-]show-raw-insn] [--stabs] [-t]
      [-T] [-x]
      [--start-address= address] [--stop-address= address]
      [--adjust-vma= offset] [--version] [--help]
      objfile...
```



参数说明：

--archive-headers

-a

显示档案库的成员信息，与 ar tv 类似。

--adjust-vma＝offset

在显示二进制文件信息时，将 offset 地址加到所有的 section 地址上；当 section 地址与符号表的地址不一致时比较有用。

-b bfdname

--target＝bfdname

指定目标码格式。这不是必须的，objdump 能自动识别许多格式，比如 objdump -b oasys -m vax -h fu.o 用来显示 fu.o 的头部摘要信息，明确指出该文件是 Vax 系统下用 Oasys 编译器生成的目标文件。objdump -i 将给出这里可以指定的目标码格式列表。

--demangle

-C

将底层的符号名解码成用户级名字。除了去掉所有开头的下划线之外，还使得 C＋＋函数名以可理解的方式显示出来。

--debugging

显示调试信息。企图解析保存在文件中的调试信息，并以 C 语言的语法显示出来。仅仅支持某些类型的调试信息。

--disassemble

-d

反汇编那些应该含有指令机器码的 section。

--disassemble-all

-D

与 -d 类似，但反汇编所有 section。

--prefix-addresses

反汇编的时候，显示每行的完整地址。

--disassemble-zeroes

一般反汇编输出将省略大块的零，该选项使得这些零块也被反汇编。

-EB

-EL

--endian={big|little}

数据存储格式。little 是指 little-endian，这是 x86 的存储格式，即高位存高地址，低位存低地址；big 是指 big-endian，即高位存低地址，低位存高地址，这个选项将影响反汇编出来的指令。



--file-headers

-f

显示 objfile 中每个文件的头部整体摘要信息。

--section-headers

--headers

-h

显示目标文件各个 section 的头部摘要信息。

--help

简短的帮助信息。

--info

-i

显示对于 -b 或者 -m 选项可用的架构和目标格式列表。

--section=name

-j name

仅仅显示指定 section 的信息。

--line-numbers

-l

用文件名和行号标注相应的目标代码，仅和-d、-D 或者-r 一起使用。使用-ld 和使用-d 的区别不是很大，如在源码级调试的时候有用，则要求编译时使用-g 之类的调试编译选项。

--architecture=machine

-m machine

当待反汇编文件本身没有描述、指定反汇编目标文件时，使用的架构。

--reloc

-r

显示文件的重定位入口。如果和-d或者-D一起使用，则重定位部分以反汇编后的格式显示出来。

--dynamic-reloc

-R

显示文件的动态重定位入口，仅仅对于动态目标文件有意义，比如某些共享库。

--full-contents

-s

显示指定 section 的完整内容，如 objdump --section=. text -s inet. o | more。

--source

-S

尽可能反汇编出源代码，尤其当编译时指定了-g这种调试参数时，效果比较明显。隐含了-d参数。

--show-raw-insn

反汇编的时候，显示每条汇编指令对应的机器码。这是默认选项，除非指定了--prefix-addresses。

--no-show-raw-insn

反汇编时不显示汇编指令的机器码，这是指定 --prefix-addresses 选项时的默认设置。

--stabs

显示 ELF 文件 . stab . stab. index 和. stab. excl 的内容，这对于某些使用. stab 调试信息的 ELF 文件有用。

--start-address=address

从指定地址开始显示数据，该选项影响-d、-r 和-s 选项的输出。

--stop-address=address

显示数据直到指定地址为止，该选项影响-d、-r 和-s 选项的输出。

--syms

-t

显示文件的符号表入口。类似于 nm -s 提供的信息。

--dynamic-syms

-T

显示文件的动态符号表入口，仅仅对动态目标文件有意义，比如某些共享库。它显示的信息类似于 nm -D|--dynamic 显示的信息。

--version

版本信息。

--all-headers

-x

显示所有可用的头信息,包括符号表、重定位入口。-x 等价于-a -f -h -r -t 同时指定。

例如:

objdump -S usbdog-test

输出目标文件 usbdog-test 的反汇编代码。

objdump -j .init -S usbdog-test

输出目标文件 usbdog-test 的.init 段的反汇编代码。

### 5. readelf 应用程序

readelf 负责显示 ELF 文件的信息,它包括大量有意义的文件细节,如版本信息、柱状图、各种符号类型的表格等。



命令格式:

Usage:readelf <option(s)> elf-file(s)

| | |
|---|---|
| -a --all | 显示全部信息 |
| -h --file-header | 显示 ELF 文件头 Display the ELF file header |
| -l --program-headers<br>--segments | 显示 ELF 程序头 |
| -S --section-headers<br>--sections | 显示段头 |
| -e --headers | 显示全部头信息 |
| -s --syms<br>--symbols | 显示符号表 |
| -n --notes | 如果存在内核注释则显示 |
| -r --relocs | 如果存在重定位信息则显示 |
| -d --dynamic | 如果存在动态段信息则显示 |
| -V --version-info | 如果存在版本信息则显示 |
| -A --arch-specific | 显示 CPU 构架信息 |
| -D --use-dynamic | 在显示符号时使用动态段信息 |
| -x --hex-dump=<number> | 显示指定的段内内容 |
| -I --histogram | 显示直方图 |
| -W --wide | 宽行输出,允许输出超过 80 列的输出 |
| -H --help | 显示 readelf 帮助信息 |

-v --version　　　　　　　　　　显示 readelf 的版本信息

例如：

```
$ readelf -a usbdog-test |more
```

显示的内容很多，最前面显示的 ELF 文件头内容，如下所示：

```
ELF 头：
  Magic:7f 45 4c 46 01 01 01 00 00 00 00 00 00 00 00 00
  Class:                      ELF32
  Data:                       2's complement, little endian
  Version:                    1 (current)
  OS/ABI:                     UNIX -System V
  ABI Version:                0
  Type:                       EXEC (可执行文件)
  Machine:                    Intel 80386
  Version:                    0x1
  入口点地址:                 0x8048494
  程序头起点:                 52 (bytes into file)
  Start of section headers:   5920 (bytes into file)
  标志:                       0x0
  本头的大小:                 52 (字节)
  程序头大小:                 32 (字节)
  程序头数量:                 7
  节头大小:                   40 (字节)
  节头数量:                   36
  字符串表索引节头:           33
```

readelf 还能将编译器嵌入到目标文件中的调试信息读出，例如：

```
readelf --debug-dump usbdog-test |more
```

程序在调试器中运行的同时，可以使用该工具显示更具描述性的标记，而不是对代码进行反汇编时的原始地址值。

### 6. size 应用程序

size 列举二进制文件中各个段的大小与总的大小，这一点在嵌入式系统开发中特别有用，因为我们知道嵌入式系统中的资源是比较少的，如内存、flash 等，所编写的二进制文件各部分的大小必须小于它所对应的资源；通过 size 命令便得到每一段所对应的大小以免出错。

命令格式：

```
size [-A|-B|--format=compatibility]
```

[--help]
[-d|-o|-x|--radix=number]
[-t|--totals]
[--target=bfdname] [-V|--version]
[objfile...]

参数说明:

-A

-B

--format=compatibility

选择输出所遵循的格式,-A或--format=sysv为system V格式输出,-B或--format=berkeley为伯克利格式输出。例如,以伯克利格式输出时:

```
$ size --format= Berkeley ranlib size
text    data    bss     dec     hex     filename
294880  81920   11592   388392  5ed28   ranlib
294880  81920   11888   388688  5ee50   size
```

同样的文件以system V格式输出如下所示:

```
$ size --format= SysV ranlib size
ranlib  :
section        size       addr
.text         294880      8192
.data          81920     303104
.bss           11592     385024
Total         388392
size   :
section        size       addr
.text         294880      8192
.data          81920     303104
.bss           11888     385024
Total         388688
```

--help

显示帮助信息。

-d

-o

-x

--radix=number

设置显示数据的进制,-d或--radix=10以十进制显示,-o或--radix=8以八进制显示,-x或--radix=16以十六进制显示。--radix=number只支持以上3种进制。

-t

--totals

此格式只对伯克利格式有效，显示被列举的所有文件的总大小。

-V

--version

显示 size 程序的版本信息。

**7. strings 应用程序**

strings 能显示二进制文件中的可显示字符串，用户可以利用这一特性，通过查看二进制文件中的可显示部分字符的内容从而大致了解此二进制文件的一些情况。一般说来，二进制文件中都有一些可以显示的字符串，从中可以基本上看出此文件的功能版本等信息。默认情况下，strings 只显示长度至少为 4 的可显示字符串的内容，除非用户在命令行中另有定义。通常情况下，strings 只显示二进制文件初始化部分与加载部分中的可显示字符串，而对于其他类型的文件，则显示所有段可显示的字符串。



命令格式：

```
strings [-afov] [-min-len]
        [-n min-len] [--bytes= min-len]
        [-t radix] [--radix= radix]
        [-e encoding] [--encoding= encoding]
        [-] [--all] [--print-file-name]
        [--target= bfdname]
        [--help] [--version] file...
```

参数说明：

-a

--all

显示整个文件中可显示字符串的内容，而不只是初始化和加载部分的可显示字符串。

-f

--print-file-name

在显示之前先显示文件名。

--help

显示 strings 文件的帮助信息。

-min-len

-n min-len

--bytes＝min-len

设置所显示最小字符串的长度而不是默认的 4 个字符。

-t radix

--radix＝radix

显示每个字符串在文件中的相对偏移量，其中，radix等于d、o、x时，分别表示以十进制、八进制或16进制来显示。

-e encoding

--encoding=encoding

显示字符串的编码格式，其中encoding可能为

s：single-7-bit-byte字符，如ASCII、ISO 8859等编码，这是默认设置

S：single-8-bit-byte characters

b：16-bit bigendian

l：16-bit littleendian

B：32-bit bigendian

L：32-bit littleendian

-v

--version

显示strings的版本信息。

### 8. strip应用程序

strip经常用来去除目标文件中的一些符号表、调试符号表信息，以减小程序的大小，使其在存储与执行时占用比较少的空间。目标文件可分为：可重定位文件、可执行文件、共享文件，strip的默认选项会去除.symbol节以及.debug节的内容，因此被strip后的文件不包含调试信息就不能再用dbx来调试程序了。对于库文件而言，虽然去掉一些符号信息而使文件大小减少了很多，但连接程序将它与其他程序连接共同使用时，库可能因为缺少这些符号而连接不成功，所以库文件除非确有必要，否则一般不使用strip进行处理，而只对不需要再进行调试的执行文件进行strip处理。strip直接对源文件进行修改，而不会将修改的结果存储到一个临时文件中，因此strip通常适用于针对执行文件的最后发布。

命令格式：

```
strip [-F bfdname |--target=bfdname]
      [-I bfdname |--input-target=bfdname]
      [-O bfdname |--output-target=bfdname]
      [-s|--strip-all]
      [-S|-g|-d|--strip-debug]
      [-K symbolname |--keep-symbol=symbolname]
      [-N symbolname |--strip-symbol=symbolname]
      [-w|--wildcard]
      [-x|--discard-all] [-X |--discard-locals]
      [-R sectionname |--remove-section=sectionname]
```

```
        [-o file] [-p|--preserve-dates]
        [--keep-file-symbols]
        [--only-keep-debug]
        [-v |--verbose] [-V|--version]
        [--help] [--info]
        objfile...
```

参数说明：

-F bfdname

--target=bfdnam

设置输入/输出文件类型。

--help

显示 strip 的帮助信息。

--info

显示所有可用的目标构架与格式。

-I bfdname

--input-target=bfdname

设置输入文件类型。

-O bfdname

--output-target=bfdname

设置输出文件类型。

-R sectionname

--remove-section=sectionname

从输出文件中删除所指定的段，这个参数可以使用多次；但如果操作不正常，则可能造成生成的目标文件不能用。

-s

--strip-all

从目标文件中删除所有的符号。

-g

-S

-d

--strip-debug

只从目标文件中删除与调试有关的符号。

--strip-unneeded

删除与重定位进程无关的符号。

-K symbolname

--keep-symbol=symbolname

保留所指定的符号。此参数可以多次使用。

-N symbolname

--strip-symbol=symbolname

删除所指定的符号。此参数可以多次使用,也可以与-K 参数一起组合使用。

-o file

指定输出文件而不像默认情况下将源文件覆盖,使用此参数时只能定义一个目标文件。

-p

--preserve-dates

保持文件的访问时间与修改时间不变。

-w



--wildcard

允许在字符表达式中使用正则表达式,并且支持?、*、\和[]。如果在正则表达式前加感叹号!,表示表达式结果取反,如-w -K ! foo -K fo* 表示保留开头字符为 fo 的符号,但是删除符号 foo。

-x

--discard-all

删除所有非全局符号。

-X

--discard-locals

删除编译器产生的局部符号,通常局部符号以 L 字母开头。

--keep-file-symbols

保留与源文件本身相关的符号。

--only-keep-debug

仅保留与调试相关的符号。

-V

--version

显示 strip 的版本信息。

-v

--verbose

列举 strip 过程的详细信息。

### 9. addr2line 应用程序

addr2line 是可以将指令的地址和可执行映像转换成文件名、函数名和源代码行数的工具，这种功能对于将跟踪地址转换成更有意义的源文件行号有重要作用。只需要给出一个执行文件的地址或所在段的偏移，addr2line 就能根据执行文件中所包含的调试信息给出它所对应的源文件指令所对应的行号。这一特性对于已经进入二进制测试阶段的程序进行错误定位与查错非常重要，因为系统在调用执行文件时如果出错，则往往会给出出错的地址，这样开发者就能够通过这一出错的地址信息定位到源文件中所确定的行，从而能方便快速地查错与纠错。addr2line 有两种工作方式，第 1 种是从命令行输入十六进制地址，然后再转换成对应的文件名与行号；第 2 种是从标准输入设备输入十六进制的地址，这时 addr2line 相当于一个管道完成对输入的十六进制地址对文件名与行号的转换。如果文件名与函数名不能确定，则 addr2line 将在这些位置上输出两个问号；如果行号不能确定，则输出 0。

命令格式：

```
addr2line [-b bfdname|--target=bfdname]
          [-C|--demangle[=style]]
          [-e filename|--exe=filename]
          [-f|--functions] [-s|--basename]
          [-i|--inlines]
          [-j|--section=name]
          [-H|--help] [-V|--version]
          [addr addr ...]
```

参数说明：

-b bfdname

--target=bfdname

定义目标文件格式。

-C

--demangle[=style]

编译器往往在编译后的目标文件中的符号前面加下划线，此参数可以去掉符号前面的下划线，使符号更容易阅读。

-e filename

--exe=filename

定义需要进行地址翻译的二进制输入文件名；如果不定义，则默认情况下为 a. out。

-f

--functions

定义在输出时文件名与行号同时显示函数名。

-s

--basenames

定义仅显示文件主名。

-i

--inlines

显示内联函数名，即如果函数是内联的，则显示与之相内联的一系列函数名，如 main 函数内联 callee1，而 callee1 又内联 callee2，如果这时需要转换的地址对应的函数为 callee2，则 callee1 与 main 函数的信息也将被显示。

例如，假设编了一个程序 test，它对应的源文件名为 test. c 的内容如下：

```
# include < stdio.h>
int main()
{
  printf("Hello World\n");
  return 0;
}
```



使用 gcc 对它进行编译：

$ gcc -Wl,-Map＝test. map -g -o test test. c

则生成一个映象文件 test. map 以供实验，同时生成可执行文件 test。在 map 映象文件中，可以使用 grep 工具查找 main 的地址。使用这个地址和 addr2line 工具，就可以判断出函数名(main)、源文件(/home/mtj/test/test. c)以及它在源文件中的行号(4)。

```
$ grep main test.map
0x08048258   __libc_start_main@ @ GLIBC_2.0
0x08048258   main
$ addr2line 0x08048258 -e test -f
main
/home/mtj/test/test.c:4
```

## 9.3 Procyon ARMLib 的 C 语言库函数

### 9.3.1 ARMLib 的下载与安装

ARM gcc 库仍在不断发展中，且未来的版本中仍会增加一些新的 ARM 处理器，读者可以关注其官方网站 http://hubbard. engr. scu. edu/embedded/arm/armlib。不同公司的 ARM 产品代码都放在目录/armlib/arch/中，如果准备在 ARMLib 中加入新的 ARM 产品，则需要修改 makefile 文件；目录/armlib/examples/有相关的帮助。目前，ARMLib 支持 Atmel 公司 AT91 的 SAM7S 系列、NXP 公司的 LPC2000 系统和 AD 公司的 ADuC7000 系列，但对于前两者支持的更好一些。ARMLib 由 Pascal Stang 编写并且在 GNU GPL 下发布，因此可以得到全部的源代码；即使不直接使用 ARMLib 库函数，通过阅读源码也有很好的实际参考价值。

ARMLib 中有些部分的函数与 AVRLib 重叠，虽然其底层实际的硬件与代码是不一样的，但从用户使用的角度上看是完全一样的，这里对这些内容不再重复描述，只是提醒读者可以参考前面的 AVRLib 相应的部分。需要注意的是，不要将 armlib 与 armlibc 相混淆，后者是提供标准的 C 函数如 printf、stdio 操作与数学函数等，而前者是提供更为高层的功能函数以方便用户完成典型的嵌入式系统设计。ARMLib 包含的内容与 ARVLib 大同小异，不同的只是实现的芯片不一样，速度与效率不一样。

要安装 armLib 必须首先 arm-gcc。下载 armlib. zip 之后，将它解压到某一目录。注意，保护 zip 压缩包中的内部目录结构不变，其内部目录结构说明如下：

```
D:.
├—arch(针对不同厂家 arm 的代码)
|    ├—aduc7000
|    |    ├—boot
|    |    └—include
|    ├—at91
|    |    ├—boot
|    |    └—include
|    └—lpc2000
|         ├—boot
|         └—include
├—conf(配置文件)
├—docs  (说明文档)
|    └—html
├—examples(举例)
|    ├—rprintf
|    |    └—Debug
|    └—uart
|         └—Debug
├—make   (make 文件)
└—net     (网络相关配置文件)
└—conf
```

接着，建一个环境变量指向 ARMLib 的源目录。如果文件解压在目录/opt/armlib，则 export ARMLIB="/opt/armlib"。只要设置了正确的环境变量，就意味着 AVRLib 已经安装好了。如果在 windows 环境中使用 ARMLib，则可以直接使用 windows 下的安装程序。

使用以下的步骤测试是否已经正确安装：

① 进入 armlib 目录，cd /opt/armlib。

② 进入 examples 目录,cd examples。

③ 进入其中一个例子的目录,如 cd rprintf。

④ make clean,消除原来的目标文件。

⑤ make 生成新的目标文件。

## 9.3.2　与 ARM 芯片内部设备相关函数

ARMLib 支持多种基于 ARM7 体系的不同厂家生产的 ARM 芯片,这里以 Atmel 公司的 AT91SAM7S 系列芯片为例来说明,它支持几乎 Atmel 公司的 SAM7S 系列所有芯片,如 AT91SAM7S321. h、AT91SAM7S32. h、AT91SAM7S64. h、AT91SAM7S128. h、AT91SAM7S256. h、AT91SAM7XC128. h、AT91SAM7XC256. h,其他 ARMLib 支持的 ARM 芯片读者可以直接查看 ARMLib 的文件举一反三。

### 1. AD 转换函数



使用时包含头文件 a2d. h,具有以下函数:

void　a2dInit (void)　　初始化 ADC,准备使用

int a2dConvert (int channel)　　开始转换通道 channel 的值并返回转换之后的值

### 2. ARM 定时器函数

使用时必须包含头文件 timer. h。它使用 AT91SAM7S 中的周期性定时器 PIT,包含以下函数:

void　delay_us (unsigned long t)

以 μs 为单位的延时,此函数是以 nop 指令来延时的,但并未对时钟频率的不同进行校正,因此不太准确,只能作为一个近似的延时来使用。

void timerInit (void)

周期性定时器 PIT 初始化,定时周期默认为 1 ms。

void timerInitPit (int rate)

此函数设置周期性定时器 PIT 的时间间隔,单位为 ms。

void timerAttach (u08 interruptNum, void( * userFunc)(void))

将用户定义的周期性定时中断函数挂接到中断号 interruptNum。

void timerPause (int pause)

将定时器暂停一段长度为 pause 的时间,时间单位由 timerInitPit 函数决定。

### 3. 串口函数

使用时必须包含头文件 uart. h。

1) 使用一个宏来设置串口的波特率

#define UART_BAUD(baud)　(uint16_t)((F_CPU+baud * 8L)/(baud * 16))

定义了以下帧格式,可以用于设置串口的工作模式:

#define UART_8N1 (AT91C_US_CHRL_8_BITS | AT91C_US_PAR_NONE | AT91C_US_NBSTOP_1_BIT)

8位数据1位停止位,无奇偶检验。

#define UART_8N2 (AT91C_US_CHRL_8_BITS | AT91C_US_PAR_NONE | AT91C_US_NBSTOP_2_BIT)

8位数据2位停止位,无奇偶检验。

#define UART_7N1 (AT91C_US_CHRL_7_BITS | AT91C_US_PAR_NONE | AT91C_US_NBSTOP_1_BIT)

7位数据1位停止位,无奇偶检验。

#define UART_7N2 (AT91C_US_CHRL_7_BITS | AT91C_US_PAR_NONE | AT91C_US_NBSTOP_2_BIT)

7位数据2位停止位,无奇偶检验。

#define UART_8E1 (AT91C_US_CHRL_8_BITS | AT91C_US_PAR_EVEN | AT91C_US_NBSTOP_1_BIT)

8位数据1位停止位,偶检验。

#define UART_8E2 (AT91C_US_CHRL_8_BITS | AT91C_US_PAR_EVEN | AT91C_US_NBSTOP_2_BIT)

8位数据2位停止位,偶检验。

#define UART_7E1 (AT91C_US_CHRL_7_BITS | AT91C_US_PAR_EVEN | AT91C_US_NBSTOP_1_BIT)

7位数据1位停止位,偶检验。

#define UART_7E2 (AT91C_US_CHRL_7_BITS | AT91C_US_PAR_EVEN | AT91C_US_NBSTOP_2_BIT)

7位数据2位停止位,偶检验。

#define UART_8O1 (AT91C_US_CHRL_8_BITS | AT91C_US_PAR_ODD | AT91C_US_NBSTOP_1_BIT)

8位数据1位停止位,奇检验。

#define UART_8O2 (AT91C_US_CHRL_8_BITS | AT91C_US_PAR_ODD | AT91C_US_NBSTOP_2_BIT)

8位数据2位停止位,奇检验。

#define UART_7O1 (AT91C_US_CHRL_7_BITS | AT91C_US_PAR_ODD | AT91C_US_NBSTOP_1_BIT)

7位数据1位停止位,奇检验。

#define UART_7O2 (AT91C_US_CHRL_7_BITS | AT91C_US_PAR_ODD | AT91C_US_NBSTOP_2_BIT)

7位数据2位停止位,奇检验。

2)定义了以下函数

void uart0Init (uint16_t bauddiv, uint32_t mode)

初始化串口0,参数bauddiv为波特率,mode为串口的工作模式,可以为帧格式和下面特性的按位"或":

```
AT91C_US_USMODE_NORMAL        //正常模式
AT91C_US_USMODE_RS485         //设为RS485模式
AT91C_US_USMODE_HWHSH         //硬件握手信号
AT91C_US_USMODE_MODEM         //设为Modem模式
AT91C_US_USMODE_ISO7816_0     // ISO7816协议:T = 0
AT91C_US_USMODE_ISO7816_1     // ISO7816协议:T = 1
AT91C_US_USMODE_IRDA          // IrDA红外模式
AT91C_US_USMODE_SWHSH         //软件握手
AT91C_US_CLKS_CLOCK           //使用主时钟
AT91C_US_CLKS_FDIV1           //使用分频时钟
AT91C_US_CLKS_SLOW            //使用慢时钟
AT91C_US_CLKS_EXT             //使用外部时钟SCK
AT91C_US_MSBF                 //定义位顺序为MSB在前面
AT91C_US_MODE9                //使用9位字符长度
AT91C_US_CKLO                 //串口时钟输出
AT91C_US_OVER                 // 8倍过采样,否则16倍过采样
AT91C_US_INACK                //不产生NACK
AT91C_US_DSNACK               //禁止连续NACK
AT91C_US_MAX_ITER             //定义模式ISO7816,协议T= 0下最大迭代数
AT91C_US_FILTER               //对接收线进行滤波
```

void uart1Init (uint16_t bauddiv, uint32_t mode)

初始化串口1,参数bauddiv为波特率,mode为串口的工作模式。

void uart2Init (uint16_t bauddiv, uint32_t mode)

初始化串口2,参数bauddiv为波特率,mode为串口的工作模式。

int uart0SendByte (int data)

在串口0上发送一个字节的数据。

int uart1SendByte (int data)

在串口1上发送一个字节的数据。

int uart2SendByte (int data)

在串口2上发送一个字节的数据。

int uart0GetByte (void)

从串口0上读取一个字节的数据。

int uart1GetByte (void)

从串口1上读取一个字节的数据。

int uart2GetByte (void)

从串口2上读取一个字节的数据。

除了上面所提到的对串口简单的应用之外,还有使用AT91SAM7S的dma进行快速串口通信的高级用法;使用时必须包含头文件uartdma.h。

3) 定义了串口0、1的中断级

```
#define UART0_INTERRUPT_LEVEL    6
#define UART1_INTERRUPT_LEVEL    6
```

4) 定义了不同串口的收发缓冲区大小

```
#define UART0_TX_BUFFER_SIZE    0x0010    //串口0的发送缓冲区大小
#define UART0_RX_BUFFER_SIZE    0x0080    //串口0的接收缓冲区大小
#define UART1_TX_BUFFER_SIZE    0x0010    //串口1的发送缓冲区大小
#define UART1_RX_BUFFER_SIZE    0x0080    //串口1的接收缓冲区大小
#define UART2_TX_BUFFER_SIZE    0x0010    //串口2的发送缓冲区大小
#define UART2_RX_BUFFER_SIZE    0x0080    //串口2的接收缓冲区大小
```

帧格式的定义与前面描述的相同。

5) 定义了以下函数

void uart0Init (uint16_t bauddiv, uint32_t mode)

void uart1Init (uint16_t bauddiv, uint32_t mode)

void uart2Init (uint16_t bauddiv, uint32_t mode)

串口0~2的初始化函数,参数使用与前面的相同。

void uart0InitBuffers (void)

void uart1InitBuffers (void)

void uart2InitBuffers (void)

串口0~2的收发缓冲区初始化函数。实际上串口0~2是使用结构cBuffer字节的环形队列来收发数据的,其内容定义了uartInitDmaTx与uartInitDmaRx函数来初始化此环形队列。

cBuffer * uartGetRxBuffer (int dev)

返回串口0~2对应的接收环形缓冲区的指针,参数dev取值0~2。

int uartSendByte (int dev, int data)

在串口0～2上发送一个字节的数据,参数dev指串口编号取值0～2,data为要发送的内容。

int uart0SendByte (int data)

int uart1SendByte (int data)

int uart2SendByte (int data)

从串口0～2发送一个字节的数据。

int uartGetByte (int dev)

从串口0～2读取一个字节的数据,dev指出串口号。

int uart0GetByte (void)

int uart1GetByte (void)

int uart2GetByte (void)

从串口0～2接收一个字节的数据。



int uartSendBlock (int dev, unsigned char * data, unsigned int len)

从串口0～2发送一个数据块,dev为串口编号,data为要发送的数据块指针,len为数据块的长度。

int uart0SendBlock (unsigned char * data, unsigned int len)

int uart1SendBlock (unsigned char * data, unsigned int len)

int uart2SendBlock (unsigned char * data, unsigned int len)

从串口0～2发送一个数据块的单个函数定义。

int uartGetBlock (int dev, unsigned char * data, unsigned int len)

从串口0～2接收一个数据块,dev为串口编号,data为接收缓冲区指针,len为数据块的长度。

int uart0GetBlock (unsigned char * data, unsigned int len)

int uart1GetBlock (unsigned char * data, unsigned int len)

int uart2GetBlock (unsigned char * data, unsigned int len)

从串口0～2接收一个数据块的单个函数定义。

**4. I2C函数**

使用头文件 #include "i2c.h",

① 定义了两个常量:

```
#define    I2C_OK    0x00
#define    I2C_ERROR_NODEV    0x01
```

② 定义了以下函数:

void i2cInit (void)

i2c初始化。

int i2cMasterSend (u08 deviceAddr, u08 length, u08 * data)

以主模式向地址 deviceAddr 发送一个数据块,data 为数据块指针,lengt 地址为数据块长度。

int i2cMasterReceive (u08 deviceAddr, u08 length, u08 * data)

以主模式接收来自地址 deviceAddr 的数据块,data 为接收缓冲区,length 为接收的数据长度。

void i2cScanBus (void)

搜索并显示 i2c 中的 i2c 设备地址。

### 5. EEPROM 函数

与 AVR 的 EEPROM 在使用上完全相同,读者可以参考前面章节的有关内容。

### 6. AT91 内部 Flash 的写函数

使用时必须包含头文件 at91flash.h。AT91SAM7S 芯片提供了内嵌的 Flash 管理器,不但能提高 Flash 中代码的执行效率,还提供了一整套对 Flash 进行编程、擦除、加锁与解锁等操作命令。有了这一套命令就相当于 AT91SAM7S 扩展非易失性存储空间,在实际中有诸多应用。

定义了以下函数:

void at91flashInit (void)

flash 操作寄存器初始化。

void at91flashWrite (uint32_t flashaddr, uint8_t * buffer, uint32_t len)

此函数能够自动实现多 flash 页操作,参数说明:

| | |
|---|---|
| uint32_t flashaddr | flash 地址 |
| uint8_t * buffer | 被写入的数据缓冲区首地址 |
| uint32_t len | 被写入的数据长度 |

void at91flashWritePage (uint32_t flashaddr, uint8_t * buffer, uint32_t len)

基于 Flash 页的写操作。如果 Flash 的地址没有对齐,则 Flash 页边缘只写入页的一部分内容,参数定义同 at91flashWrite。

void at91flashErase (void)

执行 Flash 擦除操作。

int at91flashGetLock (uint32_t flashaddr)

//读 Flash 的锁状态,返回 1 则 Flash 已被锁定;否则,返回 0。

void at91flashSetLock (uint32_t flashaddr, int lockstate)

设置 Flash 的锁状态。

### 7. AT91SAM7S 芯片的初始化与支持函数

使用时必须包含头文件 processor.h,定义了以下常量:

对 ARM 芯片中断使能的常量:

```
#define CPSR_MASK_IRQ    0x00000080
#define CPSR_MASK_FIQ    0x00000040
#define CPSR_MASK_INT    (CPSR_MASK_IRQ | CPSR_MASK_FIQ)
```

在关键代码段之前使用以关闭中断

```
# define CRITICAL_SECTION_BEGIN unsigned int _cpsr = processorDisableInt
(CPSR_MASK_INT)
```

在关键代码之后使用以恢复中断

```
#define CRITICAL_SECTION_END   processorRestoreInt(_cpsr)
```

被函数 processorAicAttachSys()使用的系统 PID 定义



```
#define    SYSPID_PITC   0     //周期定时器
#define    SYSPID_DBGU   1     //调试串口
#define    SYSPID_RTTC   2     //实时时钟
#define    SYSPID_EFC    3     //嵌入的 Flash 控制器
#define    SYSPID_PMC    4     //电源管理控制器
#define    SYSPID_NUM    5     //系统外设中断的总数
#define    ISR_ENTRY() asm volatile(" sub   lr, lr, #4\n" \
           " stmfd sp!,{r0-r12,lr}\n" \
           " mrs   r1, spsr\n" \
           " stmfd sp!,{r1}")
//用于中断例程入口处保护寄存器
#define    ISR_EXIT() asm volatile(" ldmfd sp!,{r1}\n" \
           " msr   spsr_c,r1\n" \
           " ldmfd sp!,{r0-r12,pc}^")
//用于中断返回处恢复寄存器
```

AIC 中断控制函数定义如下:

void processorAicInit(void);

初始化 AIC 中断向量。

void processorAicAttach(int pid, int srcmode, void ( * userFunc)(void) );

挂载对应外设的中断处理。

参数说明:

int pid　　　　　　　　　外设标识符 ID

int srcmode　　　　　　　　设置中断触发方式与优先级(0为最低,7为最高)

void (*userFunc)(void)　　用户定义的中断处理函数指针

在AT91SAM7S系列CPU中,外设ID的定义见表9-3。

**表9-3 外设ID定义**

| 外设ID | 外设名称 | 外设ID | 外设名称 |
|---|---|---|---|
| 0 | FIQ | 9 | 两线接口 |
| 1 | 系统中断 | 10 | PWM控制器 |
| 2 | 并行I/O控制器A | 11 | USB设备端口 |
| 3 | 保留 | 12 | 定时器/计数器0 |
| 4 | 模数转换器 | 13 | 定时器/计数器1 |
| 5 | 串行外设接口 | 14 | 定时器/计数器2 |
| 6 | USART 0 | 15～29 | 保留 |
| 7 | USART 1 | 30 | IRQ0 |
| 8 | 同步串行接口 | 31 | IRQ1 |

定义了以下中断工作方式,按位"或"处理:

```
#define AT91C_AIC_SRCTYPE  ((unsigned int) 0x3 << 5) // 中断源类型
#define AT91C_AIC_SRCTYPE_INT_HIGH_LEVEL          //内部中断高电平触发
#define AT91C_AIC_SRCTYPE_EXT_LOW_LEVEL           //外部中断低电平触发
#define AT91C_AIC_SRCTYPE_INT_POSITIVE_EDGE       //内部中断上升沿触发
#define AT91C_AIC_SRCTYPE_EXT_NEGATIVE_EDGE       //外部中断下降沿触发
#define AT91C_AIC_SRCTYPE_HIGH_LEVEL              //高电平触发
#define AT91C_AIC_SRCTYPE_POSITIVE_EDGE           //上升沿触发
void processorAicDetach(int pid);                 //卸载对应外设的中断处理
void processorAicAttachSys(int syspid, void (*userFunc)(void));  //设备系统中断
                                                                 //的处理函数
```

### 8. SPI函数

该函数提供通过SPI接口收发以字节或字为单位的数据,使用时必须包含头文件spi.h,因为SPI接口的特性决定发数据的时候也在同时收数据。使用非常简单,只定义了两个函数:

```
void spiInit (void)              //SPI接口初始化
u08 spiTransferByte (u08 data)   //通过SPI发送一个字节的数据,此函数也返回接
                                 //收到的数据
```

### 9.3.3 与AVRLib相同的部分

ARMLib与AVRLib在软件使用上基本是相同的,而且因为Procyon AVR/ARM Lib库都是按照3层模型来编写的,都有相应的硬件抽象层,而且所有与硬件相关的定义都分门别类地放在不同的头文件中,使得库函数都有很好的移植性。因此,虽然Procyon ARM Lib开发的时间比AVRLib短,只有一部分库函数,如基于字符的环形队列、rprintf函数、STX/ETX协议、Xmodem协议、VT100终端库函数、部分网络协议等已经重新在ARM下编写过;但如果需要使用ARVLib中更为丰富的函数,则可以直接参考AVRLib的源程序修改其中的硬件抽象层,从而将它移植到用户的ARM系统中来使用。

## 9.4 OpenOCD



### 9.4.1 OpenOCD概述

OpenOCD是On Chip Debug的简称,是由一位德国人开发的开源软件项目,支持基于ARM7与ARM9体系的带Embedded-ICE(JTAG)接口的芯片。它通过网络协议与gnu gdb或telnet执行交互命令,从而可以使用GNU gdb对ARM体系的芯片进行源码级调试,还能对片内与片外的Flash进行编程;而且除了调试之外,它还能进一步完成jtag的所有操作,甚至是对FPGA与CPLD进行编程。Eclipse或emacs的集成开发IDE中也能直接使用OpenOCD,它支持多种ARM核,包含:

-ARM7TDMI(-s)

-ARM9TDMI

-ARM920t

-ARM922t

-ARM926ej-s

-ARM966e

-Cortex-M3

以及Intel XScale CPUs:

-PXA25x

-PXA27x

-IXP42x

虽然Openocd是在x86-Linux平台上开发的,但其具有良好的可移植性,因此可能运行在多种不同的软件平台上,如Windows/Cygwin、MinGW、FreeBSD、IA64-Linux、AMD64-Linux、Alpha-Linux、ARM-Linux和PowerPC OS-X等。它的官方主页是http://openocd.berlios.de/web。

### 9.4.2 OpenOCD 的安装

OpenOCD 作为开源软件,目前加入对它进行开发的人员越来越多。在 Linux 中使用源码安装是一种比较好的形式,开源软件源码的发行方式可以采用 tar 压缩包进行,也可以使用源码仓库的方法进行发布。其中,第 2 种方式更为有效,可以在网上直接对源码进行更新,而且更新也只需要下载更新的部分,而不必像 tar 包一样需要将全部的源码在更新时再次下载。现在最新的 OpenOCD 已经是通过 SVN 源码仓库进行发布了。在 Linux 中使用 svn 客户端命令可以直接从网上下载最新的源码及有关文档:

svn checkout svn://svn.berlios.de/openocd/trunk

编译 OpenOCD 需要 gnu autotool,如果使用基于 FTDI FT2232 芯片的 JTAG 则还必须到 http://www.intra2net.com/opensource/ftdi 与 http://www.ftdichip.com/Drivers/D2XX.htm)下载对应的驱动程序。然后在命令行执行以下命令:

① ./bootstrap

② 执行./configure 命令时,根据所使用的 jtag 类型不一样而应在执行 configure 命令时带以下不同的参数:

| | |
|---|---|
| --enable-parport | 使用并口 |
| --enable-ft2232_libftdi | 使用 FT2232 芯片的 jtag,使用 libftdi 驱动 |
| --enable-ft2232_ftd2xx | 使用 FT2232 芯片的 jtag,使用 FTD2XX 驱动 |
| --enable-amtjtagaccel | 使用快速 Amontec JTAG 驱动 |
| --enable-ep93xx | 支持基于 SBCs 的 EP93xx |
| --enable-at91rm9200 | 支持基于 SBCs 的 AT91RM9200 |
| --enable-gw16012 | 支持 Gateworks 的 GW16012 JTAG 编程器 |
| --enable-presto_libftdi | 支持 ASIX Presto 编程器使用 libftdi 驱动程序 |
| --enable-presto_ftd2xx | 支持 ASIX Presto 编程器使用 FTD2XX 驱动程序 |
| --enable-usbprog | usbprog JTAG 编程器 |
| --enable-oocd_trace | OpenOCD+trace ETM 设备 |
| --enable-parport_giveio | 使用 giveio 代替 ioperm 来访问并口 |

如果使用廉价的 wiggler 并口,则可以使用以下命令:

./configure --enable-parport

① 配置好且没有错误,则执行 make 命令进行编译。

② 最后在 root 权限下执行 make install 进行安装,需要卸载时可以使用命令 make clean。

### 9.4.3 OpenOCD芯片的配置文件

为了正确对不同芯片操作,OpenOCD需要一个芯片的配置文件对不同芯片的特性进行定义。这些配置文件的后缀为.cfg,文件定义了连接类型、jtag的型号、所使用芯片的内部结构等。下面例举了一个简单的芯片配置文件,它使用并口的wiggler jtag,由OpenOCD所带的配置文档修改而来,删除了其中与并口jtag无关的内容。

```
# 针对 Atmel SAM7 ARM7TDMI 核心
#
# 使用 Wiggler-Type JTAG-Interface
# Adapted by Martin Thomas (www.siwawi.arubi.uni-kl.de/avr_projects)
# 定义与 openocd 进行通信的端口号,一般不要改变
telnet_port 4444
gdb_port 3333
# 定义 jtag 的类型与参数
interface parport
parport_cable wiggler
parport_port 0x378
jtag_speed 0
reset_config srst_only
# jtag 命令,格式为(Length, IR Capture, IR Capture Mask, IDCODE)
jtag_device 4 0x1 0xf 0xe
# 目标板配置
daemon_startup reset
# arm7tdmi 核配置
target arm7tdmi little run_and_init 0 arm7tdmi_r4
# openocd 命令
run_and_halt_time 0 30
working_area 0 0x40000000 0x4000 nobackup
# AT91SAM7flash 设置
flash bank at91sam7 0 0 0 0 0
```



### 9.4.4 OpenOCD芯片配置命令

OpenOCD具有很多配置命令,下面主要针对与常用的并口wiggler jtag相关的以及一些通用的配置命令加以说明。

telnet_port <number>

设置使用telnet连接OpenOCD进行控制的端口号,一般设为4444。

gdb_port <number>

设置使用GDB连接OpenOCD进行控制的端口号,一般设为3333。

daemon_startup <'attach'|'reset'>

设置当OpenOCD启动时是否对目标板进行复位,还是仅仅只连接上目标板而已。reset

表示进行复位操作,attach表示只连接不执行复位。

interface <name>

设置jtag所使用的物理接口,支持以下几种:

* parport　　PC机并口(Wigglers、PLD下载电缆等一般使用此接口)
* amt_jtagaccel　　Amontec JTAG 专用加速,连接到PC's EPP模式并口
* ft2232　　使用FTDI FT2232芯片的jtag,一般是连接到usb口上

jtag_speed <number>

限制jtag的最高速度,0意味着使用最高速度,实际值应根据所使用的jtag来定。

reset_config <signals> [combination] [trst_type] [srst_type]

复位信号的设置,与jtag以及目标板有关。如果jtag提供了SRST信号,但是目标板并没有连接到此信号,则OpenOCD并不能使用此复位信号。<signals>值可以为'none'、'trst_only'、'srst_only'或'trst_and_srst',用于设置所使用的复位信号的情况。[combination]为可选项,可以为'srst_pulls_trst',表示srst接有上拉,一般用于NXP LPC2000系列ARM芯片。可选项[trst_type]的值可以为'trst_push_pull'(默认)'trst_open_drain',[srst_type]的值可以是'srst_open_drain'(默认)或'srst_push_pull',其中,'trst_push_pull'与'srst_push_pull'表示复位信号接有上拉电阻,'trst_open_drain'和'srst_open_drain'表示是集电极开路的。

jtag_device <IR length> <IR capture> <IR mask> <IDCODE instruction>

当多个设备连接成jtag菊花链的形式后,离TDO最近的设备为第1个设备。<IR length>为指令的长度(ARM7/9s均为4),<IR capture>捕获值(ARM7/9为1)<IR mask>在使用IR扫描时需要用到(ARM7/9为0xf),<IDCODE instruction>在未来的OpenOCD版本中可能用为jtag查询设置的识别码。这个命令对于所有的ARM7与ARM9都是一样的,对于其他像CPLDs的芯片需要不同的参数,可以参考OpenOCD对Xilinx XC9500 CPLD的相关说明。

jtag_nsrst_delay <ms>

设置OpenOCD在执行nSRST复位命令之后等待多长时间,再以ms为单位开始执行其他的OpenOCD命令。

jtag_ntrst_delay <ms>

设置OpenOCD在执行nTRST复位命令之后等待多长时间,再以ms为单位开始执行其他的OpenOCD命令。通常情况下复位电路会保持复位信号一段时间的,以上两条命令可以在复位信号有效的时候等待到复位信号消失后再执行新的OpenOCD命令。

parport_port <number>

设置并口的地址(默认情况下LPT1的地址为0x378),也可以以并口号的形式进行设置。

parport_cable <name>

设置jtag并口线的接线顺序。接线顺序可以以并口jtag名字来识别,支持以下几种并口的jtag:

* wiggler 原始的 Wiggler,这是使用得最多的并口 jtag
* old_amt_wiggler 接线由 Amontec's Chameleon Programmer 定义的 wiggler
* chameleon 由 Amontec Chameleon's CPLD 定义的,只适合 Chameleon 的产品
* dlc5 Xilinx 并口线缆 III. 型
* triton 另一种并口 jtag,相关资料见 http://www.lartmaker.nl/projects/jtag/

target <type> <endianess> <reset_mode>

<type>定义 arm 内核的类型,支持以下几种:

* arm7tdmi
* arm720t
* arm9tdmi
* arm920t
* arm966e



<endianess>

可以为'little'或'big'

<reset_mode>

设置 reset 的模式,可以为以下几种情况:

* reset_halt 复位之后要求目标马上暂停,这样可以从第 1 条指令开始调试,但要求目标与 jtag 都执行了正确的复位信号
* reset_init 复位之后会执行一个脚本,同样要求目标与 jtag 都执行了正确的复位信号
* reset_run 复位后目标马上执行代码
* run_and_halt 复位后让目标执行默认情况下为 1 s 的代码后再暂停
* run_and_init 这是'reset_init'与'run_and_halt'的组合

run_and_halt_time <target#> <time_in_ms>

当复位模式为'run_and_halt'与'run_and_init'时,设置调试程序在发出复位信号后等待的时间。

working_area <target#> <address> <size> <'backup'|'nobackup'>

定义调试程序的工作区域。在加速程序下载与 Flash 操作时有效,参数<'backup'|'nobackup'>设置所设的内容是否被保护(backup)或不被保护(nobackup),通常情况下设置不被保护的内存为工作区会低操作的速度。

target arm7tdmi <endianess> <reset_mode> <jtag#> [variant]

目标位 arm7tdmi 至少需要一个附加参数,用于定义目标在 jtag 菊花链上的位置。第 1 个 jtag 设备编号为 0;[variant]为一个可选参数,用于定义 arm7tdmi 核实际类型,目前支持'arm7tdmi-s_r4'和'arm7tdmi_r4'两种类型。

flash bank <driver> <base> <size> <chip_width> <bus_width> [driver_options ...]

设置芯片 Flash,包括 Flash 类型、基地址、芯片宽度及总线宽度等。

### 9.4.5 OpenOCD 命令

OpenOCD 提供了很多可供用户使用的命令,以便控制目标芯片的工作、完成跟踪调试、Flash 编程等工作。用户可以使用 telnet 或 GDB 通过所设定的网络协议与 OpenOCD 进行命令交互来完成这些工作,这些命令在实现调试与操作过程中是经常用到的。下面就这些常用的 OpenOCD 命令加以说明,需要注意的是,在 telnet 中可以直接使用这些命令,但在 GDB 中是通过 GDB 的 monitor 命令来间接发送这些命令的。

sleep <msec>

此命令通常用于脚本文件中,表示等待 msec 毫秒。

shutdown

关闭 OpenOCD。

poll ['on'|'off']

查询目标的当前状态。如果目标在调试状态,则会输出当前目标体系结构方面的信息。

halt

向目标发出要求停止运行而进入调试状态。

resume [address]

要求目标从当前地址或从指定的 address 地址开始执行。

step [address]

从当前地址或指定的地址执行单步调试。

reset ['run'|'halt'|'init'|'run_and_halt'|'run_and_init']

执行一个硬件复位,后面的参数定义复位后的行为,这个参数所设置的行为将忽略在配置文件中对复位后行为的定义。

* run　　　　让目标板开始执行程序
* halt　　　　立刻让目标板停止执行
* init　　　　立刻停止目标板的执行并执行一个复位的脚本
* run_and_halt　让目标板执行一段时间然后停止
* run_and_init　让目标板执行一段时间然后停止;如果目标板进入了调试状态,则执行复位脚本

1) 与 ARM7/9 相关的命令:

arm7_9 sw_bkpts <'enable'|'disable'>

使能软件断点。

arm7_9 force_hw_bkpts <'enable'|'disable'>

使能硬件断点，当强制使能硬件断点时，软件断点被取消并且所有的断点被转成硬件断点。

arm7_9 dbgrq <'enable'|'disable'>

能使 dbgrq 位，强制进入调试模式。这一性能对于绝大部分的 ARM 是安全的，除了 ARM7TDMI-S 内核（NXP LPC）。

arm7_9 fast_memory_access <'enable'|'disable'>

允许 openocd 读/写内存而不需要检查其完整性，这将极大地提升速度，特别是对于使用 FT2232 的 usb jtag；但可能对于低速运行的系统带来不安全的操作，如使用 32kHz 启动时钟的 AT91RM9200。

arm7_9 dcc_downloads <'enable'|'disable'>

使能使用调试通信通道（DCC）写一块大的内存（>128 字节），使用 DDC 下载能极大地提高速度。



2）内存访问命令：

mdw <addr> [count]

显示指定内存地址开始的 count 个字的内容。

mdh <addr> [count]

显示指定内存地址开始的 count 个半字（half-words）的内容。

mdb <addr> [count]

显示指定内存地址开始的 count 个字节的内容。

mww <addr> <value>

向指定内存地址写入一个字的数据。

mwh <addr> <value>

向指定内存地址写入一个半字（half-word）的数据。

mwb <addr> <value>

向指定内存地址写入一个字节的数据。

load_binary <file> <address>

加载二进制文件到目标板内存 address。

dump_binary <file> <address> <size>

将目标板内存 address 开始的 size 字节的内容存储到二进制文件 file 中。

3）与调试相关的命令

arm7_9 write_xpsr <32-bit value> <0=cpsr，1=spsr>

立刻写当前程序状态寄存器 CPSR 或保存程序状态寄存器 SPSR，但是不改变寄存器缓冲的内容。

arm7_9 write_xpsr_im8 <8-bit value> <rotate 4-bit> <0=cpsr，1=spsr>

写由 2 * rotate 循环右移的八位数据<8-bit value>到 CPSR 或 SPSR 寄存器中。

arm7_9 write_core_reg <num> <mode> <value>

写一个核心寄存器但是不改变寄存器缓冲,<mode>参数由 PSR[M4 : M0] 位决定

4) flash 命令

flash banks

列表已经被配置的 flash 块。

flash info <num>

显示第 num 块 flash 的有关信息。

flash probe <num>

识别 flash 或证实所配置的 flash 参数,其结果依赖于所使用的 flash 类型。

flash erase_check <num>

检查第 num 块 flash 的删除状态。这条命令只是为了更新 flash info 命令所显示的信息,因此当执行了 flash 删除命令或是对 flash 进行了编程之后,应该使用此命令来更新信息显示。

flash protect_check <num>

显示第 num 块 flash 的保护状态。

flash erase <num> <first> <last>

删除第 num 块 flash。从第 first 扇区开始共 last 个扇区,扇区计数从 0 开始,删除 flash 一般需要将 flash 的删除保护去掉。

flash write <num><file> <offset>

写二进制文件 file 到第 num 块 flash,从字节偏移 offset 开始写入。

flash protect <num> <first> <last> <'on'|'off'>

使用能('on') 或 取消('off') 第 num 块 flash 从 first 扇区开始到第 last 扇区的写保护。

5) AT91SAM7 专用命令

以下的命令只支持 AT91SAM7 处理器,因为 AT91SAM7 嵌有一个独立的 flash,通常的 flash probe 命令不能执行。flash 的配置由芯片内部的寄存器定义,内部的 flash 控制器自动完成 flash 的页删除,因此类芯片只支持 flash 的全部擦除命令:flash erase <num> 0 numberoflockbits-1

at91sam7 gpnvm <num> <bit> <set|clear>

设置或消除处理器的 gpnvm 位。

## 9.4.6 OpenOCD 应用举例

下面的实例将演示如何在 AT91SAM7S64 的 flash 中调试程序。调试程序可以使用 flash 和 RAM 两种方式进行,而 flash 是最终的方式,因为最后产品中的程序都是在 Flash 中运行的;虽然 RAM 中调试程序比在 Flash 中速度快,但是使用 RAM 方式调试程序时,程序的大小

不能超过RAM容量，而在芯片内的RAM容量是很小的，因此这种方式受到限制，不能调试大的程序。使用Flash方式调试程序共有两个大的步骤：首先将二进制文件烧入flash中，然后再加载elf文件进行调试，详细步骤如下：

**(1) 烧录二进制文件到flash中**

可以使用OpenOCD将二进制文件烧录到AT91SAM7S64的flash中。

1）启动OpenOCD

opencod -f dwj-at91sam7s.cfg

其中，dwj-at91sam7s.cfg为openocd的启动配置文件，内容如下：

```
#  OPENOCD "Batch"-Programming
#  for Atmel SAM7 ARM7TDMI
#
#  Using a Wiggler-Type JTAG-Interface
#  Adapted by Martin Thomas (www.siwawi.arubi.uni-kl.de/avr_projects)
#  Based on information from Dominic Rath -Thank you!
# daemon configuration
telnet_port 4444
gdb_port 3333
# interface
interface parport
parport_cable wiggler
parport_port 0x378
jtag_speed 0
# use combined on interfaces or targets that can\'t set TRST/SRST separately
# #  mthomas:used this for Atmel SAM7S64-EK
reset_config srst_only
# jtag scan chain
# format L IRC IRCM IDCODE (Length, IR Capture, IR Capture Mask, IDCODE)
jtag_device 4 0x1 0xf 0xe
# target configuration
daemon_startup reset
# target
# target arm7tdmi
target arm7tdmi little run_and_init 0 arm7tdmi_r4
#  mthomas:the file oocd_flash_sam7.script is a list of the openocd-commands
target_script 0 reset oocd_flash_sam7.script
run_and_halt_time 0 30
working_area 0 0x40000000 0x4000 nobackup
#  mthomas AT91SAM7
flash bank at91sam7 0 0 0 0 0
#  Information:erase command (telnet-interface) for complete flash:
#  flash erase 0 0 numlockbits-1
#  SAM7S64 with 16 lockbits:flash erase 0 0 15
```

2）连接到OpenOCD服务

通常情况下，使用GDB或telnet通过TCP/IP协议来连接OpenOCD，其中，GDB使用默认为 3333 的端口与，telnet 使用默认为 4444 的端口号。

在 GDB 中执行：

target remote localhost:3333

在 telnet 中执行：

telnet localhost 4444

3) flash 写命令

下面的命令序列将一个二进制文件写入到 AT91SAM7S64 的内部 Flash 中。

在 gdb 中执行：

```
monitor flash probe 0
monitor flash protect 0 0 15 off
monitor flash write 0 /home/dong/temp/main.bin 0x0
monitor reset halt
monitor resume 0
```

在 telnet 中执行：

```
flash probe 0
flash protect 0 0 15 off
flash write 0 /home/dong/temp/main.bin 0x0
reset halt
resume 0
```

为了方便起见，可以使用 telnet 烧写二进制文件而在 GDB 中进行调试，因此可以将这两个程序(telnet 与 gdb)通过不同的端口都连到到 OpenOCD。

**(2) 调试代码**

当二进制程序被烧入 flash 之后，便可以在 gdb 中调试程序了。

1) 启动 gdb

(PATH)/arm-elf-gdb

2) 定义 elf 文件

file main. elf

3) 设置断点

b main

需要注意的是，程序编译时应该采用非优化编译；否则，断点可能不能被设置在正确的位置上。

4) 连接到 openocd

target remote localhost:3333

5) 设置 cpu 状态

mointor arm7_9 force_hw_bkpts enable

moinitor poll

6）上传 elf 文件

load

7）运行 elf 文件

continue

接下来就可以使用一般的 GDB 调试命令对程序进行调试了。

## 9.4.7　wiggler 并口 jtag

wiggler 是一种被广泛应用的并口 jtag 工具，它使用并口，硬件成本低廉，使用方便，适应面广，被许多 jtag 调试软件支持，是初学者不可多得的好工具。图 9－8 为其电路图。

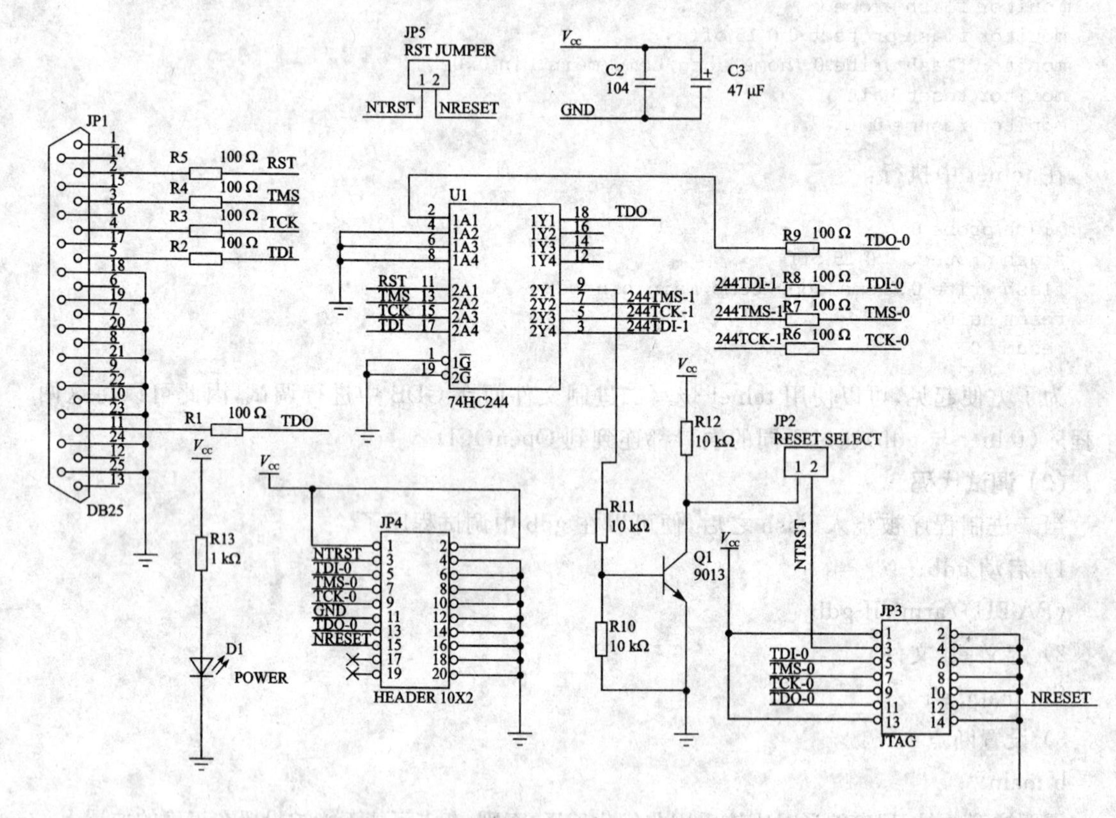


图 9－9　wiggler 电路图

wiggler 的核心是一个三态输出缓冲器 74HC244，它对从并口发出的 jtag 信号与使用 jtag 进行调试的芯片进行隔离。晶体管 9013 控制发出复位信号，JP3 为 14 针 JTAG 插座，JP4 为 20 针插座，这两种均为 ARM JTAG 常用的接口。JP2、JP5 为不同复位信号选择跳线，JP2 选择使用 NTRST 复位信号，JP4 选择使用 NRESET 复位信号。

# 参考文献

[1] ATMEL 公司. AT91SAM7S64 Datasheet.

[2] ATMEL 公司. ATMEGA48/88/168.

[3] Procyon AVRlib On-line HTML Documentation.

[4] Procyon ARMlib On-line HTML Documentation.

[5] Procyon AVRlib 源码.

[6] Procyon ARMlib 源码.

[7] Gnu Binutils help.

[8] Debra Cameron, Bill Rosenblatt, Eric S. Raymond. O'REILLY Learning GNU Emacs, Second Edition.

[9] Linda Lamb, Arnold Robbins. O'REILLY Learning The VI Editor, Sixth_Edition.

[10] USBASP 源码.

[11] usbdrv 介绍及源码.

[12] Compaq Intel Microsoft NEC. Universal Serial Bus Specification, Revision 1.1, 1998.